浙江省"十一五"重点教材建设项目

食品微生物检测实训教程

主　编　陈江萍
副主编　曹雅丽　陈正冬

ZHEJIANG UNIVERSITY PRESS
浙江大学出版社

图书在版编目（CIP）数据

食品微生物检测实训教程／陈江萍主编．—杭州：浙江大学出版社，2011.2（2017.1重印）

ISBN 978-7-308-08396-6

Ⅰ．①食… Ⅱ．①陈… Ⅲ．①食品微生物—食品检验—教材 Ⅳ．①TS207.4

中国版本图书馆CIP数据核字（2011）第013649号

食品微生物检测实训教程

主　编　陈江萍

副主编　曹雅丽　陈正冬

责任编辑	黄兆宁
封面设计	刘依群
出版发行	浙江大学出版社 （杭州市天目山路148号　邮政编码310007） （网址：http://www.zjupress.com）
排　　版	杭州中大图文设计有限公司
印　　刷	浙江新华数码印务有限公司
开　　本	787mm×1092mm　1/16
印　　张	20.75
字　　数	505千
版 印 次	2011年2月第1版　2017年1月第3次印刷
书　　号	ISBN 978-7-308-08396-6
定　　价	38.00元

浙江大学出版社发行中心联系方式：0571—88925591；http://zjdxcbs.tmall.com

《食品微生物检测实训教程》编写人员

主　编　陈江萍（台州科技职业学院）

副主编　曹雅丽（台州科技职业学院）

陈正冬（台州科技职业学院）

参编人员（按姓氏笔画排序）

叶春勇（浙江省柑桔研究所）

冯尚坤（台州科技职业学院）

杨文花（台州科技职业学院）

林　媚（浙江省柑桔研究所）

凌代红（台州科技职业学院）

徐海菊（台州科技职业学院）

黄洪舸（浙江黄岩第一罐头食品厂）

蔡　健（台州科技职业学院）

前　言

人们食用的食品种类繁多，通过食物所传播的病原微生物也各种各样。民以食为天，食以安为先，食品卫生与人民健康息息相关。在我国人民群众生活水平极大提高的今天，人们对食品已经不再仅仅满足于果腹，而是要好吃，吃得营养健康，吃得安全，吃出令人陶醉的饮食文化。为了保障人民群众对食品高水准的要求，首先应该保证食品的安全卫生。随着我国经济体制改革的不断深入及食品工业出口创汇的需要，对食品安全卫生的要求也是越来越高。1995 年正式颁布的《中华人民共和国食品卫生法》，为搞好食品卫生工作，保证食品卫生质量提供了法律依据。2007 年 10 月 31 日国务院讨论并原则通过《中华人民共和国食品安全法》(草案)，于 2008 年 4 月 20 日向社会全文公布，广泛征求社会各界人士的意见和建议，2009 年 2 月 28 日《中华人民共和国食品安全法》正式公布，自 2009 年 6 月 1 日起施行，表明国家进一步加强了食品卫生和食品安全的法制建设。掌握食品微生物检测技术是食品从业人员和食品卫生监督者的基本要求，是贯彻执行食品卫生法，提高食品质量必不可少的技术保证，是保证食品安全卫生的重要手段。

随着高等教育改革的进一步深入，我国高等职业教育得到迅速发展，已经成为我国高等教育的重要组成部分，一个基本适应我国社会主义现代化建设需要的高等职业教育体系已初步形成。与此同时，高等职业教育的教材规划建设工作也被列入各高职高专院校的重要工作日程，以满足高职高专教育发展的需要。根据教育部《关于全面提高高等职业教育教学质量的若干意见》(教高〔2006〕16 号)等文件精神，以及我国颁布的食品卫生微生物学检验方法为基础，结合日常检测及教学工作实践，组织编写了《食品微生物检测实训教程》，作为高职高专食品营养与检测、食品加工技术等相关专业的教材。

本教材力求突出高职高专教育特色，以适应社会行业需要为目标，针对高职高专学生的特点和培养目标，内容符合“理论指导，实践操作”的原则，适合于采用理实一体化、项目教学、任务驱动、工学交替等教学形式，以培养学生的动手能力、实践创新能力和职业能力。教材内容注重理论知识与实践的紧密结合,突出重点、突出实用,侧重实际操作、实验方法,并对操作经验及食品分析、质量保证做了适当介绍。教材注重培养学生的动手能力和实践创新能力,从事食品卫生检验工作的技术人员通过本书也能在较短的时间内达到学以致用。

本教材由陈江萍担任主编,曹雅丽、陈正冬担任副主编。参加编写人员及具体分工是:陈江萍编写绪论,项目Ⅰ中的任务三,项目Ⅱ中的任务一、任务五、任务六、任务八,并对全书进行编排统稿;蔡健编写项目Ⅰ中的任务一、任务二;曹雅丽编写项目Ⅱ中的任务二、任务三;陈江萍和黄洪舸共同编写项目Ⅱ中的任务四;凌代红编写项目Ⅱ中的任务七;陈江萍和林媚共同编写项目Ⅲ中的任务一;杨文花编写项目Ⅱ中的任务九;陈江萍和杨文花共同编写项目Ⅱ中的任务十;陈江萍和叶春勇共同编写项目Ⅲ中的任务二;冯尚坤编写项目Ⅲ中的任务三;徐海菊编写项目Ⅲ中的任务四;陈正冬编写项目Ⅲ中的任务五、任务六。

由于编者水平有限、时间仓促,书中难免有疏漏与不妥之处,真诚期望广大师生和读者批评指正。

编　者

2010 年 9 月

目 录

绪 论

知识目标

- 认识微生物与食品安全的密切联系;
- 认识食品微生物检测的重要性;
- 初步了解微生物检测的范围和技术进展。

能力目标

- 掌握食品微生物检测的基本原则和要求。

近年来,食品质量安全问题日益突出,已经成为一大社会问题,有人甚至将食品安全列为资源、环境、人口之后的第四大社会问题。近些年来,食品安全方面的恶性、突发性事件屡屡发生,食源性疾病造成的死亡人数逐年上升。食品安全问题已经成为国际组织、各国政府和广大消费者关注的焦点。根据世界卫生组织(WHO)的估计,全球每年发生食源性疾病约10亿人次,包括美国在内的一些经济发达国家发生食源性疾病的概率也相当高,平均每年有三分之一的人群感染食源性疾病。由此表明,工业化程度高并不能保证降低食源性疾病暴发的危险性。而另一方面,随着工业化程度的发展,食品在生产、需求、供应体系等方面有了较大的变化,食物供应链变得越来越复杂和难以控制,一旦发生食品安全问题,其影响和波及面会更大。由于工业化产品的规模大,以及某一食品的消费群体的增大,导致不安全食品的召回、销毁所带来的经济损失和社会影响也会更大。在食品安全问题中,儿童、孕妇、年老体弱者和免疫力低下人群更容易感染食源性疾病,成为最主要的受害人群。

一、微生物与食品安全

根据世界卫生组织掌握的资料,在食源性疾病危害因素中,微生物性食物中毒仍是首要危害。尽管近年来发生了苏丹红、孔雀石绿、氯霉素等事件,但在危害的程度和发生范围方面,病源微生物引起的中毒和感染仍占据首要地位。沙门氏菌是世界上最常见引发食源性疾病的病源菌,也是全球报告最多的、公认的食源性疾病的首要病原菌。根据FAO/WHO微生物危险性评估专家组织报告的资料,沙门氏菌在各国发病率分别为:澳大利亚每10万人中38例,德国每10万人中120例,日本每10万人中73例,荷兰每10万人中16例,美国每10万人中14例。而近年来空肠弯曲菌引起疾病的危险性在国际范围内受到广泛关注,很多发达国家,如美国、丹麦、芬兰、爱尔兰、荷兰、瑞典、瑞士和英国等,都有空肠弯曲菌病流行的报道。在我国沿海地区和大部分内地省区,副溶血性弧菌引起的食物中毒已跃居沙门氏菌之上，其次是葡萄球菌肠毒素、变形杆菌、蜡样芽孢杆菌和致病性大肠埃希氏菌等。还应关注一些有害微生物产生的生物性毒素，如黄曲霉毒素、赭曲霉毒素等真菌毒素和肠毒素等细菌毒素，它们已经成为食品中有害物质污染和中毒的重要因素。

食品加工的实质，一是保持和产生食品营养风味的可食性，二是防止微生物的生长而导致食品腐败变质，丧失食品的商品价值。随着我国食品业的快速发展，如何控制有害微生物这一最普遍、最基本的质量安全问题一直困扰着食品业。当今有关农业产业、食品加工、检测和控制等技术已有相当大的发展，有关食品安全的法规也日趋成熟和完备，但我们仍面临更多新的和更为严重的食品安全问题。在食品生产流通过程中，如何用正确的方法确保食品免受有害和腐败微生物的污染，是不容忽视的关键环节。一些食品企业缺乏预防和控制有害微生物的正确技术，以滥用添加剂来达到防腐保鲜的目的，有的甚至以防腐剂来实施控制。一些工厂违规违法生产，使监管难以做到疏而不漏，导致在食品生产的源头、过程和最终产品上安全问题时有发生。

我国食品加工企业绝大多数规模较小，全国现有的700多万家小型食品加工作坊、摊点中，80%以上为10人以下的手工作坊，有的工艺落后，卫生条件差。许多食品加工企业，并未形成整体性的食品生产和安全管理体系。有些食品企业不注重产地原料生产和管理，只按市场机制进行农产品和食品原料收购，原料来源不一或来源不清，导致在食品生产的源头出现管理缺失。有的食品则是由多家生产企业分头或分步生产，在质量要求、管理技术水平和食品安全控制方面都存在差别。

微生物在自然环境的大量存在和其多样性、多种存在方式以及快速繁殖、产毒等特点，使微生物的存在和污染始终贯穿在整个食品生产过程中，使得对微生物进行有效控制一直是食品加工的难题，很多企业为加工食品的微生物超标和保质期问题大伤脑筋。食品生产最重要的方面是采用多种方式控制微生物对食品产生的腐败，保持食品的可食性和商品性。

现代人需要更多更丰富的自然新鲜和原味的食品，而现代社会大量的食品贸易需求更是要求食品在更长的许可时间内保持其新鲜和原有的品质，过度的消毒杀菌加工方式会大大丧失食物原有的风味和营养，使食品失去商品价值。这些需求在技术和管理等方面对现代食品加工业提出新的挑战，控制食品中的微生物和保证其安全性已经成为各国食品加工业的重大课题。

二、引起食源性疾病的病原微生物

引起食物中毒的微生物通常分为两类：第一类是指在人类肠道中增殖的微生物，如沙门氏菌属、弯曲菌属、致病性大肠埃希氏菌等，部分肠道致病微生物的感染剂量见表1；第二类是指可在食物中或通过肠道产生毒素（细菌毒素、真菌毒素）的微生物，如蜡样芽孢杆菌、金黄色葡萄球菌、肉毒梭菌等。热处理可以杀死细菌的营养体，但对芽孢却无能为力，即当这些食物被无效地热处理或冷处理后，存活的芽孢就会萌发。

表 1 部分肠道致病微生物的感染剂量

微生物	感染剂量/个	微生物	感染剂量/个
空肠弯曲菌	1000	大肠埃希氏菌	$10^{6}\sim10^{7}$
沙门氏菌	$10^{4}\sim10^{10}$	大肠埃希氏菌 O157：H7	10～100
福氏志贺氏菌	$10^{2}\sim10^{9}$	霍乱弧菌	1000
痢疾志贺氏菌	$10\sim10^{4}$	副溶血性弧菌	$10^{6}\sim10^{9}$
小肠结肠炎耶尔森氏菌	10^{7}	产气荚膜梭菌	$10^{6}\sim10^{7}$
枯草芽孢杆菌	$10^{4}\sim10^{8}$	甲型肝炎病毒	<10 粒子
肉毒梭菌	10^{3}（能产生生理反应的数量）	诺沃克病毒	<10 粒子

还可以根据引起疾病的严重程度对食物中毒进行分类，这对于确定微生物标准（抽样方案）和风险分析十分有用。国际食品微生物标准委员会（ICMSF）将微生物的危害度、食品的特性及处理条件三者综合在一起进行食品中微生物危害程度分类（见表 2）。

表 2 ICMSF 微生物危害分类

<table>
<tr><th colspan="2">危 害 程 度</th><th>病 原 菌</th></tr>
<tr><td rowspan="3">常见食源菌的危害分类（1986 年）</td><td>（1）温和的、直接的、有限传染，很少引起死亡</td><td>蜡样芽孢杆菌、空肠弯曲菌、产气荚膜梭菌、金黄色葡萄球菌、小肠结肠炎耶尔森氏菌、牛肉绦虫、弓形虫</td></tr>
<tr><td>（2）温和的、直接的、潜在广泛传染，可能引起死亡或者造成严重后遗症</td><td>致病性大肠埃希氏菌、肠炎沙门氏菌和其他不包括伤寒沙门氏菌和副伤寒沙门氏菌的沙门氏菌，除痢疾志贺氏菌的志贺氏菌，单核细胞增生李斯特氏菌</td></tr>
<tr><td>（3）严重的、直接的</td><td>A、B、E 和 F 型肉毒梭菌，甲型肝炎病毒，痢疾志贺氏菌，伤寒沙门氏菌，A、B 和 C 型副伤寒沙门氏菌</td></tr>
<tr><td rowspan="4">食源菌的危害分类（2000 年）</td><td>（1）食物中毒微生物引起的，缓和的，没有生命危险的，没有后遗症，通常病程较短</td><td>蜡样芽孢杆菌（包括引起呕吐的毒素），A 型产气荚膜梭菌，诺沃克病毒，大肠埃希氏菌（ETEC、EPEC），金黄色葡萄球菌，非 OI 和非 O139 型霍乱弧菌，副溶血性弧菌</td></tr>
<tr><td>（2）严重危害的，引起残疾但没有生命危险，较少有后遗症，中等病程</td><td>空肠弯曲菌，大肠埃希氏菌，肠炎沙门氏菌，鼠伤寒沙门氏菌，志贺氏菌，甲型肝炎病毒，单核细胞增生李斯特氏菌，小球隐孢子虫，致病性小肠结肠炎耶尔森氏菌，圆孢子虫</td></tr>
<tr><td>（3）对一般人群危害严重，有生命危险，有慢性后遗症，病程长</td><td>布鲁氏菌，肉毒梭菌，肠出血性大肠埃希氏菌（ETEC），伤寒沙门氏菌，副伤寒沙门氏菌，肺结核，痢疾杆菌，黄曲霉毒素，OI 和 O139 型霍乱弧菌</td></tr>
<tr><td>（4）对特殊人群危害严重，有生命危险，有慢性后遗症，病程长</td><td>空肠弯曲菌 O：19（GBS），C 型产气荚膜梭菌，甲型肝炎病毒，小球隐孢子虫，创伤弧菌，肠致病性大肠埃希氏菌（EPEC），单核细胞增生李斯特氏菌，阪崎肠杆菌</td></tr>
</table>

食品是一些疾病（特别是病毒性疾病）传播的重要媒介。通过食品传播的食源型病毒性疾病包括甲型肝炎、脊髓灰质炎以及由轮状病毒、诺沃克病毒（小圆形结构病毒）等引起的肠炎。

目前国际上通常把各类微生物实验室所处理的生物因子（微生物和生物毒素）根据其

危害程度从小到大分为生物安全一级微生物、生物安全二级微生物、生物安全三级微生物和生物安全四级微生物。中华人民共和国国务院令(第424号)《病原微生物实验室生物安全管理条理》中也将其分为四级,即危害程度从小到大分为第一病原微生物、第二病原微生物、第三病原微生物和第四病原微生物。在食品微生物实验室的监测对象中,具体分类如下。

①生物危害一级(无或极低的个体和群体危险):双歧杆菌、乳酸菌。

②生物危害二级(中度的个人危险,低度的群体危险):沙门氏菌、副溶血性弧菌、蜡样芽孢杆菌、金黄色葡萄球菌、单核细胞增生李斯特氏菌、假单胞菌、大肠埃希氏菌O157、空肠弯曲菌、创伤弧菌(海产软体动物、牡蛎等海产品)、小肠结肠炎耶尔森氏菌、古典生物型霍乱弧菌、气单胞菌(熟肉类)、溶藻弧菌(海产品)、产毒素菌(黄曲霉、寄生曲霉、杂色曲霉、构巢曲霉、赭曲霉、黄绿青霉、桔青霉、圆弧青霉、岛青霉、纯绿青霉、皱褶青霉、产紫青霉、串珠镰刀菌、禾谷镰刀菌、三线镰刀菌、雪腐镰刀菌、梨孢镰刀菌、拟枝孢镰刀菌、木贼镰刀菌、茄病镰刀菌、尖孢镰刀菌、头孢霉、单端孢霉等)(粮食、水果、蔬菜、调味品和油料等)、脊髓灰质炎病毒、轮状病毒。

③生物危害三级(高度的个人危险,低度的群体危险):肉毒梭菌(发酵制品、肉制品)、炭疽杆菌(肉类)、肝炎病毒(水产品、肉类等)。

④生物危害四级(高度个人和群体危险):鼠疫耶尔森氏菌(畜肉)、埃尔托生物型霍乱弧菌(海产品、各类食品)。

三、食品微生物检测的意义

食品中丰富的营养成分为微生物的生长、繁殖提供了充足的物质基础,是微生物良好的培养基,因此,微生物污染食品后很容易生长繁殖,导致食品变质,失去其应有的营养成分,同时产生有害、有毒物质,一旦人们食用了被微生物污染的食物,会发生各种急性和慢性中毒,甚至有致癌、致畸、致突变作用的远期效应。所以,食品在食用之前必须对其进行微生物检测,这是确保食品质量和食品安全的重要手段,也是食品卫生标准中的一项重要内容。食品微生物检测是食品质量监督管理必不可少的重要组成部分:

①它是衡量食品卫生质量的重要指标之一,是判断被检食品能否食用的科学依据之一。

②通过食品微生物检测,可以判断食品加工环境及食品卫生环境,能够对食品被细菌污染程度作出正确的评价,为各项卫生管理工作提供科学依据,为传染病和食物中毒提供防治措施。

③食品微生物检测坚持贯彻“预防为主”的卫生方针,可以有效地防止或减少食物中毒、人畜共患病的发生,保障人民的身体健康。同时,它对提高产品质量、避免经济损失、保证出口等方面具有重要意义。

四、食品微生物检测的范围及指标设定

1. 食品微生物检测的范围

食品微生物检测的范围包括以下几个方面:

①生产环境的检测,包括生产车间用水、空气、地面、墙壁、操作台等。

②原、辅料的检测，包括动植物食品原料、食品添加剂、包装材料等原辅料。

③食品加工过程、贮藏、销售等环节的检测，包括从业人员的健康及卫生状况、加工工器具、管道设备、运输车辆等。

④食品的检测，包括对中间产品、出厂食品、可疑食品及食物中毒食品的检测。

2. 食品微生物检测的指标设定

“指标菌”是在分类学或生态学上相似的一群微生物，能用来指示样品过去或现在所具有的而不能直接证明的某些特征。指标菌的检测结果可评价食品的安全卫生状况，在食品检测工作中十分重要。指标菌分为三种类型：

第一类型是为了评价被检样品的一般卫生质量、污染程度以及安全性，最常用的是菌落总数、霉菌和酵母菌数；

第二类型特指粪便污染的指标菌，主要指大肠埃希氏菌和大肠菌群，其他还有肠球菌、亚硫酸盐还原梭菌等，它们的检出标志着样品受到人、畜粪便的污染，而且有肠道病原微生物存在的可能性；

第三类型是不能或不易检出的某些特定菌类（如特定菌、某些致病菌或其他指示性微生物），而“指标菌”指示以上菌类存在的可能性，所以此时以“指标菌”的监测代替某些特定菌类的监测，有着特殊的、不同的指示意义。

我国卫生部颁布的食品微生物检测指标有菌落总数、大肠菌群和致病菌三大项。具体检测的主要指标如下：

(1)菌落总数

菌落总数是指食品检样经过处理，在一定条件下培养后 1g[1mL 或 $1cm^2$（表面积）]检样中所含细菌菌落的总数。菌落总数可以反映食品的新鲜度、被细菌污染的程度和食品生产的一般卫生状况。因此它是判断食品卫生质量的重要依据之一。

(2)大肠菌群

大肠菌群是指一群在 37℃培养 24h 能发酵乳糖、产酸、产气，需氧和兼性厌氧的革兰氏阴性无芽孢杆菌。这些细菌是人及温血动物肠道内的常居菌，随着大便排出体外。如果食品中大肠菌群数越多，说明食品受粪便污染的程度越大。故以大肠菌群作为粪便污染食品的卫生指标来评价食品的卫生质量，具有广泛的意义。

(3)致病菌

致病菌是指能够引起人们发病的细菌。食品中不允许有致病菌的存在，这是食品卫生质量标准中必不可少的标准之一。致病菌种类繁多，食品加工、贮藏条件不同，被污染的情况也不同。一般根据不同食品可能污染的情况做针对性的检测。对不同的食品，选择一定的指标菌进行检测。例如，海产品以副溶血性弧菌作为指标菌，蛋与蛋制品以沙门氏菌、金黄色葡萄球菌、变形杆菌等作为指标菌，米、面类食品以蜡样芽孢杆菌、变形杆菌、霉菌作为指标菌，罐头食品以耐热性芽孢菌作为指标菌等。

(4)霉菌及其毒素

鉴于有很多霉菌能够产生毒素，引起疾病，因此应该针对性地对产毒霉菌进行检测。例如曲霉属的黄曲霉、寄生曲霉等，青霉属的桔青霉、岛青霉等，镰刀霉属的串珠镰刀霉、禾谷镰刀霉等。

(5)其他指标

微生物指标还应包括病毒,如肝炎病毒、猪瘟病毒、鸡新城疫病毒、马立克病毒、狂犬病病毒、口蹄疫病毒、猪水疱病毒等与人类健康有直接关系的病毒微生物,在一定场合下也是食品微生物检测的指标。

另外,从食品检测的角度考虑,寄生虫也被很多学者列为微生物检测的指标。

五、微生物检测的要求

1. 微生物检测室的基本要求

微生物检测室的基本要求如下:

①微生物检测室要求周围环境良好,避开易污染及嘈杂环境。

②检测室的窗户尽量朝南开,以便有充足的自然光线,室内照明灯要有足够的亮度。

③检测室整洁,工作台和地面易于清洁,窗户配备纱窗,以防止蚊蝇等。

④检测室的设备和辅助用具要根据工作顺序、清洁与污染情况进行安排,避免交叉污染。

⑤检测室工作区域与办公区域明显分开,检测室与准备室分开,两室地面及墙面材料便于冲洗,工作台铺胶垫或其他防震易清洗材料,检测室安装空调设备。

⑥一般样品检测操作必须在洁净区域(无菌室内的超净工作台)进行,洁净区域应有明显的标识。

⑦病原微生物分离鉴定工作应在二级生物安全实验室中进行。

⑧所有培养物、被污染玻璃器皿及阳性检测标本,都必须用消毒水浸泡过夜、煮沸或高压蒸汽灭菌等方法处理,然后清洗玻璃器皿。

2. 微生物检测人员的要求

微生物检测人员的要求如下:

①要有高度的事业心和强烈的责任感。

②操作技术熟练,同时具有不断学习和掌握新理论、新方法和新技术的能力。

③耐心、细致,严格按照规范的操作程序和方法进行。

④掌握检测室生物检测安全操作知识和消毒知识。

⑤在检测过程中保持个人整洁与卫生,防止人为污染样品。

⑥在检测过程中遵守相关预防措施的规定,保证自身安全。

⑦有颜色视觉障碍的人员不能执行涉及辨色的实验。

3. 检测用品的要求

检测用品的要求如下:

①常规检测用品主要有接种环(针)、酒精灯、镊子、剪刀、药匙、消毒棉球、硅胶(棉)塞、微量移液器、吸管、吸球、试管、平皿、微孔板、广口瓶、量筒、玻棒及L形玻棒等。

②检测用品在使用前应保持清洁和(无菌)。常用的灭菌方法包括湿热法、干热法、化学法等。

③需要灭菌的检测用品应放置在特定容器内或用合适的材料(如专用包装纸、铝箔纸等)包裹或加塞,应保证灭菌效果。

④可选择适用于微生物检测的一次性用品替代反复使用的物品与材料(如培养皿、吸管、吸头、试管、接种环等)。

⑤检测用品的储存环境保持干燥和清洁，已灭菌与未灭菌的用品应分开放并有明确标识。

⑥灭菌检测用品应记录灭菌/消毒的温度与持续时间。

4. 微生物检测的质量控制

微生物检测的质量控制要求如下：

①准确、快速。食品加工后，应尽快进入市场，这就要求检测工作尽快获得结果，保证食品的安全性。

②建立规范的操作程序和方法。每个检测室应根据国家有关标准和规定，制定检测程序和操作规程，以及检测室的各项管理制度，使检测工作正规化、标准化。

③仪器和设备性能完好准确。检测室设备置于适宜的环境条件下，便于维护、保养、清洁、消毒，并保持整洁与良好的工作状态；建立定期的仪器性能监测及校验制度（检定设备加贴标识），保持检测室仪器设备性能的完好，并做好日常性监控记录和使用记录。

④试剂和培养基的质量。严格控制培养基、生化反应试剂、染色液及诊断试剂的质量标准，注意制备的原料、配制记录、外观及无菌检查。对检测结果有重要影响的关键试剂（血清、抗生素等）应进行适应性验证；培养基还应检查其颜色和透明度，有无混浊或沉淀。

⑤实验室应定期对实验用菌株、培养基、试剂和水等设置阳性对照、阴性对照和空白对照。

5. 检测记录与报告要求

检测记录与报告要求如下：

①检测过程中应即时、准确地记录观察到的现象，结果和数据等信息。

②实验室应按照检测方法中规定的要求，准确、客观地报告每一项检测结果。

③检测结果报告后，被检样品方能处理。检出致病菌的样品要经过无害化处理。

六、食品微生物检测技术的发展现状及进展

目前我国食品卫生微生物学检验机构所采用的常规检测方法主要是传统的培养法，如平皿培养法、发酵法等，然后进行菌落计数、形态结构观察、生化试验、血清学分型、噬菌体分型、毒性试验及血清凝聚等。这些检测程序存在操作繁琐、费时、手工操作为主、卫生指导反馈慢等缺点，不能适应食品生产、流通和消费的需求。

为适应社会发展之需求，食品微生物检测必须向自动化检测和快速检测方向发展，要求灵敏、特异性强、重复性大、快速、简便和经济等。近年来，随着分子生物学和微电子技术的发展，快速、准确、特异检测微生物的新技术、新方法不断涌现，微生物检测技术由培养水平向分子水平迈进，并向仪器化、自动化、标准化方向发展，从而提高了食品微生物检测工作的效率，以及准确度和可靠性。以下简要介绍几种食品微生物检测新技术设备。

1. Petrifilm™菌落计数自动判读仪

采用 Petrifilm™菌落总数测试片代替平板计数琼脂培养基，按操作规程进行接种培养，然后用 Petrifilm™菌落计数自动判读仪计数。适用于菌落总数、大肠菌群、金黄色葡萄球菌等计数，方便、快速、准确度高。

2. API 20E 生化鉴定试剂盒

由一组 20 只塑料小管，固定在一卡片纸上。每管含有供不同试验的脱水底物。从营养琼脂平板上挑取可疑菌落，用生理盐水制备成适当的菌悬液，用吸管分注于各管内，滴加无

菌石蜡油，然后把卡片垫板放至塑料盘中，于 36℃培养 18～24h，按照 API 20E 操作手册判读结果。适用于沙门氏菌、副溶血性弧菌、小肠结肠炎耶尔森氏菌等肠科细菌的鉴定和非发酵菌的鉴定。

2010 年来，为适应食品微生物快速检测的需要，国内外生物制剂公司开发了各种满足不同微生物卫生检测需要的生化试剂盒，检测机构可根据需要选用。

3. VITEK 全自动微生物鉴定系统

VITEK 全自动微生物分析系统是法国 biosMerieumx(生物梅里埃)生产的全自动微生物分析仪的一个系列，包括 VITEK-32、VITEK-60、VITEK-120 等。试验 2～6h 能出报告。判断某种菌的可能性是百分之几。有时也需要进行其他一些试验来进一步确定，比如血清学反应等。VITEK 自动化微生物分析仪由充填机/封口机、读取器/恒温器、电脑主机及打印机组成，充填机/封口机三分钟内把样本注入试验卡中及封口，读取器/恒温箱自动恒定培养温度并同时读取卡内生化反应变化(系统依据不同型号，容纳 32 至 480 张卡不等)，电脑主机负责分析资料的储存、系统的操作及分析程式的运作。

(1)原理

仪器的原理其实就是我们进行细菌鉴定中使用的生化反应。不过仪器把 30 个对细菌鉴定必需的生化反应培养基固定到卡片上，然后通过培养后仪器对显色反应进行判断，利用数值法进行判定。根据需要鉴定的微生物的种类的不同，设计了不同的鉴定卡片，比如革兰氏阴性菌卡、革兰氏阳性菌卡、酵母菌卡等。

(2)一般步骤(见图 1 至图 5)

图 1　在试卡上填上标本号，VITEK 会自动识别此号码

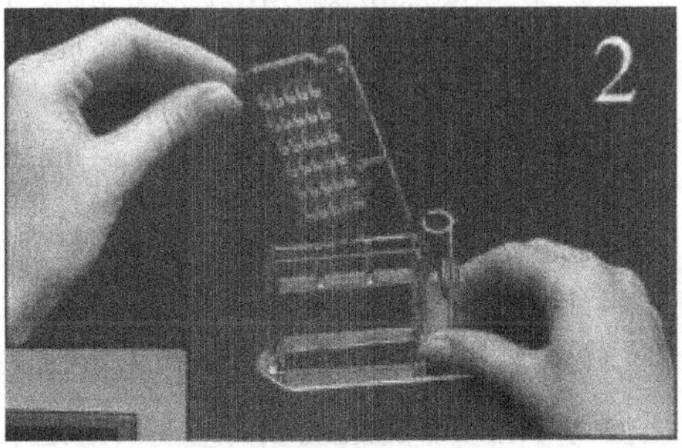

图 2　将菌落分离，加盐水后利用一支 L 形吸管，准备将菌液传送到卡内

图 3　将试卡放入充填器，用真空原理，菌液会吸进试卡的每个小孔内，将底物溶解，然后封口

图 4　将鉴定或药敏试卡放入培养/读数箱内

图 5 最快可在插入试卡 1h 后，打印初步报告。最终报告在试验完成后自动打印出来

(3)优点

鉴定结果与传统方法的 18～24h 相比，平均只需 4～6h。对于快速生长细菌(大肠埃希氏、粪肠球菌、变形杆菌、克雷伯氏菌等)鉴定时间可提前到 2h。全部操作自动化，只需实验人员操作基本步骤，简单而方便。使用灵活，随时放入试卡进行测试，VITEK SR 测试容量可扩充由 32 至 480 张卡。准确可靠，一般常见的细菌均可准确地鉴定出来，SRF 软件可使工业用户扩展鉴定数据库。bioLIAISON 软件还可集中管理实验室资料，设计报告形式、产品数据、鉴定结果及处理其他试验结果。此软件可额外配套统计及质控软件。

4. 全自动酶联荧光免疫分析仪(mini VIDAS 或 VIDAS)

弯曲菌的酶联荧光免疫筛选法是在全自动酶联荧光免疫分析仪上进行的双抗体夹心酶联荧光免疫检验方法。固相容器(SPR)用抗弯曲菌抗体包被，各种试剂均封闭在弯曲菌试剂条(VIDAS CAM)内。煮沸过的增菌肉汤加入试条孔，在特定时间内样本在 SPR 内外反复循环，使得弯曲菌抗原与包被在 SPR 内部的弯曲菌抗体结合，洗涤未结合的抗体标记物。结合在 SPR 壁上的碱性磷酸酶将催化底物磷酸 4-甲基伞形物转变成具有荧光的 4-甲基伞形酮，以 450nm 波长处检测荧光强度，由仪器分析后得出检测结果(见图 6)。本系统也可检测食品中的单核细胞增生李斯特氏菌、大肠埃希氏菌 O157：H7/NM、葡萄球菌肠毒素等。

5. 全自动病原菌检测系统(BAX 系统，包含 BAX 系统 Q7)

BAX 系统或 BAX 系统 Q7 利用多聚酶链反应(PCR)来扩增并检测细菌 DNA 中特异片段，从而判断目标菌是否存在。反应所需的引物、DNA 聚合酶和核苷酸等被合并成为一个稳定、干燥的片剂，并装入 PCR 管中，检测系统运用荧光检测来分析 PCR 产物。每个 PCR 试剂片都包含荧光染料，该染料能分析测量数据，从而判定阳性或阴性结果(见图 7)。可检测食品中的单核细胞增生李斯特氏菌、大肠埃希氏菌 O157：H7/NM、沙门氏菌等。本系统快速、灵敏、准确，在细菌诊断方面有广阔的应用前景。

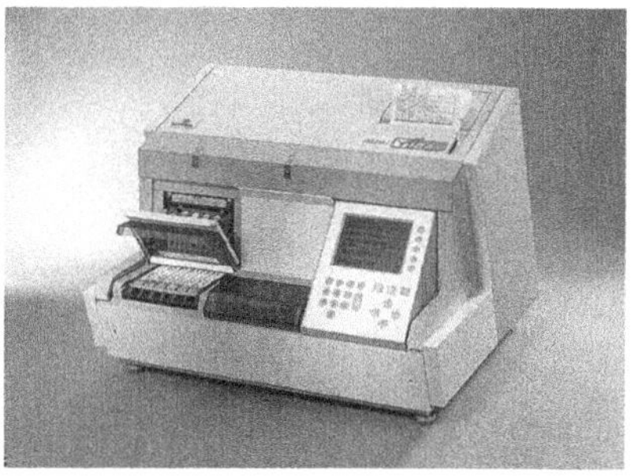

图 6 全自动酶联荧光免疫分析仪

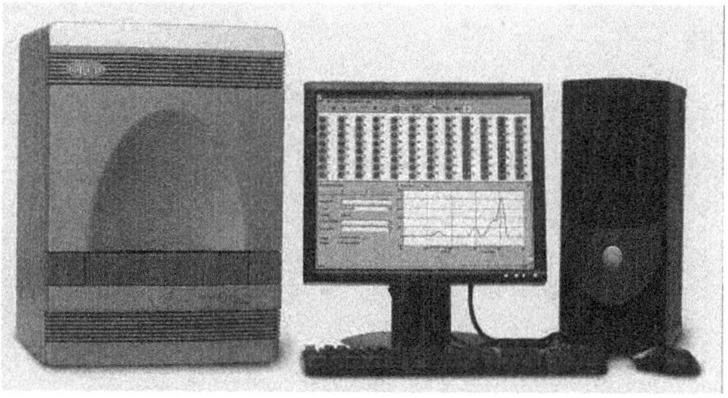

图 7 全自动病原菌检测系统 BAX-Q7 筛选仪

6. 气相色谱仪

气相色谱仪在微生物检测中，主要用于分类、鉴定和快速诊断。

(1)细菌分类

Reiner 等用热解气相色谱法对分枝杆菌进行分类，发现分枝杆菌属各菌具有独特的热解物指纹图形，成功地对分枝杆菌作出准确分类。

(2)细菌的鉴定

①厌氧菌的鉴定。气相色谱法能通过测定厌氧菌的代谢产物，即挥发性脂肪酸与非挥发性脂肪酸的不同对其进行快速鉴定。如类杆菌科中的细胞产生丁酸而不产生异丁酸和异戊酸的细菌为梭杆菌属，不产生丁酸或产生丁酸的同时又产生异丁酸和异戊酸的细菌为类杆菌属。本法可用于双歧杆菌的鉴定，如果乙酸(μmol/mL)与乳酸(μmol/mL)比值大于1，可判定为是双歧杆菌的有机酸代谢产物。

②霍乱弧菌的鉴定。根据霍乱弧菌的热解色谱图中出现的复合体"7"的差异，可以准确地鉴定古典型(7a<7B)、E1Tor 型(7a>7B)、中间型(7a 和 7B 大小相近)、气单胞菌(只有7B 而无 7a)。

(3)传染病的快速诊断

各种病原微生物在其生长的环境中，常可形成独特的化合物物或代谢产物，气相色谱法可以检出体液、组织或离体培养物中病原微生物与特征代谢活性有关的某些微小的化学变化。因此，气相色谱技术可以对临床标本进行直接检测，从而对传染病作出快速诊断。

7. 快速自动菌数导电测定仪

可直接测读菌体本身在培养液中造成的导电度变化，或利用菌体在代谢过程中的产物所造成的导电度变化，快速测定样品中细菌含量数目。适用于各种食品、制药、石化工厂的微生物品质管理，取代传统方法将检测时间由 3～5d 减到几个小时。亦可用于做样品的抗菌性试验。电子式铝合金温控培养箱，温度稳定，无需担心水浴式罐二度污染。每罐可控制 32 个样品，可扩充至 16 罐，分别处理 16 种不同温度的样品；不受培养基的限制；电阻抗试管可高温灭菌重复使用。电脑化操作，可观察培养曲线，使用方便(见图 8)。

图 8　快速自动菌数导电测定仪

思考题

1. 食源性微生物危害如何分类？
2. 食品微生物检测的意义有哪些？
3. 微生物检测人员的要求有哪些？
4. 微生物检测的质量控制措施有哪些？

项目Ⅰ　食品微生物检测前的准备工作

任务一　取　样

知识目标

- 掌握食品、食品包装材料、食品加工环境等样品的取样程序；
- 了解国际上常用的食品微生物检验样品的取样方案。

能力目标

- 掌握取样方法；
- 初步掌握检测样的制备过程。

应用食品微生物检测技术确定食品表面及内部是否存在微生物、微生物的数量甚至微生物的类别，是评估相关产品卫生质量的一种科学手段。样品的采集与处理直接影响到检测结果，是食品微生物检测工作非常重要的环节。要确保检测工作的公正、准确，必须掌握适当的技术要求，遵守一定的规则程序。如果样品在采取、运送、保存或制备过程中的任一环节出现操作不当，都会使微生物的检测结果毫无意义。由此可见，对特定批次食品所抽取的样品数量、样品状况、样品代表性及随机性等，对质量控制具有重要意义。样品采集原则如下：

①根据检测目的、食品特点、批量、检测方法、微生物的危害程度等确定取样方案。

②应采用随机原则取样，确保所采集的样品具有代表性。

③取样过程遵循无菌操作程序，防止一切可能的外来污染。

④样品在保存和运输的过程中，应采取必要的措施防止样品中原有微生物的数量变化，保持样品的原有状态。

模块1　取样准备工作

在食品的检测中，样品的采集是极为重要的一个步骤。所采集的样品必须具有代表性，这就要求检测人员不但要掌握正确的采样方法，而且要了解食品加工的批号，原料的来源，加工方法，保藏条件，运输、销售中的各环节，以及生产、销售人员的责任心和卫生知识水平等。样品可分为大样、中样、小样三种。大样指一整批；中样是从样品各部分分取的混合样，一般为200g；小样又称为检样，一般以25g为准，用于检验。样品的种类不同，采样的数量及采样的方法也不一样。但是，一切样品的采集必须具有代表性，即所取的样品能够代表食物的所有成分。如果采集的样品没有代表性，即使一系列检验工作非常精密、准确，其结果也毫无价值，甚至会出现错误的结论。

取样及样品处理是任何检测工作中最重要的组成部分，以检测结果的准确性来说，实验室收到的样品是否具有代表性及其状态如何是关键问题。如果取样没有代表性或对样品的处理不当，得出的检测结果可能毫无意义。因为需要根据一小份样品的检验结果去说明一大批食品的质量或一起食物中毒的性质，所以设计一种科学的取样方案及采取正确的样品制备方法是必不可少的条件。

进行微生物检测的食品样本除具有代表性外，还要达到无菌的要求。对取样工具和一些试剂材料应提前准备、灭菌（见图 1-1），具体有如下几类：

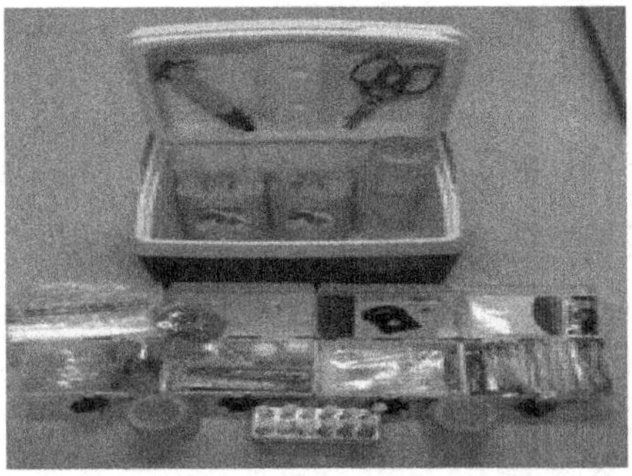

图 1-1　食品微生物采样检测箱

①开启容器的工具，如剪刀、刀子、开罐器、钳子及其他所需工具。这些工具用双层纸包装灭菌（121℃，15min）后，通常可在干燥洁净的环境中保存两个月。超过两个月后要重新灭菌。

②样品移取工具，如灭菌的铲子、勺子、取样器、镊子、刀子、剪刀、锯子、压舌板、木钻（电钻）、打孔器、金属试管和棉拭子等。

③取样容器，如灭菌的广口或细口瓶、预先灭菌的聚乙烯袋（瓶）、金属试管或其他类似的密封金属容器等。取样时，最好不要使用玻璃容器，因为在运输途中易破碎而造成取样失败。

④温度计，通常使用－20～100℃，温度间隔为 1℃的即可满足要求。为避免取样时破碎，最好使用金属或电子温度计。取样前在 75％乙醇溶液或次氯酸钠（浓度≥100mg/L）中浸泡（≥30s）消毒，然后再插入食品中检测温度。

⑤消毒剂，可使用 75％乙醇溶液、中等浓度（100mg/L）的次氯酸钠溶液或其他有类似效果的消毒剂。

⑥标记工具，包括能够记录足够信息的标签纸（不干胶标签纸）、油性或不可擦拭记号笔等。

⑦样品运输工具，如便携式冰箱或保温箱。运输工具的容量应足以放下所取的样品。使用保温箱或替代容器（如泡沫塑料箱）时，应将足够量的预先冷冻的冰袋放在容器的四围，以保证运输过程中容器内的温度。

⑧天平。称质量为 2000g 的天平，感量为 0.1g。

⑨搅拌器和混合器。配备带有灭菌缸的搅拌器或混合器，必要时使用。

⑩稀释液，包括灭菌的磷酸盐缓冲液、灭菌的0.1%蛋白胨水、灭菌的生理盐水以及其他适当的稀释液。

⑪防护用品。对于食品微生物的检测样品，取样时防护用品主要是用于对样品的防护，即保护生产环境、原料和成品等不会在取样过程中被污染，同样也保护样品不被污染。主要的防护用品有工作服（联体或分体）、工作帽、口罩、雨鞋、手套等。这些防护用品应事先消毒灭菌（或使用无菌的一次性物品）。

应根据不同的样品特征和取样环境对取样物品和试剂进行事先准备和灭菌等工作。实验室的工作人员进入车间取样时，必须更换工作服，以避免将实验室的菌体带入加工环境，造成产品加工过程的污染。

模块2　取样计划

取样是指在一定质量或数量的产品中，取一个或多个单元用于检测的过程。要保证样品能够代表整批产品，其检测结果应具有统计学有效性，于是便提出了“取样计划”的概念。通过取样计划能够保证每个样品被抽取的几率相等。

取样计划通常指以数理统计为基础的取样方法，也叫统计抽样。取样计划通常要根据生产者过去的工作情况来选择。反映生产者工作情况的取样水平（即加严、正常或放宽）要体现在计划当中，还应包括被测产品被接受或被拒绝的标准。在执行计划前，必须首先征求统计专家的意见，以保证所取的样品能够满足这个计划的要求。

目前微生物检测工作中使用较多的取样计划包括计数取样计划（二级、三级）、低污染水平的取样计划以及随机取样等。

2.1　常用术语和定义

2.1.1　批

一批产品中特定阶段或时间内代表相同质量样品的单元数。

2.1.2　批量

批中产品的数量。

2.1.3　批的质量

被控特性的单位。每批产品的检测结果常以缺陷单元的百分比表示。有时则以变量单位表示（如：重/单位，大肠菌群/g）。

2.1.4　随机取样

在一批产品中，每个样品或单元都有同样被选择的机会，这种取样方法被称为随机取样。取样时常需要查阅随机数字表。

2.1.5　代表性样品

广义上讲是指能够代表一个批的样品，而不是仅代表其中的一部分。要获得代表性样品需要四个条件：①确定整批产品的取样点；②建立能够代表整个产品特征的取样方法；③选择样品大小；④规定取样的频率。

2.1.6　样品单元

一批产品最小的可定义单位，也可称为单元。

2.1.7　取样计划

能代表从一批产品中所取样品的单元数量和每批产品中被接受和拒绝标准的设计

计划。

2.1.8 样品量

每批产品中所取的样品数量。

2.1.9 接收质量限

取样检测被确认为满意结果的最大百分比缺陷。

2.2 食品微生物的取样点

食品微生物的取样计划中常包括以下取样点：原料、生产线（半成品、环境）、成品、库存样品、零售商店或批发市场、进口或出口口岸。

原料的取样包括食品生产所用的原始材料、添加剂、辅助材料及生产用水等。

生产线样品是指食品生产过程中不同加工环节所取的样品，包括半成品、加工台面、与被加工食品接触的仪器面以及操作器具等。对生产线样品的采集能够确定细菌污染的来源，可用于食品加工企业对产品加工过程卫生状况的了解和控制，同时能够用于特定产品生产环节中关键控制点确定和 HACCP 的验证工作。另外还可以配合生产加工在生产前后或生产过程中对环境样品（如地面、墙壁、天花板以及空气等）取样进行检验，以检测加工环境的卫生状况。

库存样品的取样检验可以测定产品在保质期内微生物的变化情况，同时也可以间接对产品的保质期是否合理进行验证。

零售商店或批发市场的样品的检测结果能够反映产品在流通过程中微生物的变化情况，能够对改进产品的加工工艺起到反馈作用。

进口或出口样品通常是按照进出口商所签订的合同进行取样和检测的。但要特别注意的是，进出口食品的微生物指标除满足进出口合同或信用证条款的要求外，还必须符合进口国的相关法律规定，如世界上很多国家禁止含有致病菌的食品进口。

2.3 常用食品微生物学取样计划

采用什么样的取样计划主要取决于检测的目的。例如用一般的食品卫生学微生物检验去判定一批食品合格与否，查找食物中毒病原微生物，鉴定畜禽产品中是否含有人兽共患病原体等等。目的不同，取样计划也不同。

目前国内外使用的取样计划多种多样，如一批产品采若干个样后混合在一起检验，按百分比抽样；按食品的危害程度不同抽样；按数理统计的方法决定抽样个数等等。不管采取何种方案，对抽样代表性的要求是一致的。最好对整批产品的单位包装进行编号，实行随机抽样。下面列举当今世界上较为常见的几种取样计划。

2.3.1 ICMSF 取样计划

国际食品微生物标准委员会（ICMSF）所建议的取样计划是目前世界各国在食品微生物工作中常用的取样计划。我国 2009 年 3 月 1 日实施的 GB/4789.1—2008《食品卫生微生物学检验　总则》吸纳了 ICMSF 1986 年出版第二版《食品微生物 2　微生物检验的抽样原理及特殊应用》的抽样理论，这将对我国食品卫生微生物学监管和确保食品安全具有“划时代”的影响。

1. ICMSF 提出的取样基本原则

①各种微生物本身对人的危害程度各有不同。

②食品经不同条件处理后，其危害度变化情况分为三种情况，即危害度降低、危害度未

变和危害度增加。应根据产品的这些特性来设定抽样计划，并规定其不同采样数。目前，加拿大、以色列等很多国家已采用此法作为国家标准。在这个取样计划中常用到下列符号。

n：同一批次产品应采集的样品件(个)数。

c：该批产品的检样菌数中，超过限量的检样数，即结果超过合格菌数限量 m 值的最大允许数。

m：合格菌数限量，将可接受与不可接受的数量区别开。

M：附加条件，判定为合格的菌数限量，表示边缘的可接受数与边缘的不可接受数之间的界限。

ICMSF 从统计学原理考虑，针对一批产品，采用统计学抽样检验，使得检测结果更具有代表性，更能客观地反映出该产品的质量，从而避免了以个别样品的检测结果来评价整批产品质量的不科学做法。

2. ICMSF 的取样方案

ICMSF 方法中包括二级法及三级法两种。二级法只设有 n、c 及 m 值，三级法则有 n、c、m 及 M 值。M 是微生物指标的最高安全限量值。

(1)二级取样方案

这个取样方案的前提是假设食品中微生物的分布曲线为正态分布，这时，以曲线的一点作为食品微生物的限量值，即合格判定标准的 m 值，超过 m 值的，则为不合格品。检查在检样中是否有超过 m 值的，来判断该批是否合格。

【例 1-1】 以生食海产品鱼为例，按二级取样方案设定的指标为：$n=5$，$c=0$，$m=100$ cfu/g，含义是从一批产品中采集 5 个样品，若 5 个样品的检测结果均小于等于 m 值($\leqslant$100cfu/g)，$c=0$，即意味着在该批检样中，未见到有超过 m 值的检样，此批货物为合格品。

注意：按照二级取样方案设定的指标，在 n 个样品中，允许有$\leqslant c$ 个样品其相应微生物指标检测值$>m$ 值。

(2)三级取样方案

设有微生物标准 m 及 M 值两个限量如同二级法，超过 m 值的检样，即算为不合格品。其中以 m 值到 M 值的范围内的检样数，作为 c 值，如果在此范围内，即为附加条件合格，超过 M 值者，则为不合格。

【例 1-2】 按三级取样方案设定的指标，冷冻生虾的细菌数标准 $n=5$，$c=3$，$m=100$ cfu/g，$M=1000$cfu/g，其意义是从一批产品中，取出 5 个检样，经检样结果：

若 5 个样品的检测结果均小于或等于 m 值($\leqslant$100cfu/g)，则判定该批产品为合格品；

若$\leqslant$3 个检样的菌数(X)是在 m 和 M 值之间(100cfu/g$<X\leqslant$1000cfu/g)，则判定该批产品为合格品；

若有$>$3 个以上检样的菌数是在 m 和 M 值之间，则判定该批产品为不合格品；

若有任一检样菌数超过 M 值者($>$1000cfu/g)，则判定该批产品为不合格品。

注意：按照三级取样方案设定的指标，在 n 个样品中，允许全部样品中相应微生指标检测值$\leqslant m$ 值；允许有$\leqslant c$ 个样品其相应微生物指标检测值在 m 值和 M 值之间；不允许有样品相应微生物检测值$>M$ 值。

鱼类、海产品、蔬菜、干燥食品、速冻食品(见表 1-1)、牛奶、奶制品(见表 1-2)、生肉、加工肉、贝类罐头食品、新鲜或冷冻的生贝类可使用三级取样方案。测试项目可以包括需氧菌计数、大肠菌群、粪大肠菌群、沙门氏菌、金黄色葡萄球菌、蜡样芽孢杆菌、肉毒梭菌、产气荚膜梭菌、副溶血性弧菌等。

表 1-1 速冻预包装面米食品微生物检测三级取样方案

项目	取样方案及指标							
	生制品				熟制品			
	n	c	m(cfu/g)	M(cfu/g)	n	c	m(cfu/g)	M(cfu/g)
菌落总数	—				5	1	10000	100000
大肠菌群	—				5	1	10	100
霉菌计数	—				5	2	100	1000
沙门氏菌	5	0	0/25g	—	5	0	0/25g	—
金黄色葡萄球菌	5	1	1000/25g	10000/25g	5	1	100/25g	1000/25g
单核细胞增生李斯特氏菌[a]	—				5	0	0/25g	—

a:仅适用于肉、禽、蔬菜为主要原料的速冻熟制品。

表 1-2 婴幼儿配方奶粉微生物检测三级取样方案

项目	取样方案及指标							
	致病菌				加工卫生指标			
	n	c	m(cfu/g)	M(cfu/g)	n	c	m(cfu/g)	M(cfu/g)
阪崎肠杆菌	30	0	0/10g	NA	—			
沙门氏菌	60	0	0/25g	NA	—			
菌落总数	—				5	2	500/g	5000/g
肠杆菌	—				10	2	0/10g	NA

注:"NA"表示未检出。

(3)ICMSF 对食品中微生物的危害度分类与取样方案说明

为了强调取样与检样之间的关系,ICMSF 已经阐述了严格的取样计划与食品危害程度相联系的概念(ICMSF,1986)。在中等或严重危害的情况下使用二级取样方案,对健康危害低的则建议使用三级取样方案。

ICMSF 是将微生物的危害度、食品的特性及处理条件三者综合在一起进行食品中微生物危害度分类的。这个设想是很科学的、符合实际情况的,对生产厂及消费者来说都是比较合理的。

2.3.2 低浓度微生物样品的取样

如果食品中所含微生物浓度低于菌落计数的灵敏度,通常采用连续稀释法并用多管技术对其进行活菌计数。需要时,可将大量的(如 100g、10g 和 1g)食品接种到含有适当培养基的大容器中。

另一种方法是抽取一系列数量相同的样品，检测是否含有可疑微生物。如果未检出，则用该方法估算检测出至少一个可疑菌所需抽取的最大样品单元。这种方法被称作定性取样。该方法适用于罐装食品和袋装牛奶等小包装食品（如罐装食品）的取样，因为这些食品中多数含有被杀死的细菌，活菌数较低，同时也能用于大桶装冰淇淋等大包装的食品。

假定微生物随机分布在样品中，这些样品又是由已知大小的单元组成的（如 10g 或 25g）。为了检测其中的微生物，必须抽取一定数量的样品，如 n 个。那么阳性样品（至少有一个可疑菌）在整批食品中的比例，可以通过式(1-1)计算：

$$d=100(1-\sqrt[n]{1-P}) \tag{1-1}$$

式(1-1)由 $P=1-(1-d/100)n$ 导出。n 为 n 个抽样单元中至少有一个阳性单元的抽样个数，当 d 表示抽样量在整批食品中的百分数时，P 表示抽取 n 个样品时，至少出现一个阳性样品的可能值。当 n 在整批食品中仅占一小部分（$<1/4$）时，这个关系式成立。

【例 1-3】 假设抽取六个样品，每个样品 25g，概率水平取 95%。每六个样品中至少出现一个阳性样品，那么阳性样品在整个批次中的比例为多少？

$$d=100(1-\sqrt[6]{1-0.95})$$

$$\frac{d}{100}=1-\sqrt[6]{0.05}$$

$$1-\frac{d}{100}=\sqrt[6]{0.05}$$

$$\lg\left(1-\frac{d}{100}\right)=\frac{1}{6}(\lg 0.05)=\frac{1}{6}(\bar{2}.6690)=\frac{1}{6}(-1.3010)$$

$$1-\frac{d}{100}=\text{antilg}(-0.2168)=\text{antilg}(\bar{1}.7832)=0.6070$$

$$\frac{d}{100}=1-0.6070=0.393$$

得到：$d=39.3\%$

也就是说，如果所有检测样品均为阴性，那么在 95%的概率下，25g 样品的阳性率在整个批次中占的比例不超过 39.3%（换句话说，即每 2.5kg 样品中的细菌数不超过 40 个）。

如果给定了检测比例，希望知道需抽取的样品数，可以用式(1-2)计算：

$$n=\frac{\lg(1-p)}{\lg\left(1-\frac{d}{100}\right)} \tag{1-2}$$

【例 1-4】 假定被检测某批食品要求在 95%的概率下，每 500g 食品中所含沙门氏菌小于一个，应该取以 25g 为单元的样品多少个，才能保证食品符合要求？

500g 样品中含 20 个 25g 的单位。这样上述要求等效于每 25g 样品中阳性率应小于 5%（如在整批食品中任取 20 个单位，阳性单元数应小于一个）。按式(1-2)，以 95%的概率计算，抽取样品数应为：

$$n=\frac{\lg(1-0.95)}{\lg\left(1-\frac{5}{100}\right)}=\frac{\lg 0.05}{\lg 0.95}=\frac{\bar{2}.6690}{\bar{1}.9777}=\frac{-1.3010}{-0.0223}=58.3$$

即需抽取 59 个样品，每个样品 25g，所有这些样品必须为阴性，才能保证从长远考虑每 500g 食品（95%概率）中所含沙门氏菌小于一个。

2.3.3 随机抽样计划

随机抽样法是较常用的抽样计划之一。在现场抽样时，可利用随机抽样表进行随机抽样。随机抽样表系用计算机随机编制而成，其使用方法如下：

①先将一批产品的各单位产品（如箱、包、盒等）按顺序编号，如将一批 600 包的产品编为 1,2,…,600。

②随意在表上点出一个数，查看该数字所在的行和列，如点在第 48 行、第 10 列的数字上。

根据单位产品编号的最大位数，查出所在行的连续列数字（如上述所点数为第 48 行、第 10 列、11 列和 12 列，其数字为 245），则编号与该数相同的那一份单位产品，即为一件应抽取的样品。

③按上述方法继续查下一行的相同连续列数字，抽取为另一件应抽取的样品，直到完成应抽样品件数为止。

2.3.4 非随机取样计划

我们通常希望通过随机取样获得样品。例如可使用随机取样表抽取一条生产线或仓库中的样品，用表中的数字确定不同的取样时间和地点。但生产中会出现很多特殊情况，如在加工熟食品时，细菌数会随生产程序而增多；分装食品的管道系统不清洁或开始生产前未充分洗净，最开始生产的产品细菌就很高；传送食品的管道温度适于细菌生长，则在传送过程中细菌会逐渐增加。

另外，当整批食品贮存条件相同，采用随机取样比较合理。但对于一堆食品，其贮存温度和其他条件往往都是变化的。在这种情况下，从不同部位取样，获取的信息就不同。如果对环境条件进行同步检测（如用多功能记录仪和几个温度计检测整批食品贮存温度的变化），环境变化对微生物的影响就被检测出来。

2.4 取样标准

取样标准通常是标准化了的取样计划。目前国内外关于取样的标准很多，但无论哪种标准都只有一个目标，即获得代表性的样品，并通过对样品的检测得到能够代表整批产品的检验结果。取样时应根据不同的产品类型、产品状态等选择不同的取样方法和标准。本文简要介绍一些常用的取样标准，读者可根据实际情况在工作中参考。

2.4.1 SN 0330—1994《出口食品中微生物学检验通则》

该标准规定了食品中微生物学检验取样的一般要求，规定了取样的数量、方法，样品的标记、报告以及样品的保存和运输等方面的要求。主要采用随机取样计划，并在附录中列出了随机取样表。对于标准中无取样规定的出口食品可参照本标准的取样方法取样。

2.4.2 GB/T 2828.1—2003《计数抽样检验程序 第 1 部分：按接收质量限（AQL）检索的逐批检验抽样计划》

该标准是计数连续批抽样检验计划，属于计数调整型抽样标准。调整型抽样是指在产品质量正常的情况下，采用正常抽样计划进行检验；产品质量变坏或生产不稳定时，则换用加严的抽样计划，使存伪率的概率减小；产品质量比所要求质量好且稳定时，则可换用放宽的抽样计划，减少样品数量，节约检验的费用。该计划主要用于来自同一来源连续批的检验。抽样时应注意抽样计划与转移规则必须一起使用。

2.4.3 GB/T 15239《孤立批计数抽样检验程序及抽样表》

孤立批是指脱离已生产或汇集的批系列，不属于当前检验批系列的批。当检验的是单独一批货很少几批产品，无法使用转移规则来调整检验的严格度时使用孤立批计数抽样检验程序及抽样表。

2.4.4 GB/T 14437《产品质量监督计数一次抽样检验程序及抽样方案》

该标准适用于各级政府质量技术监督部门根据国家的有关法律、法规等，对生产、加工、销售的产品、商品的质量及服务进行有计划、有重点的监督抽查。适用于以下三种情况：

①以不合格品率为质量指标；

②总体量大于 250；

③总体量与样本之比大于 10。

使用本标准首先应给出合格监督总体的定义，当监督总体的实际不合格率(不合格品率的真值)高于 P_0 时(P_0 表示理论不合格率)，该监督总体为不合格监督总体；当该监督总体的实际不合格率(不合格率的真值)不高于 P_0 时，该监督总体为合格监督总体。

模块 3 取样方法

正确的取样方法能够保证取样方案的有效执行，以及样品的有效性和代表性。取样必须遵循无菌操作程序，取样工具如整套不锈钢勺子、镊子、剪刀等应当高压灭菌，防止一切可能外来污染。容器必须清洁、干燥、防漏、广口、灭菌，大小适合盛放检样。取样全过程应采取必要的措施防止食品中固有微生物的数量和生长能力发生变化。确定检验批，应注意产品的均质性和来源，确保检样的代表性。

进行食品微生物检验时，针对不同的食品，取样方法各不相同。国际食品微生物标准委员会(ICMSF)对食品的混合、加工类型、贮存方法及微生物检测项目的抽样方法都有详细的规定。本文简要介绍一些常用的取样方法。

3.1 液体样品

通常情况下，液态食品较容易获得代表性样品。液态食品(如牛奶、奶昔、糖浆)一般盛放在大罐中，取样时，可连续或间歇搅拌(可使用灭菌的长柄勺搅拌)，对于较小的容器，可在取样前将液体上下颠倒，使其完全混匀。较大的样品(100～500mL)要放在已灭菌的容器中送往实验室。实验室在取样检测之前应将液体再彻底混匀一次。

3.2 固体样品

依所取样品材料的不同，所使用的工具也不同。固态样品常用的取样工具有灭菌的解剖刀、勺子、软木钻、锯子和钳子等。面粉或奶粉等易于混匀的食品，其成品质量均匀、稳定，可以抽取小样品(如 100g)检测。但散装样品就必须从多个点取大样，且每个样品都要单独处理，在检测前要彻底混匀，并从中取一份样品进行检测。

肉类、鱼类或类似的食品既要在表皮取样又要在深层取样。深层取样时要小心不要被表面污染。有些食品，如鲜肉或熟肉可用灭菌的解剖刀和钳子取样；冷冻食品可在不解冻的状态下用锯子、木钻或电钻(一般斜角钻入)等获取深层样品；粉末状样品取样时，可用灭菌的取样器斜角插入箱底，样品填满取样器后提出箱外，再用灭菌小勺从上、中、下部位采样。

3.3 表面取样

通过惰性载体可以将表面样品上的微生物转移到合适的培养基中进行微生物检测，这种惰性载体既不能引起微生物死亡，也不应使其增殖。这样的载体包括清水、拭子、胶带等。取样后，要使微生物长期保存在载体上，既不死亡又不增殖十分困难，所以，应尽早地将微生物转接到适当的培养基中。转移前耽误的时间越长，品质评价的可靠性就越差。

表面取样技术只能直接转移菌体，不能做系列稀释，只有在菌体数量较少时才适用。其最大优点是检测时不破坏食品样品。以下介绍几种较常见的表面取样技术。

3.3.1 棉拭子法

进行定量检测时，必须先用灭菌取样框（塑料或不锈钢等）确定被测试的区域。

1. 棉花—羊毛拭子

用干燥的棉花—羊毛缠在4cm长，直径1～1.5cm的木棒或不锈钢丝上做成棉花—羊毛拭子。然后将拭子放在合金试管中，盖上盖子后灭菌。取样时先将拭子在稀释液中浸湿，然后在待测样品的表面缓慢旋转拭子平行用力涂抹两次。涂抹的过程中应保证拭子在取样框内。取样后拭子重新放回装有10mL取样溶液的试管中。

2. 海藻酸盐棉拭子

由海藻酸盐羊毛制成。将海藻酸盐羊毛缠在直径为1.5mm的木棒上做成长1～1.5cm、直径7mm的拭子头，灭菌后放入试管中。取样步骤同上。取样后放入装有10mL的1∶4 Ringer氏溶液（含1%偏磷酸六钠）的试管中。

3.3.2 淋洗法

用10倍于样品的灭菌稀释液（质量比）对样品进行淋洗，得到10^{-1}的样品原液，这种取样方法可用于香肠、干果、蔬菜等食品。报告结果时，应注明该结果仅代表样品表面的细菌数。

3.3.3 胶带法

这种取样方法要用到不干胶胶带或不干胶标签。不干胶标签的优点是能把采样的详细情况写在标签的背面，取样后贴在粘贴架上。不干胶胶带取样后同样需转接到一个无菌粘贴架上。这种方法可用于检测食品表面和仪器设备表面的微生物。胶带和标签制成后，可用易挥发溶液进行短时间的灭菌。必须确保灭菌后的胶带无菌或残留的微生物失去活性。

胶带或标签的一端要向内弯回大约1cm左右以方便使用。取样时，把胶带从粘贴架上取下压在待测物质表面，迅速取样后，重新粘回到模版上。送到实验室后，将胶带（或标签）从粘贴架上取下，压在所需培养基表面。

3.3.4 琼脂肠法

琼脂肠由无菌圆塑料袋（或塑料筒）和加入其中的无菌琼脂培养基制成。可在实验室制作，一些国家也有成品出售。使用时，在琼脂的末端无菌切开，将暴露的琼脂面压在样品表面，用无菌解剖刀切下一薄片，放在培养皿上培养。

3.3.5 影印盘法

影印盘是一种无菌的塑料盘，也可称为“触盘”或“RODAC盘”，可以从许多生产厂商处买到。制作时按要求在容器中央填满足够的琼脂培养基，并形成凸状面，需要时，将琼脂表面压在待测物表面。取样后在放入适当的温度培养。影印盘典型的剖面图如图1-1所示。

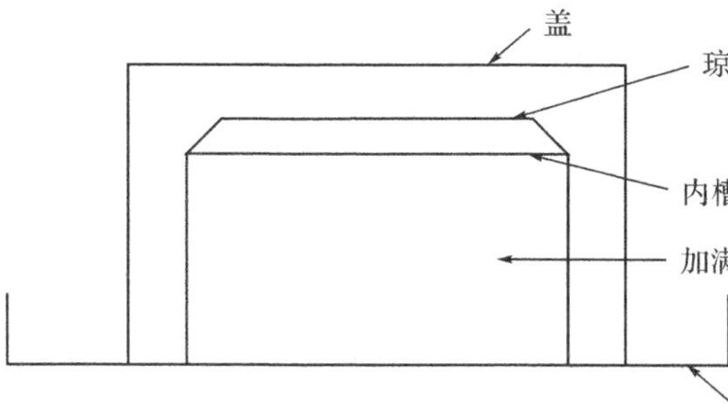

图 1-2　影印盘剖面

3.3.6　触片法

用一个无菌玻片触压食品表面，带回实验室。固定染色（如革兰氏染色法）后在显微镜下检测。也可以将取样的玻片压在倒有培养基的平板上，将细菌转接到琼脂表面，（用无菌镊子）移去玻片后，培养平板。这种方法不能用于菌体计数，但能快速判断优势菌落的类型，对生肉、禽肉和软奶酪等食品更为适用。

3.3.7　表层切片法

用灭菌解剖刀或镊子切取一薄层表层样品。这种方法最适用于家禽皮肤的取样。将样品放入装有适当稀释液的容器中，均质后得到初始浓度为 10^{-1} 的样品原液。

3.4　带包装食品

3.4.1　直接食用的小包装食品

尽可能取原包装，直到检验前不要开封，以防污染。

3.4.2　统装或大容器包装的液体食品和固体食品

应注意以下两点：

①每份样品应用灭菌抽样器由几个不同部位采取，一起放入一个灭菌容器内。

②注意不要使样品过度潮湿，以防食品中固有的细菌繁殖。

3.4.3　统装或大容器包装冷冻食品

应注意以下两点：

①对大块冷冻食品，应从几个不同部位用灭菌工具抽样，使之有充分的代表性。

②在将样品送达实验室前，要始终保持样品处于冷冻状态。样品一旦融化，不可使其再冷冻，保持冷却即可。

3.5　检测厌氧微生物的食品

取样检测厌氧微生物时，很重要的一点是食品样品中不能含有游离氧。例如在肉的深层取少量样品后，要避免使之暴露在空气中。如只能抽取小样品，或需使用棉拭子取样时，就要用一种合适的转接培养基（如 Stuart 转接培养基）来降低氧的浓度。例如，使用藻酸盐羊毛拭子取样后，就不能再放入原来的试管，而应放在盛有 Stuart 转接培养基的瓶中。棉拭子使用前要先用强化的梭菌培养基浸湿。

3.6　水

取水样时，最好选用带有防尘磨口瓶塞的广口瓶。对于用氯气处理过的水，取样后在每 100mL 的水样中加入 0.1mL 的 2%硫代硫酸钠溶液。

取样时应特别注意防止样品的污染，样品应完全地充满取样瓶。如果样品是从水龙头上取得，龙头嘴的里外都应擦干净。打开龙头让水流几分钟，关上龙头并用酒精灯灼烧，再次打开龙头让水流 1～2min 后再接水样并装满取样瓶。这样的取样方法能确保供水系统的细菌学分析的质量，但是如果检测的目的是用于追踪微生物的污染源，建议还应在龙头灭菌之前取水样或在龙头的里边和外边用棉拭子涂抹取样，以检测龙头自身污染的可能性。

从水库、池塘、井水、河流等取水样时，用无菌的器械或工具拿取瓶子和打开瓶塞。在流动水中取样品时，瓶嘴应直接对着水流。大多数国家的官方取样程序中已明确规定了取样所用器械。如果不具备适当的取样仪器或临时取样工具，只能用手操作，但取样时应特别小心，防止用手接触水样或取样瓶内部。

模块 4　样品的标记和运输

取样过程中应对所取样品进行及时、准确的标记。取样结束后，应由取样人写出完整的取样报告。样品应尽可能在原有状态下迅速运送或发送到实验室。

4.1　样品的标记

样品的标记需要注意以下两点：

①所有盛样容器必须有和样品一致的标记，在标记上应记明产品标志与号码、样品顺序号以及其他需要说明的情况。标记应牢固并具防水性，确保字迹不会被擦掉或脱色。

②当样品需要托运或由非专职取样人员运送时，必须封识样品容器。

4.2　样品的运送

样品的运送需要注意以下几点：

①取样结束后应尽快将样品送往实验室检验。如不能及时运送，冷冻样品应存放在－15℃以下的冰箱或冷藏库内；冷却和易腐食品应存放在 0～4℃ 冰箱或冷却库内；其他食品可放在常温冷暗处。

②样品的运输过程必须有适当的保护措施（如密封、冷藏等），以保证样品的微生物指标不发生变化。运送冷冻和易腐食品应在包装容器内加适量的冷却剂或冷冻剂。保证途中样品不升温或不融化，必要时可于途中补加冷却剂或冷冻剂。

③如不能由专人携带送样时，也可托运。托运前必须将样品包装好，应能防破损，防冻结或防易腐和冷冻样品升温或融化。在包装上应注明“防碎”、“易腐”、“冷藏”等字样。

④做好样品运送记录，写明运送条件、日期、到达地点及其他需要说明的情况，并由运送人签字。

4.3　样品的保存

实验室接到样品后应在 36h 内进行检测（贝类样品通常要在 6h 内检测），对不能立即进行检测的样品，要采取适当的方式保存（见表 1-3），使样品在检测之前维持取样时的状态，即样品的检测结果能够代表整个产品。实验室应有足够和适当的样品保存设施（冰箱或冰柜等）。

同时，需注意以下几点：

①保存的样品应进行必要和清晰的标记，内容包括样品名称，样品描述，样品批号，企业名称、地址，取样人，取样时间，取样地点，取样温度（必要时），测试目的等。

②常规样品若不能及时检验，可置于4℃冷藏保存，但保存时间不宜过长（一般要在36h内检验）。

③冰冻食品要密封后置于冷冻冰箱（通常为－18℃），检测前要始终保持冷冻状态，防止食品暴露在二氧化碳气体中。

④易腐的非冷冻食品检测前不应冷冻保存（除非不能及时检测）。如需要短时间保存，应在0～4℃冷藏保存。但应尽快检验（一般不应超过36h），因为保存时间过长会造成食品中嗜冷细菌的生长和嗜中温细菌死亡。非冷冻的贝类食品的样品应在6h内进行检测。

⑤样品在保存过程中应保持密封性，防止引起样品pH值的变化。

⑥对样品的贮存的过程进行记录。

表1-3　FAO推荐的样品保存方式

食　　品	贮存方式
烘烤类食品	
即食面包、面包卷、小圆面包	冷冻
冷藏或冷冻未熟面包、面包卷、小圆面包	冷冻
冷冻的甜食和饼干	冷冻
即食饼	冷冻
冷藏或冷冻面团	冷冻
饼干	冷冻
其他面包及面包产品	冷冻
奶油蛋糕及奶油甜食	冷冻
饮料及饮料原材料	
水	冷藏
软饮料	冷藏
速溶咖啡	冷藏
咖啡果	冷藏
速溶茶饮料	冷藏
糖　果	
巧克力及可可制品	室温
糖果及糖果制品	室温
口香糖	室温
糖浆和糖蜜	冷藏
蜂蜜	冷藏
液体糖	冷冻
干燥糖	冷冻
乳制品	
黄油	冷藏
黄油制品（油）	冷藏

续表

食品	贮存方式
奶油	冷藏
干酪	冷冻
奶酪产品	冷冻
流质全脂奶	冷藏
流质奶产品	冷藏
浓缩流质奶产品	冷藏
人造奶产品	冷藏
干缩全奶	室温
脱脂干奶	室温
酪蛋白	室温
冰激凌	冷冻
冰奶	冷冻
冰冻果子露	冷冻
冰激凌配料	冷冻
冰牛奶配料	冷冻
蛋及蛋制品	
流质蛋和冷冻蛋及蛋制品	冷冻
干燥蛋及蛋制品	室温
去壳蛋	冷藏
鱼类、贝类以及海鲜	
冻鱼	冷冻
鲜鱼	冷冻
罐装鱼	冷藏
干鱼	冷冻
其他鱼(鱼酱、鱼子)	冷冻
冻贝	冷冻
鲜贝	冷冻
罐装贝	冷藏
干贝	冷冻
海鲜产品(螃蟹肉、开胃品)	冷冻
青蛙腿	冷冻
熏鱼	冷冻
熏扇贝	冷冻
熏甲壳类	冷冻

续表

食　　品	贮存方式
面粉及面粉制品	
通心面	室温
面条	室温
脆饼干、油炸土豆片	室温
面粉	室温
玉米粉	室温
精制干奶粉、鸡蛋粉配料	室温
水果、水果汁及水果制品	
鲜水果	冷藏
冷冻水果	冷冻
罐装水果	冷藏
干果	冷藏
水果汁	冷藏
冻果汁	冷冻
果酱、果冻及酱状食品	冷藏
无花果酱	冷藏
橄榄	冷藏
谷类及谷类食品	
早餐谷类食品	室温
未加工的粮食及豆类	冷藏
大米	室温
麦片	室温
婴儿食品	
婴幼儿谷类食品	冷藏
以牛奶为原料的脱水婴儿食品	冷藏
以牛奶为原料的液体食品	冷藏
罐装婴儿食品	冷藏
肉类及禽类	
肉及肉类食品	冷冻
禽及禽类食品	冷冻

续表

食　　品	贮存方式
各种副产品	
含油种子(棉籽粗粉)	冷藏
屠宰动物副产品(骨粉)	冷藏
鱼及海产品副产品(鱼粉)	冷藏
家禽及家禽副产品	冷藏
水果及蔬菜副产品	冷藏
奶副产品	冷藏
谷类副产品	冷藏
坚果及坚果制品	
坚果	冷藏
坚果制品	冷藏
宠物食品和动物饲料	
干动物饲料	冷藏
湿动物饲料	冷冻
罐装动物饲料	冷藏
干宠物食品	冷藏
湿宠物食品	冷冻
罐装宠物食品	冷藏
加工和精制食品	
干配料	室温
干布丁配料	室温
冷冻食品	冷冻
罐装食品	冷藏
精制色拉	冷冻
罐装汤	冷藏
脱水食品	冷藏
干凝胶	室温
干酵母	室温
香料及调味品	
所有香料	室温
五味粉	室温
混合香料	室温

续表

食　　　　品	贮存方式
调味品浸膏	冷藏
精油	冷藏
提取物原料	冷藏
色拉调料	冷藏
干色拉配料	冷藏
其他调味品	冷藏
蔬菜及蔬菜制品	
新鲜蔬菜	冷冻
冷冻蔬菜	冷冻
罐装蔬菜	冷藏
干蔬菜	室温
腌菜	冷藏
植物油	冷藏

任务二　检验样品的制备

模块 1　稀释液的选择

1.1　普通稀释液

浓度为 0.1%、pH 6.8～7 的无菌蛋白胨水(蛋白胨:1.0g;氯化钠:8.5g;水:1000mL),磷酸盐缓冲溶液,1∶4 的 Ringer 氏溶液和 0.85%氯化钠溶液等都是较好的稀释液。0.1%的蛋白胨水要比其他保护效果更好,因此是最常用的稀释液。然而,近年来 ISO 标准方法已开始使用 0.1%蛋白胨加 0.85%氯化钠溶液作为普通稀释液。

在最低稀释度时,样品可能会改变稀释液的性质。特别是当样品中水不溶物占的比例很大时,样品在稀释液中的溶解度会受到影响。食品样品的溶解度到底有多大?是不是稀释液的 pH 值或水活度(a_w)也会受到影响?如果有疑问,应该测定第一个稀释度的 pH 值和水活度。为了防止 pH 值变化,可在稀释液中加入磷酸盐缓冲液。

高溶解度的干燥样品(如奶粉、婴儿食品)在最低稀释度时水活度很低,应该选择蒸馏水作为稀释液。最适合的稀释液应该通过一系列的试验得到,所选择的稀释液应该具有最高的复苏率。

样品稀释液的制备过程应在 15～30min 内完成。

1.2　厌氧微生物的稀释液

对食品中的厌氧微生物进行定性或定量检测时,必须使氧化作用减至最低,所以应使用具有抗氧化作用的培养基作为稀释液。制备样品悬液时应尽量避免氧气进入其中,使用袋式拍击式均质器可达到这一点。

检测对氧气极其敏感的厌氧菌时,除使用适当的稀释液外,还要具备一些特殊的样品防护措施,如使用厌氧工作站等。

1.3　嗜渗菌和嗜盐菌的稀释液

20%的无菌蔗糖溶液适用于嗜渗菌计数;研究嗜盐菌(如食盐样品)时,可使用 15%无菌的氯化钠溶液作为稀释液。

模块 2　不同类型样品的制备

2.1　液体样品

制备液体样品稀释液时,用无菌移液管移取 10mL 完全混匀的样品到带盖的无菌玻璃瓶中,加稀释液至 100mL 配成体积比为 1∶10 的稀释液。也可选择质量体积比,取 10g 完全混匀的样品加入玻璃瓶中,用无菌稀释液配成 100mL,制成体积比为 1∶10 的稀释液。实际操作中,等效于 1∶10 的质量比。按常规方法做进一步的稀释,整个样品稀释过程应在 30min 内完成。

2.2　小颗粒固体样品

面粉和奶粉等小颗粒固体样品的初始稀释液较容易配制。无菌称取 10g 样品加入容积为 100mL 无菌带盖玻璃瓶中，加入无菌稀释液至 100mL 刻度，配成质量体积比为 1∶10 的稀释液。以 30cm 的幅度摇动 25 次。必要时按常规方法进一步稀释。对高溶解度样品计数时必须小心，计数结果取决于样品在稀释液中的均匀性，而均匀性又与样品的初始状态有关（常表述为个/g）。要得到准确的检测结果，第一个稀释液的体积是否准确达到 100mL 非常重要。除体积因素外，pH 值和水活度的变化也必须加以考虑。另外，稀释液中样品的转接应在 30min 内完成。

2.3　粉末状样品

检测表层下面样品中的细菌时，应将至少 10g 样品加入适量的无菌稀释液，并在适当的设备中均质。常用的均质方法是使用拍击式均质器。

将样品和稀释液一起放入无菌、耐用、薄而软的聚乙烯袋中。袋子放入拍击式均质器内，留出几厘米袋口在匀浆器门外。均质时，关紧均质器门以密封袋子。启动均质器，两个大而平的不锈钢踏板交替拍击袋子，袋中内容物在踏板与均质器门的平滑内表面之间挤压，即产生均质效果。对于大多数样品均质 30s 即可，而脂肪浓度高的样品则需要 90s。

这种仪器的优点之一是将样品装在便宜且使用方便的袋子中而不接触均质器。均质时不会引起样品温度升高，较好地保护了待测菌株。即使是冷冻样品，均质效果也很好。这种方法可用于制备浓度很低的稀释液。

2.4　表面样品

表面样品取样后，先放到一定体积（如 10mL）的稀释液中，妥善保存，使样品保持原始状态。检测时，用适当的稀释剂进行定量稀释（根据预测的污染程度稀释到所需稀释度）。检测后根据稀释的倍数进行换算。

附录　ICMSF 对食品中微生物的危害度分类与抽样方案说明

为了强调抽样与检样之间的关系，ICMSF 已经阐述了严格的抽样计划与食品危害程度相联系的概念。在中等或严重危害的情况下使用二级抽样方案，对健康危害低的则建议使用三级抽样方案。

ICMSF 是将微生物的危害度、食品的特性及处理条件三者综合在一起进行食品中微生物危害度分类的。这个设想是很科学的、符合实际情况的，对生产厂及消费者来说都是比较合理的。下面结合附表 1 加以说明。

附表 1　ICMSF 按微生物的危害度及食品处理进行情况分类

级别	危害程度	对象微生物	食品经不同处理后的危害度		
			减少（加热）	无变化（冷冻品立刻进食）	增加危害度（未加热吃到吃前还有一段时间）
三级方案	①食品的保鲜	细菌总数	例 1： $n=5$ $c=3$	例 2： $n=5$ $c=2$	例 3： $n=5$ $c=1$
	②轻度间接指标菌	大肠菌群 大肠杆菌 金黄色葡萄球菌（指标菌）	例 4： $n=5$ $c=3$	例 5： $n=5$ $c=2$	例 6： $n=5$ $c=1$
	③中等程度局部传播	蜡样芽孢杆菌 产气荚膜梭菌	例 7： $n=7$ $c=2$	例 8： $n=5$ $c=1$	例 9： $n=10$ $c=1$

续表

级别	危害程度	对象微生物	食品经不同处理后的危害度		
			减少（加热）	无变化（冷冻品立刻进食）	增加危害度（未加热吃到吃前还有一段时间）
二级方案	①中等程度广泛传播 ②严重程度	沙门氏菌 副溶血性弧菌 致病性大肠杆菌 肉毒梭菌 霍乱弧菌 伤寒沙门氏菌 副伤寒沙门氏菌	例 10：$n=5$ $c=0$ 例 13：$n=15$ $c=0$	例 11：$n=10$ $c=0$ 例 14：$n=30$ $c=0$	例 12：$n=20$ $c=0$ 例 15：$n=60$ $c=0$

注 1："减少"系指食品经加热杀死污染的细菌。
注 2："无变化"系指微生物数不增减，例如冷冻食品或干燥食品。
注 3："增加"系指将食品保存在不良环境中使微生物易于繁殖或产毒。
注 4：n 表示一批产品采样个数。c 表示该产品的检样菌数中，超过限量的检样数，即结果超过合格菌数限量的最大允许数。

根据附表 1 中 15 种情况的举例，例 1～3 可用三级法，例 4～5 可用二级法来判定是否合格。

考虑到以上 15 种情况，分别设定不同的取检样数及检样污染数，在例 1～9 中检样需采 5 个（$n=5$），而污染检样数设定为 $c=3,2,1$。在例 10～15 中用二级法则不得检出该致病菌 $c=0$。例如冷冻食品，细菌数按例 2，大肠菌按例 5，金黄色葡萄球菌按例 8，沙门氏菌按例 11 的二级法规定。

对食品处理应酌情考虑，例如生肉火腿中的金黄色葡萄球菌，被腐败菌所抑制，不易发生食物中毒，适用例 7 和例 8。烹调加工后的熟肉，对腐败菌没有抵抗力，则易发生食物中毒，适用例 9。加热盐腌的火腿，水分活性为 0.86 以下，金黄色葡萄球菌有增殖的可能性，因此适用例 9。沙门氏菌水活度在 0.94 以下不能繁殖，适用例 11。如上所述，应根据各种食品的危害度进行设定。

ICMSF 方法是以二级法、三级法和抽样的概念为基础，再将微生物的知识加进来，则可以提出各种食品的微生物标准（见附表 2）。

为了安全，冷冻生虾加热吃，减少危害度适用例 1、4、10。冷冻加工虾，为了不加热就食，在解冻中有增加危害度的可能性，适用例 3、6、9、12，对象微生物特别指定金黄色葡萄球菌肠毒素，两者虽菌数限量是相同的，但情况有所不同，分别适用 $c=3$，$c=1$，因此不依靠菌数限量，而用合格率来控制。

附表 2　ICMSF 虾的微生物标准

食品名称	检查项目	例	级别	n	c	菌数限量/g	
						m	M
冷冻生虾	细菌数	1	3	5	3	10^6	10^7
	大肠菌群	4	3	5	3	4	400
	金黄色葡萄球菌	4	3	5	3	10^3	2×10^3
	副溶血性弧菌	10	2	5	0	10^2	—

续表

食品名称	检查项目	例	级别	n	c	菌数限量/g	
						m	M
冷冻烹调虾	细菌数	3	3	5	1	10^6	10^7
	大肠菌群	6	3	5	1	4	400
	金黄色葡萄球菌	9	3	5	1	10^3	2×10^3
	副溶血性弧菌	12	2	5	0	10^2	—

注:"n"表示一批产品采样个数。"c"表示该批产品的检样菌数中,超过限量的检样数,即结果超过合格菌数限量的最大允许数。"m"表示合格菌数限量,将可接受与不可接受的数量区别开。"M"表示附加条件,判定为合格的菌数限量,表示边缘的可接受数与边缘的不可接受数之间的界限。

单次取样计划在食品检验中十分有用。如在食品的生产过程中所取的样品,而且只要求定性检测结果时即可采用。如沙门氏菌常被报告为"检出";又如,样品中大肠杆菌可报告为3cfu/g。

当样品的总数(N)与取样数(n)相比较足够大时或当不合格的样品数很小时,即可形成二次分布曲线(泊松分布)。在单次取样计划中通常假定样品的批量足够大,质量均一且满足以上条件。

任务三　实验室的准备工作

模块1　实验室常规设备的准备

1.1　准备室的设备

具体包括:单蒸馏水蒸馏器、双蒸馏水蒸馏器、烤箱、高压锅、储品柜(放置未消毒物品)、储品柜(放置消毒过的物品)、包装台。

1.2　配液室的设备

具体包括:扭力天平和电子天平(称量药品)、pH计(测量培养用液pH值)、磁力搅拌器(配置溶液室搅拌溶液)。

1.3　培养室的设备

具体包括:液氮罐、储品柜(存放杂物)、日光灯和紫外灯、空气净化器系统、低温冰箱(−80℃)、空调、二氧化碳缸瓶、边台(书写实验记录)。

1.4　必须放在无菌间的设备

具体包括:离心机、超净工作台、显微镜、二氧化碳培养箱、水浴锅、臭氧消毒杀菌机、4℃冰箱(放置培养用液)。

模块2　无菌操作

2.1　无菌室的灭菌

2.1.1　定期打扫无菌室

每周打扫一次,先用自来水拖地、擦桌子、超净工作台等,然后用3‰来苏尔、新洁尔灭,或者0.5%过氧乙酸擦拭。

2.1.2　二氧化碳培养箱灭菌

先用3‰新洁尔灭擦拭,然后用75%酒精或者0.5%过氧乙酸擦拭,再用紫外灯照射

2.1.3　实验前灭菌

打开紫外灯、臭氧杀菌机、空气净化器系统各20～30min。

2.1.4　实验后灭菌

用75%酒精(3‰新洁尔灭)擦拭超净台、边台、放置显微镜的载物台。

2.2　实验人员的无菌准备

具体包括:

①肥皂洗手。

②穿好隔离衣、带好隔离帽、口罩、放好拖鞋。

③用75%酒精棉球擦净双手。

2.3　无菌操作的过程

具体包括:

①凡是带入超净工作台内的酒精、磷酸盐缓冲液(PBS)、培养基、胰蛋白酶的瓶子均要

用75%酒精擦拭瓶子的外表面；

②靠近酒精灯火焰操作；

③器皿使用前必须过火灭菌；

④继续使用的器皿(如瓶盖、滴管)要放在高处，使用时仍要过火；

⑤各种操作要靠近酒精灯，动作要轻、准确，不能乱碰。如吸管不能碰到废液缸。

⑥吸取两种以上的使用液时要注意更换吸管，防止交叉污染。

模块3 器械的清洗和消毒

3.1 玻璃器械的清洗和消毒

3.1.1 新的玻璃器皿的清洗和消毒

具体包括以下步骤：

①自来水刷洗，除去灰尘。

②烘干、泡盐酸。烤箱中烘干，然后再浸入5%稀盐酸中12h，以除去脏物、铅、砷等物。

③刷洗、烘干。12h后立即用自来水冲洗，再用洗涤剂刷洗，自来水冲干净后用烤箱烘干。

④泡酸、清洗。用清洁液(重铬酸钾:120g;浓硫酸:200mL;蒸馏水:1000mL)浸泡12h，然后从酸缸内捞出器皿用自来水冲洗15次，最后用蒸馏水冲洗3～5次和用双蒸水过3次。

⑤烘干、包装。洗干净后先烘干，然后用牛皮纸(油光纸)包装。

⑥高压消毒。包装好的器皿装入高压锅内盖好盖子，打开开关和安全阀，当蒸气呈直线上升时关闭安全阀，当指针指向15磅时，维持20～30min。

⑦高压消毒后烘干。

3.1.2 旧的玻璃器皿的清洗和消毒

具体包括以下步骤：

①刷洗、烘干。使用过的玻璃器皿可直接泡入来苏尔液或洗涤剂溶液中，泡过来苏尔溶液(洗涤剂)的器皿要用清水刷洗干净，然后烘干。

②泡酸、清洗。烘干后泡入清洁液(酸液)中，12h后从酸缸内捞出器皿立即用自来水冲洗(避免蛋白质干涸后黏附于玻璃上难以清洗)，再用蒸馏水冲洗3次。

③烘干、包装。洗干净的器皿烘干后取出，用牛皮纸(油光纸)等包装，以便于消毒储存及防止灰尘和再次被污染。

④高压消毒。包装好的器皿装入高压锅内，盖好盖子，打开开关和安全阀，随着温度的上升安全阀冒出蒸气，当蒸气呈直线冒出3～5min后，关闭安全阀，气压表指数随之上升，当指针指向15磅时，调节电开关维持20～30min即可。玻璃培养瓶消毒前可将胶帽轻轻盖上。

⑤烘干备用。因为高压消毒后器皿会被蒸气打湿，所以要放入烤箱内烘干备用。

3.2 金属器械的清洗和消毒

金属器皿不能泡酸，洗消时可先用洗涤剂刷洗，后用自来水冲干净，然后用75%酒精擦拭，再用自来水，然后用蒸馏水冲洗，再烘干或空气中晾干。放入铝制盒内包装好在高压锅内15磅高压(30min)消毒，再烘干备用。

3.3 橡胶和塑料制品的清洗和消毒

橡胶和塑料制品通常处理方法是：先用洗涤剂洗刷干净，再分别用自来水和蒸馏水冲干净，再用烤箱烘干，然后根据不同品质进行如下的处理程序：

①针式滤器帽不能泡酸液，用氢氧化钠泡 6～12h，或者煮沸 20min，在包装之前要装好滤膜两张，安装滤膜时注意光面朝上(凹向上)，然后将螺旋稍微拧松一些，放入铝盒中在高压锅内 15 磅 30min 消毒，再烘干备用。注意在超净台内取出使用时应该立即将螺旋旋紧。

②胶塞烘干后用 2%氢氧化钠溶液煮沸 30min(用过的胶塞只要用沸水处理 30min)，自来水洗净，烘干。然后再泡入盐酸液 30min，再用自来水、蒸馏水、三蒸水洗净，烘干。最后装入铝盒内高压消毒，烘干备用。

③胶帽、离心管帽烘干后只能在 2%氢氧化钠溶液中浸泡 6～12h(切记时间不能过长)，自来水洗净，烘干。然后再泡入盐酸液 30min，再用自来水、蒸馏水、三蒸水洗净，烘干。最后装入铝盒内高压消毒，烘干备用。

④胶头可用 75%酒精浸泡 5min，然后用紫外线照射后使用即可。

⑤其他消毒方法。有的物品既不能干燥消毒，又不能蒸气消毒，可用 70%酒精浸泡消毒。塑料培养皿打开盖子，放在超净台台面上，直接暴露在紫外线下消毒。也可用氧化乙烯消毒塑料制品，消毒后需要用 2～3 周时间洗除残留的氧化乙烯。用 20000～100000rad 的 γ 射线消毒塑料制品效果最好。

为了防止已消毒与未消毒器材发生混淆，可在纸包装后，用密写墨水做好标记。其法即用沾水笔或毛笔沾以密写墨水，在包装纸上作一记号，平时这种墨水不带痕迹，一经高温，即出现字迹，从而可以判定它们是否消毒。

密写墨水的配方为：氯化钴(含 6 个结晶水分子)：2g；30%盐酸：10mL；蒸馏水：88mL。

3.4 注意事项

具体应注意以下几点：

①严格执行高压锅的操作规程。高压消毒时，先检查锅内是否有蒸馏水，以防高压时烧干，水不能过多因为其将使空气流畅受阻，会降低高压消毒效果。检查安全阀是否通畅，以防加压后爆炸。

②安装滤膜时注意光面朝上。注意滤膜光滑一面是正面，要朝上，否则起不到过滤的作用。

③注意人体的防护和器皿的完全浸泡。泡酸时要戴耐酸手套，防止酸液溅起伤害人体；从酸缸内捞取器皿时要防止酸液溅到地面，会腐蚀地面；器皿浸入酸液中要完全，不能留有气泡，以防止泡酸不彻底。

思考题

1. 取样准备工作有哪些步骤？
2. 取样计划如何制定？
3. 取样方法有哪些？
4. 样品的标记和运输要注意哪些方面？
5. 稀释液如何选择？
6. 不同类型样品如何制备？
7. 简述无菌操作过程。
8. 简述器械的清洗和消毒。

【知识链接】

外科消毒术的建立

自古以来，外科手术中的感染问题一直困扰着外科大夫。人类对此认识的最初一次飞跃，是16世纪意大利医学家伏拉卡斯托罗。

匈牙利妇产科医生塞麦尔维斯1847年第一个提出了手术中应采用一定的预防措施：接生前用热水、肥皂刷手，然后，用漂白粉刷手直至手有滑润感；对接生使用的一切器材，只要有可能与患者接触的，均用此法消毒。这是人类第一次行之有效的手术消毒。

然而他的研究成果并未受到重视。人类真正认识到化脓性感染是细菌入侵的结果，是通过巴斯德和科赫的实验证明的。

英国著名外科医生李斯特(1827—1912)正是在他们的启发下进行研究的。李斯特17岁就开始到伦敦大学医科进行学习，34岁就成为外科学教授。一次，他想到伤口化脓感染也可能是微生物所引起的，就开始试验，寻找各种杀死微生物的有效手段。1865年，他首次用石炭酸溶液为一名开放性骨折患者的创口表面消毒。手术效果非常满意。这以后，李斯特大胆地使用这种消毒技术进行了许多手术。他的防腐方法迅速得到了各国医生的肯定和接受，人们都称李斯特是“防腐外科之父”。

人们在实践中很快又发现防腐法并没有彻底解决问题。1880年德国医生纽伯首次将高压蒸汽消毒法运用于手术室器械的消毒。这种消毒方法远比用石炭酸浸泡彻底。至此，手术室中开始使用无菌器械。

如今从手术前对患者手术部位进行备皮、消毒，到整个手术室的消毒，手术器械的灭菌，手术者的消毒，甚至手术中手术者动作的要求——比如手术者们如何交换位置、手术者的双手只能在哪些范围内活动等等，都有极为明确而严格的规定。

项目Ⅱ　食品中指标菌及常见致病菌的检测

任务一　微生物计数及检测

知识目标

- 了解微生物计数的目的；
- 了解细菌、霉菌、酵母菌、嗜热菌的危害和控制方式；
- 掌握细菌总数、霉菌、酵母菌、嗜热菌检测的基本原理。

能力目标

- 掌握细菌总数、霉菌、酵母菌、嗜热菌的检测方法。

模块1　细菌总数的测定

食品中微生物的菌落总数一般是指在被检样品的单位质量(g)、容积(mL)或表面积(cm^3)内，所含能于某种固体培养基上，在一定条件下培养后生长的细菌菌落的总数。食品有可能被多种微生物所污染，每种细菌都有一定的生活特性，培养时需满足其不同的营养条件及其生理条件(如温度、培养时间、pH值、需氧性质等)的要求，才能分别将各种细菌培养出来。但在食品卫生检验中，一般都只用一种常用的方法去做菌落总数的测定，所得结果只包括一群能在普通营养琼脂中发育、嗜中温的、需氧和兼性厌氧的细菌菌落的总数。

食品中细菌总数的测定方法很多，包括菌落计数法、滤膜法、最近似值(MPN)计数法、染色剂褪色法及电测量法。其中应用最为广泛的是菌落计数法，尤其是平板菌落计数法。平板菌落计数法与其他计数法相比，能直接得到所需的数据，但菌落计数法很难得到真实的菌体数。

食品中菌落总数的测定，目的在于了解食品在生产中，从原料到成品包装受外界污染的情况，也可以应用这一方法观测食品中细菌的性质以及细菌在食品中的繁殖动态，以便对被检样进行卫生学评价时提供科学依据。

1.1　设备和材料

除微生物实验室常规灭菌用培养设备外，所需其他设备和材料如下所示。恒温培养箱：(36±1)℃，(30±1)℃；冰箱：2～5℃；恒温水浴锅：(46±1)℃；天平：感量0.1g；均质器或乳钵；振荡器；无菌吸管：1mL(具有0.01mL刻度)、10mL(具有0.1mL刻度)或微量移液器及吸头；无菌锥形瓶：容量250mL、500mL；无菌培养皿(皿底直径9cm)；pH计或pH比色管或精密 pH 试纸；放大镜或菌落计数仪或 Petrifilm™ 自动判读仪；可调式电炉；玻璃珠(直径为 5mm)；试管架；酒精灯；无菌试管 18mm×200mm；75%酒精棉球；玻璃蜡笔；登记簿；剪刀；灭菌镊子；不锈钢勺等。

1.2　培养基及试剂

具体包括：平板计数琼脂培养基、磷酸盐缓冲溶液、无菌生理盐水、1mol/L 氢氧化钠、1mol/L 盐酸、Petrifilm™ 大肠菌群检测测试片和压板。

1.3　平板菌落计数法

1.3.1　检测程序

菌落总数的检测程序如图 1-1 所示。

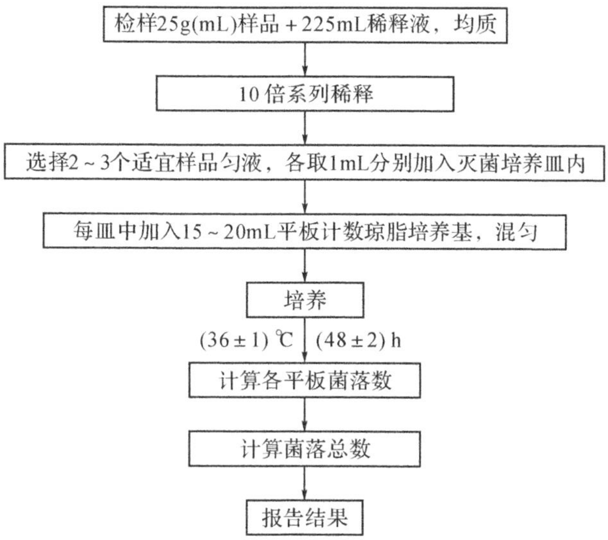

图 1-1　菌落总数的检测程序

1.3.2　操作步骤

1. 样品的制备和稀释

微生物检样的过程必须保证无菌操作，需在无菌室或超净工作台内进行。制备样品时，带有包装的样品在开启前需经一定的处理，塑料袋包装应先用蘸有 75%酒精的棉球涂擦消毒口袋；容器包装应先用温水洗净表面，再用点燃的酒精棉球消毒开启部位及周围。

取样时根据检测目的，决定取样部位。若为了判断质量鲜度，应多取内部肌肉；若为了检验污染程度或检测是否带有某种致病菌，应多在表层取样，或用棉拭采样法。

检样所用的稀释剂主要有生理盐水、蒸馏水、磷酸盐缓冲液、0.1%蛋白胨水等。虽一般常采用灭菌生理盐水作稀释液，但以用磷酸缓冲液、0.1%蛋白胨水为合适，因蛋白胨水对细菌细胞有更好的保护作用，不会使检样中原已受损伤的细菌细胞在稀释过程中死亡。AOAC(美国分析化学家协会)规定用灭菌磷酸盐缓冲液，如样品是河流和海洋等环境水样时，稀释液多采用高压灭菌或过滤灭菌的同样水。如果对含盐量较高的食品(如酱品)进行稀释，则宜采用蒸馏水。

①固体和半固体样品。称取 25g 样品置盛有 225mL 磷酸盐缓冲液或生理盐水的无菌均质杯内，5000～10000r/min 均质 1～2min，或放入盛有 225mL 稀释液的无菌均质袋中，用

拍击式均质器拍打 1～2min，制成 1∶10 的样品匀液。

②液体样品。以无菌吸管吸取 25mL 样品置盛有 225mL 磷酸盐缓冲液或生理盐水的无菌锥形瓶（瓶内预置适当数量的无菌玻璃珠）中，充分混匀，制成 1∶10 的样品匀液。

③用 1mL 无菌吸管或微量移液器吸取 1∶10 样品匀液 1mL，沿管壁缓慢注于盛有 9mL 稀释液的无菌试管中（注意吸管或吸头尖端不要触及稀释液面），振摇试管或换用一支无菌吸管反复吹打使其混合均匀，制成 1∶100 的样品匀液。

④按上述操作程序，制备 10 倍系列稀释样品匀液。每递增稀释一次，换用一次 1mL 无菌吸管或吸头。

⑤根据对样品污染状况的估计，选择 2～3 个适宜稀释度（即 1∶100，1∶1000……）的样品匀液（液体样品可包括原液），在进行 10 倍递增稀释时，每个稀释度分别吸取 1mL 样品匀液加入 2 个无菌平皿内。同时分别取 1mL 稀释液加入 2 个无菌平皿作空白对照。样品稀释程序如图 1-2 所示。

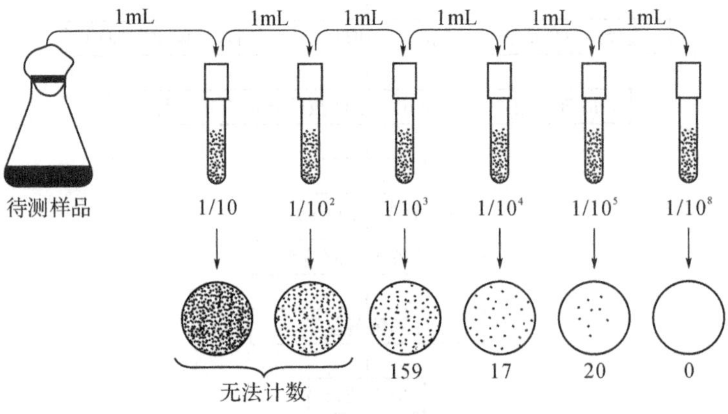

图 1-2　样品稀释程序

⑥及时将 15～20mL 冷却至 46℃的平板计数琼脂培养基（可放置于 46±1℃恒温水浴箱中保温）倾注入平皿，并转动平皿使其混合均匀。同时将营养琼脂培养基倾入加有 1mL 稀释液（不含样品）的灭菌平皿内作空白对照。

2. 培养

具体步骤如下：①琼脂凝固后，将平板翻转，置于(36±1)℃培养(48±2)h。水产品置于(30±1)℃培养(72±3)h。

②如果样品中可能含有在琼脂培养基表面弥漫生长的菌落时，可在凝固后的琼脂表面覆盖一薄层琼脂培养基（约 4mL），凝固后翻转平板，置于(36±1)℃培养(48±2)h。

3. 菌落计数

可用肉眼观察，必要时用放大镜或菌落计数器，记录稀释倍数和相应的菌落数量。菌落计数以菌落形成单位（colony-forming units，cfu）表示。到达规定培养时间，应立即计数。如果不能立即计数，应将平皿放置于 0～4℃，但不要超过 24h。

菌落计数前先观测菌落生长情况，一般同一稀释度的平皿上的菌落数应相近，不同稀释度平皿上的菌落数则应与稀释倍数成反比。蔓延菌落的生长会抑制其他菌株的生长，或者会覆盖其他的小菌落，所以最好不要选择有蔓延菌落生长的平皿作为计数平板，但如必须选择，应在记录中标记清楚。

具体步骤如下：①选取菌落数在30～300cfu之间、无蔓延菌落生长的平板计数菌落总数。低于30cfu的平板记录具体菌落数，大于300的可记录为多不可计。每个稀释度的菌落数应采用两个平板的平均数。

②其中一个平板有较大片状菌落生长时，则不宜采用，而应以无片状菌落生长的平板作为该稀释度的菌落数；若片状菌落不到平板的一半，而其余一半中菌落分布又很均匀，即可计算半个平板后乘以2，代表一个平板菌落数。

③当平板上出现链状菌落生长时（菌落之间无明显界限），若只有一条链可视为一个菌落，如果有不同来源的几条链，则应将每条链作为一个菌落计。

1.3.3 结果的表述

1. 菌落总数的计算方法

具体方法如下：①若只有一个稀释度平板上的菌落数在适宜计数范围内，计算两个平板菌落数的平均值，再将平均值乘以相应稀释倍数，作为每克（或毫升）中菌落总数结果。

②若有两个连续稀释度的平板菌落数在适宜计数范围内时，按式(1-1)计算：

$$N=\sum C/[(n_1+0.1n_2)d] \tag{1-1}$$

式中：N——样品中菌落数；

$\sum C$——平板（含适宜范围菌落数的平板）菌落数之和；

n_1——第一个适宜稀释度平板上的菌落数；

n_2——第二个适宜稀释度平板上的菌落数；

d——稀释因子（第一稀释度）。

【例1-1】 已知某食品取样稀释度及检测菌落数如表1-1所示，求样品中菌落总数(N)。

表1-1 已知数据

稀释度	1∶100(第一稀释度)	1∶1000(第二稀释度)
菌落数	232,244	33,35

解 $N=\sum C/[(n_1+0.1n_2)d]=(232+244+33+35)/[(2+0.1\times2)\times10^{-2}]=24727$

上述数据经“四舍五入”后，结果表述为25000或2.5×10^4 cfu/g(mL)。

③若所有稀释度的平板上菌落数均大于300，则对稀释度最高的平板进行计数，其他平板可记录为多不可计，结果按平均菌落数乘以最高稀释倍数计算。

④若所有稀释度的平板菌落数均小于30，则应按稀释度最低的平均菌落数乘以稀释倍数计算。

⑤若所有稀释度（包括液体样品原液）平板均无菌落生长，则以小于1乘以最低稀释倍数计算。

⑥若所有稀释度的平板菌落数均不在30～300之间，其中一部分小于30或大于300时，则以最接近30或300的平均菌落数乘以稀释倍数计算。

2. 菌落总数的报告

具体报告方法如下：①菌落数在100以内时，按“四舍五入”原则修约，采用两位有效数字报告。

②大于或等于100时，第三位数字采用“四舍五入”原则修约后，取前两位数字，后面用

0 代替位数；也可用 10 的指数形式来表示，按“四舍五入”原则修约后，采用两位有效数字。

③若所有平板上为蔓延菌落而无法计数，则报告菌落蔓延。

④若空白对照上有菌落生长，则此次检测结果无效。

⑤称重取样以 cfu/g 为单位报告，体积取样以 cfu/mL 为单位报告。

已知某食品取样稀释度及检测菌落数，其菌落数报告方式如表 1-2 所示。

表 1-2　稀释度选择及菌落数报告方式

例次	稀释液及菌落数			两稀释液菌落数比	菌数总数/（个/g 或 mL）	报告方式/（个/g 或 mL）
	10－1	10－2	10－3			
1	多不可计 多不可计	173 155	21 19	—	16400	16000 或 1.6×10^4
2	多不可计 多不可计	298 292	53 39	1.6	37750	38000 或 3.8×10^4
3	多不可计 多不可计	262 280	57 63	2.2	27100	27000 或 2.7×10^4
4	多不可计 多不可计	多不可计 多不可计	309 317	—	313000	310000 或 3.1×10^5
5	23 19	9 10	2 3	—	210	210 或 2.1×10^2
6	0 0	0 0	0 0	—	$<1\times10$	<10
7	多不可计 多不可计	302 305	8 12	—	30500	31000 或 3.1×10^4

说明：

①应选择平均菌落数在 30～300 之间的稀释度，乘以稀释倍数报告之（见表 1-2 中例 1）。

②若有两个稀释度，其生长之菌落数均在 30～300 之间，应视二者之比如何来决定，若其比例值小于 2，应报告其平均数，若大于 2，则报告其中较小的数字（见表 1-2 中例 2、3）。

③若所有稀释度的平均菌落数均大于 300，则应按稀释度最高的平均菌落数乘以稀释倍数报告之（见表 1-2 中例 4）。

④若所有稀释度的平均菌落数均小于 30，则应按稀释倍数最低平均菌落数乘以稀释倍数报告之（见表 1-2 中例 5）。

⑤若所有稀释度均无菌落生长，则应按小于 1 乘以最低稀释倍数报告之（见表 1-2 中例 6）。

⑥若所有稀释度的平均菌落数均不在 30～300 之间，其中一大部分大于 300 或小于 30 时，则以最接近 30 或 300 的平均菌落数乘以稀释倍数报告之（见表 1-2 中例 7）。

1.3.4　注意事项

为了正确地反映食品中各种需氧菌和兼性厌氧菌存在的情况，检验时必须遵循以下要求和规定：

①检验中所需玻璃仪器必须是完全灭菌的，并在灭菌前彻底清洗干净，不得残留有抑制物。用作样品稀释的液体，每批都要有空白对照。如果在琼脂对照平板上出现几个菌落时，要追加对照平板，以判定是空白稀释液用于倾注平板的培养基，还是平皿、吸管或空气

可能存在污染。营养琼脂底部带有沉淀的部分应弃去。

②每个样品从稀释到倾注培养基的时间不得超过 30min(一般为 15～30min),因长时间放置可能会造成稀释液中悬浮的细菌死亡、增殖或菌落的分离,也可能会形成片状菌落。

③注意每递增稀释一次,必须另换 1 支 1mL 灭菌吸管。这样所得检样的稀释倍数才准确。吸管在进出装有稀释液的玻璃瓶或试管时,不要触及瓶口或试管的外侧部分,因为这些地方都有可能接触过手或其他污物。在做倍递增稀释液时,吸管插入检样稀释液内不能低于液面 2.5cm;吸入液体时,应先高于吸管刻度,然后提起吸管尖端离开液面,将尖端贴于玻璃瓶或试管的内壁使吸管内的液体调至所要求的刻度,这样取样准确,而且在吸管从稀释液内取出时不会有多余的液体黏附在管外。当用吸管将检样稀释液加至另一装有空白稀释液的管内时,应小心沿管壁加入,不要触及管内稀释液,以防吸管尖端外侧部分黏附的检液也混入其中。

④为防止细菌增殖产生片状菌落,在检液加入平皿后,应在内倾入琼脂,并立即使之与琼脂混合均匀。检样与琼脂混合时,可将平皿底在平面上先前后左右摇动,然后按顺时针方向和逆时针方向旋转,以使之充分混匀。混合过程中应加小心,不要使混合物溅到皿边的上方。皿内琼脂凝固后,将平皿翻转,倒置于培养箱进行培养,避免菌落蔓延生长,防止冷凝水落到培养基表面影响菌落形成。

⑤为了控制和了解污染,在取样进行检验的同时,于工作台上打开一块琼脂平板,其暴露的时间应与该检样从制备、稀释到加入平皿时所暴露的时间相当,然后与加有检样的平皿一起培养,以了解检样在检验操作过程中有无受到来自空气的污染。

⑥培养温度应根据食品种类而定。肉、乳、蛋类食品用 37℃培养,水产品用 33℃培养,培养时间为(48±2)h。其他食品,如清凉饮料、调味品、糖果、糕点、果脯、酒类(主要为发酵酒)、豆制品和酱腌菜均系用 37℃培养(24±2)h。培养时间和温度之所以有所不同是因为在制定这些食品卫生标准中关于菌落总数的规定时,分别采用了不同的培养温度和时间所取得的数据之故。水产品因来自淡水或海水,水底温度较低,因而制定水产品细菌方面的卫生标准时,采用 30℃作为培养温度。

⑦加入平皿内的检样稀释液(特别是 10^{-1} 的稀释液)有时带有检样颗粒,在这种情况下,为了避免与细菌菌落发生混淆,可做一检样稀释液与琼脂混合的平皿,不经培养,于 4℃环境中放置,以便在计数检样菌落时用作对照。如果稀释度大的平板上菌落数比稀释度小的平板上菌落数高,是检验工作中发生的差错,属检测事故,也可能因抑制剂混入样品中所致,均不可用作检样计数报告的依据。如果平板上出现链状菌落,菌落之间没有明显的界限,这是在琼脂与检样混合时,一个细菌块被分散所致。进行平板计数时,不要把链上生长的菌落分开来数,以一条链作为一个菌落计,如有来源不同的几条链,每条链作为一个菌落计。此外,如皿内琼脂凝固后未及时进行培养而遭受昆虫侵入,在昆虫爬过的地方也会出现链状菌落,也不应分开来数。

⑧检样如系微生物类制剂(如酸乳、乳酒),则平板计数中应相应地将有关微生物排除,不可并入检样的菌落总数内作报告。一般在校正检样的 pH 至 7.6 后,再进行稀释和培养,此类嗜酸性微生物往往不易生长,并可以用革兰氏染色法染色鉴别。染色鉴别时,要用不校正 pH 的检样做成相同倍数的稀释液进行培养,所生成的菌落涂片染色作对照,以此辨别。乳酸菌于普通营养琼脂平板上在有氧条件下培养,24h 内通常是不生长的。酵母菌呈

卵圆形，远比细菌大，革兰氏染色呈阳性。

⑨平板培养计数法，只能检出生长的活菌，不能检出样品中全部的细菌数，计数总是比食品中实际存在的细菌数要少，这是因为食品中存在多种细菌，它们的生活特性各异，不可能在统一培养条件下全部生长出来。但是，仍能借此评定整个食品被细菌污染的程度，所以目前一般食品的卫生检验中都普遍采用这种方法。平板菌落计数主要用于测定食品，特别是直接供食用的制成食品中的菌落总数，因为对这些食品的卫生要求，可严格防止消化道传染病病原菌和食物中毒病原菌污染。由于这些病原菌都属于嗜温性菌，因而测定细菌数时，采用中温培养是比较合理的。

1.4 菌落总数 Petrifilm™测试片法

1.4.1 检测程序

菌落总数 Petrifilm™测试片法的检测程序如图 1-3 所示。

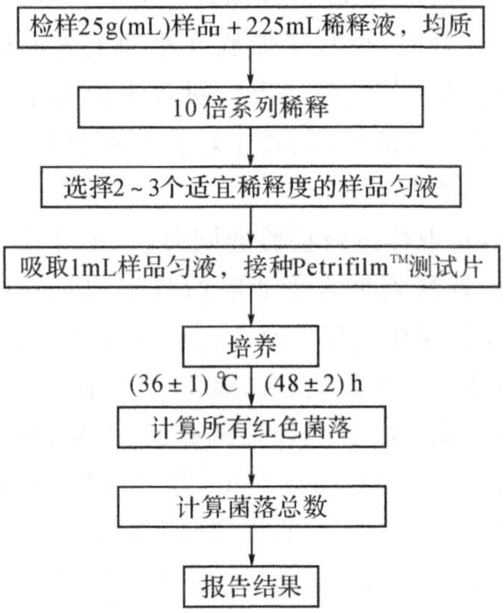

图 1-3 菌落总数 Petrifilm™测试片法的检测程序

1.4.2 操作步骤

1. 样品的稀释

具体步骤如下：①固体和半固体样品。称取 25g 样品置盛有 225mL 磷酸盐缓冲液或生理盐水的无菌均质杯内，5000～10000r/min 均质 1～2min，或放入盛有 225mL 稀释液的无菌均质袋中，用拍击式均质器拍打 1～2min，制成 1∶10 的样品匀液。

②液体样品。以无菌吸管吸取 25mL 样品置盛有 225mL 磷酸盐缓冲液或生理盐水的无菌锥形瓶(瓶内预置适当数量的无菌玻璃珠)中，充分混匀，制成 1∶10 的样品匀液。

③用 1mol/L 氢氧化钠或 1mol/L 盐酸调节 pH 至 6.6～7.2。

2. 接种

根据对样本污染状况的估计，选择 2～3 个适宜稀释度的样品匀液进行检验。将测试片置于平坦实验台表面，揭开上层膜，用吸管或微量移液器吸取 1mL 样品匀液，垂直滴加在测试片的中央，将上层膜盖下，但不要滚动上层膜，将压板(凹面底朝下)放置在上层膜中央，轻轻地压下，使样液均匀覆盖于圆形的培养膜上，切勿扭转压板。拿起压板，静置至少 1min

以使培养基凝固。每个稀释度接种两张测试片。Petrifilm™菌落总数测试片操作如图 1-4 所示。

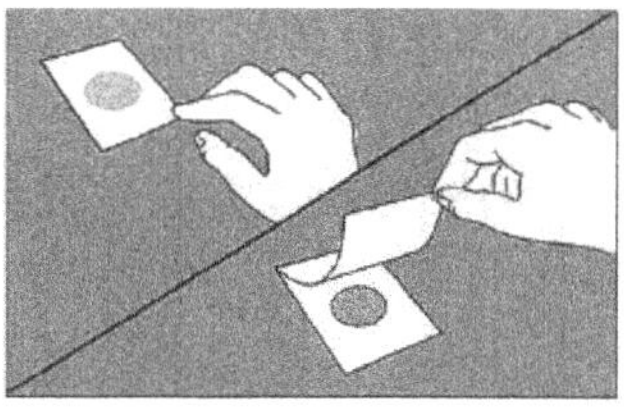

1. 将测试片置于平坦表面处，揭开上层膜。

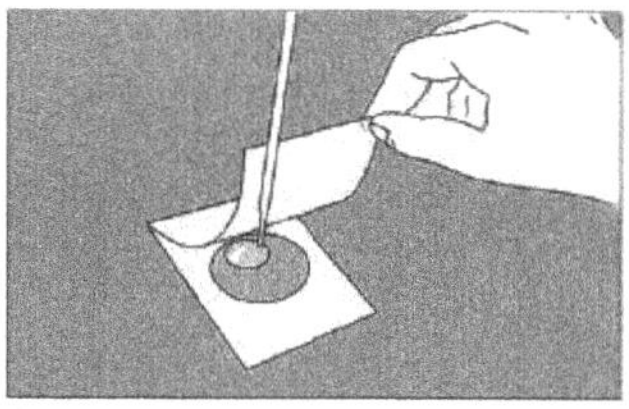

2. 使用吸管将1mL样液垂直滴加在测试片的中央处。

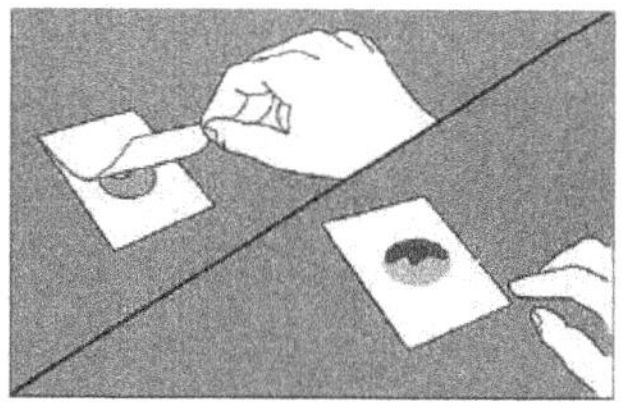

3. 细心将上层膜缓慢盖下，避免有气泡产生，切勿使上层膜直接落下。

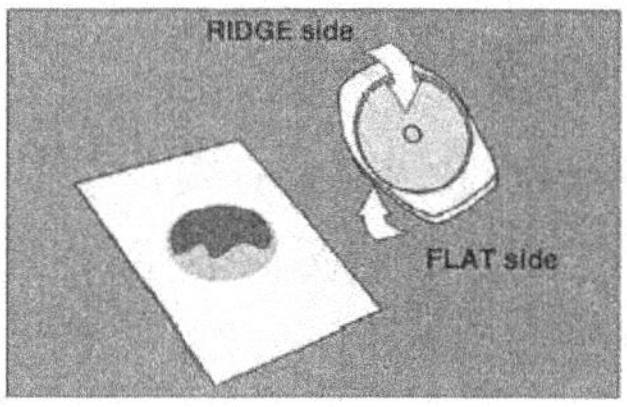

4. 使用压板（平面底朝下）放置在上层膜中央处。

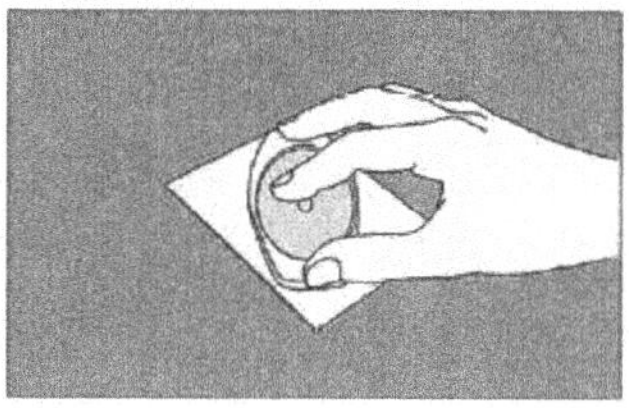

5. 轻轻地压下，使样液均匀覆盖于圆形的培养面积上，切勿扭转压板。

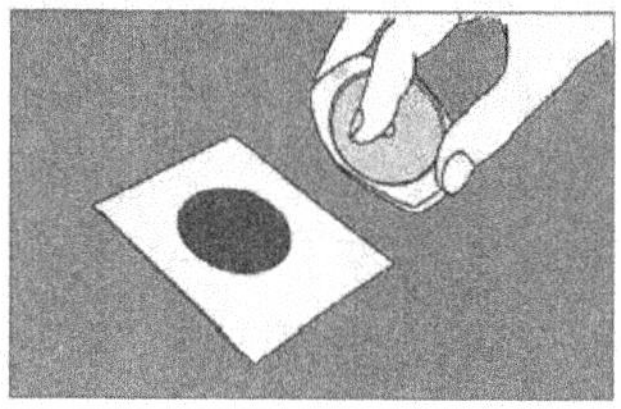

6. 拿起压板，静置至少 1min 以使培养基凝固。

图 1-4 Petrifilm™菌落总数测试片操作过程

3. 培养

将测试片的透明面朝上，水平置于培养箱内。可堆叠至 20 片，置于(36±1)℃培养(48±2)h。水产品置于(30±1)℃培养(72±3)h。

4. 计数

具体步骤如下：①培养结束后立即计数，可肉眼观察计数，或用菌落计数器、放大镜、Petrifilm™自动判读仪计数。选取菌落数在 30～300 之间的测试片计数。

②计数所有红色菌落。细菌浓度很高时，整个测试片会变成红色或粉红色，将结果记录为“多不可计”。

③有时，当细菌浓度很高时，测试片中央没有可见菌落，但圆形培养膜的边缘有许多小的菌落，其结果也记录为“多不可计”；进一步稀释样品可获得准确的读数。

④某些微生物会液化凝胶，造成局部扩散或菌落模糊的现象。如果液化现象干扰计数，可以计数未液化的面积来估算菌落数。

1.4.3 结果的表述

1. 菌落总数的计算方法

具体计算方法如下：①若只有一个稀释度平板上的菌落数在适宜计数范围内，计算两个平板菌落数的平均值，再将平均值乘以相应稀释倍数，作为每克(或毫升)中菌落总数结果。

②若有两个连续稀释度的平板菌落数在适宜计数范围内时，按式(1-2)计算：

$$N=\sum C/[(n_1+0.1n_2)d] \tag{1-2}$$

式中：N——样品中菌落数；

$\sum C$——平板(含适宜范围菌落数的平板)菌落数之和；

n_1——第一个适宜稀释度平板上的菌落数；

n_2——第二个适宜稀释度平板上的菌落数；

d——稀释因子(第一稀释度)。

③若所有稀释度的平板上菌落数均大于300，则对稀释度最高的平板进行计数，其他平板可记录为"多不可计"，结果按平均菌落数乘以最高稀释倍数计算。

④若所有稀释度的平板菌落数均小于30，则应按稀释度最低的平均菌落数乘以稀释倍数计算。

⑤若所有稀释度(包括液体样品原液)平板均无菌落生长，则以小于1乘以最低稀释倍数计算。

⑥若所有稀释度的平板菌落数均不在30～300之间，其中一部分小于30或大于300时，则以最接近30或300的平均菌落数乘以稀释倍数计算。

2. 菌落总数的报告

具体方法如下：①菌落数在100以内时，按"四舍五入"原则修约，采用两位有效数字报告。

②大于或等于100时，第三位数字采用"四舍五入"原则修约后，取前两位数字，后面用0代替位数；也可用10的指数形式来表示，按"四舍五入"原则修约后，采用两位有效数字。

③若所有平板上为蔓延菌落而无法计数，则报告菌落蔓延。

④若空白对照上有菌落生长，则此次检测结果无效。

⑤称重取样以cfu/g为单位报告，体积取样以cfu/mL为单位报告。

1.5 菌落总数测定培养基和试剂的配制

1.5.1 平板计数琼脂(PCA)培养基

1. 成分

胰蛋白胨	5g	琼脂	15g
酵母浸膏	2.5g	蒸馏水	1000mL
葡萄糖	1g		

pH 7±0.2

2. 制法

将上述成分混合(琼脂除外)，溶解后，加入1mol/L氢氧化钠或1mol/L盐酸溶液校正pH，再加入琼脂，加热煮沸使琼脂溶解。分装试管或锥形瓶，121℃高压灭菌15min。

1.5.2 磷酸盐缓冲液

1. 成分

磷酸二氢钾	34g
蒸馏水	500mL

pH 7.2

2. 制法

具体如下：①贮存液。称取34g的磷酸二氢钾溶于500mL蒸馏水中，用大约175mL的1mol/L氢氧化钠溶液调节pH至7.2，用蒸馏水稀释至1000mL后贮存于冰箱。

②稀释液。取贮存液1.25mL，用蒸馏水稀释至1000mL，分装于适宜容器中，121℃高压灭菌15min。

1.5.3 无菌生理盐水

称取8.5g氯化钠溶于1000mL蒸馏水中，121℃高压灭菌15min。

1.5.4　1mol/L 氢氧化钠

称取 40g 氢氧化钠溶于 1000mL 蒸馏水中。

1.5.5　1mol/L 盐酸

37%浓盐酸 90mL，加蒸馏水到 1000mL。

模块 2　霉菌和酵母菌

酵母菌通常是单细胞，呈圆形、卵圆形、腊肠形或杆状。霉菌能够形成疏松的绒毛状的菌丝体。

霉菌和酵母广泛分布于自然界并可作为食品中正常菌相的一部分。长期以来，人们利用某些霉菌和酵母加工一些食品，如用霉菌加工干酪和肉，使其味道鲜美；还可利用霉菌和酵母酿酒、制酱；食品、化学、医药等工业都少不了霉菌和酵母。但在某些情况下，霉菌和酵母也可造成食品腐败变质，或者作为空气传播性污染物，在消毒不适当的设备上也可被发现。有些霉菌的有毒代谢产物引起各种急性和慢性中毒，特别是有些霉菌毒素具有强烈的致癌性。实验证明，一次大量食入或长期少量食入，皆能诱发癌症。目前，已知的产毒霉菌，如青霉、曲霉和镰刀霉等，它们在自然界分布较广，对食品侵袭的机会也较多。霉菌和酵母往往使食品表面失去色、香、味。例如，酵母在新鲜的和加工的食品中繁殖，可使食品发生难闻的异味，它还可以使液体发生混浊，产生气泡，形成薄膜，改变颜色及散发不正常的气味等。因此霉菌和酵母也作为评价食品卫生质量的指标菌，并以霉菌和酵母计数来制定食品被污染的程度。目前已有若干个国家制订了某些食品的霉菌和酵母限量标准。我国已制订了一些食品中霉菌和酵母的限量标准。

霉菌和酵母菌菌数的测定是指食品检样经过处理，在一定条件下培养后，所得 1g 或 1mL 检样中所含霉菌和酵母菌菌落数（粮食样品是指 1g 粮食表面的霉菌总数）。霉菌和酵母菌数主要作为判定食品被霉菌和酵母菌污染程度的标志，以便对被检样品进行卫生学评价提供依据。因此，对食品加强酵母菌、霉菌的检测，在食品卫生学上具有重要的意义。

2.1　生物学性状

2.1.1　形态结构

真菌形态分为单细胞结构和多细胞结构两类。单细胞真菌主要为酵母和类酵母菌（如隐球菌、念珠菌）呈圆形或椭圆形（见图 1-5）。多细胞真菌有菌丝和孢子组成，菌丝分枝交织成团形成菌丝体，并长有各种孢子，这类真菌一般称为霉菌（见图 1-6）。

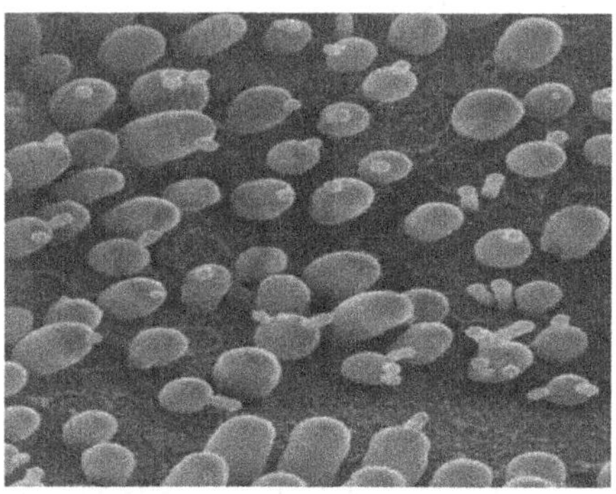

图 1-5　汉逊氏酵母属

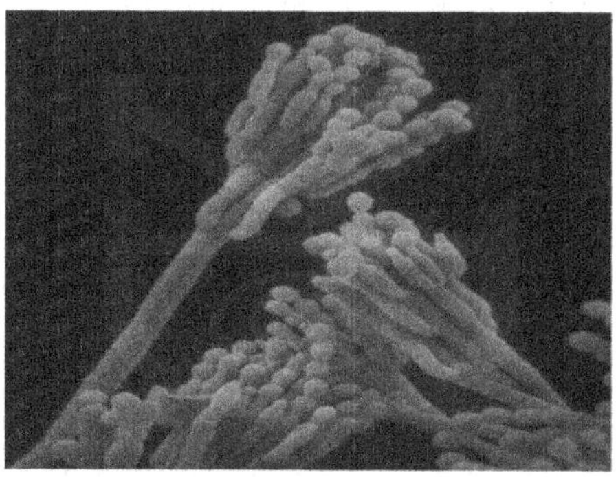

图 1-6　青霉属

真菌细胞结构比细菌复杂，细胞壁缺乏构成细菌细胞壁的肽聚糖，其坚韧性主要依赖于多聚 N-乙酰基葡萄糖构成的甲壳质，并含葡聚糖、甘露聚糖及蛋白质，某些酵母菌还含类脂体。真菌细胞内有较为典型的结构和细胞器。

2.1.2 培养特性

真菌能分泌酶使有机物降解成可溶性营养成分，吸收至细胞内进行新陈代谢。大多数真菌营养要求不高，在沙保氏培养基(Sabouraud's medium 含 4%葡萄糖、1.0%蛋白胨，pH 4～6)，22～28℃生长良好。大多于 1～2 周出现典型菌落。真菌菌落一般有三种类型。

①酵母型菌落，为单细胞真菌的菌落，形态与一般细菌菌落相似，比细菌大，约(1～5)μm×(5～30)μm；以出芽形式繁殖，如新型隐珠菌。

②类酵母型菌落，外观似酵母菌落，但可见伸入培养基中的假菌丝，它是由伸长的芽生孢子形成，如白色念珠菌。

③丝状菌落，为多细胞真菌的菌落，由许多菌丝体组成。菌丝多数有隔，分成多个细胞，称有隔菌丝；有的菌丝无隔，称无隔菌丝。部分菌丝伸入培养基中吸收营养和水分，称营养菌丝；另一部分菌丝向空间生长称气中菌丝，能产生孢子的气中菌丝称生殖菌丝。有些真菌的气中菌丝形状特殊，呈球拍状、螺旋状、鹿角状等是各种皮肤丝状菌鉴别的依据之一。丝状菌落呈棉絮状、绒球状、粉末状或石膏粉样，在下面和背面可显示各种不同色素。

由于霉菌的菌丝较粗而长，因而霉菌的菌落较大，有的霉菌的菌丝蔓延，没有局限性，其菌落可扩展到整个培养皿，有的则有一定的局限性，直径 1～2cm 或更小。菌落质地一般比放线菌疏松，外观干燥，不透明，呈现或紧或松的蛛网状、绒毛状或棉絮装；菌落与培养基的连接紧密，不易挑取；菌落正反面的颜色和边缘与中心的颜色常不一致。

有些真菌在不同寄生环境和培养条件下出现两种形态，称二相性真菌，即在机体内或含血培养中 37℃孵育，呈现酵母型菌落，而在沙保氏培养基上室温孵育，则形成丝状菌落。如荚膜组织胞浆菌、皮炎芽生菌等。

病原性真菌大多以出芽、分枝和断裂或形成无性孢子等无性生殖方式进行繁殖。近年发现不少病原性真菌除无性生殖外，具有有性生殖阶段，如孢子丝菌、皮炎芽生菌、荚膜组织胞浆菌、石膏样小孢子菌等。孢子分有性孢子和无性孢子两类。有性孢子是通过不同细胞配合(质配或核配)后生长发育形成的，可分为卵孢子、子囊孢子、接合孢子、担子孢子。无性孢子是病原性真菌传播和延续后代的主要方式，无性孢子分叶状孢子和分生孢子两个类别，叶状孢子系从菌丝细胞直接形成的孢子，如芽生孢子、厚膜孢子及关节孢子。分生孢子由生殖菌丝末端分裂收缩而成，如大分生孢子、小分生孢子及孢子囊孢子。不同真菌产生不同形态的孢子是鉴定真菌的依据之一。

2.1.3 抵抗力

真菌对干燥、阳光、紫外线及一般化学消毒剂有耐受力，但充分暴露于阳光、紫外线及干燥情况下大多数真菌可被杀死，且对 2.5%碘酒、10%福尔马林都敏感，一般可用福尔马林熏蒸被真菌感染的房间。对热敏感，一般 60℃ 1h 可杀死真菌菌丝和孢子。

2.2 致病性

真菌引起的疾病大致包括：

①真菌性感染。主要是外源性感染，浅部真菌有亲嗜表皮角质特性，侵犯皮肤、指甲及须发等组织，顽强繁殖，发生机械刺激损害，同时产生酶及酸等代谢产物，引起炎症反应和

细胞病变。浅部真菌可侵犯皮下、内脏及脑膜等处，引起慢性肉芽肿及坏死。

②条件性真菌感染。主要是内源性感染（如白色念珠菌），亦有外源性感染（如曲霉菌），此类感染与机体抵抗力、免疫力降低及菌落失调有关，常发生于长期应用抗生素、激素、免疫抑制剂、化疗和放疗的患者。

③过敏性真菌病。系在各种过敏性或变态反应性疾病中，由真菌性过敏原（如孢子抗原）引起过敏症，如哮喘、变态反应性肺泡炎和癣菌疹等。

④真菌毒素中毒症。真菌毒素已发现100多种，可侵害肝、肾、脑、中枢神经系统及造血组织。如黄曲霉素可引起肝脏变性、肝细胞坏死及肝硬化，并致肝癌。实验证明，用含0.045ppm黄曲霉素饲料连续喂养小白鼠、豚鼠、家兔等可诱生肝癌，桔青霉素可损害肾小管、肾小球，发生急性或慢性肾病。黄绿青霉素引起中枢神经损害，包括神经组织变性、出血或功能障碍等。某些镰刀菌素和黑葡萄穗素主要引起造血系统损害，发生造血组织坏死或造血功能障碍，引起白细胞减少症等。

2.3　微生物学诊断

2.3.1　直接检查

直接检查是最简单而重要的方法，浅部感染真菌的病变标本如毛发、皮屑、甲屑置玻片上，滴加10%氢氧化钾，覆盖玻片微热熔化角质层，再将玻片压紧，用吸水纸吸去周围多余碱液，在显微镜下观察，见皮屑、甲屑中有菌丝，或毛发内部或外部有成串孢子，即可初步诊断为癣菌感染，但不能确定菌种。深部感染真菌标本如痰、脑脊液亦可做涂片用革兰氏染色（白色念珠菌）或墨汁负染色（隐球菌）观察形态特征。

2.3.2　培养检查

本法可确定菌种，辅助直接检查不足，通常用沙保氏培养基（22～28℃），深部真菌可用血琼脂或脑心葡萄糖血琼脂37℃培养，或根据不同菌种运用不同培养基，如孢子丝菌可用胱氨酸血液葡萄糖琼脂，必要时运用鉴别培养基和生化反应、同化试验等进行鉴定。

2.3.3　免疫学试验

近年来有许多方法用于检测深部感染真菌的抗体，作辅助诊断荚膜组织胞浆菌、念珠菌、曲霉菌。但系统性感染患者常因免疫功能降低不出现抗体，而且许多真菌间抗原性有交叉反应。有的产生抗体后维护时间较长，正常人群中有一定比例的阳性率，则必须结合临床情况分析结果才能作出恰当的诊断。

由于上述检测抗体受到许多因素的限制，及深部真菌感染时，早期培养阳性率甚低，晚期则多失去治疗时机，因此用免疫学方法从血清或其他部位检测真菌抗原，对早期诊断具有重要意义。如乳胶凝集法检测新型隐球菌病患者的荚膜多糖抗原、ELISA法检测白色念珠菌感染者的甘露聚糖抗原及免疫荧光法检测孢子丝菌病患者的可溶性抗原等，均为早期、快速、特异的诊断方法。

2.3.4　动物试验

某些真菌对实验动物有致病性，如皮炎芽生菌、球孢子菌可在小白鼠、豚鼠体内生长，白色念珠接种家兔小白鼠可发生肾脏脓肿致死。

2.4　预防与控制

真菌感染尚无特异预防，主要注意公共卫生和个人卫生。碘化物治疗孢子丝菌病、毛霉菌病有一定疗效。制霉素、灰黄霉素、克霉唑（三苯甲霉唑）等外用或内服对癣症和白色念珠菌病等有较好疗效。近年报道5-氟胞嘧啶治疗单细胞真菌感染疗效显著。二性霉素B可用于深部全身真菌感染。

2.4.1 白色念珠菌

白色念珠菌通常存在于正常人口腔、上呼吸道、肠道及阴道，一般在正常机体中数量少，不引起疾病，当机体免疫功能或一般防御力下降以及正常菌群相互制约作用失调，则本菌大量繁殖并改变生长形式（芽生菌丝相）侵入细胞引起疾病。

本菌细胞呈卵圆形，很像酵母菌，比葡萄球菌大5～6倍，革兰氏染色阳性，但着色不均匀。在病灶材料中常见菌细胞出芽生成假菌丝，假菌丝长短不一，并不分枝，假菌丝收缩断裂又成为芽生的菌细胞。

白色念珠菌患者痰液直接涂片革兰氏染色。本菌在血琼脂或沙保氏琼脂上，37℃或室温孵育2～3d后，生成灰白乳酪样菌落，涂片镜检，可看到表层为卵圆形芽生细胞，底层有较多假菌丝。若接种于4%玉蜀黍琼脂上，室温孵育3～5d可见假菌丝、芽生孢子、厚膜孢子。

白色念珠菌可侵犯人体许多部位，可引起：

①皮肤念珠菌病，好发于皮肤皱褶处（腋窝、腹股沟、乳房下、肛门周围及甲沟、指间），皮肤潮红、潮湿、发亮，有时盖上一层白色或呈破裂状物，病变周围有小水泡。

②黏膜念珠菌病，以鹅口疮、口角炎、阴道炎最多见，在黏膜表面盖有凝乳大小不等的白色薄膜，剥除后，留下潮红基底，并产生裂隙及浅表溃疡。

③内脏及中枢神经念珠菌病，可由黏膜皮肤等处病菌播散引起，有肺炎、肠胃炎、心内膜炎、脑膜炎、脑炎等，偶尔也可发生败血症。

采取检材直接检查可见卵圆形细胞，有芽生孢子和假菌丝，接种沙保氏基可长出类酵母型菌落。与其他念珠菌鉴别有：

①玉蜀黍或米粉培养基上可产生厚膜孢子。

②在动物血清或人血清中37℃ 1～3h形成芽管。

③发酵葡萄糖麦芽糖产酸不产气，不发酵乳糖。

④静脉接种家兔或小白鼠致死，在肾皮质上出现许多小脓疡。

预防念珠菌病关键在注意个人清洁卫生，合理使用抗生素、激素，增强机体免疫功能。治疗浅表感染可擦龙胆紫、雷琐辛或制霉素，二性霉素B或咪唑药物局部应用；全身性感染可滴注二性霉素B，口服5-氟胞嘧啶、克霉唑及大蒜素静脉滴注等。

2.4.2 新型隐球菌

新型隐球菌又名溶组织酵母菌，是土壤、鸽类、牛乳、水果等的腐生菌，也可存在人口腔中，可侵犯人和动物，一般为外源性感染，但也可能为内源性感染，对人类而言，它通常是条件致病菌。

本菌在组织液或培养物中呈较大球形，直径可达5～20μm，菌体周围有肥厚的荚膜，折光性强，一般染料不易着色，难以发现，称隐球菌。用墨汁阴性显影法镜检，可见到透明荚膜包裹着菌细胞，菌细胞常有出芽，但不生成假菌丝。

在沙保氏琼脂及血琼脂培养基上，于25℃及37℃不能生长，而非病原性隐球菌在37℃不能繁殖。培养数日后生成酵母型菌落，初呈白色，1周后转淡黄或棕黄，湿润黏稠，状似胶汁。本菌能分解尿素，以此与酵母菌和念珠菌鉴别。

本菌大多由呼吸道转入，在肺部引起轻度炎症，或隐性传染。亦可由破损皮肤及肠道传入。当机体免疫功能下降时可向全身播散，主要侵犯中枢神经系统，发生脑膜炎、脑炎、脑肉芽肿等，此外可侵入骨骼、肌肉、淋巴结、皮肤黏膜引起慢性炎症和脓肿。

预防本菌感染，除应增强机体免疫力外，还应避免创口被土壤及鸟粪感染等。治疗药物可用碘化钾或碘化钠、大蒜精、二性霉素B，亦可将二性霉素B与5-氟胞嘧啶联合应用，慢性肺损害或骨病损则可辅以外科切除。

2.4.3　曲霉菌

曲霉菌在自然界分布广泛，为条件致病性真菌，常由许多因素降低机体免疫力时，继发传染引起疾病，最常见的有烟曲霉菌、黑曲霉菌、黄曲霉菌等。本菌生长迅速，形成丝状菌落，开始为白色，随孢子的产生呈绿色或暗红色，镜检见分生孢子柄顶端有包囊，在包囊表面有带着成串孢子的菌丝。

曲霉菌病原发的常局限于耳、眼睛与肺部，继发的见于肿瘤、结核等病人。成年男性多见，特别在灰尘环境中工作者及家禽饲养员等。最多见的肺曲霉菌病主要表现为慢性气喘、局限性浸润性损害，或形成肉芽肿样的真菌球。此外，皮肤、外耳道、鼻窦、眼眶及骨和脑膜等，也可发生炎症性肉芽肿，伴有组织坏死与脓肿，在病变组织中可找到有隔菌丝，长短不一呈杆状，有分枝。并有圆形小孢子散在或堆积成团。

诊断可取病人痰、体液或组织用氢氧化钾处理制成片子镜检找菌丝和孢子，或培养鉴定。

治疗局部曲霉菌病可用龙胆紫溶液、碘化钾、制霉素等；过敏性肺曲霉菌病可用皮质类固醇，全身性的用二性霉素-B和5-氟胞嘧啶。曲霉菌肉芽肿瘤可做外科手术疗法。

2.4.4　毛霉菌

由毛霉菌引起的疾病，主要菌种为丝生毛霉菌，可侵犯血管壁，引起血栓，组织坏死。多继发于糖尿病或其他慢性消耗病，病程急性；症状严重者可以致死。依据临床表现分：

①脑型毛霉菌病系毛霉菌从鼻腔、副鼻窦沿小血管到达脑部，引成血栓及坏死。

②肺毛霉菌病主要表现为支气管肺炎，亦有肺梗塞及血栓形成。

③胃肠道毛霉菌病，多见于回肠末端、盲肠及结肠，食道及胃亦可累及。

预防主要注意公共卫生和个人卫生，碘化物对治疗毛霉菌病有一定疗效。

2.5　霉菌和酵母菌平板计数法

适用于各类粮食、食品和饮料中霉菌和酵母菌的计数。

2.5.1　设备和材料

除微生物实验室常规灭菌及培养设备外，所需其他设备和材料如下所示。恒温培养箱：25～28℃；冰箱：0～4℃；显微镜；恒温振荡器；天平；灭菌试管：15mm×150mm；灭菌玻塞三角瓶：300mL；灭菌平皿：直径9cm；灭菌吸管：1mL及10mL；酒精灯；载物玻片；牛皮纸袋：121℃灭菌20min；盖玻片；灭菌广口瓶；灭菌金属勺；试管架；接种针；橡皮乳头；刀等。

2.5.2　培养基和试剂

具体包括：孟加拉红培养基、马铃薯-葡萄糖、琼脂培养基(PDA)、高盐察氏培养基，以及灭菌蒸馏水、75%乙醇。

2.5.3 检验程序

酵母菌和霉菌的检验程序如图1-7所示。

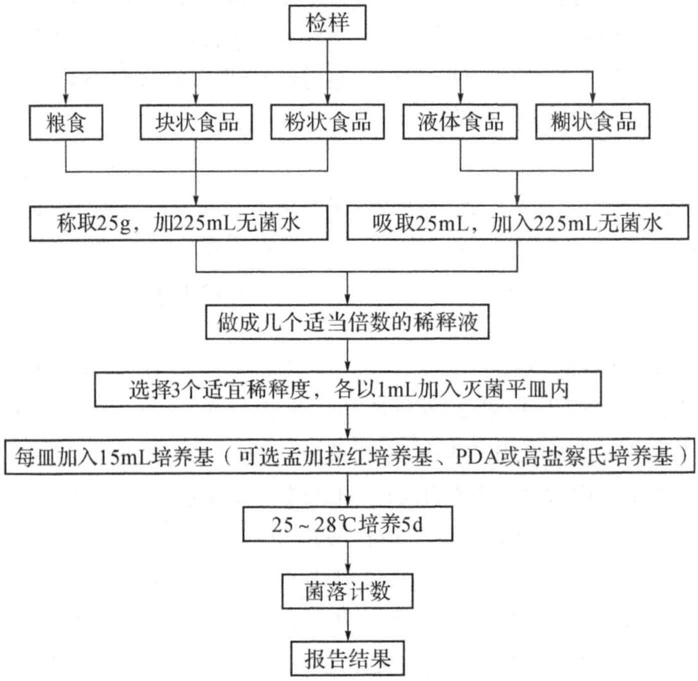

图 1-7　酵母菌和霉菌的检验程序

2.5.4　操作步骤

1. 采样

取样需特别注意样品的代表性，采样时避免污染。首先准备好灭菌容器和采样工具，如灭菌牛皮纸袋、广口瓶、金属勺或刀等。在卫生学调查基础上，采取有代表性的样品。样品采集后应尽快检验，否则应将样品放在低温干燥处。

①粮食样品采样。粮食(包括粮库贮粮、粮店备粮等)样品的采集，可根据粮囤或粮垛的大小和类型，分层定点取样，一般可分 3 层 5 点，或分层随机采取不同点的样品，充分混合后，取 500g 左右送检。小量存粮可使用金属小勺采取上、中、下各部位的混合样品。

②海运进口粮的采样。每一船舱采取表层、上层、中层及下层四个样品，每层从 5 点取样混合，如船舱盛粮超过 10000t，则应加采一个样品。必要时采取有疑问的样品送检。

③其他。谷物加工制品(包括熟饭、糕点、面包等)、发酵制品、乳及乳制品以及其他液体食品，用灭菌工具采集可疑霉变食品 250g，装入灭菌容器内送检。

2. 样品处理

为了准确测定霉菌和酵母数，真实反映被检食品的卫生质量，首先应注意样品的代表性。对大的固体食品样品，要用灭菌刀或镊子从不同部位采取试验材料，再混合磨碎。如样品不太大，最好把全部样品放到灭菌均质器杯内搅拌 2min。液体或半固体样品可迅速颠倒容器 25 次来混匀。

3. 样品稀释

①以无菌操作称取检样 25g(或 25mL)，放入含有 225mL 灭菌水的三角瓶中，振摇 30min，即为 1∶10 稀释液。

②用灭菌吸管吸取 1∶10 稀释液 10mL，注入试管中，另用带橡皮乳头的灭菌吸管反复吹吸 50 次，使霉菌孢子充分散开。

③取 1∶10 稀释液 1mL 注入含有 9mL 灭菌水的试管中，另换一支 1mL 灭菌吸管吹吸 5 次，此液为 1∶100 稀释液。

④按上述操作顺序做 10 倍递增稀释液，每稀释一次，换用一支 1mL 灭菌吸管。

4. 培养基的选择

在霉菌和酵母计数中，主要使用以下几种选择性培养基：

①马铃薯-葡萄糖-琼脂培养基（PDA）。霉菌和酵母在 PDA 培养基上生长良好。用 PDA 作平板计数时，必项加入抗菌素以抑制细菌。

②孟加拉红（虎红）培养基。该培养基中的孟加拉红和抗菌素具有抑制细菌的作用。孟加拉红还可抑制霉菌菌落的蔓延生长。在菌落背面由孟加拉红产生的红色有助于霉菌和酵母菌落的计数。

③高盐察氏培养基。粮食和食品中常见的曲霉、青霉等大多数种及镰刀霉的某些种在该培养基上分离效果良好，它具有抑制细菌和减缓生长速度快的毛霉科菌种的作用。

5. 接种培养

根据对样品污染情况的估计，选择 3 个合适的稀释度，分别在做 10 倍稀释的同时，吸取 1mL 稀释液于灭菌平皿中，每个稀释度做 2 个平皿，然后将冷至 45℃左右的培养基注入平皿中，待琼脂凝固后，倒置于 25～28℃温箱中，3d 后开始观察，共培养观察 5d。

6. 计算方法

通常选择菌落在 10～150 之间的平皿进行计数，一个稀释度使用两个平板，采用两个平板的平均数；选择稀释度也选择平均菌落数在 10～150 之间的稀释度，菌落平均数乘以稀释倍数，即为每 g（或 mL）检样中所含霉菌和酵母菌数。关于稀释倍数的选择可参考细菌菌落总数测定。

7. 报告结果

报告每 g 或每 mL 食品所含霉菌和酵母菌数，以“cfu/g”表示或“cfu/mL”表示。

2.6 霉菌直接镜检计数法

各种加工的水果和蔬菜制品，如番茄酱原料、果酱和果汁等易受霉菌的污染，适宜条件下霉菌不仅能生长，还能繁殖。以番茄制品为例，在加工中若原料处理不当，产品中就会有霉菌残留。因此，利用霍华德霉菌计数法，可通过在一个标准计数玻片上计数含有霉菌菌丝的显微视野，知道番茄酱中霉菌残留的多少，对番茄制品质量的评定，具有一定参考价值。番茄制品中霉菌数的多少可以反映原料番茄的新鲜度、生产车间的卫生状况、生产过程中是否有变质发生等，因此控制原料番茄的新鲜度以降低产品中霉菌含量是非常必要的。番茄酱霉菌数的部颁标准为阳性视野不超过 40%。

常用的方法有霍华德霉菌计测法，本方法适用于番茄酱罐头。

2.6.1 设备和材料

具体包括：烧杯、玻璃棒、折光仪或糖度计、显微镜、霍华德计测装置（一种特制的、具有标准计测室的装置包括载玻片、盖玻片和测微计）、量筒、托盘天平等。

计测装置结构如图 1-8、图 1-9、图 1-10 所示。

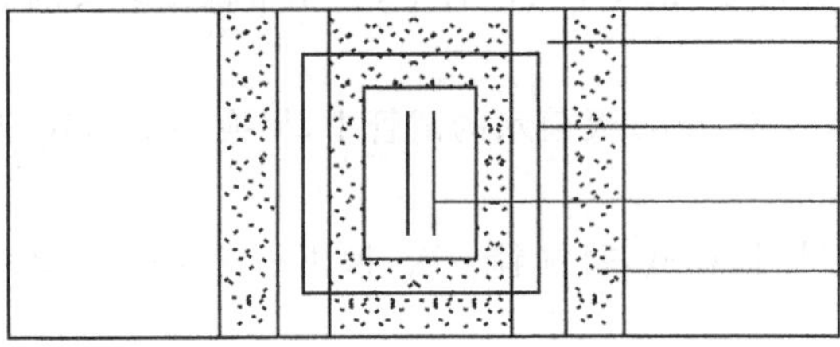

图 1-8　载玻片正视图

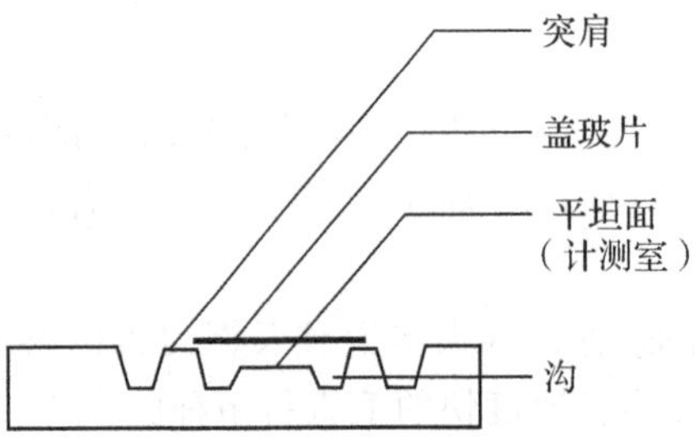

图 1-9　载玻片侧视图

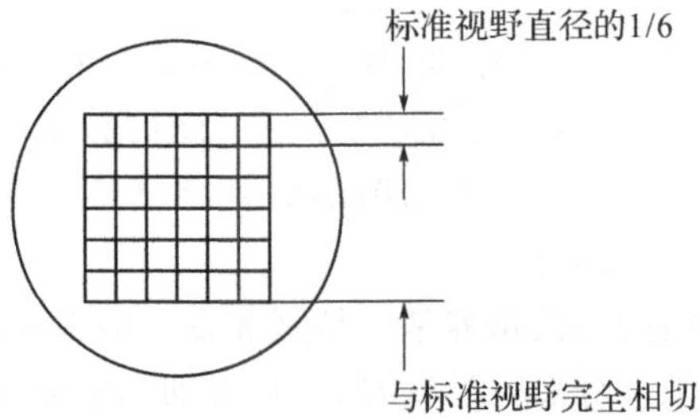

图 1-10　测微计(配片)

2.6.2　检测程序

检测步骤如下:取样→称样→稀释→调节视野→涂片→观察→记录→计算。

2.6.3　操作步骤

1. 取样

抽样数量按每班成品 5t 以下取样 1 罐,产量每增加 5t,取样量增加 1 罐。不同浓度和规格可以混合计算,不足 5t 按每班取样 1 罐。

2. 检样制备

番茄汁和调味番茄酱可直接取样;番茄酱或番茄糊须加水稀释为固形物含量相当于20℃下折光指数为 1.3447～1.3460(浓度为 7.9%～8.8%)的标准样液。具体步骤如下:

①称样。用小烧杯在托盘天平上称取 10g(浓度约 28.5%)番茄酱。

②稀释。向小烧杯中加入 26mL 蒸馏水,用玻棒搅拌均匀,即为折光指数为 1.3447～1.3460(或浓度为 7.9%～8.8%)的标准样液。用糖度计或折光仪测定折光指数或浓度,如果折光指数过大或过小,须加水或样品,直至配成标准样液,才能进行检验。

3. 标准视野的调节

霍华德霉菌计测用的显微镜,要求物镜放大倍数为 90～125 倍,其视野直径的实际长度为 1.382mm,则该视野为标准视野。需注意以下方面。

①检查标准视野。将载玻片放在载物台上,配片置于目镜的光栏孔上,然后观察。

②标准视野要具备两个条件:载玻片上相距 1.382mm 的两条平行线与视野相切;配片(测微器)的大方格四边也与视野相切。如果发现上述两个条件,其中有一条不符合,须经校正后再使用,如图 1-11 所示。

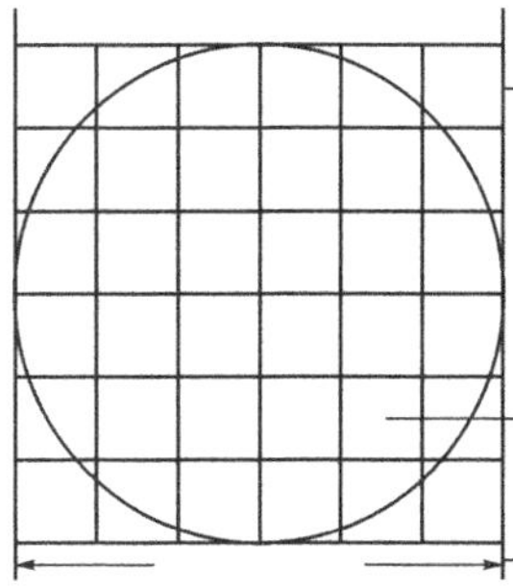

图 1-11 标准视野状态下两条标准平行线及配片大方格与视野外切的相互位置

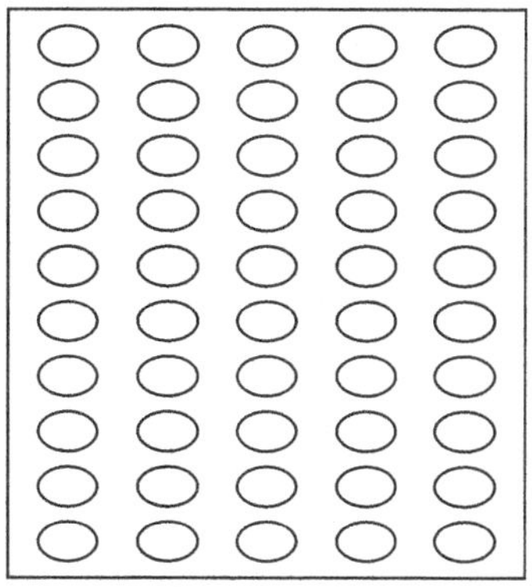

图 1-12 计测室上 50 个视野的分布

4. 涂片

具体步骤如下:①检查玻片。首先用擦镜纸或绸布沾酒精将载玻片和盖玻片擦净。检查是否擦干净,可将盖玻片置于载玻片的两条突肩上观察盖玻片与载玻片突肩的接触处是否产生牛顿环。如果没有产生牛顿环,表明没有擦净,必须重新擦,直至产生牛顿环,方可使用。

②加样。用滴管或玻棒取一大滴混合均匀的样液,均匀地涂布于载玻片中央的平坦面上,盖上盖玻片(盖玻片可直接盖上去,也可以从突肩边沿处吻合切入)。如果发现样液涂布不均匀,有气泡,或样液流入沟内又从盖玻片与突肩处流出,盖玻片与载玻片的突肩处不产生牛顿环等,应弃去不用,重新制作。

涂好的制片,在计测室内,每个标准视野的样液体积为:

$$\begin{aligned} V &= \pi r^2 \times 0.1 \\ &= 3.1416 \times (1.382/2)^2 \times 0.1 \\ &= 0.15(\mathrm{mm}^3) \end{aligned}$$

5. 观察记录

(1)观察视野数及分布

对一般样品,每个涂片均检查 50 个视野(每一个样品至少应测 25 个视野,才能代表样品的各个部分。如果检查结果阳性视野低于 30%,则检查 25 个视野即可;如果在 30%～40%之间,须检查 50 个视野;如果在 40%～50%之个间,须检查 100 个视野;如果在 50%以上或超过更多,则要继续检查,直至检查 25 个视野的结果与一系列计算结果无差异为止)。检查的 50 个视野要均匀地分布于所在计测室上(见图 2-12),可用显微镜载物台上带有标尺的推进器来控制,从上到下或从左到右一行行有规律地进行观察。

(2)霉菌菌丝的鉴别

霉菌菌丝往往与番茄组织难以区别,但这是保证计测结果准确的重要环节之一。在同一视野内霉菌菌丝的特征是:

①霉菌菌丝一般粗细均匀;

②霉菌菌丝体内含有颗粒,具有一定的透明度;

③有的霉菌菌丝有横隔;

④有的霉菌菌丝有分支。

番茄组织的细胞壁大多呈环状，粗细不均匀，细胞壁较厚，且透明度不一致。当在标准视野下不能确认为霉菌菌丝时，可放大倍，上下调节视野，观察不同平面的菌丝。

(3)记录结果

需注意以下方面：①阳性视野与阴性视野的判断。在标准视野下，上下调节焦距，观察视野中有无菌丝，凡符合下列情况之一者为阳性视野：一根菌丝长度超过视野直径 1/6(即一个小方格的边长)；一根菌丝长度加上分枝的长度超过视野直径 1/6；两根菌丝总长度超过视野直径 1/6；三根菌丝总长度超过视野直径 1/6；一丛菌丝可视为一个菌丝，所有菌丝(包括分枝)总长度超过视野直径 1/6。阳性视野用"＋"表示；阴性视野用"－"表示之。

②对初次学习霍华德霉菌计测法者，做记录前可先在记录纸上画出计测室上视野均匀分布的小格，观察一个标准视野，立即在相应的方格内做"＋"或"－"的记录，或"－"以空格表示之(见图 2-13)。这种记录方法，在计测过程中，可减少重复或遗漏计数的现象，也可以从记录表格上"＋""－"视野的分布，了解涂片是否均匀。如果一个样品做两个片子观察结果误差较大(超过 6%)，则另取样涂片，观察测定至误差<6%时为止。

+	−	−	+	−
−	+	−	−	+
−	−	−	+	−
−	+	−	−	−
+	−	−	−	+
−	−	+	−	−
−	+	−	+	−
−	−	+	−	−
+	−	−	−	+
−	−	−	−	+

(a)

	+		+	
+		+		
	+			+
			+	
	+	+		
	+			+
+			+	
		+		+
+				

(b)

图 1-13 观察结果记录

6. 结果计算

霍华德霉菌计测数值，又称霉菌数，用百分比表示。其含义为：将 0.15mm^3 标准样液，均匀地摊布成厚 0.1mm、直径为 1.382mm、面积为 1.5mm^2 的标准视野，在显微镜下检查。按 100 个视野数计算，其中发现有霉菌菌丝存在的视野数(即阳性视野数)。

根据霉菌数含义，其计算公式如式(1-3)所示：

$$N=\frac{n}{50}\times 100\% \qquad (1\text{-}3)$$

式中：N——样品霉菌数(%)；

n——阳性视野数(个)。

【例 1-2】 如图 1-13 记录的阳性视野数，(a)片为 15，(b)片为 16，则样品的霉菌数为

$$N=\frac{(15+16)}{50}\times\frac{1}{2}\times 100\%=31\%$$

说明：部(卫生部)颁标准为阳性视野不超过 40%。在国际贸易中，合同上无要求时按

部颁标准执行，如果超过标准指标，即应该继续制片，但片子数量不得少于3片即150个视野。如果计测结果相近时，可取其平均值；如对抽样结果有异议，应加倍抽样；全部合格，作为合格处理，其中有1罐不合格，该批作为不合格处理。

7. 报告结果

做好计测记录，按记录计算计测结果并做报告。

各国番茄罐头霉菌直接镜检计数标准如表1-3所示。

表1-3 各国番茄罐头霉菌直接镜检计数标准

国　别	阳性视野(%)
美　国	≤40
加拿大	≤50
澳大利亚	≤50
法　国	标准级≤60，特级≤50
意大利	标准级≤65，特级≤50
英　国	≤50
中　国	≤50

2.6.4 酵母菌、霉菌检测培养基和试剂的制备

1. 马铃薯-葡萄糖-琼脂(PDA)

(1)成分

马铃薯(去皮切块)	300g	氯霉素	0.1g
葡萄糖	20g	蒸馏水	1000mL
琼脂	20g		

pH 6.5

(2)制法

将马铃薯去皮切块，加1000mL蒸馏水，煮沸10～20min。用纱布过滤，补加蒸馏水至1000mL。加入葡萄糖和琼脂，加热溶化。另用少量乙醇溶解氯霉素，加入培养基中，分装后，121℃高压灭菌20min。

(3)用途

分离培养霉菌。

2. 孟加拉红培养基

(1)成分

蛋白胨	5g	氯霉素	0.1g
葡萄糖	5g	1/3000孟加拉红溶液	100mL
磷酸氢二钾	1g	蒸馏水	1000mL
硫酸镁(含7个结晶水)	0.5g	琼脂	20g

(2)制法

上述各成分加入蒸馏水溶解后，再加孟加拉红溶液。另用少量乙醇溶解氯霉素，加入培养基中，分装后，121℃灭菌20min。

(3)用途

分离霉菌及酵母菌。

3. 高盐氏培养基

(1)成分

硝酸钠	2g	氯化钠	60g
磷酸氢二钾写(含3个结晶水)	1g	蔗糖	30g
硫酸镁(含7个结晶水)	0.5g	琼脂	20g
氯化钾	0.5g	蒸馏水	1000mL
硫酸亚铁(含7个结晶水)	0.01g		

(2)制法

用蒸馏水加温溶解以上成分,分装后,115℃灭菌30min。必要时,可酌量增加琼脂。

注意:分离食品和饮料中的霉菌和酵母可选用马铃薯-葡萄糖-琼脂培养基或孟加拉红培养基,分离粮食中的霉菌可用高氏培养基。

2.7 产毒霉菌的分类鉴定

适用于曲霉菌属、青霉菌属、镰刀菌属及其他菌属的产毒霉菌鉴定。

2.7.1 设备和材料

具体设备和材料如下:显微镜、目镜测微尺、物镜测微尺、恒温培养箱、冰箱、无菌接种罩、放大镜、酒精灯、接种针、分离针、滴瓶、载物玻片、盖玻片(18mm×18mm)、小刀。

2.7.2 培养基和试剂

具体包括:察氏培养基、玉米粉琼脂培养基、马铃薯琼脂培养基、马铃薯-葡萄糖-琼脂(PDA)、乳酸-苯酚溶液。

2.7.3 操作步骤

(1)菌落的观察

为了培养完整的巨大菌落以供观察记录,可将纯培养物点植于平板上。

方法:将平板倒转,向上接种一点或三点,每菌接种两个平板,倒置于25~28℃温箱中进行培养。当刚长出小菌落时,取出一个平皿,以无菌操作,用小刀将菌落连同培养基切下1cm×2cm的小块,置菌落一侧,继续培养,于5~14d进行观察。此法代替小培养法,可观察子实体着生状态。

(2)斜面观察

将霉菌纯培养物划线接种(曲霉、青霉)或点种(链刀菌或其他菌)于斜面,培养5~14d,观察菌落形态,同时还可以将菌种管置显微镜下用低倍镜直接观察孢子的形态和排列。

(3)制片

取载玻片加乳酸-苯酚液一滴,用接种针钩取一小块霉菌培养物,置乳酸-苯酚液中,用两支分离针将培养物撕开成小块,切忌涂抹,以免破坏霉菌结构。然后加盖玻片,如有气泡,可在酒精灯上加热排除。制片时最好是在接种罩内操作,以防孢子飞扬。

(4)镜检

观察霉菌的菌丝和孢子的形态和特征、孢子的排列等,并做详细记录。

(5)报告

根据菌落形态及镜检结果，查阅霉菌分类检索表，确定菌种名称。

2.7.4 产毒霉菌的分类鉴定培养基和试剂的配制

1. 察氏培养基

(1)成分

硝酸钠	3g	氯化钾	0.5g
磷酸氢二钾(含3个结晶水)	1g	蔗糖	30g
硫酸镁(含7个结晶水)	0.5g	琼脂	20g
硫酸亚铁(含7个结晶水)	0.01g	蒸馏水	1000mL

(2)制法

用蒸馏水加温溶解以上成分，分装后，115℃灭菌30min。

(3)用途

青霉、曲霉鉴定及保存菌种用。

2. 玉米粉琼脂培养基

(1)成分

玉米粉	60g	蒸馏水	1000mL
琼脂	15～20g		

(2)制法

将玉米粉加入蒸馏水中，搅匀，文火煮沸后计时1h，4层纱布过滤，加琼脂后加热溶化，补足水量至1000mL。分装，121℃灭菌20min。

(3)用途

鉴定假丝酵母及霉菌。

3. 马铃薯琼脂培养基

(1)成分

马铃薯(去皮切块)	200g	蒸馏水	1000mL
琼脂	20g		

pH 6.5

(2)制法

将马铃薯去皮切块，加1000mL蒸馏水，煮沸10～20min。用纱布过滤，补加蒸馏水至1000mL。加入琼脂，加热溶化。分装，121℃高压灭菌20min。

(3)用途

鉴定霉菌用。

4. 马铃薯-葡萄糖琼脂(PDA)

(1)成分

马铃薯(去皮切块)	300g	氯霉素	0.1g
葡萄糖	20g	蒸馏水	1000mL
琼脂	20g		

pH 6.5

(2)制法

将马铃薯去皮切块,加1000mL蒸馏水,煮沸10～20min。用纱布过滤,补加蒸馏水至1000mL。加入葡萄糖和琼脂,加热溶化。另用少量乙醇溶解氯霉素,加入培养基中,分装,121℃高压灭菌20min。

(3)用途

分离培养霉菌。

5. 乳酸-苯酚溶液

(1)成分

苯酚	10g	乳酸(相对密度1.21)	10g
甘油	20g	蒸馏水	10mL

②制法

将苯酚在水中加热溶解,然后加入乳酸及甘油。

模块3 嗜热菌

嗜热微生物是指最适宜生长温度在45℃以上的微生物。嗜热微生物不仅能耐受高温,而且能在高温下生长繁殖,其生存环境需要较高的温度。这与普通芽孢细菌的耐热性不同,普通芽孢细菌在高温下形成芽孢抵抗逆境,待环境条件恢复,芽孢萌发成营养体,而芽孢不具有繁殖能力,只是抗逆性休眠体。因此"嗜热"与"耐热"概念不同。

嗜热菌主要发现于厌氧光合细菌、硫细菌、芽孢菌、梭状芽孢杆菌、乳酸菌和其他类群中。所有嗜热微生物中,食品加工中的嗜热菌与我们的生活关系密切,它们的培养通常要求55℃培养48h或更长时间,培养过程中要注意保持水分,防止培养基干燥。食品加工中的嗜热菌主要存在于芽孢杆菌、梭状芽孢杆菌和乳酸菌中。例如,引起低酸罐头食品腐败的菌分别有平酸菌(嗜热脂肪芽孢杆菌、凝结芽孢杆菌、地依型芽孢杆菌)和嗜热厌氧菌。虽然嗜热菌不是致病菌,不会对人体造成明显危害,但在食品灭菌加工过程中容易存活下来,导致食品腐败变质,对食品生产造成危害,应加强对这些菌的重视。

3.1 设备与材料

除微生物实验室常规灭菌用培养设备外,所需其他设备和材料如下所示。恒温培养箱;恒温水浴锅;托盘天平;可调式电炉;平皿:皿底直径9cm;吸管;三角瓶;试管:18mm×200mm等。

3.2 培养基及试剂

除微生物实验室常规灭菌用培养设备外,所需其他设备和材料如下所示。葡萄糖胰蛋白胨琼脂培养基、覆盖琼脂培养基、改良亚硫酸盐琼脂培养基、肝汤培养基,以及75%乙醇、无菌生理盐水等。

3.3 检测程序

食品嗜热菌的检测程序如图1-14所示。

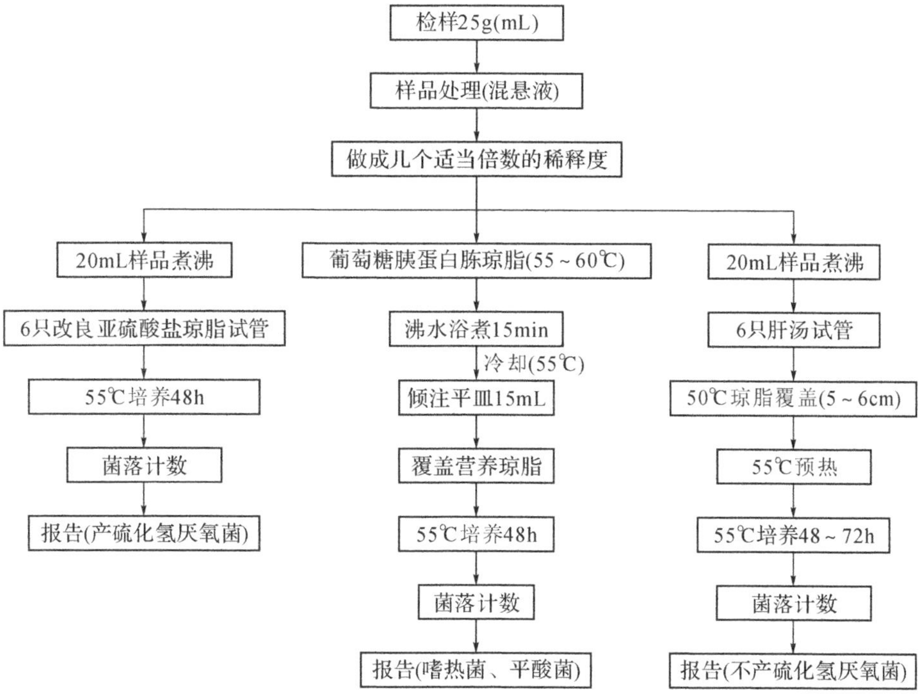

图 1-14 食品嗜热菌的检测程序

3.4 操作步骤

3.4.1 需氧嗜热菌总数

移取一定量样品混合液，在搅拌状态下加热到盛有溶化的葡萄糖胰蛋白胨琼脂培养基(55～60℃)的三角烧瓶内。将此混合物在沸水浴中煮 15min。轻微搅拌使之尽快冷却至45℃，再将全部混合物等量倾注至培养皿内。凝固后于其表面覆盖一薄层 2%灭菌琼脂(防止蔓延型菌落出现)，待覆盖琼脂凝固后，倒置培养皿于 55℃保持一定湿度培养 48h。计数平板上的菌落，算出平均值。按照样品稀释比例算出样品中的需氧嗜热菌总数。

3.4.2 平酸菌

对上述平板再进行检查。计数平板上直径 1～5mm，中心有典型不透明暗色斑点的圆形菌落。在紫色平板上，菌落周围通常环绕有黄色晕。当接种菌过多时，整个平板呈淡黄色；当某些产酸少的类型存在时这种黄晕可能不明显或没有。表面以下的菌落致密，两面凸起，近似针尖状。如对表面以下菌落有怀疑，可挑取此菌落划线培养于葡萄糖胰蛋白胨琼脂培养基平板上，以证实表面菌落的特征。样品中平酸菌计算同上。

3.4.3 产硫化氢厌氧菌

将 20mL 经煮沸过的样品溶液等量分装于 6 只刚排气的改良亚硫酸盐琼脂培养基试管内，于 55℃培养 48h。产硫化氢厌氧菌在改良亚硫酸盐琼脂培养基中形成乌黑发亮的特殊球形区域，无明显气体产生。某些不产硫化氢厌氧菌产生大量氢气和还原亚硫酸盐，引起琼脂断裂和整个培养基变黑。但是，这种情况易与上述的黑色球形区域分开。计数试管中的黑色球形区域，换算出样品的产硫化氢厌氧菌数。

3.4.4 不产硫化氢厌氧菌

将20mL经煮沸过的样品溶液等量分装于6只刚排气的肝汤培养基试管内，并于各试管内注入50℃灭菌琼脂覆盖，厚度5～6cm。待琼脂凝固后，预热试管至55℃，并在此温度下培养48～72h。琼脂断裂，产酸，偶尔伴有干酪气味，被判定为不产硫化氢厌氧菌。此方法适用于定性试验或粗略定量估计，不能以单位样品中菌数表示结果。

3.5 嗜热菌检测培养基及试剂的配制

3.5.1 葡萄糖胰蛋白胨琼脂培养基

1. 成分

葡萄糖	5g	2%溴甲酚紫-乙醇溶液	2mL
胰蛋白胨	10g	蒸馏水	1000g
琼脂	15g		

pH 6.6～6.8

2. 制法

将各成分加入蒸馏水中，静置5min，混合均匀，加热，不时搅拌煮沸1min，分装于玻璃瓶内，121℃高压灭菌20min。

3.5.2 覆盖琼脂培养基

1. 成分

牛肉膏	3g	琼脂	15～20g
蛋白胨	10g	蒸馏水	稀释至1000mL
氯化钠	5g		

pH 7.2±0.1

2. 制法

将除琼脂以外的各成分溶解于蒸馏水内，加入15%氢氧化钠溶液约2mL，校正pH 7.2±0.1。加入琼脂，加热煮沸，使琼脂溶化。分装试管，每管5～7mL；或分装烧瓶，每瓶100～150mL。121℃高压灭菌15min。将试管取出，制成斜面；如制平板，可将灭菌的琼脂冷至45～50℃倾注灭菌平皿，每皿18～20mL。

此培养基可供一般细菌培养之用。如用于菌落计数，琼脂量为1.5%；如做成平板或斜面，则应为2%。

3.5.3 改良亚硫酸盐琼脂培养基

1. 成分

蛋白胨	10g	蒸馏水	1000mL
亚硫酸钠	1g	琼脂	10g

2. 制法

将蛋白胨、亚硫酸钠和琼脂加入蒸馏水中，充分混合，加热使之溶解。分装试管，每管10～15mL，再于试管内加入适量的混铁粉或铁屑。不调pH值。121℃高压灭菌20min。

3.5.4 肝汤培养基

1. 成分

碎牛肝	500g	磷酸氢二钾	1g
蛋白胨	10g	蒸馏水	1000mL

pH 7

2. 制法

500g 碎牛肝与 1L 水混合，缓慢煮沸混合物 1h。调至约 pH 7，再煮 10min，用纱布过滤，收集滤液。稀释滤液致 1L，加入蛋白胨 10g 和磷酸氢二钾 1g，调至 pH 7。分装试管，每管 10～12mL，并加入上述煮沸的碎牛肝 1～2cm 厚。分装试管 121℃高压灭菌 20min。使用前需将培养基煮沸以排除培养基中的空气。接种后用灭菌营养琼脂(50℃)覆盖，厚度 5～6cm。

思考题

1. 食品检验为什么要测定细菌菌落总数？
2. 食品中检出的菌落总数是否代表该食品上的所有细菌数？为什么？
3. 为什么营养琼脂培养基在使用前要保持温度在 45℃左右？
4. 菌落总数检验时，做空白对照实验的目的是什么？
5. 简述细菌总数的测定方法。
6. 倾注平皿法检测细菌总数过程中应注意什么问题？
7. 细菌菌落计数的原则有哪些？
8. 倾注平皿法与平板表面涂布法比较，各有哪些优缺点？
9. 简述酵母菌的生物学性状。
10. 简述霉菌的生物学性状。
11. 试述霉菌和酵母菌的测定程序。
12. 霉菌和酵母菌在培养和计数时应注意什么问题？
13. 霍华德霉菌计测装置的构造如何？
14. 霍华德霉菌计测过程中要注意什么？
15. 简述嗜热菌计数的判断依据。
16. 描述曲霉属、青霉属、镰刀菌属各属的形态特征，并区别这三个属。

【知识链接】

显微镜的发明

显微镜是医学临床检验的必备仪器之一。说起显微镜的发明者，不少人都会提及荷兰人列文虎克。

列文虎克(1632—1723)早年是首都阿姆斯特丹一家杂货店的学徒，业余酷爱读书。一次，他偶然从书上看到一句话，说玻璃可以研磨成小小的凸透镜，通过凸透镜看东西，能使小的东西放大许多倍。这激发了他的好奇心。说来亦巧，杂货店隔壁是家眼镜店，于是列文虎克一有空就光临眼镜店，请工匠教他磨制玻璃镜片。“功夫不负有心人”，他终于磨成了光洁透亮的镜片。他把两块镜片隔开一定距离，固定在金属板上，再装上一个调节镜片的螺旋杆，于是一架当时堪称精巧的“魔镜”即显微镜制成了。其实，世上第一架显微镜早在 1590 年前后由荷兰镜匠詹森父子制成。这架显微镜是用一片凸透镜和一片凹透镜重叠起来组合而成，故称复式显微镜。此显微镜后经意大利天文学家和数学家伽利略加以改良，才有了更佳效果。

列文虎克一生潜心研磨透镜片，用手工磨制419枚，并制成247架简易显微镜，其放大倍数为200～300倍。他用显微镜观察各种物体，并把观察结果记录下来。1675年，他在不流动的污水中第一次看到了肉眼看不到的“微小动物”，他也看到了酵母的细胞，并在1676年首次看到了球状、杆状及螺旋状的细菌，并发表过约400篇论文，其中绝大部分(375篇)在英国皇家学会发表。

1677年，英国皇家学会会员罗伯特·胡克依照列文虎克的报告制作了一架显微镜，亲自观察了列文虎克所述的新发现，证明是事实。由于列文虎克第一次证明了微生物世界的存在，1680年，他被选为英国皇家学会会员。

显微镜为人类揭开肉眼看不到的五光十色的微观世界的奥秘，使万物生存于其中的大自然又向人类敞开了一个新领域的大门。20世纪以来，显微镜技术飞速发展。1932年，世上第一架电子显微镜问世。1977年，我国研制成功一台80万倍的电子显微镜，至20世纪90年代中期，放大率为200万倍的电子显微镜和离子显微镜问世。

任务二　食品中肠道指标菌及其检测

知识目标

· 了解食品中肠道指标菌；
· 了解大肠菌群、粪大肠菌群、大肠杆菌、肠球菌的危害和控制方式；
· 掌握大肠菌群、粪大肠菌群、大肠杆菌、肠球菌检测的基本原理。

能力目标

· 掌握大肠菌群、粪大肠菌群、大肠杆菌、肠球菌的检测方法。

指标菌是评价食品清洁度和安全性的指标，是在分类学、生理学或生态学上相似的一群微生物，能用来指示样品过去或现在所具有的，而不能直接证明的某些特征。其本身通常并不是病原菌。指标菌最早用于饮料添加剂中卫生指标的检测。食品中的指标菌应满足以下要求：

①易于快速检测；
②易于与其他食品微生物区分；
③与它所指示的致病菌有必然的联系；
④与特定的指标菌同时存在；
⑤数目与致病菌的数目相关；
⑥与致病菌的生长率和生长要求相近；
⑦死亡率与致病菌相等或比致病菌低；
⑧在无致病菌存在的食品中不存在或零星存在。

指标菌的检测结果可评价食品的安全状况，在食品检测工作中十分重要。很多进口国在进口食品时都要求对特定的指标菌进行检测。不少国家还将指标菌作为食品和饮用水是否合格的重要指标。肠道菌是最常见的指标菌，但有些情况下其他菌群也可作为指标菌。本任务主要介绍大肠菌群（粪大肠菌群）、大肠杆菌、肠球菌（粪链球菌）等肠道指标菌及其检测方法。

模块1　大肠菌群

1.1　食品中大肠菌群测定的卫生学意义

1.1.1　定义

大肠菌群是指一群在37℃条件下培养24～48h能发酵乳糖、产酸、产气，需氧和兼性厌氧的革兰氏阴性无芽孢杆菌。该菌群主要来源于人畜粪便，作为粪便污染指标评价食品的卫生状况，推断食品中肠道致病菌污染的可能。

1.1.2　分类

大肠菌群主要包括肠杆菌科中的埃希氏菌属、柠檬酸杆菌属、肠杆菌属及克雷伯氏菌属的一部分及沙门氏菌属的Ⅲ亚属(能发酵乳糖)的细菌。检验比较简单,所以大肠菌群被广泛用作水源的卫生指标和食品加工卫生状况的通用指标。其主要生化特性分类如表 2-1 所示。

表 2-1 大肠杆菌群生化特性分类表

项　目	靛基质	甲基红	V-P	柠檬酸盐	硫化氢	明胶	动力	44.5℃乳糖
大肠埃希氏菌Ⅰ	+	+	−	−	−	−	+/−	+
大肠埃希氏菌Ⅱ	−	+	−	−	−	−	+/−	−
大肠埃希氏菌Ⅲ	+	+	−	−	−	−	+/−	−
费劳地柠檬酸杆菌Ⅰ	−	+	−	+	+/−	−	+/−	−
费劳地柠檬酸杆菌Ⅱ	+	+	−	+	+/−	−	+/−	−
产气克雷伯菌Ⅰ	−	−	+	+	−	−	−	−
产气克雷伯菌Ⅱ	+	−	+	+	−	−	−	−
阴沟肠杆菌	+	−	+	+	−	+/−	+	−

注:“+”表示阳性;“−”表示阴性;“+/−”表示多数阳性,少数阴性。

由表 2-1 可以看出,大肠菌群中大肠埃希氏菌Ⅰ型和Ⅲ型的特点是:对靛基质、甲基红、V-P 和柠檬酸盐四个项目的生化反应结果均为“++−−”,通常称为典型大肠杆菌,而其他类大肠杆菌则被称为非典型大肠杆菌。

1.1.3 大肠菌群超标的危害

大肠菌群是作为粪便污染指标菌提出来的,主要是以该菌群的检出情况来表示食品中有否粪便污染。大肠菌群数的高低,表明了粪便污染的程度,也反映了对人体健康危害性的大小。粪便是人类肠道排泄物,其中有健康人粪便,也有肠道患者或带菌者的粪便,所以粪便内除一般正常细菌外,同时也会有一些肠道致病菌存在(如沙门氏菌、志贺氏菌等),因而食品中有粪便污染,则可以推测该食品中存在着肠道致病菌污染的可能性,潜伏着食物中毒和流行病的威胁,必须看做对人体健康具有潜在的危险性。食品中大肠菌群超标,可引起人体腹泻、肠胃感染等疾病。

1.1.4 大肠菌群测定的意义

1. 粪便污染的指标菌

1892 年,沙尔丁格首先提出大肠杆菌作为水源菌污染的指标菌的想法,因为大肠杆菌是存在于人和动物肠道内的常见菌。一年后,塞乌伯耳德・史密斯指出,大肠杆菌普遍存在于肠道内,若粪便在肠道以外的环境中发现,可以认为是受到粪便污染造成的,从此大肠杆菌作为水源中粪便污染的指标菌。

根据研究发现,成人粪便中大肠杆菌达到 $10^8 \sim 10^9$ 个/g,有大肠菌群可证实已被粪便污染,有粪便污染也就有可能有肠道病原菌的存在。由此认为,含有大肠菌群的水或食品是不安全的。当然,有粪便污染,不一定就有肠道病原菌的存在,但即使无病原菌,只要被粪便污染的水或食品也是不卫生的。

2. 粪便污染指标菌的选择

理想的粪便污染指标菌应具备以下几个特点,才能起到比较正确的指标作用。

①存在于肠道中的特有菌。

②在肠道内有极高的数量，高度稀释后，也能被检出。

③在肠道以外的环境中，其抵抗力大于或相似于肠道疾病，进入水中不再繁殖。

④检测方法简便，易于检出和计数。

另外，分枝杆菌、拟杆菌、乳酸菌、肠杆菌科中的梭状芽孢杆菌、粪链球菌等也可以作为粪便污染的指标菌。如厌氧性乳酸菌占人体肠道内细菌组分的1/2以上，一般粪便中该菌含量为10^9～10^{10}个/g。拟杆菌是人体肠道内第二个较大的菌群。

除上述细菌外，克雷伯菌属、变形杆菌和福大肠杆菌等，也可以充当粪便污染指标菌。很多学者认为，在冷冻食品或冷冻状态照射处理过的食品中，大肠杆菌比其他多种病原菌容易死亡，因此，这类食品用大肠杆菌作为指标菌不够理想，而粪链球菌对低温抵抗力强，作为冷冻食品的粪便污染指标菌比较适宜。

上述肠道细菌虽然与粪便有关，但因均比不上大肠菌群所具备的指标特异性，所以目前还没有列入公认的粪便污染指标菌。

当然，大肠菌群作为粪便污染指标菌也有一些不足之处。

①饮用水中含有较少量大肠菌群的情况下，有时仍能引起肠道传染病的流行。

②大肠菌群在一定条件下能在水中生长繁殖。

③在外界环境中，有的沙门氏菌比大肠菌群更有耐受力。

3. 大肠菌群作为粪便污染指标菌的意义

粪便污染食品，往往是肠道传染病发生的主要原因，因此检查食品中有无肠道菌，这对控制肠道传染病的发生和流行，具有十分重要的意义。大肠菌群的检出不仅反映检样受粪便污染的程度，也反映了食品在生产、加工、运输、储存等过程中的卫生状况，具有广泛的卫生学意义。

1.1.5　大肠菌群的控制

大肠菌群在自然界中分布广泛，在15～46℃均可生长，最适生长温度为37℃，在水和土壤中大量存在，对自然环境有较强的抵抗力。主要污染的食品是肉类、水产品、蔬菜等。

85℃热水1～3min内杀灭本菌。300ppm次氯酸钠溶液1～3min内杀灭本菌。

1.2　食品中大肠菌群的测定

1.2.1　设备和材料

除微生物实验室常规灭菌用培养设备外，所需其他设备和材料如下所示。恒温培养箱：(36±1)℃；冰箱：2～5℃；恒温水浴锅：(46±1)℃；天平：感量0.1g；均质器或乳钵；均质袋；振荡器；无菌吸管：1mL(具有0.01mL刻度)、10mL(具有0.1mL刻度)或微量移液器及吸头；无菌锥形瓶：500mL；无菌平皿(皿底直径90mm)；pH计或pH比色管或精密pH试纸；菌落计数器或Petrifilm™自动判读仪；可调式电炉；玻璃珠(直径为5mm)；试管架；酒精灯；无菌试管：18mm×200mm；75%酒精棉球；玻璃蜡笔或标签纸；登记簿；剪刀；灭菌镊子；不锈钢勺；小倒管；直径为3mm的接种环等。

1.2.2　培养基和试剂

具体包括：月桂基磺酸盐胰蛋白胨(LST)肉汤、煌绿乳糖胆盐(BGLB)肉汤、无菌生理盐水、结晶紫中性红胆盐琼脂(VRBA)、磷酸盐缓冲溶液、1mol/L氢氧化钠、1mol/L盐酸、Petrifilm™大肠菌群检测测试片和压板。

1.2.3 大肠菌群 MPN 计数

1. 检测程序

大肠菌群 MPN 计数的检测程序如图 2-1 所示。

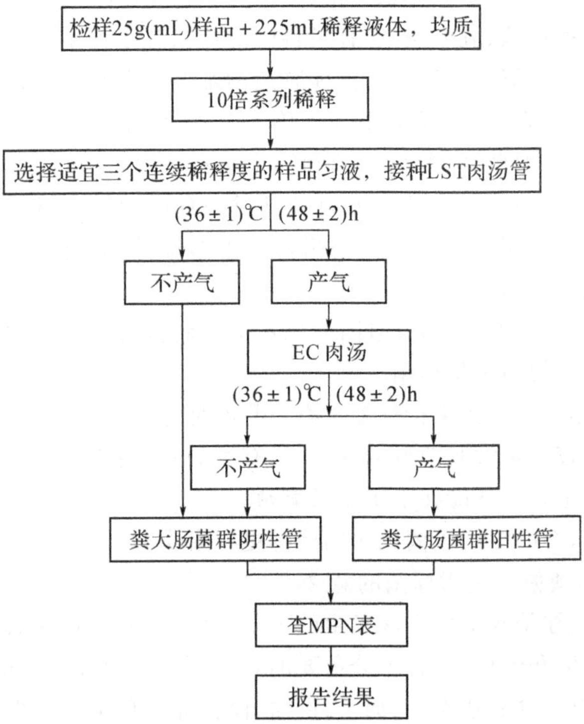

图 2-1 大肠菌群 MPN 计数的检测程序

2. 操作步骤

(1)样品的稀释

具体步骤如下:①固体和半固体食品。以无菌操作称取 25g 样品,放入装有 225mL 磷酸盐缓冲液或生理盐水的无菌均质杯内,于 8000～10000r/min 均质 1～2min,或放入盛有 225mL 磷酸盐缓冲液或生理盐水的无菌均质袋中,用拍击式均质器拍打 1～2min,制成 1∶10的样品匀液。

②液体食品。以无菌吸管吸取样品 25mL 样品,放入装有 225mL 磷酸盐缓冲液或生理盐水的无菌锥形瓶(瓶内预置适当数量的无菌玻璃珠)中,以 30cm 幅度、于 7s 内振摇 25 次(或以机械振荡器振摇),制成 1∶10 的样品匀液。

③样品匀液的 pH 值应在 6.5～7.5 之间,必要时分别用 1mol/L 氢氧化钠或 1mol/L 盐酸,予以调节。

④用 1mL 无菌吸管或移液器吸取 1∶10 样品匀液 1mL,沿管壁缓缓注入装有 9mL 磷酸盐缓冲液或生理盐水的无菌试管中(注意吸管尖端或吸头尖端不要触及稀释液面),振摇试管或换用 1 支 1mL 无菌吸管反复吹打 3～5 次,或采用振荡器使其混合均匀,制成1∶100 的样品匀液。

⑤根据对样品污染情况的估计,按上述操作,依次制成 10 倍系列稀释样品匀液。每递

增稀释1次，换用1支1mL无菌吸管或吸头。从制备样品匀液至样品接种完毕，全过程不得超过15min。

(2)初发酵实验

对每个样品，选择适宜的3个连续稀释度的样品匀液，液体样品可以包括未经稀释的原液，每个稀释度接种3管月桂基磺酸盐胰蛋白胨(LST)肉汤，每管接种1mL(如接种量需要超过1mL，则用双料LST肉汤)。(36±1)℃培养(24±2)h，检查小倒管内是否有气泡产生或轻摇试管时是否有密集连续的细小气泡从管底逸出，如未产气则继续培养至(48±2)h。记录在24h和48h内产气的LST肉汤管数。未产气者为大肠菌群阴性；对产气者，则进行复发酵试验。

说明：月桂基磺酸盐胰蛋白胨(LST)肉汤是国际上通用的培养基。与乳糖胆盐肉汤的作用和意义相同，但具有更多的优越性，LST中的选择性抑菌剂是月桂基磺酸盐，相对于胆盐稳定性更好些。还有就是LST更容易观察。

(3)复发酵实验

用直径为3mm的接种环从所有(48±2)h内发酵产气的LST肉汤管中分别取培养物1环，移种于煌绿乳糖胆盐(BGLB)肉汤管中，置(36±1)℃温箱内，培养(48±2)h，观察产气情况。产气者，计为大肠菌群阳性管(见图2-2、图2-3)。

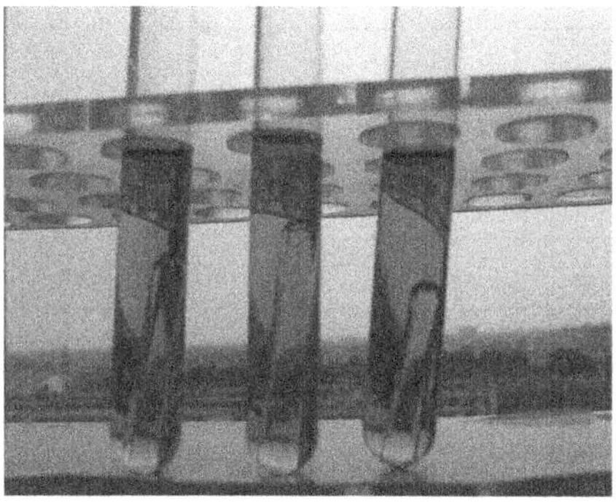

图2-2　接种初期

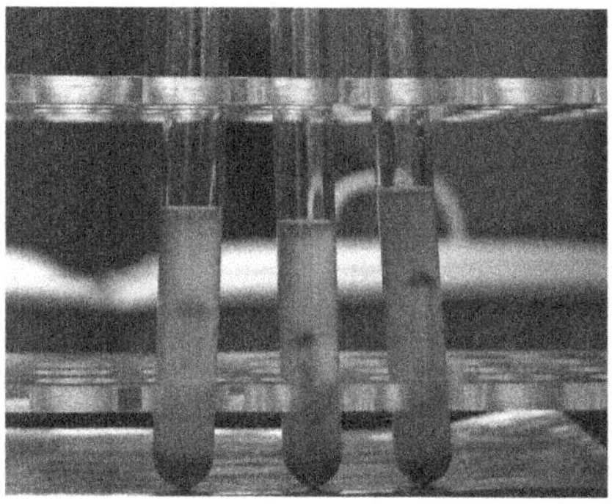

图2-3　接种后小倒管内产气

3. 结果报告

根据大肠菌群阳性管数，查MPN检索表2-2，报告每g(mL)样品中大肠菌群的MPN值。

表2-2　1g(mL)检样中大肠菌群最大可能数(MPN)检索表

阳性管数			MPN	95%置信区间		阳性管数			MPN	95%置信区间	
0.1	0.01	0.001		下限	上限	0.1	0.01	0.001		下限	上限
0	0	0	<3.0	—	9.5	2	2	0	21	4.5	42
0	0	1	3.0	0.15	9.6	2	2	1	28	8.7	94
0	1	0	3.0	0.15	11	2	2	2	35	8.7	94
0	1	1	6.1	1.2	18	2	3	0	29	8.7	94
0	2	0	6.2	1.2	18	2	3	1	36	8.7	94

续表

阳性管数			MPN	95%置信区间		阳性管数			MPN	95%置信区间	
0.1	0.01	0.001		下限	上限	0.1	0.01	0.001		下限	上限
0	3	0	9.4	3.6	38	3	0	0	23	4.6	94
1	0	0	3.6	0.17	18	3	0	1	38	8.7	110
1	0	1	7.2	1.3	18	3	0	2	64	17	180
1	0	2	11	3.6	38	3	1	0	43	9	180
1	1	0	7.4	1.3	20	3	1	1	75	17	200
1	1	1	11	3.6	38	3	1	2	120	37	420
1	2	0	11	3.6	42	3	1	3	160	40	420
1	2	1	15	4.5	42	3	2	0	93	18	420
1	3	0	16	4.5	42	3	2	1	150	37	420
2	0	0	9.2	1.4	38	3	2	2	210	40	430
2	0	1	14	3.6	42	3	2	3	290	90	1000
2	0	2	20	4.5	42	3	3	0	240	42	1000
2	1	0	15	3.7	42	3	3	1	460	90	2000
2	1	1	20	4.5	42	3	3	2	1100	180	4100
2	1	2	27	8.7	94	3	3	3	>1100	420	—

注：①本表采用 3 个稀释度[0.1g(0.1mL)、0.01g(0.01mL)和 0.001g(0.001mL)]，每个稀释度接种 3 管。

②表内所列检样量如改用 1g(1mL)、0.1g(0.1mL)和 0.01g(0.01mL)时，表内数据应相应降低 10 倍；如改用 0.01g(0.01mL)、0.001g(0.001mL)和 0.0001g(0.0001mL)时，表内数据应相应增高 10 倍，其余类推。

1.2.4 大肠菌群平板计数

1. 检测程序

大肠菌群 MPN 计数的检测程序如图 2-4 所示。

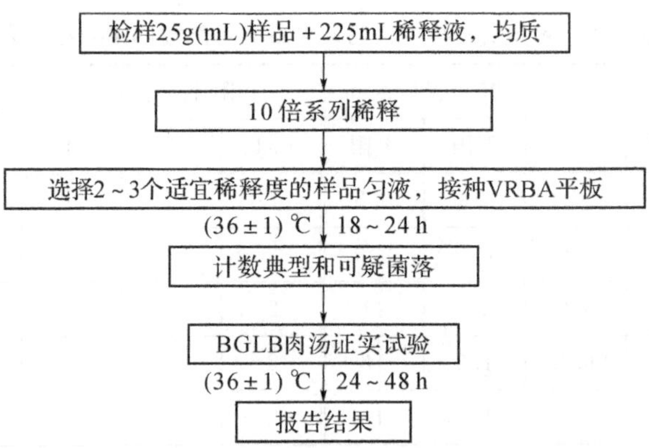

图 2-4 大肠菌群 MPN 计数的检测程序

2. 操作步骤

(1)样品的稀释

具体步骤如下：①固体和半固体食品。以无菌操作称取 25g 样品，放入装有 225mL 磷酸盐缓冲液或生理盐水的无菌均质杯内，于 8000～10000r/min 均质 1～2min，或放入盛有 225mL 磷酸盐缓冲液或生理盐水的无菌均质袋中，用拍击式均质器拍打 1～2min，制成 1∶10 样品匀液。

②液体食品。以无菌吸管吸取样品 25mL 样品，放入装有 225mL 磷酸盐缓冲液或生理盐水的无菌锥形瓶(瓶内预置适当数量的无菌玻璃珠)中，以 30cm 幅度、于 7s 内振摇 25 次(或以机械振荡器振摇)，制成 1∶10 的样品匀液。

③样品匀液的 pH 值应在 6.5～7.5 之间，必要时分别用 1mol/L 氢氧化钠或 1mol/L 盐酸，予以调节。

④用 1mL 无菌吸管或移液器吸取 1∶10 样品匀液 1mL，沿管壁缓缓注入装有 9mL 磷酸盐缓冲液或生理盐水的无菌试管中(注意吸管尖端或吸头尖端不要触及稀释液面)，振摇试管或换用 1 支 1mL 无菌吸管反复吹打 3～5 次，或采用振荡器使其混合均匀，制成1∶100 的样品匀液。

⑤根据对样品污染情况的估计，按上述操作，依次制成 10 倍系列稀释样品匀液。每递增稀释 1 次，换用 1 支 1mL 无菌吸管或吸头。从制备样品匀液至样品接种完毕，全过程不得超过 15min。

(2)接种培养

具体步骤如下：①将待检样品选取适宜的 2～3 个连续稀释度，每个稀释度接种两个灭菌平皿，每皿用无菌移液管移 1mL 待检样品。另取 1mL 生理盐水加入一个灭菌平皿中，作空白对照。

②将冷至 46℃ 的结晶紫中性红胆盐琼脂(VRBA)约 15～20mL 倾注于每个已加样品 1mL 的平皿中。小心旋转平皿，可先顺时针后逆时针放置在桌面旋转，将培养基与样液充分混匀，注意要在几秒内完成，防止培养基与样品液充分混匀前琼脂凝固，待混匀液凝固后，再加 3～4mL 冷至 46℃ VRBA 培养基覆盖平板表层。待完全冷却凝固后翻转平皿，置于(36±1)℃培养(18～24)h。

(3)选取典型菌落

选取菌落数在 15～150 之间的平板，计数平板上出现的典型大肠菌群菌落。典型菌落为紫红色，菌落周围有胆酸沉淀环，菌落直径为 0.5mm 或更大(见图 2-5、图 2-6)。

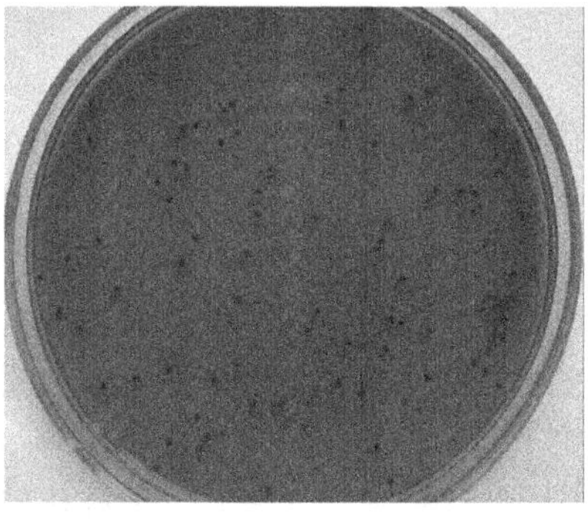

图 2-5　大肠菌群计数平皿

图 2-6　大肠菌群计数板

(4)接种 BGLB 肉汤复发酵试验

从结晶紫中性红胆盐琼脂(VRBA)平板上挑取10个不同类型的典型和可疑菌落,分别移种于煌绿乳糖胆盐(BGLB)肉汤管内,(36±1)℃培养(24~48)h,观察产气情况。凡煌绿乳糖胆盐(BGLB)肉汤管产气,为大肠菌群阳性。

3. 报告结果

经最后证实为大肠菌群阳性的试管百分比乘以计数的平板菌落数,再乘以稀释倍数,即为每 g(mL)样品中大肠菌群数。

【例 2-1】 10^{-4}样品稀释液 1mL,在结晶紫中性红胆盐琼脂(VRBA)平板上有100个典型和可疑菌落,挑取其中10个接种煌绿乳糖胆盐(BGLB)肉汤管,证实有6个阳性管,则该样品的大肠杆菌数为:$100\times(6/10)\times10^{4}$/g(mL)$=6.0\times10^{5}$ cfu/g(cfu/mL)。

1.2.5 大肠菌群 Petrifilm™测试片法

Petrifilm™大肠菌群测试片是一种预先制备好的培养基系统,含有 VRB 培养基、冷水可溶性凝胶和 TTC 指示剂,可增强菌落计数效果。表面覆盖的胶膜,可截留发酵乳糖的大肠菌群产生的气体。培养结束后计数红点周围有气泡的菌落为大肠菌群数。

1. 检测程序

大肠菌群 Petrifilm™测试片法的检测程序如图 2-7 所示。

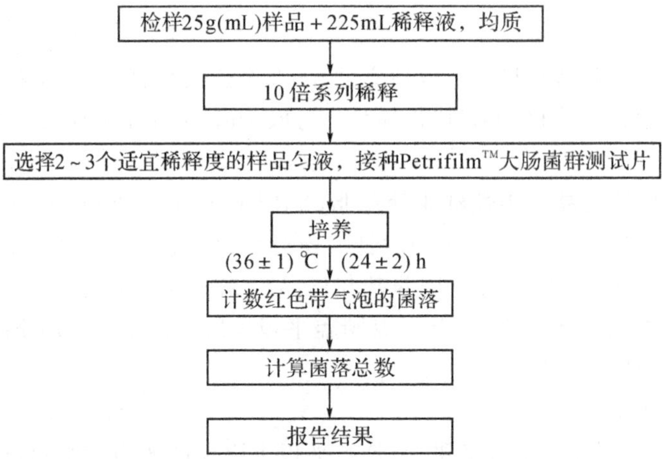

图 2-7 大肠菌群 Petrifilm™测试片法的检测程序

2. 操作步骤

(1)样品的稀释

具体步骤如下:①固体和半固体食品。以无菌操作称取25g样品,放入装有225mL磷酸盐缓冲液或生理盐水的无菌均质杯内,于8000~10000r/min均质1~2min,或放入盛有225mL磷酸盐缓冲液或生理盐水的无菌均质袋中,用拍击式均质器拍打1~2min,制成1∶10样品匀液。

②液体食品。以无菌吸管吸取样品25mL样品,放入装有225mL磷酸盐缓冲液或生理盐水的无菌锥形瓶(瓶内预置适当数量的无菌玻璃珠)中,以30cm幅度、于7s内振摇25次(或以机械振荡器振摇),制成1∶10的样品匀液。

③样品匀液的pH值应在6.5~7.5之间,必要时分别用1mol/L氢氧化钠或1mol/L盐酸予以调节。

④用 1mL 无菌吸管或移液器吸取 1∶10 样品匀液 1mL，沿管壁缓缓注入装有 9mL 磷酸盐缓冲液或生理盐水的无菌试管中（注意吸管尖端或吸头尖端不要触及稀释液面），振摇试管或换用 1 支 1mL 无菌吸管反复吹打 3～5 次，或采用振荡器使其混合均匀，制成 1∶100 的样品匀液。

⑤根据对样品污染情况的估计，按上述操作，依次制成 10 倍系列稀释样品匀液。每递增稀释 1 次，换用 1 支 1mL 无菌吸管或吸头。从制备样品匀液至样品接种完毕，全过程不得超过 15min。

（2）测定

具体步骤包括：①样品的接种与培养将待检样品选取适宜的 2～3 个连续稀释度，每个稀释度接种 2 张测试片。将 Petrifilm™大肠菌群测试片置于平坦实验台面，揭开上层膜，用吸管吸取 1mL 样液垂直滴加在测试片的中央，将上层膜缓慢盖下，避免气泡产生和上层膜直接落下，把压板（平面底朝下）放置在上层膜中央，轻轻地压下，使样液均匀覆盖于圆形的培养面积上，切勿扭转压板。拿起压板，静置至少 1min 以使培养基凝固。具体操作过程如图 2-8 所示。

将测试片的透明面朝上置于培养箱内，堆叠片数不超过 20 片，(36±1)℃培养(24±2)h。

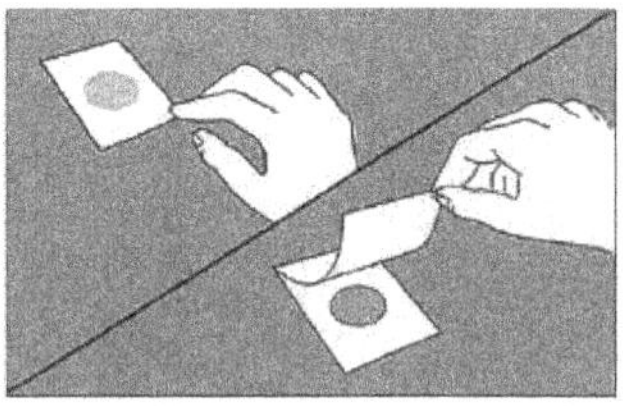

1. 将测试片置于平坦表面处，揭开上层膜。

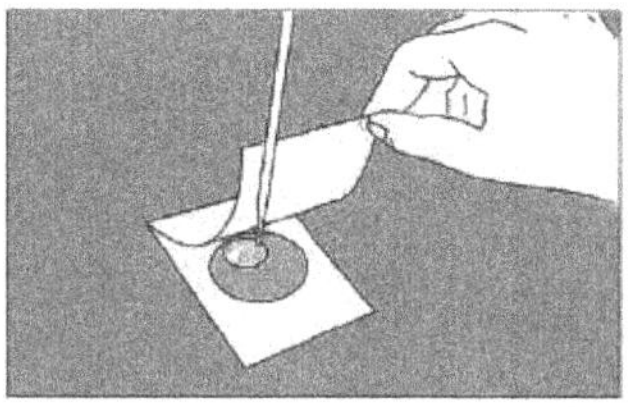

2. 使用吸管将1mL样液垂直滴加在测试片的中央处。

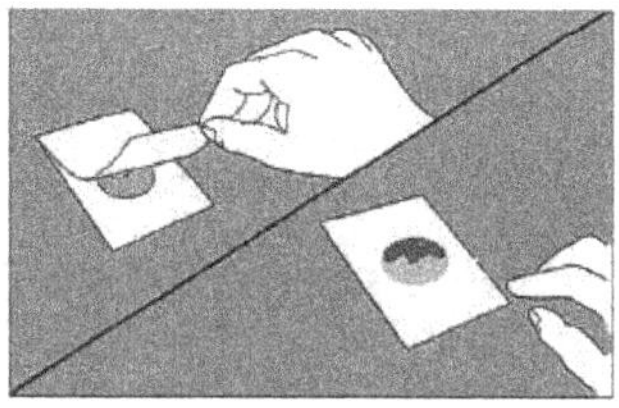

3. 细心将上层膜缓慢盖下，避免有气泡产生，切勿使上层膜直接落下。

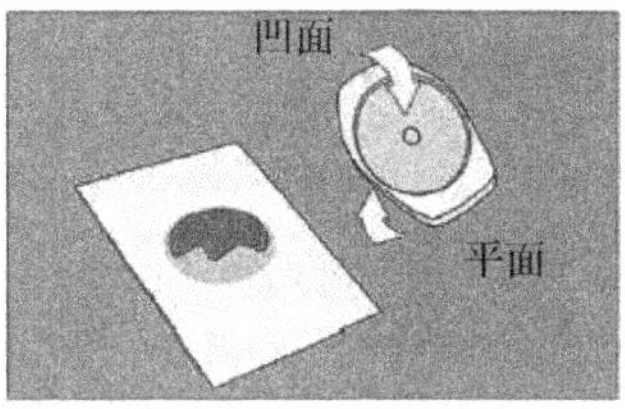

4. 使用压板（平面底朝下）放置在上层膜中央处。

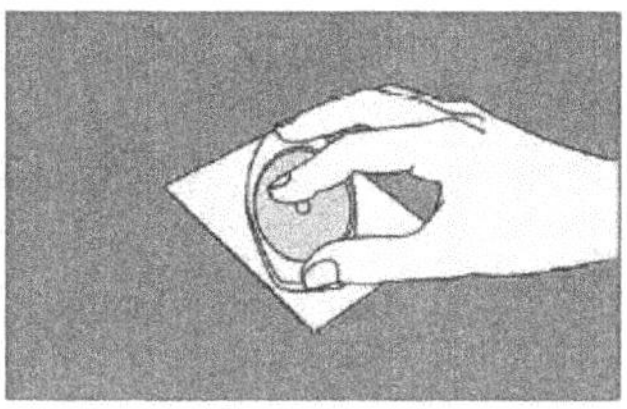

5. 轻轻地压下，使样液均匀覆盖于圆形的培养面积上，切勿扭转压板。

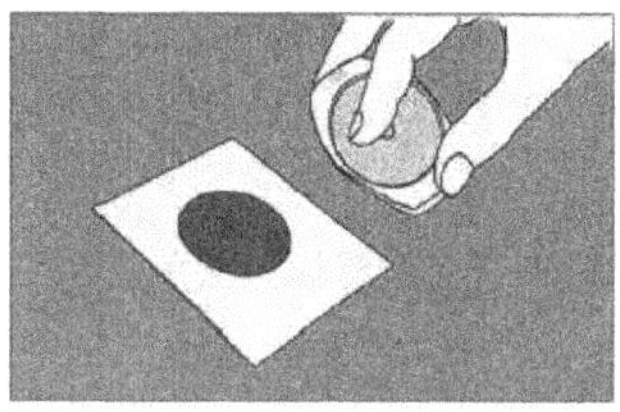

6. 拿起压板，静置至少1min 以使培养基凝固。

图 2-8　Petrifilm™大肠菌群测试片操作图示

注意：合理稀释度的选择，每稀释度接种 2 张测试片；测试片上层膜缓慢落下；吸取样品时避免泡沫吸入，避免气泡产生；培养基未凝固时勿挪动。如果产生人为气泡，要做好标记，这样才能在判读时和菌落产生的气泡区分开。另外，人为气泡一般为不规则状（见图 2-9）。

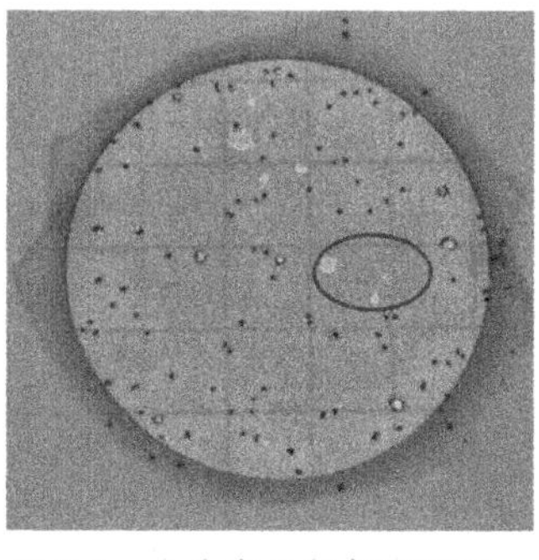

图 2-9　人为产生的气泡图示

②判读。培养(24±2)h 后应立即计数，可目测、用标准菌落计数器、放大镜或 Petrifilm™ 自动判读仪来计数。红色有气泡的菌落确认为大肠菌群数。圆形培养区边缘及边缘以外

的菌落不作计数。当培养区域出现大量气泡、大量不明显小菌落或培养区呈暗红色三种情况，表明大肠菌群的浓度较高，需要进一步稀释样品来获得准确的读数。

注意：大肠菌群为红点带气泡的菌落（见图 2-10 至图 2-13）；圆形边缘上及边缘外的菌落不计数；注意菌落浓度高的几种情况（见图 2-14）。

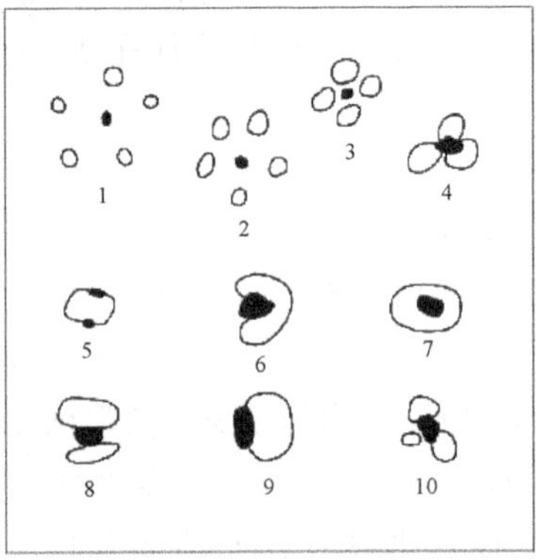

图 2-10　不同类型气泡和菌落的连接情况

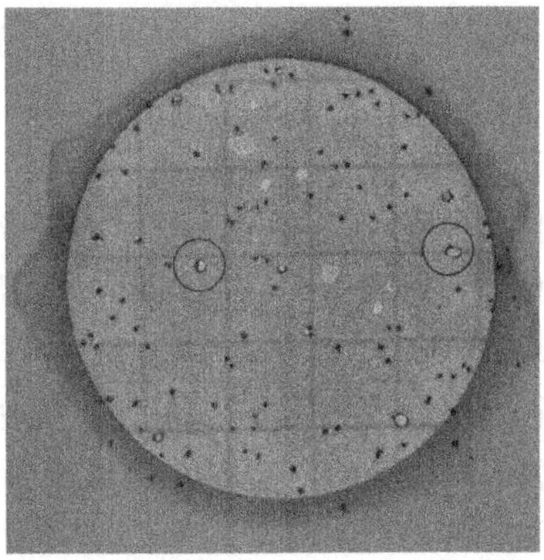

图 2-11　圆圈标记菌落为单个菌落被气泡撑开的情况

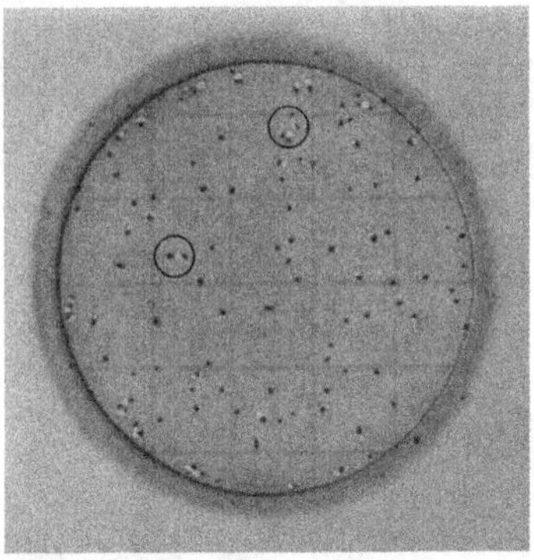

图 2-12　圆圈标记菌落为一个气泡连接两个菌落的情况

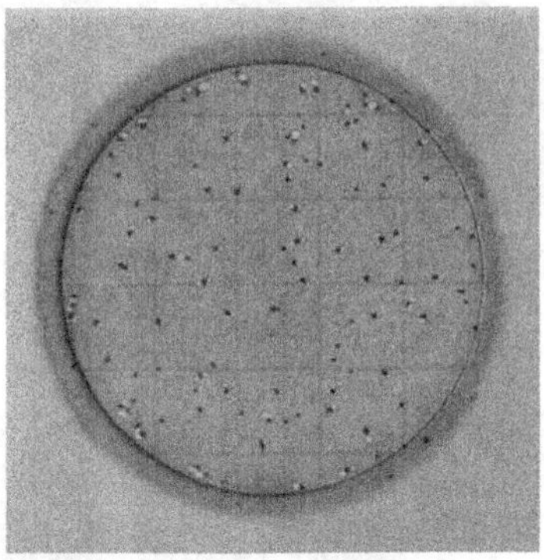

图 2-13　圆形边缘上及以外的菌落不作计数，因为边缘上不含选择性培养基

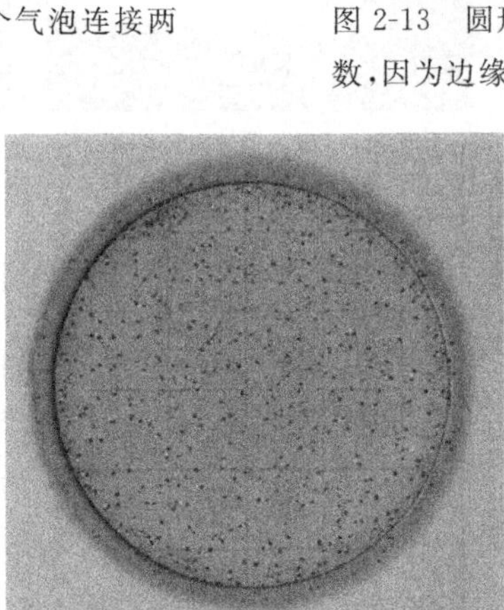

图 2-14　测试片上菌落无法计数时至少有下列现象：①很多小菌落；②有许多气泡；③培养基的颜色变深变暗

3. 结果报告

①选取菌落数在15～150之间的测试片作为计数标准；

②选择菌落数在15～150之间的稀释度，平均菌落数乘以稀释倍数报告之；

③如果所有稀释度测试片上的菌落数都小于15，则计数稀释度最低的测试片上的平均菌落数乘以稀释倍数报告之；

④如果所有稀释度的测试片上均无菌落生长，则以(<)1乘以最低稀释倍数报告之；

⑤如果最高稀释度的菌落数大于150个时，计数最高稀释度的测试片上的平均菌落数乘以稀释倍数报告之；

⑥计数菌落数大于150个的测试片时，可计数一个或两个具有代表性的方格内的菌落数，换算成单个方格内的菌落数后乘以20即为测试片上估算的菌落数(圆形生长面积为20cm^2)(见图2-15)。

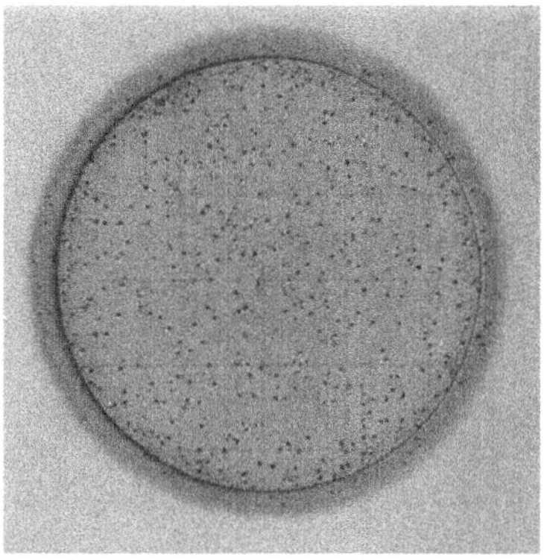

图2-15　菌落数大于150个时的计数

⑦最终菌落浓度的单位以"cfu/g(mL)"表示。

1.2.6　大肠菌群计数培养基和试剂的配制

1. 月桂基磺酸盐胰蛋白胨(LST)肉汤

(1)成分

胰蛋白胨或胰酪胨	20g	氯化钠	5g
乳糖	5g	磷酸氢二钾	2.75g
月桂基磺酸钠	0.1g	磷酸二氢钾	2.75g
蒸馏水	1000mL		

pH 6.8±0.2

(2)制法

将上述成分溶解于蒸馏水中，调节pH值。分装到有玻璃小倒管的试管中，每管10mL。121℃高压灭菌15min。

2. 煌绿乳糖胆盐(BGLB)肉汤

(1)成分

蛋白胨	10g	牛胆粉(oxgall或oxbile)溶液	200mL
乳糖	10g	0.1%煌绿水溶液	13.3mL
蒸馏水	1000mL		

pH 7.2±0.1

(2)制法

将蛋白胨、乳糖溶于约500mL蒸馏水中，加入牛胆粉溶液200mL(将20g脱水牛胆粉溶于200mL蒸馏水中，pH 7～7.5)用蒸馏水稀释到975mL，调节pH至7.4，再加入0.1%煌绿水溶液13.3mL，用蒸馏水补足到1000mL，用棉花过滤后，分装到有玻璃小导管的试管中，每管10mL。121℃高压灭菌15min。

3. 结晶紫中性红胆盐琼脂(VRBA)

(1)成分

蛋白胨	7g	氯化钠	5g
酵母膏	3g	胆盐或3号胆盐	1.5g
乳糖	10g	中性红	0.03g
结晶紫	0.002g	琼脂	15～18g
蒸馏水	1000mL		

pH 7.4±0.1

(2)制法

将上述成分溶于蒸馏水中，静置几分钟，充分搅拌，调节pH。煮沸2min，将培养基冷却至45～50℃倾注平板。使用前临时制备，不得超过3h。

(3)原理

蛋白胨和酵母膏粉提供碳氮源和微量元素；乳糖是可发酵的糖类；氯化钠可维持均衡的渗透压；3号胆盐和结晶紫抑制革兰氏阳性菌，特别抑制革兰氏阳性杆菌和粪链球菌；中性红为pH指示剂。

4. 磷酸盐缓冲液

(1)成分

磷酸二氢钾	34g	蒸馏水	500mL

pH 7.2

(2)制法

具体如下：①贮存液。称取34g的磷酸二氢钾溶于500mL蒸馏水中，用大约175mL的1mol/L氢氧化钠溶液调节pH至7.2，用蒸馏水稀释至1000mL后贮存于冰箱。

②稀释液。取贮存液1.25mL，用蒸馏水稀释至1000mL，分装于适宜容器中，121℃高压灭菌15min。

5. 无菌生理盐水

称取8.5g氯化钠溶于1000mL蒸馏水中，121℃高压灭菌15min。

6. 1mol/L 氢氧化钠

称取40g氢氧化钠溶于1000mL蒸馏水中。

7. 1mol/L 盐酸

37%浓盐酸90mL，加蒸馏水到1000mL。

模块 2　粪大肠菌群

2.1　食品中大肠菌群测定的卫生学意义

2.1.1　定义

粪大肠菌群通常是指一群在 44.5℃培养 24～48h 能发酵乳糖、产酸产气的需氧和兼性厌氧革兰氏阴性无芽孢杆菌。又叫耐热大肠菌群，主要就是大肠杆菌，但也包括克雷伯氏菌属等。

该菌群来自人和温血动物的粪便，作为粪便污染指标评价食品的卫生状况，推断食品中肠道致病菌污染的可能性。常用做贝类和贝类养殖用水的卫生指标。

2.1.2　卫生学意义

粪大肠菌群（耐热大肠菌群）比大肠菌群更能直接反映来源于人畜粪便细菌的污染情况。

通常情况下，粪大肠菌群（耐热大肠菌群）与大肠菌群相比，在人和动物粪便中所占的比例较大，而且在自然界容易死亡。因此，作为一种指标菌，粪大肠菌群（耐热大肠菌群）的存在表明食品可能直接或间接地受到了近期的粪便污染，并且可能存在大肠杆菌。但粪大肠菌群（耐热大肠菌群）的检出，并不表示食品中确有肠道致病菌的存在，只能提示有致病菌（如沙门氏菌、志贺氏菌、霍乱弧菌、副溶血性弧菌等）存在的可能，意味着食品不是安全清洁的，可能对食用者造成潜在的危害。

粪大肠菌群（耐热大肠菌群）比大肠菌群能更贴切地反映食品受人畜粪便污染的程度，且检测方法相对大肠杆菌简单，因此是一种较好的粪便指标菌（或称为“指标菌群”）

2.2　粪大肠菌群计数

2.2.1　设备和材料

除微生物实验室常规灭菌用培养设备外，所需其他设备和材料如下所示。恒温培养箱：(36±1)℃；冰箱：2～5℃；恒温水浴锅：(44.5±0.2)℃；天平：感量 0.1g；均质器或乳钵；均质袋；振荡器；无菌吸管：1mL（具有 0.01mL 刻度）、10mL（具有 0.1mL 刻度）或微量移液器及吸头；无菌锥形瓶：容量 500mL；无菌平皿（皿底直径 90mm）；pH 计或 pH 比色管或精密 pH 试纸；可调式电炉；玻璃珠（直径为 5mm）；试管架；酒精灯；无菌试管：18mm×200mm；75%酒精棉球；玻璃蜡笔或标签纸；登记簿；剪刀；灭菌镊子；不锈钢勺；小倒管；直径为 3mm 的接种环等。

2.2.2　培养基及试剂

具体包括：月桂基磺酸盐胰蛋白胨（LST）肉汤、EC 肉汤、无菌生理盐水、1mol/L 氢氧化钠、1mol/L 盐酸。

2.2.3　检测程序

粪大肠菌群的检测程序如图 2-16 所示。

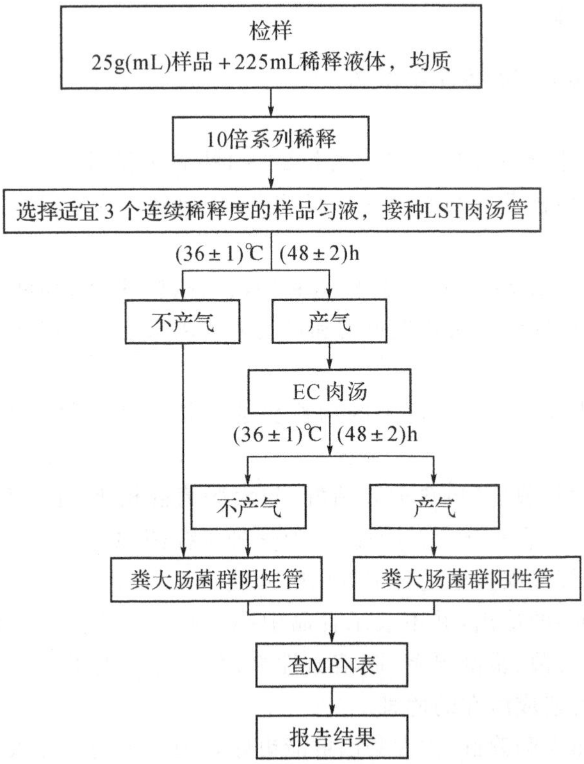

图 2-16　粪大肠菌群 MPN 计数法的检测程序

2.2.4　操作步骤

1. 样品的稀释

具体步骤如下：①固体和半固体食品。以无菌操作称取 25g 样品，放入装有 225mL 磷酸盐缓冲液或生理盐水的无菌均质杯内，于 8000～10000r/min 均质 1～2min，或放入盛有 225mL 磷酸盐缓冲液或生理盐水的无菌均质袋中，用拍击式均质器拍打 1～2min，制成 1∶10样品匀液。

②液体食品。以无菌吸管吸取样品 25mL 样品，放入装有 225mL 磷酸盐缓冲液或生理盐水的无菌锥形瓶(瓶内预置适当数量的无菌玻璃珠)中，以 30cm 幅度、于 7s 内振摇 25 次(或以机械振荡器振摇)，制成 1∶10 的样品匀液。

③样品匀液的 pH 值应在 6.5～7.5 之间，必要时分别用 1mol/L 氢氧化钠或 1mol/L 盐酸予以调节。

④用 1mL 无菌吸管或移液器吸取 1∶10 样品匀液 1mL，沿管壁缓缓注入装有 9mL 磷酸盐缓冲液或生理盐水的无菌试管中(注意吸管尖端或吸头尖端不要触及稀释液面)，振摇试管或换用 1 支 1mL 无菌吸管反复吹打 3～5 次，或采用振荡器使其混合均匀，制成1∶100 的样品匀液。

⑤根据对样品污染情况的估计，按上述操作，依次制成 10 倍系列稀释样品匀液。每递增稀释 1 次，换用 1 支 1mL 无菌吸管或吸头。从制备样品匀液至样品接种完毕，全过程不得超过 15min。

2. 接种月桂基磺酸盐胰蛋白胨(LST)肉汤培养

对每个样品,选择适宜的三个连续稀释度的样品匀液。每个稀释度接种 3 管月桂基磺酸盐胰蛋白胨(LST)肉汤,每管倒接种 1mL(如接种量需要超过 1mL,则用双料 LST 肉汤)。(36±1)℃培养(24±2)h,检查倒管内是否有气泡产生或轻摇试管时是否有密集连续的细小气泡从管底逸出,如未产气则继续培养至(48±2)h。记录在 24h 和 48h 内产气的月桂基磺酸盐胰蛋白胨(LST)肉汤管数。未产气者为粪大肠菌群阴性;对产气者,则进行复发酵试验。

3. 接种 EC 肉汤培养

用直径为 3mm 的接种环从所有(48±2)h 内发酵产气的月桂基磺酸盐胰蛋白胨(LST)肉汤管中分别取培养物 1 环,移种于已提前在水浴锅内预温至 45℃的 EC 肉汤管中。将所有接种的 EC 肉汤管放入带盖的(44.5±0.2)℃恒温水浴箱内,水浴的水面应高于肉汤培养基液面(必要时注意补水),培养(24±2)h,记录 EC 肉汤管的产气情况。产气管为粪大肠菌群阳性,不产气为粪大肠菌群阴性。

注意:证实试验中发酵管的产气量指的是培养基在水浴中培养 24h 左右的产气量,不要过低培养。

4. 报告结果

根据证实为粪大肠菌群的阳性管数,查粪大肠菌群最可能数(MPN)检索表 2-3,报告每克(或毫升)粪大肠菌群的 MPN 值。

表 2-3　1g(mL)检样中粪大肠菌群最大可能数(MPN)检索表

阳性管数			MPN	95%置信区间		阳性管数			MPN	95%置信区间	
0.1	0.01	0.001		下限	上限	0.1	0.01	0.001		下限	上限
0	0	0	<3.0	—	9.5	2	2	0	21	4.5	42
0	0	1	3.0	0.15	9.6	2	2	1	28	8.7	94
0	1	0	3.0	0.15	11	2	2	2	35	8.7	94
0	1	1	6.1	1.2	18	2	3	0	29	8.7	94
0	2	0	6.2	1.2	18	2	3	1	36	8.7	94
0	3	0	9.4	3.6	38	3	0	0	23	4.6	94
1	0	0	3.6	0.17	18	3	0	1	38	8.7	110
1	0	1	7.2	1.3	18	3	0	2	64	17	180
1	0	2	11	3.6	38	3	1	0	43	9	180
1	1	0	7.4	1.3	20	3	1	1	75	17	200
1	1	1	11	3.6	38	3	1	2	120	37	420
1	2	0	11	3.6	42	3	1	3	160	40	420
1	2	1	15	4.5	42	3	2	0	93	18	420
1	3	0	16	4.5	42	3	2	1	150	37	420
2	0	0	9.2	1.4	38	3	2	2	210	40	430
2	0	1	14	3.6	42	3	2	3	290	90	1000

续表

阳性管数			MPN	95%置信区间		阳性管数			MPN	95%置信区间	
0.1	0.01	0.001		下限	上限	0.1	0.01	0.001		下限	上限
2	0	2	20	4.5	42	3	3	0	240	42	1000
2	1	0	15	3.7	42	3	3	1	460	90	2000
2	1	1	20	4.5	42	3	3	2	1100	180	4100
2	1	2	27	8.7	94	3	3	3	>1100	420	—

注:①本表采用3个稀释度[0.1g(0.1mL)、0.01g(0.01mL)和0.001g(0.001mL)],每个稀释度接种3管。

②表内所列检样量如改用1g(1mL)、0.1g(0.1mL)和0.01g(0.01mL)时,表内数据应相应降低10倍;如改用0.01g(0.01mL)、0.001g(0.001mL)和0.0001g(0.0001mL)时,表内数据应相应增高10倍,其余类推。

2.2.5 粪大肠菌群计数培养基和试剂的配制

1. 月桂基磺酸盐胰蛋白胨(LST)肉汤

(1)成分

胰蛋白胨或胰酪胨	20g	氯化钠	5g
乳糖	5g	磷酸氢二钾	2.75g
月桂基磺酸钠	0.1g	磷酸二氢钾	2.75g
蒸馏水	1000mL		

pH 6.8±0.2

(2)制法

将上述成分溶解于蒸馏水中,调节pH。分装到有玻璃小倒管的试管中,每管10mL,121℃高压灭菌15min。

2. EC肉汤

(1)成分

胰蛋白胨或胰酪胨	20g	磷酸氢二钾	4g
3号胆盐或混合胆盐	1.5g	磷酸二氢钾	1.5g
乳糖	5g	氯化钠	5g
蒸馏水	1000mL		

pH 6.9±0.1

(2)制法

将上述成分溶解于蒸馏水中,调节pH。分装到有玻璃小倒管的试管中,每管8mL,121℃高压灭菌15min。

模块3 大肠杆菌

3.1 大肠杆菌概述

大肠埃希氏菌(*E. coli*)通常称为大肠杆菌,是Escherich在1885年发现的,在相当长的一段时间内,一直被当做正常肠道菌群的组成部分,认为是非致病菌。直到20世纪中叶,才认识到一些特殊血清型的大肠杆菌对人和动物有病原性，尤其对婴儿和幼畜(禽)，常引起严重腹泻和败血症，它是一种普通的原核生物，根据不同的生物学特性将致病性大肠杆菌分为6类：致病性大肠杆菌(EPEC)、肠产毒性大肠杆菌(ETEC)、肠侵袭性大肠杆菌(EIEC)、肠出血性大肠杆菌(EHEC)、肠黏附性大肠杆菌(EAEC)和弥散黏附性大肠杆菌(DAEC)。大肠杆菌属于细菌。

大肠杆菌O157∶H7血清型属肠出血性大肠杆菌，自1982年在美国首先发现以来，包括我国等许多国家都有报道，且日见增加。日本近年来因食物污染该菌导致的数起大暴发，格外引人注目。在美国和加拿大通常分离的肠道致病菌中，目前它已排在第二或第三位。大肠杆菌O157∶H7引起肠出血性腹泻，约2%～7%的病人会发展成溶血性尿毒综合征，儿童与老人最容易出现后一种情况。致病性大肠杆菌通过污染饮水、食品、娱乐水体引起疾病暴发流行，病情严重者，可危及生命。

3.1.1 生物学特性

1.形态与染色特性

大肠杆菌为两端钝圆、散在或成对的中等大杆菌，大小(0.4～0.5)μm×(1～3)μm。多数菌株有5～8根周身鞭毛，能运动，周身有菌毛。少数菌株能形成荚膜或微荚膜，无芽孢。对一般碱性染料着色良好，有时菌体两端着色较深，革兰氏染色阴性(见图2-17)。

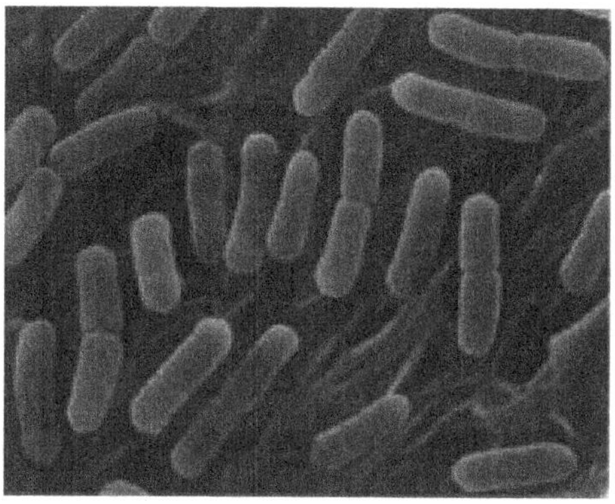

图2-17 大肠杆菌电镜图

2.培养特性

大肠杆菌为需氧或兼性厌氧菌，对营养要求不高，在普通培养基上能良好生长。15～42℃能发育繁殖，最适生长温度37℃，最适生长pH为7.2～7.4。

在不同培养基上，大肠杆菌有不同的菌落形态：

①普通肉汤。呈均等混浊生长，和少形成菌膜，管底有黏性沉淀，沉淀振摇后，容易分散，培养物有特殊的粪臭味。

②普通琼脂。培养18～24h，形成凸起、光滑、湿润、乳白色，边缘整齐，直径2～3mm的圆形菌落。

③血液琼脂。菌落形态与普通琼脂上的菌落相似，稍大，部分菌株在菌落周围产生β型溶血环。

④伊红美蓝琼脂。菌落形态同普通琼脂上的菌落，呈紫黑色，表面带金属光泽。

⑤远藤琼脂。产生带金属光泽的红色菌落。

⑥SS琼脂。本菌多数不生长，少数生长菌株，菌落较小，因发酵乳糖产酸，使指示剂变红，产生红色菌落。

⑦大肠杆菌O157在山梨醇/麦康凯琼脂(SMAC)培养基上，长成白色半透明表面光滑的菌落。在加钙的绵羊血液琼脂平板(WSBA-Ca)上，经37℃培养18～24h，可见小而混浊的溶血环。

3. 生化特性

本菌属基本生化特性如表 2-4 所示。

表 2-4 大肠杆菌基本生化特性

生化项目	结 果	生化项目	结 果
葡萄糖(产酸产气)	+	柠檬酸铵	−
乳糖	+或×	葡萄糖铵	+
蔗糖	d	硫化氢	−
甘露醇	+	尿素酶	−
卫矛醇	d	明胶液化(22℃)	−
水杨苷	d	在氰化钾中生长	−
侧金盏花醇	−	苯丙氨酸脱氨酶	−
肌醇	−	丙二酸钠	−
靛基质	+	赖氨酸脱羧酶	+/−
甲基红	+	精氨酸双水解酶	(+)/−
V-P 试验	−	鸟氨酸脱羧酶	+/−

注:"+"表示阳性;"−"表示阴性;"×"表示迟缓不规则阳性或阴性;"d"表示有不同生化型;"+/−"表示多数阳性,少数阴性;"(+)/−"表示多数迟缓阳性,少数阴性。

本菌能发酵葡萄糖、麦芽糖、甘露醇、木糖、鼠李糖、阿拉伯糖、山梨醇、丙三醇,均产酸、产气,大部分菌株迅速发酵乳糖。

各菌株对蔗糖、水杨苷、卫矛醇及棉籽糖的发酵力不一致,V-P 反应阴性,尿素酶阴性,不形成硫化氢,不能在含氰化钾的培养基中生长,不利用丙二酸盐,不利用柠檬酸铵盐,可使谷氨酸和赖氨酸脱去羧基,苯丙氨酸反应亦为阴性。

大肠杆菌是人和动物肠道中的正常栖居菌,婴儿出生后即随哺乳进入肠道,与人终身相伴,其代谢活动能抑制肠道内分解蛋白质的微生物生长,减少蛋白质分解产物对人体的危害,还能合成维生素 B 和 K,以及有杀菌作用的大肠杆菌素。正常栖居条件下不致病。但若进入胆囊、膀胱等处可引起炎症。在肠道中大量繁殖,其占粪便干重的 1/3。

4. 血清学特性

大肠杆菌的抗原成分复杂,可分为菌体抗原(O)、鞭毛抗原(H)和表面抗原(K),后者有抗机体吞噬和抗补体的能力。根据菌体抗原的不同,可将大肠杆菌分为 160 多型,其中有 16 个血清型为致病性大肠杆菌,常引起流行性婴儿腹泻和成人肠道外感染。

①O 抗原。系光滑性大肠杆菌的菌体抗原,为细胞壁上的糖、类脂、蛋白质复合物。也就是内毒素,对热稳定,能耐高压蒸汽 2h 而不被破坏。每一血清型只含一种 O 抗原,已发现本菌共有 164 种 O 抗原,各种抗原均以阿拉伯数字表示。

②K 抗原。系包于细胞外部的荚膜物质,又称荚膜抗原。新分离的大肠杆菌 70%具有 K 抗原。根据 K 抗原对热的敏感性不同,可将 K 抗原分为 A、B、L 三类,总共 99 种。

致病性大肠杆菌的抗原主要为 B 抗原,少数为 L 抗原。B 抗原和 L 抗原煮沸均可被破坏，L抗原可被酒精和盐酸破坏。

③H抗原，即鞭毛抗原。为蛋白质，一种大肠杆菌只有一种H抗原，没有鞭毛或失去鞭毛的变种，也就失去了H抗原。H抗原能被80℃加热或酒精破坏，H抗原共有50种。

O抗原可区分大肠杆菌血清群，然后再根据K抗原和H抗原进一步区分血清型或亚型。例如，若某大肠杆菌的抗原式为$O_{111}K_{58}(B_4)H_{12}$，即表示其O抗原为111，K抗原为58，鞭毛抗原为12。

在实际工作中，抗原的确定，血清的分型是一件量大而且复杂的工作，首先将需要进行鉴定的菌株培养于普通琼脂斜面上，以无菌生理盐水洗下，并做成浓菌液。用O、K血清逐个做玻板凝集试验，待O抗原和K抗原都确定后，再用H血清做玻板凝集试验。

5.抵抗力

该菌对热的抵抗力较其他肠道杆菌强，55℃经60min或60℃加热15min仍有部分细菌存活。60℃加热30min即可被杀死。对氯十分敏感，水中若含有0.2×10^{-6}的游离氯，即可杀死本菌。在自然界的水中可存活数周至数月，在温度较低的粪便中存活更久。胆盐、煌绿等对大肠杆菌有抑制作用。对磺胺类、链霉素、氯霉素等敏感，但易耐药，是由带有R因子的质粒转移而获得的。

3.1.2　致病性大肠杆菌食物中毒

1.流行病学调查

大肠杆菌(*E. coli*)为埃希氏菌属代表菌。一般都不致病，为人和动物肠道中的常居菌，在一定条件下可引起肠道外感染。某些血清型菌株的致病性强，引起腹泻，统称致病性大肠杆菌。

大肠杆菌为兼性厌氧菌，在环境卫生不良的情况下，常随粪便散布在周围环境中。若在水和食品中检出此菌，可认为是被粪便污染的指标，从而可能有肠道病原菌的存在。因此，大肠菌群数(或大肠菌值)常作为饮水和食物(或药物)的卫生学标准。国家规定，每升饮用水中大肠杆菌数不应超过3个。

大肠杆菌是人和许多动物肠道中最主要且数量最多的一种细菌，主要寄生在大肠内。它侵入人体一些部位时，可引起感染，如腹膜炎、胆囊炎、膀胱炎及腹泻等。人在感染大肠杆菌后的症状为胃痛、呕吐、腹泻和发热。感染可能是致命性的，尤其是对孩子及老人。

人体与大肠杆菌的关系：在不致病的情况下(正常状况下)，可认为是互利共生；在致病的情况下，可认为是寄生。

2.大肠杆菌的致病物质

大肠杆菌具有很多毒力因子，包括内毒素、荚膜、Ⅲ型分泌系统、黏附素和外毒素等。

①Ⅲ型分泌系统是指能向真核靶细胞内输送毒性基因产物的细菌效应系统。约由20余种蛋白质组成。

②黏附素。能使细菌紧密黏着在泌尿道和肠道的细胞上，避免因排尿时尿液的冲刷和肠道的蠕动作用而被排除。大肠杆菌黏附素的特点是具有高特异性。包括定植因子抗原Ⅰ、Ⅱ、Ⅲ；集聚黏附菌毛Ⅰ和Ⅲ；束形成菌毛；紧密黏附素；P菌毛；侵袭质粒抗原蛋白和Dr菌毛等。

③外毒素。大肠杆菌能产多种的外毒素，包括：志贺毒素Ⅰ和Ⅱ；耐热肠毒素Ⅰ和Ⅱ；不耐热肠毒素Ⅰ和Ⅱ。此外，溶血素A在尿路致病性大肠杆菌所致疾病中有重要作用。

④内毒素。大肠杆菌细胞壁的一种成分，是一种脂多糖。内毒素对机体有很强的毒性，可引起宿主发热、毒血症、败血症、心包炎、肝周炎、气囊炎、输卵管炎、肾炎，甚至休克死亡。由于内毒素只有菌体死亡溶解后才能被释放，因此在治疗革兰氏阴性菌感染的疾病时，如果单纯大量应用抗菌素，会使细菌死亡并释放更多的内毒素，使上述症状得不到缓解，甚至出现内毒素性休克，而使死亡增加。因此当前控制细菌病尤其是大肠杆菌病，不但要抑杀细菌，更要清除内毒素。

3. 导致的疾病

(1)肠道外感染

多为内源性感染，以泌尿系感染为主，如尿道炎、膀胱炎、肾盂肾炎。也可引起腹膜炎、胆囊炎、阑尾炎等。婴儿、年老体弱、慢性消耗性疾病、大面积烧伤患者，大肠杆菌可侵入血流，引起败血症。早产儿，尤其是生后30d内的新生儿，易患大肠杆菌性脑膜炎。

(2)急性腹泻

某些血清型大肠杆菌能引起人类腹泻。其中肠产毒性大肠杆菌会引起婴幼儿和旅游者腹泻，可出现轻度水泻，也可呈严重的霍乱样症状。腹泻常为自限性，一般2～3d即愈，营养不良者可达数周，也可反复发作。肠致病性大肠杆菌是婴儿腹泻的主要病原菌，有高度传染性，严重者可致死。细菌侵入肠道后，主要在十二指肠、空肠和回肠上段大量繁殖。此外，肠出血性大肠杆菌会引起散发性或暴发性出血性结肠炎，可产生志贺氏毒素样细胞毒素。

(3)大肠杆菌O157：H7导致的疾病

大肠杆菌O157：H7是大肠杆菌的其中一个类型，该种病菌常见于牛等温血动物的肠内。这一型的大肠杆菌会释放一种强烈的毒素，并可能导致肠管出现严重症状，如带血腹泻。

患者可能出现各种症状，包括严重的水泻、带血腹泻、发烧、腹绞痛及呕吐。情况严重时，更可能并发急性肾病。5岁以下的儿童出现并发症的风险较高。若治疗不当，可能会致命。

该种疾病可通过饮用受污染的水或进食未熟透的食物而感染。饮用或进食未经消毒的奶类、蔬菜、果汁及乳酪而染病的个案亦有发现。此外，若个人卫生欠佳，亦可能会通过人传人的途径，或经进食受粪便污染的食物而感染该种病菌。

该菌潜伏期通常为3～4d，但亦会长达9d。感染大肠杆菌O157：H7的临床治理方法主要属支持性治疗。若患者出现腹泻，补充失去的水分及电解质十分重要。约50%有肾并发症的患者在出现急性症状时需要特别治疗或输血。

4. 预防与控制

具体措施如下：①保持地方及厨房器皿清洁，并把垃圾妥为弃置。烹调食物时，应穿清洁、可洗涤的围裙，并戴上帽子。

②保持双手清洁，经常修剪指甲。进食或处理食物前，应用肥皂及清水洗净双手，如厕或更换尿片后亦应洗手。

③饮用水应采用自来水，并最好煮沸后才饮用。食物应彻底清洗。

④应从可靠的地方购买新鲜食物，不要光顾无证照小贩。

⑤避免进食高危食物，例如未经高温消毒法处理的牛奶，以及未熟透的汉堡、牛肉和其

他肉类食品。

⑥易腐坏食物应用盖盖好，存放于冰柜中。冰柜应定期清洁和融雪，温度应保持于4℃或以下。

⑦生的食物及熟食，尤其是动物肉及动物的内脏，应分开处理和存放(冰柜上层存放熟食，下层存放生的食物)，避免交叉污染。

⑧若食物的所有部分均加热至75℃，便可消灭大肠杆菌O157∶H7；因此，碎牛肉及汉堡应在75℃以上煮2～3min，直至煮熟的肉完全转为褐色，而肉汁亦变得清澈。

⑨不要徒手处理熟食；如有需要，应戴手套。

⑩如有需要保留吃剩的熟食，应该加以冷藏，并尽快食用。食用前应彻底翻热。变质的食物应该弃掉。

3.2　大肠杆菌计数

大肠杆菌广泛存在于是人和温血动物的肠道中，能够在44.5℃发酵乳糖产酸产气、IMViC(靛基质、甲基红、V-P试剂、柠檬酸盐)生化试验为“＋＋－－”或“－＋－－”的革兰氏阴性杆菌。以此作为粪便污染指标评价食品的卫生状况，推断食品肠道致病菌污染的可能性。

3.2.1　设备和材料

除微生物实验室常规灭菌及培养设备外，所需其他设备和材料有以下几种。恒温培养箱：(36±1)℃；冰箱：2～5℃；恒温水浴箱：(44.5±0.2)℃；天平：感量0.1g；均质器；振荡器；无菌吸管：1mL(具0.01mL刻度)、10mL(具0.1mL刻度)或微量移液器及吸头；无菌锥形瓶：容量500mL；无菌培养皿：直径90mm；无菌试管：13mm×100mm；pH计或pH比色管或精密pH试纸；菌落计数器或Petrifilm™自动判读仪；紫外灯：波长360～366nm，功率≤6W；显微镜、放大镜；可调式电炉；广口瓶；玻璃珠(直径为5mm)；试管架；酒精灯；75%酒精棉球；玻璃蜡笔；登记簿；剪刀；灭菌镊子；不锈钢勺等；小倒管；直径为3mm的接种环等。

3.2.2　培养基和试剂

具体包括：月桂基磺酸盐胰蛋白胨(LST)肉汤、EC肉汤、蛋白胨水、缓冲葡萄糖蛋白胨水(MR-VR实验用)、Korser柠檬酸盐肉汤、磷酸盐缓冲液、伊红美蓝(EMB)琼脂、营养琼脂斜面、结晶紫红中性胆汁盐(VRB)琼脂、VRB-MUG琼脂、革兰氏染色液、Kovacs靛基质试剂、甲基红指示剂、Voges-Proskauer(V-P)试剂、无菌生理盐水、1mol/L氢氧化钠、1mol/L盐酸、Petrifilm™大肠菌群/大肠杆菌检测试片。

3.2.3　大肠杆菌MPN计数

1.检测程序

大肠杆菌MPN计数法检测程序如图2-18所示。

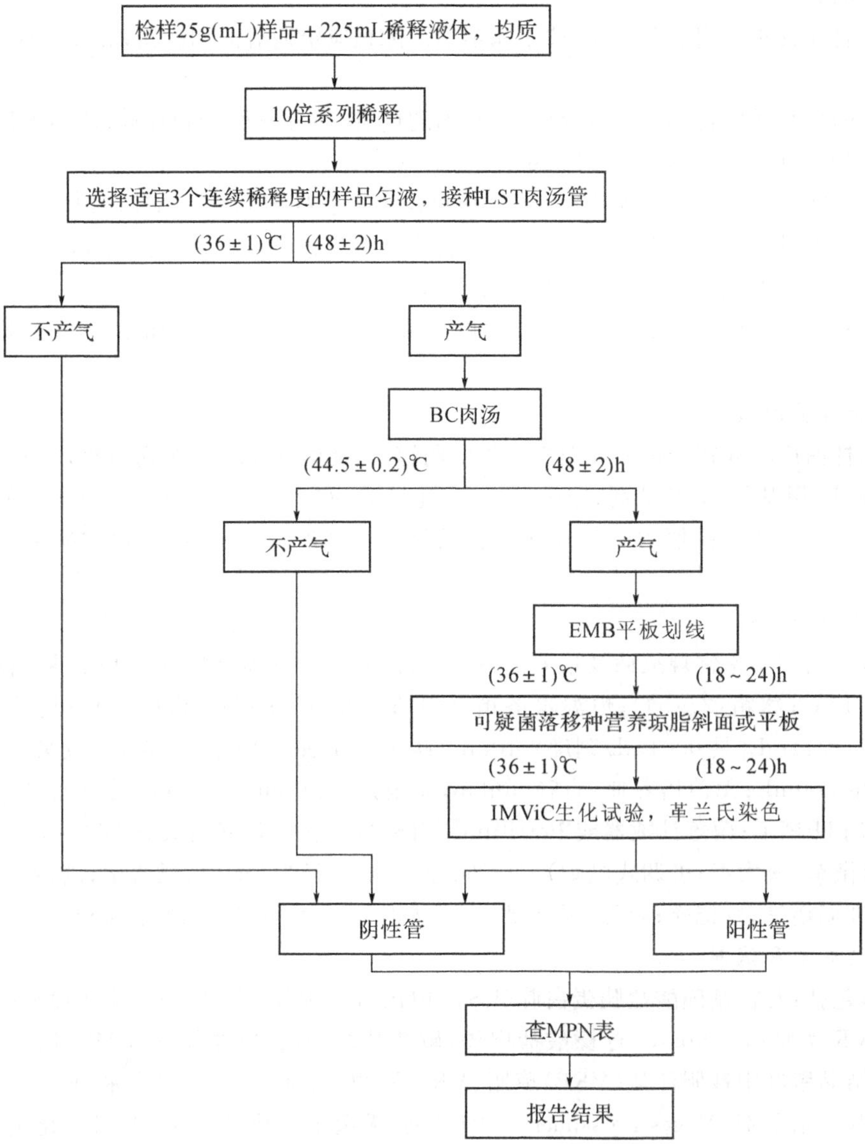

图 2-18　大肠杆菌 MPN 计数法检测程序

2. 操作步骤

(1)样品的稀释

具体步骤包括:①固体和半固体样品。以无菌操作取 25g 样品,置盛有 225mL 磷酸盐缓冲液的无菌均质杯内,8000～10000r/min 均质 1～2min,制成 1∶10 样品匀液,或置盛有 225mL 磷酸盐缓冲液的无菌均质袋中,用拍击式均质器拍打 1～2min 制成 1∶10 的样品匀液。

②液体样品。以无菌吸管吸取样品 25mL 置于盛有 225mL 磷酸盐缓冲液的无菌锥形瓶(瓶内预置适当数量的玻璃珠)中,充分振摇,制成 1∶10 的样品匀液。

③样品匀液的 pH 值应在 6.5～7.5 之间,必要时分别用 1mol/L 氢氧化钠或 1mol/L 盐酸调节。

④用 1mL 无菌吸管或微量移液器吸取 1∶10 样品匀液 1mL，沿管壁徐徐注入盛有 9mL 磷酸盐缓冲液的无菌试管中(注意吸管或吸头尖端不要触及稀释液面)，振摇试管或换用 1 支 1mL 无菌吸管或吸头反复吹打，使其混合均匀，制成 1∶100 的样品匀液。

⑤根据对样品污染状况的估计，按上述操作，依次制成 10 倍递增系列样品匀液。每递增稀释 1 次，换用 1 支 1mL 无菌吸管或吸头。从制备样品匀液至样品接种完毕，全过程不得超过 15min。

(2)初发酵试验

每个样品，选择 3 个适宜的连续稀释度的样品匀液(液体样品可以选择原液)。每个稀释度接种 3 管月桂基磺酸盐蛋白胨(LST)肉汤，每管接种 1mL(如接种量超过 1mL，则用双料 LST 肉汤)。(36±1)℃培养(24±2)h，观察小倒管内是否有气泡产生，如未产气则继续培养至(48±2)h，记录在(24～48)h 内产生的 LST 肉汤管数。如所有 LST 肉汤管均未产气，即可报告大肠杆菌 MPN 结果；如有产气者，则进行复发酵试验。

(3)复发酵试验

用接种环分别从所有培养(48±2)h 内发酵产气的 LST 肉汤管中取培养物 1 环，移种于已提前预温至 45℃的 EC 肉汤管中，放入带盖的(44.5±0.2)℃水浴箱内。水浴的水面应高于肉汤培养基液面，培养(24±2)h，检查小倒管内是否有气泡产生，如未产气则继续培养至(48±2)h。记录在 24h 和 48h 内产气的 EC 肉汤管数。如所有 EC 肉汤管均未产气，即可报告大肠杆菌 MPN 结果；如有产气者，则进行 EMB 平板分离培养。

(4)伊红美蓝平板分离培养

轻轻振摇各产气管，用接种环取培养物划线分别接种于 EMB 平板，(36±1)℃培养(18～24)h。检验平板上有无具黑色中心有光泽或无光泽的典型菌落(见图 2-19)。

图 2-19　伊红美蓝平板分离培养菌落

(5)营养琼脂斜面或平板培养

从每个平板上挑 5 个典型菌落，如无典型菌落则挑取可疑菌落。用接种针接触菌落中心部位，移种到营养琼脂斜面或平板上，(36±1)℃培养(18～24)h。取培养物进行革兰氏染色和生化试验。

(6)生化试验

具体包括：①靛基质试验。将培养物接种蛋白胨水，(36±1)℃培养(24±2)h 后，加 Kovacs 靛基质试剂 0.2～0.3mL，上层出现红色为靛基质的阳性反应。

②MR-VP 试验：将培养物接种 MR-VR 培养基，(36±1)℃培养(48±2)h。移取培养物 1mL 至 13mm×100mm 试管，加 5% α-萘酚乙醇培养液 0.6mL、40% 氢氧化钾溶液 0.2mL 和少许肌酸结晶，振摇试管后静置 2h，如出现伊红色，为 V-P 试验阳性。

将 MR-VP 培养液的剩余部分再培养 48h 后滴加 5 滴甲基红指示剂。培养物变红色，为甲基红试验阳性；若变黄色，则为阴性反应。

③柠檬酸盐利用试验。将培养物接种 Koser 氏柠檬酸盐肉汤，(36±1)℃培养(96±2)h，记录有无细菌生长。

大肠杆菌与非大肠杆菌的生化鉴别如表 2-5 所示。

表 2-5 大肠杆菌与非大肠杆菌的生化鉴别

靛基质(I)	甲基红(MR)	VP 试验(VP)	柠檬酸盐(C)	鉴定(型别)
+	+	−	−	典型大肠杆菌
−	+	−	−	非典型大肠杆菌
+	+	−	+	典型中间型
−	+	−	+	非典型中间型
−	−	+	+	典型产气杆菌
+	−	+	+	非典型产气杆菌

注:①如出现表 2-5 以外的生化反应类型,表明培养物可能不纯,应重新划线分离,必要时做重复试验。

②生化试验也可以选用 VITEK GNI 鉴定卡、API 20E 等方法,按照产品说明进行操作。

3. 大肠杆菌 MPN 计数的报告

大肠杆菌为革兰氏阴性无芽孢杆菌,发酵乳糖、产酸、产气,IMViC 生化试验为"++−−"或"−+−−"。只要有 1 个菌落鉴定为大肠杆菌,其所代表的 LST 肉汤管即为大肠杆菌阳性。依据 LST 肉汤阳性管数查 MPN 表(见表 2-6),报告每克(或毫升)样品中大肠杆菌 MPN 值。

表 2-6 1g(mL)检样中大肠杆菌最大可能数(MPN)检索表

阳性管数			MPN	95%置信区间		阳性管数			MPN	95%置信区间	
0.1	0.01	0.001		下限	上限	0.1	0.01	0.001		下限	上限
0	0	0	<3.0	—	9.5	2	2	0	21	4.5	42
0	0	1	3.0	0.15	9.6	2	2	1	28	8.7	94
0	1	0	3.0	0.15	11	2	2	2	35	8.7	94
0	1	1	6.1	1.2	18	2	3	0	29	8.7	94
0	2	0	6.2	1.2	18	2	3	1	36	8.7	94
0	3	0	9.4	3.6	38	3	0	0	23	4.6	94
1	0	0	3.6	0.17	18	3	0	1	38	8.7	110
1	0	1	7.2	1.3	18	3	0	2	64	17	180
1	0	2	11	3.6	38	3	1	0	43	9	180
1	1	0	7.4	1.3	20	3	1	1	75	17	200
1	1	1	11	3.6	38	3	1	2	120	37	420
1	2	0	11	3.6	42	3	1	3	160	40	420
1	2	1	15	4.5	42	3	2	0	93	18	420
1	3	0	16	4.5	42	3	2	1	150	37	420
2	0	0	9.2	1.4	38	3	2	2	210	40	430
2	0	1	14	3.6	42	3	2	3	290	90	1000

续表

阳性管数			MPN	95%置信区间		阳性管数			MPN	95%置信区间	
0.1	0.01	0.001		下限	上限	0.1	0.01	0.001		下限	上限
2	0	2	20	4.5	42	3	3	0	240	42	1000
2	1	0	15	3.7	42	3	3	1	460	90	2000
2	1	1	20	4.5	42	3	3	2	1100	180	4100
2	1	2	27	8.7	94	3	3	3	>1100	420	—

注：①本表采用3个稀释度[0.1g(0.1mL)、0.01g(0.01mL)和0.001g(0.001mL)]，每个稀释度接种3管。

②表内所列检样量如改用1g(1mL)、0.1g(0.1mL)和0.01g(0.01mL)时，表内数据应相应降低10倍；如改用0.01g(0.01mL)、0.001g(0.001mL)和0.0001g(0.0001mL)时，表内数据应相应增高10倍，其余类推。

3.2.4 大肠杆菌 VRB-MUG 平板计数法

本法不适用于贝类产品。

1.检测程序

大肠杆菌 VRB-MUG 平板计数法检测程序如图2-20所示。

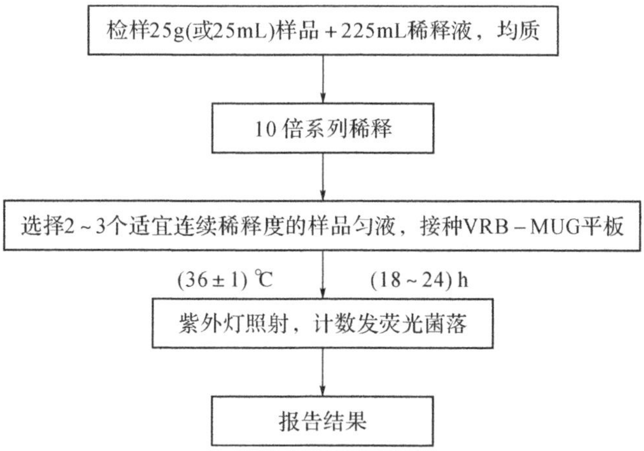

图2-20 大肠杆菌 VRB-MUG 平板计数法检测程序

2.样品的稀释

具体包括：①固体和半固体样品。以无菌操作取25g样品，置盛有225mL磷酸盐缓冲液的无菌均质杯内，8000～10000r/min均质1～2min，制成1∶10样品匀液，或置盛有225mL磷酸盐缓冲液的无菌均质袋中，用拍击式均质器拍打1～2min制成1∶10的样品匀液。

②液体样品。以无菌吸管吸取样品25mL，置于盛有225mL磷酸盐缓冲液的无菌锥形瓶(瓶内预置适当数量的玻璃珠)中，充分振摇，制成1∶10的样品匀液。

③样品匀液的pH值应在6.5～7.5之间，必要时分别用1mol/L氢氧化钠或1mol/L盐酸调节。

④用1mL无菌吸管或微量移液器吸取1∶10样品匀液1mL，沿管壁徐徐注入盛有

9mL 磷酸盐缓冲液的无菌试管中(注意吸管或吸头尖端不要触及稀释液面),振摇试管或换用 1 支 1mL 无菌吸管或吸头反复吹打,使其混合均匀,制成 1∶100 的样品匀液。

⑤根据对样品污染状况的估计,按上述操作,依次制成 10 倍递增系列样品匀液。每递增稀释 1 次,换用 1 支 1mL 无菌吸管或吸头。从制备样品匀液至样品接种完毕,全过程不得超过 15min。

3. 检测

选取 2～3 个适宜的连续稀释度的样品匀液,每个稀释度分别取 1mL 注入两个无菌平皿。另取 1mL 稀释液注入一个无菌平皿中,作空白对照。将(45±0.5)℃的 VRB 琼脂凝固后,再加 3～4mL VRB-MUG 琼脂覆盖平板表层。凝固后旋转平板,(36±1)℃培养(18～24)h。选择菌落数 10～100 的平板,暗室中 360～366nm 波长紫外灯照射下,计数平板上发浅蓝色荧光的菌落(见图 2-21)。

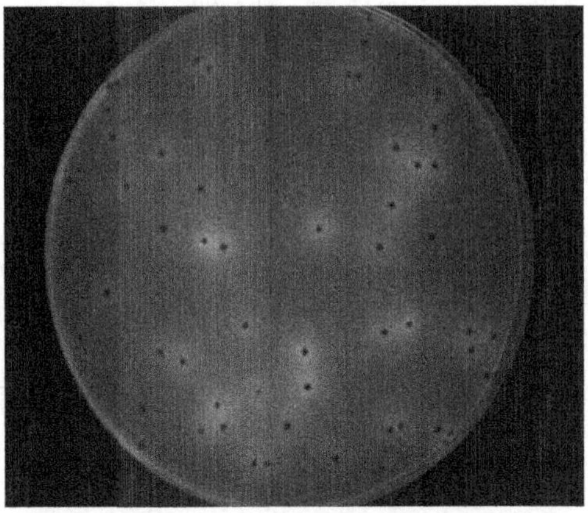

图 2-21　VRB-MUG 琼脂平板分离培养菌落

检测原理:VRB-MUG 琼脂培养基中的 4-甲基伞形酮-β-D-葡萄糖苷(MUG)在大肠杆菌的作用下,游离出 4-甲基伞形酮,带蓝色的荧光。

检验时用已知 MUG 阳性菌株(如大肠杆菌 ATCC 25922)和产气肠杆菌(如 ATCC 13048)做阳性和阴性对照。

检测时,应注意以下几点:

①在实验时要用已知 MUG 阳性菌株和 MUG 阴性菌株作对照。

②在选择计数平板时,选择的菌落数不要太多太密,50 个左右效果比较好些。原因是游离的 4-甲基伞形酮有水溶性,能从菌落向培养基中扩散,菌落太多的话,尤其是阳性菌落太多的话,很可能就分不出单个菌落了。

③紫外灯的功率不要太大。功率大了需要做好个人防护。

4. 大肠杆菌平板计数的报告

两个平板发荧光菌落数的平均数乘以稀释倍数,报告每克(或毫升)样品中大肠杆菌数,以 cfu/g(mL)表示。

3.2.5　大肠杆菌 Petrifilm™测试片计数法

Petrifilm™大肠杆菌/大肠菌群测试片是一种预先制备好的培养基系统,含有 VRB 培养基,冷水可溶性凝胶和葡萄糖苷酶指示剂,可增强菌落计数效果。大肠杆菌能产生 β-葡萄糖甘酸酶与培养基中的指示剂反应,产生蓝色沉淀环绕在大肠杆菌菌落周围。表面覆盖的胶膜,可截留发酵乳糖的大肠菌群产生的气体。培养结束后计数蓝点带气泡的菌落即为大肠杆菌数,红点带气泡和蓝点带气泡的菌落之和为大肠菌群数(见图 2-22)。

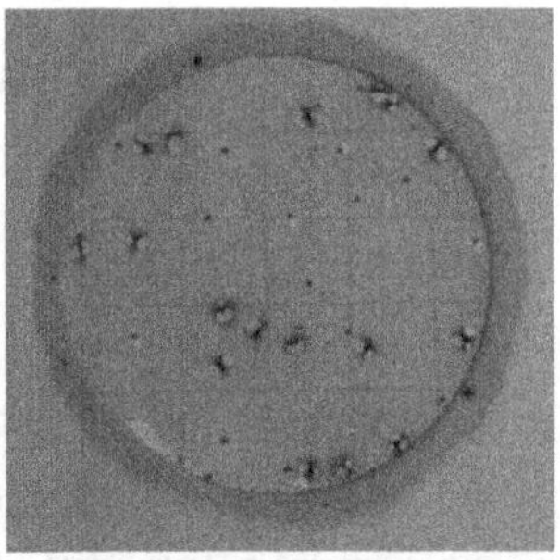

图 2-22　大肠杆菌 Petrifilm™测试片菌落

1. 检测程序

大肠杆菌 Petrifilm™测试片计数法检测程序如图 2-23 所示。

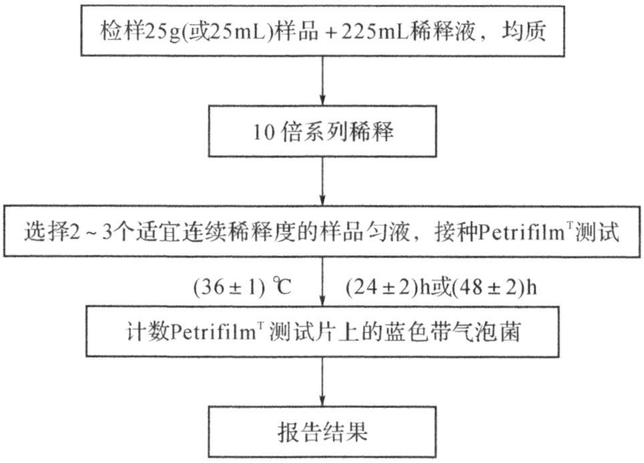

图 2-23 大肠杆菌 Petrifilm™测试片计数法检测程序

2.样品的稀释

具体步骤如下：①固体和半固体样品。以无菌操作取 25g 样品，置盛有 225mL 磷酸盐缓冲液的无菌均质杯内，8000～10000r/min 均质 1～2min，制成 1∶10 样品匀液，或置盛有 225mL 磷酸盐缓冲液的无菌均质袋中，用拍击式均质器拍打 1～2min 制成 1∶10 的样品匀液。

②液体样品。以无菌吸管吸取样品 25mL，置于盛有 225mL 磷酸盐缓冲液的无菌锥形瓶（瓶内预置适当数量的玻璃珠）中，充分振摇，制成 1∶10 的样品匀液。

③样品匀液的 pH 值应在 6.5～7.5 之间，必要时分别用 1mol/L 氢氧化钠或 1mol/L 盐酸调节。

④用 1mL 无菌吸管或微量移液器吸取 1∶10 样品匀液 1mL，沿管壁徐徐注入盛有 9mL 磷酸盐缓冲液的无菌试管中（注意吸管或吸头尖端不要触及稀释液面），振摇试管或换用 1 支 1mL 无菌吸管或吸头反复吹打，使其混合均匀，制成 1∶100 的样品匀液。

⑤根据对样品污染状况的估计，按上述操作，依次制成 10 倍递增系列样品匀液。每递增稀释 1 次，换用 1 支 1mL 无菌吸管或吸头。从制备样品匀液至样品接种完毕，全过程不得超过 15min。

3.检验

(1)接种和培养

选取 2～3 个适宜的连续稀释度的样品匀液，每个稀释度接种两片测试片。将测试片置于平坦试验台面，揭开上层膜，用吸管吸取样品匀液 1mL 垂直滴加在测试片的中央，将上层膜缓慢盖下，避免气泡产生和上层膜直接落下，将压板（平面底朝下）放置在上层膜中央处，轻轻地压下，使样品匀液均匀覆盖于圆形的培养膜表面，切勿扭转压板。拿起压板，静置至少 1min 以使培养基凝固。将测试片的透明面朝上置于培养箱内，堆叠片数不超过 20 片，(36±1)℃培养。肉、家禽和水产品，培养时间为(24±2)h；其他食品，培养时间为(48±2)h。

注意：合理稀释度的选择，每稀释度接种 2 张测试片；避免气泡产生；培养基未凝固时勿挪动；对于肉、家禽和水产品，培养时间为(24±2)h，对于其他产品，培养时间为(48±2)h。

(2)判读

可肉眼观察计数,或用菌落计数器、放大镜、Petrifilm™自动判读仪计数。蓝色有泡的菌落确认为大肠杆菌,不论蓝色的深浅,部分蓝色的带气泡菌落也判定为大肠杆菌。圆形培养膜边缘及边缘以外的菌落不计数。当测试片出现大量气泡、不明显的小菌落或培养区呈蓝色时,需要进一步稀释样品匀液,重新检验。

注意:大肠杆菌为蓝点带气泡的菌落,不论蓝色深浅,部分蓝色带气泡的菌落均为大肠杆菌;圆形边缘上及边缘外的菌落不计数;注意菌落浓度高的几种情况;蓝点带气泡菌落和红点带气泡菌落之和为大肠菌群数(见图 2-24、图 2-25)。

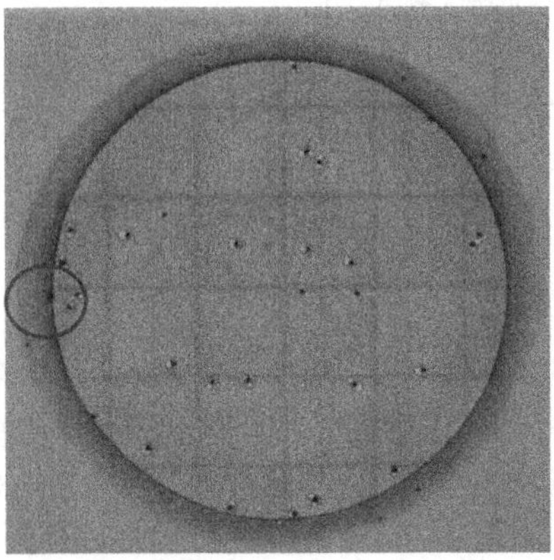

图 2-24　圆形边缘上及以外的菌落不作计数,因为边缘上不含选择性培养基

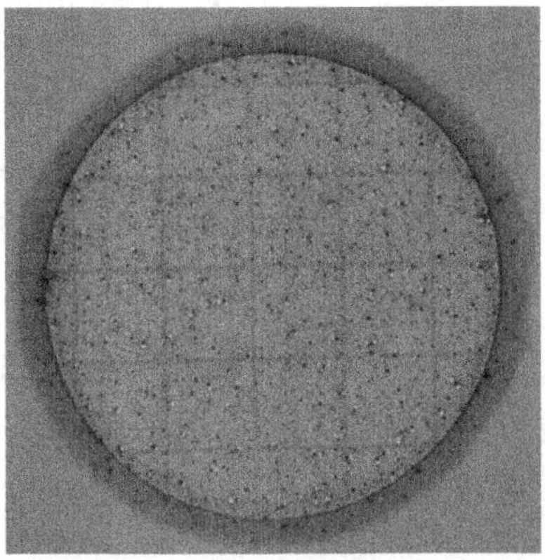

图 2-25　测试片上的菌落无法计数时至少有下列现象之一:①很多小菌落;②有许多气泡;③培养基的颜色变深,由红色到蓝紫色

4. 大肠杆菌测试片计数的报告

具体情况包括:①选取菌落数在 15～150 之间的测试片作为计数标准;

②选择菌落数在 15～150 之间的稀释度,平均菌落数乘以稀释倍数报告之;

③如果所有稀释度测试片上的菌落数都小于 15,则计数稀释度最低的测试片上的平均菌落数乘以稀释倍数报告之;

④如果所有稀释度的测试片上均无菌落生长,则以(<)1 乘以最低稀释倍数报告之;

⑤如果最高稀释度的菌落数大于 150 个时,计数最高稀释度的测试片上的平均菌落数乘以稀释倍数报告之;

⑥计数菌落数大于 150 个的测试片时,可计数一个或两个具有代表性的方格内的菌落数,换算成单个方格内的菌落数后乘以 20 即为测试片上估算的菌落数(圆形生长面积为 $20cm^2$);

⑦最终菌落浓度的单位以"cfu/g(mL)"表示。

3.2.6　大肠杆菌计数培养基和试剂的配制

1. 月桂基磺酸盐蛋白胨(LST)肉汤

(1)成分

胰蛋白胨或胰酪胨	20g	氯化钠	5g
乳糖	5g	磷酸氢二钾	2.75g
月桂基磺酸钠	0.1g	磷酸二氢钾	2.75g

蒸馏水　　　　　1000mL

pH 6.8±0.2

(2)制法

将上述成分溶解于蒸馏水中，调节 pH，分装到玻璃小倒管的试管中，每管 10mL。121℃高压灭菌 15min。

制备双料 LST 肉汤时，除蒸馏水外其他成分加倍。

2. EC 肉汤

(1)成分

胰蛋白胨或胰酪胨	20g	磷酸氢二钾	4g
3 号胆盐或混合胆盐	1.5g	磷酸二氢钾	1.5g
乳糖	5g	氯化钠	5g
蒸馏水	1000mL		

pH 6.9±0.2

(2)制法

将上述成分溶解于蒸馏水中，调节 pH，分装于有倒立小发酵管的试管中，每管 8mL。121℃高压灭菌 15min。

3. 蛋白胨水

(1)成分

胰蛋白胨或胰酪胨	20g	蒸馏水	1000mL

pH 6.9±0.1

(2)制法

加热搅拌溶解胰胨或胰酪胨于蒸馏水中。分装试管，每管 5mL。121℃高压灭菌 15min。

4. 缓冲葡萄糖蛋白胨水(MR-VP 实验用)

(1)成分

多胨	7g	磷酸氢二钾	4g
葡萄糖	5g	蒸馏水	1000mL

pH 6.9±0.2

(2)制法

将上述成分溶解于蒸馏水中，调节 pH，分装试管，121℃高压灭菌 15min。

5. Korser 氏柠檬酸盐肉汤

(1)成分

磷酸氢铵钠(含 4 个结晶水)	1.5g	硫酸镁(含 7 个结晶水)	0.2g
磷酸氢二钾	4.0g	柠檬酸钠(含 2 个结晶水)	3.0g
蒸馏水	1000mL		

pH 6.7±0.2

(2)制法

将上述成分溶解于蒸馏水中，调节 pH，分装试管，每管 10mL，121℃高压灭菌 15min。

6. 磷酸盐缓冲液

(1)成分

磷酸氢二钾	4g	蒸馏水	1000mL

pH 7.2

(2)制法

具体包括:①贮存液。称取 34g 的磷酸二氢钾溶于 500mL 蒸馏水中,用大约 175mL 的 1mol/L 氢氧化钠溶液调节 pH 至 7.2,用蒸馏水稀释至 1000mL 后贮存于冰箱。

②稀释液。取贮存液 1.25mL,用蒸馏水稀释到 1000mL,分装于适宜容器中,121℃高压灭菌 15min。

7. 伊红美蓝琼脂(EMB)

(1)成分

蛋白胨	10g	磷酸氢二钾	2g
乳糖	10g	伊红 γ(水溶液)	0.4g 或 2%水溶液20mL
琼脂	15g	美蓝	0.065g 或 0.5%水溶液13mL
蒸馏水	1000mL		

pH 7.1±0.2

(2)制法

在 1000mL 蒸馏水中煮沸溶解蛋白胨、磷酸盐和琼脂,加水充足。分装于三角烧瓶中。每瓶 100mL 或 200mL,调节 pH,高压灭菌。使用前将琼脂溶化,于每 100mL 琼脂中加 5mL 灭菌的 20%乳糖溶液,2mL 的 2%的伊红 γ 水溶液和 1.3mL 0.5%的美蓝水溶液,摇匀,冷至 45～50℃倾注平皿。

8. 营养琼脂斜面

(1)成分

牛肉膏	3g	琼脂	15g
蛋白胨	5g	蒸馏水	1000mL

pH 7.3±0.1

(2)制法

将上述成分加于蒸馏水中,煮沸溶解,调节 pH。分装合适的试管,121℃高压灭菌 15min。灭菌后摆成斜面备用。

9. 结晶紫红中性红胆盐(VRB)琼脂

(1)成分

蛋白胨	7g	氯化钠	5g
酵母膏	3g	胆盐或 3 号胆盐	1.5g
乳糖	10g	中性红	0.03g
琼脂	15～18g	结晶紫	0.002g
蒸馏水	1000mL		

pH 7.4±0.1

(2)制法

将上述成分溶于蒸馏水中,静置几分钟,充分搅拌,调节 pH。煮沸 2min,将培养基冷至

45～50℃倾注平板。临用时制备，不得超过3h。

10. VRB-MUG琼脂

(1)成分

蛋白胨	7g	氯化钠	5g
酵母膏	3g	中性红	0.03g
乳糖	10g	结晶紫	0.002g
胆盐或3号胆盐	1.5g	琼脂	15～18g
4-甲基伞酮-β-D-葡萄糖苷(MUG)	0.1g	蒸馏水	1000mL

pH 7.4±0.1

(2)制法

将上述成分加于蒸馏水中，静置几分钟，充分搅拌，调节pH。煮沸2min，冷却至45～50℃使用。

11. 革兰氏染色液

(1)结晶紫染色液成分

结晶紫	1g	95%乙醇	20mL
1%草酸铵水溶液	80mL		

制法：将结晶紫完全溶解于乙醇中，然后与草酸铵溶液混合。

(2)革兰氏碘液成分

碘	1g	蒸馏水	300mL
碘化钾	2g		

制法：将碘与碘化钾先行混合，加入蒸馏水少许充分振摇，待完全溶解后，再加蒸馏水至300mL。

(3)沙黄(番红)复染液成分

沙黄(番红)	0.25g	蒸馏水	90mL
95%乙醇	10mL		

制法：将沙黄(番红)溶解于乙醇中，然后用蒸馏水稀释。

(4)染色法

①涂片在火焰上固定，滴加结晶紫染液，染30～60s，水洗2s。

②滴加革兰氏碘液，作用1min，水洗。

③滴加95%乙醇脱色约15～30s，直至染色液被洗掉(流下的酒精无明显的紫色)，不要过分脱色，水洗。

④滴加复染液，复染30～60s，水洗，晾干，镜检。

12. Kovacs靛基质试剂

(1)成分

对二甲氨基苯甲醛	5g	盐酸(浓)	25mL
戊醇	75mL		

(2)制法

将对二甲氨基苯甲醛溶于戊醇中，然后慢慢加入浓盐酸即可。

13. 甲基红指示剂

(1)成分

甲基红	0.1g	95%乙醇	300mL

(2)制法

将甲基红溶于300mL乙醇中,加水稀释至500mL。

14. Voges-Pros kauer(V-P)试剂

(1)甲液

α-萘酚	5g	无水乙醇	100mL

(2)乙液

氢氧化钾	40g	用蒸馏水加至	100mL

(3)肌酸结晶

(4)试验方法

将培养物接种MR-VR培养基,(36±1)℃培养(48±2)h。移取培养物1mL至13mm×100mm试管,加5%α-萘酚乙醇培养液0.6mL、40%氢氧化钾溶液0.2mL和少许肌酸结晶,振摇试管后静置2h,如出现伊红色,为V-P试验阳性。

3.3 大肠埃希氏菌O157:H7/NM检测

3.3.1 设备和材料

除微生物实验室常规灭菌及培养设备外,所需其他设备和材料有以下几种。天平:感量0.1g、0.01g;均质器或乳钵;均质袋;冰箱:2~5℃;恒温培养箱:(36±1)℃;恒温水浴锅:(46±0.5)℃,100℃;生物显微镜:10×~100×;细菌浓度比浊管:Mac Farland 0.5号或浊度计;无菌锥形瓶:500mL、250mL;平皿(皿底直径9cm);无菌试管:10mm×75mm、18mm×200mm;无菌吸管:1mL(具0.01mL刻度)、10mL(具0.1mL刻度)或微量移液器及吸头;pH计或pH比色管或精密pH试纸;长波紫外光灯:波长366nm,功率≤6W;磁板、磁板架、Dynal MX1样品混合器;全自动微生物鉴定系统(VITEK);全自动酶联荧光免疫分析仪(mini VIDAS或VIDAS);全自动病原菌检测系统(BAX)系统;可调式电炉;广口瓶;玻璃珠(直径为5mm);试管架;酒精灯;75%酒精棉球;玻璃蜡笔;登记簿;剪刀;灭菌镊子;不锈钢勺;直径为3mm的接种环等。

3.3.2 培养基及试剂

具体包括:改良EC肉汤(mEC+n)、改良山梨醇麦康凯(CT-SMAC)琼脂、亚碲酸钾(AR级)、头孢克肟、三糖铁(TSI)琼脂、4-甲基伞形酮-β-D-葡萄糖苷(MUG)、月桂基磺酸盐胰蛋白胨肉汤-MUG(MUG-LST)、氧化酶试剂、革兰氏染色液、大肠埃希氏菌O157和H7诊断血清或O157乳胶凝集试剂、API 20E生化鉴定试剂盒或VITEK-GNI$^+$鉴定卡、半固体琼脂、改良科玛嘉(CHROMagar)O157显色琼脂或其他同等质量的O157显色琼脂、改良麦康凯(CT-SMAC)肉汤、无菌生理盐水、1mol/L氢氧化钠、1mol/L盐酸等。

3.3.3 常规培养法

1. 检测程序

大肠埃希氏菌O157:H7和O157:NM常规新检测程序如图2-26所示。

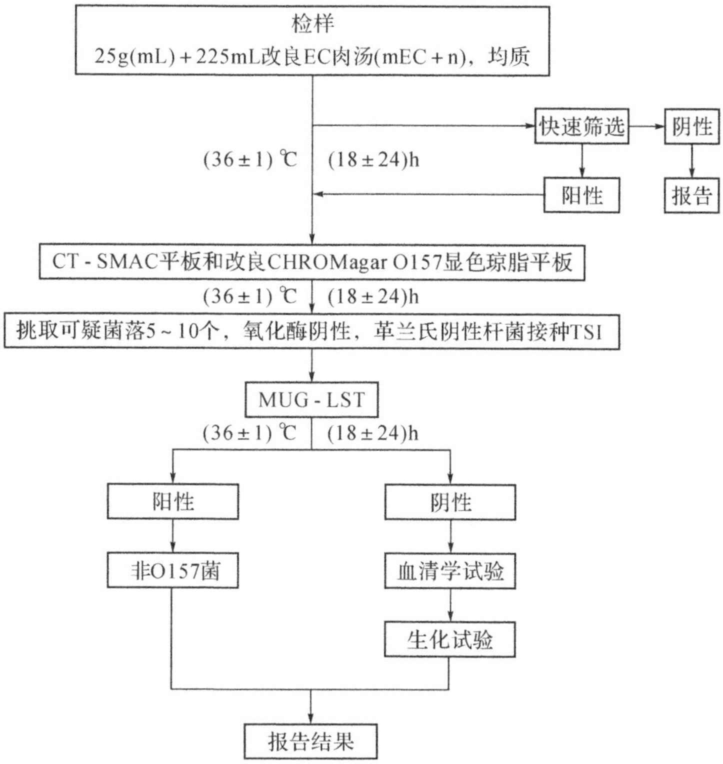

图 2-26 大肠埃希氏菌 O157：H7 和 O157：NM 常规法检测程序

2.操作步骤

(1)增菌

样品采集后应尽快检测。若不能及时检测，可在 2～4℃保存 18h。以无菌操作取检样 25g(mL)加入含有 225mL mEC＋n 肉汤的均质袋中，在拍击式均质器上连续均质 1～2min；或放入盛有 225mL mEC＋n 肉汤的均质杯中，8000～10000r/min 均质 1～2min，于(36±1)℃培养 18～24h。同时做阳性及阴性对照。

注意事项：无菌操作，阴、阳性对照避免交叉污染。

(2)分离

取增菌后或筛选试验阳性的 mEC＋n 肉汤，分别划线或适当稀释后取 0.1mL 涂布接种于 CT-SMAC 平板和改良 CHROMagar O157 弧菌显色琼脂平板上，于(36±1)℃培养 18～24h，观察菌落。必要时将混合菌落分纯。在 CT-SMAC 平板上，发酵山梨醇的菌落为红色；典型肠出血性大肠埃希氏菌 O157：H7/NM 菌落为不发酵山梨醇的圆形、光滑、较小的无色菌落，中心呈现较暗的灰褐色，用接种针挑起时无拉丝现象。在改良 CHROMagar O157 显色琼脂平板上为圆形、较小的菌落，中心呈淡紫色-紫红色，边缘无色或浅灰色。

注意事项：增菌后的肉汤在取样前，应轻微摇晃混匀；划线时应多次往返，保证分离效果；涂布时应适当稀释。

注意区分典型菌落。大部分非 O157 大肠杆菌发酵山梨醇，仍有 6%不发酵山梨醇，它们与摩根氏菌和哈夫尼亚菌一样在 TC-SMAC 上表现为与 O157 相同的菌落特征。

(3)初步生化试验

在 CT-SMAC 和改良 CHROMagar O157 显色琼脂平板上挑取 5～10 个典型或可疑菌落,分别接种 TSI 琼脂,同时接种 MUG-LST 肉汤,于(36±1)℃培养 18～24h。必要时进行氧化酶试验和革兰氏染色。在 TSI 琼脂中,典型菌株为斜面与底层均呈阳性反应呈黄色,产气或不产气,不产生硫化氢。置 MUG-LST 肉汤管于长波紫外灯下观察,阳性对照应无荧光产生,阴性对照应有荧光;对分解乳糖且无荧光的菌株,在营养琼脂平板上分纯,于(36±1)℃培养 18～24h,并进行下列鉴定。

注意事项:挑取典型菌落,数量在 5 个以上,尽量多挑。注意混合菌落的识别,进行分纯后挑去。

在观察 MUG 实验时,与阴性、阳性对照一起观察,应带上防紫外线的护目镜,注意紫外线对眼镜的伤害。

(4)鉴定

具体步骤如下:①血清学试验。在营养琼脂平板上挑取分纯的菌落,用 O157∶H7 标准血清或 O157 乳胶凝集试剂作玻片凝集试验。血清凝集试验应做生理盐水对照。对于 H7 因子血清不凝集者,应穿刺接种半固体琼脂管,检查动力,经连续传代 3 次,动力试验阴性,H7 因子血清凝集阴性者,确定为无动力株。

注意事项:先做 O157 血清凝集,后做 H7 因子凝集,注意自凝菌,用生理盐水做对照。

②生化试验。用 API20E 或 VITEK-GNI^{+} 或其他肠杆菌科生化鉴定试剂盒,按照生产商提供的使用说明进行。大肠埃希氏菌 O157∶H7/NM 生化反应特征如表 2-7 所示。

表 2-7 大肠埃希氏菌 O157∶H7/NM 生化反应特征

生 化 试 验	特 征 反 应
三糖铁琼脂(TSI)	底层及斜面呈黄色,硫化氢阴性
山梨醇	阴性或迟缓发酵
靛基质	阳性
MR-VP	MR 阳性,VP 阴性
氧化酶	阴性
西蒙氏柠檬酸盐	阴性
赖氨酸脱羧酶	阳性(紫色)
鸟氨酸脱羧酶	阳性(紫色)
纤维二糖发酵	阴性
棉子糖发酵	阴性
MUG 试验	阴性
动力试验	有动力或无动力

注意:进行生化试验时应是用新鲜培养物(24h 以内);菌液的稀释应注意无菌操作,浊度应达到使用说明的要求。

5.结果报告

综合生化和血清学的试验结果,报告 25g(mL)样品中检出或未检出大肠埃希氏菌

O157：H7/NM。在样品中检出 O157：H7 或 O157：NM 时，需要进一步检测 Vero 细胞毒素基因的存在，可通过接种 Vero 细胞或 Hela 细胞，观察细胞病变进行判定，也可使用基因探针检测和聚合酶链反应(PCR)方法或送参考实验室进行志贺氏毒素基因(stx1、stx2)、eae、hly 基因等的检测。

3.3.4 大肠埃希氏菌 O157：H7/NM 检测培养剂和试剂的配制

1. 改良 EC 肉汤(mEC+n)

(1)成分

胰蛋白胨	20g	磷酸氢二钾(含 7 个结晶水)	4g
3 号胆盐	1.12g	磷酸二氢钾	1.5g
乳糖	5g	氯化钠	5g
新生霉素钠盐溶液(20mg/mL)	1mL	蒸馏水	1000mL

pH 6.9±0.1

(2)制法

除新生霉素外，所有成分溶解在水中，加热煮沸，在 20～25℃下校正 pH 至 6.9±0.1，分装，121℃高压灭菌 15min，备用。制备浓度为 20mg/mL 的新生霉素储备溶液，过滤法除菌。待培养基温度冷至 50℃以下时，按 1000mL 新生霉素储存液，使最终浓度为 20mg/L。

2. 改良山梨醇麦康凯(CT-SMAC)琼脂

(1)山梨醇麦康凯(SMAC)琼脂成分

蛋白胨	20g	氯化钠	5g
山梨醇	10g	中性红	0.03g
3 号胆盐	1.5g	结晶紫	0.001g
琼脂	15g	蒸馏水	1000mL

pH 7.2±0.2

制法：所有成分溶解在蒸馏水中，加热煮沸，在 20～25℃下校正 pH 至 7.2±0.2，分装，121℃高压灭菌 15min。

(2)亚碲酸钾溶液成分

亚碲酸钾	0.5g	蒸馏水	200mL

制法：将亚碲酸钾溶于水，过滤法除菌。

(3)头孢克肟(Cefixime)溶液成分

头孢克肟	1g	96%乙醇	200mL

制法：将头孢克肟溶解于酒精中，静置 1h 待其充分溶解后过滤除菌。分装试管，储存于−20℃，有效期一年。溶解后的头孢克肟溶液不应再冻存，且在 2～8℃下有效期 14d。

(4)CT-SMAC 制法

取 1000mL 灭菌融化并冷却至(45±1)℃的山梨醇麦康凯(SMAC)琼脂，加入亚碲酸钾溶液和 10mL 头孢克肟溶液，使亚碲酸钾浓度达到 2.5mg/L，头孢克肟浓度达到 0.05mg/L，混匀后倾注平板。

3. 三糖铁(TSI)琼脂

(1)成分

蛋白胨	20g	氯化钠	5g

牛肉膏	5g	硫酸亚铁铵(含6个结晶水)	0.2g
乳糖	10g	硫代硫酸钠	0.2g
蔗糖	10g	酚红	0.025g
葡萄糖	1g	琼脂	12g
蒸馏水	1000mL		

pH 7.4±0.2

(2)制法

将除琼脂和酚红以外的各种成分溶解于蒸馏水中,在20～25℃下校正pH至7.4±0.2。加入琼脂,加热煮沸以溶化琼脂;加入0.2%酚红水溶液12.5mL摇匀。分装试管,装量宜多些,以便得到较高的底层。121℃高压灭菌15min,放置高层斜面备用。

4.月桂基磺酸盐蛋白胨肉汤-MUG(LST-MUG)

(1)成分

胰蛋白胨	20g	磷酸氢二钾	2.75g
氯化钠	5g	磷酸二氢钾	2.75g
乳糖	5g	月桂基磺酸钠	0.1g

4-甲基伞形铜-B-D-葡萄糖醛酸苷(MUG)　0.1g

蒸馏水　1000mL

pH 6.8±0.2

(2)制法

将各成分溶解于蒸馏水中,加热煮沸至完全溶解,于20～25℃下校正pH至6.8±0.2,分装到有倒立发酵管的试管中,每管10mL,于121℃高压灭菌15min。

5.氧化酶试剂

(1)成分

N,N′-二甲基对苯二胺盐酸盐或N,N,N′,N′-四甲基对苯二胺盐酸盐　1g

蒸馏水　100mL

(2)制法

少量新鲜配剂,于冰箱内避光保存,在7d内使用。

(3)试验方法

用细玻璃棒或一次性接种针挑取单个菌落,涂布在滤纸上,在添加氧化酶试剂10s内呈现粉红或紫红色,即为氧化酶试验阳性。不变色者为氧化酶试验阴性。

6.半固体琼脂

(1)成分

蛋白胨	1.3g	氯化钠	0.5g
牛肉膏	0.3g	琼脂	0.3g～0.4g
蒸馏水	100mL		

pH 7.4±0.2

(2)制法

将各成分溶解于蒸馏水中,加热煮沸至完全溶解,于20～25℃下校正pH至7.4±0.2,分装小试管,于121℃高压灭菌15min。直立凝固备用。

7. 改良 CHROMagar O157 弧菌显色琼脂

(1)成分

蛋白胨、酵母提取物和盐分	13g	琼脂	15g
色素混合物	1.2g	蒸馏水	1000mL
选择性添加剂	0.0005g		

pH 7±0.2

(2)制法

除选择性添加剂外，将各成分溶解于水中，加热煮沸 100℃至完全溶解。冷却至 47～50℃时，加入选择性添加剂，混匀后倾注平板。

8. 改良麦康凯肉汤(CT-MAC 肉汤)

(1)麦康凯(MAC)肉汤成分

蛋白胨	20g	氯化钠	5g
乳糖	10g	中性红	0.03g
3 号胆盐	1.5g	结晶紫	0.001g
蒸馏水	1000mL		

pH 7.2±0.2

制法：所有成分溶解在蒸馏水中，加热煮沸，在 20～25℃下校正 pH 至 7.2±0.2，分装锥形瓶，121℃高压灭菌 15min。

(2)亚碲酸钾溶液成分

亚碲酸钾	0.5g	蒸馏水	200mL

制法：将亚碲酸钾溶于水，过滤法除菌。

(3)头孢克肟(Cefixime)溶液成分

头孢克肟	1g	96%乙醇	200mL

制法：将头孢克肟溶解于酒精中，静置 1h 待其充分溶解后过滤除菌。分装试管，储存于－20℃，有效期一年。溶解后的头孢克肟溶液不应再冻存，且在 2～8℃下有效期 14d。

(4)CT-MAC 肉汤制法

取 1000mL 灭菌并冷却至(45±1)℃的麦康凯(MAC)肉汤，加入 1mL 亚碲酸钾溶液和 10mL 头孢克肟溶液，使亚碲酸钾浓度达到 2.5mg/L，头孢克肟浓度达到 0.05mg/L，混匀后分装试管。

9. 溶菌试剂

(1)成分

蛋白酶	150μL	裂解缓冲液	12mL

将 150μL 蛋白酶加入 1 瓶 12mL 的裂解缓冲液中。将准备日期标记在瓶上，储存在 2～8℃，在两周内使用。

模块 4　肠球菌

4.1　肠球菌概述

肠球菌普遍存在于自然界，一般栖居在各种温血和冷血动物的腔肠，甚至昆虫体内，也是健康人体的上呼吸道、口腔或肠道的常居菌。本菌可以引起心内膜炎、胆囊炎、脑膜炎、尿路感染及伤口感染等多种疾病。在人类粪便中的数量仅次于大肠菌群，每克成人的粪便中约含 2×10^8 个。由于此污染指标菌比大肠杆菌对外界环境温度适应性强、抵抗力强及耐受性强，甚至可以与多种抗生素相抵抗，生长营养要求不高，因此在自然界分布广，存活力持久。在无粪便污染的环境中较大肠菌更易发现，所以，即使检出肠球菌也没有粪便污染的指示作用。此外，即使在冷冻、干燥和经中等强度加热处理的食品中检出肠球菌也不能提示肠道致病菌的存在，因为肠球菌比沙门氏菌、致病性大肠杆菌抵抗性及存活率均高。

4.1.1　卫生学意义

肠球菌（尤其是粪肠球菌和屎肠球菌）可作为较好的食品卫生指标菌。与大肠杆菌相比，它对冷冻、高酸和中等热处理的抵抗力更强。因此，肠球菌在冷冻食品、果汁及热处理不够彻底的食品常常被检测出来，而在这些加工过的食品中大肠杆菌往往已被杀死。例如，大包装的罐头火腿食品，只经过中等热处理，而并未采取彻底的蒸煮消毒，在这样的食品中常可检测到肠球菌。另外，肠球菌还可以用于对食品加工厂卫生质量的评价。

目前该菌多作为生活饮用水、管道水和一些水质的指标菌。卫生学家认为，肠球菌类似于大肠菌群的生态活动，但其对恶劣的外环境和冷冻条件具有较强的抵抗力，作为检测水质卫生、环境卫生质量的污染指标更具有卫生学意义。另据有关报道，大量的（10^9 以上）肠球菌可以引起食物中毒，作为一个有卫生学意义的细菌有些国家已经制定了针对肠球菌的污染限量标准，通常在 $0\sim10^5$ cfu/g 范围内。

4.1.2　生物学特征

肠球菌属细胞呈球形或卵圆形，菌体大小（0.6～2.0）μm×（0.6～2.5）μm，在液体培养基中呈成对或短链，不生芽孢。革兰氏阳性，在陈旧培养物或厌氧状态下有时呈革兰氏阴性。有时以鞭毛运动。没有明显的荚膜。兼性厌氧。可发酵的碳水化合物范围广泛，主要产 L(＋)-乳酸，但不产气，最适 pH 4.2～4.6，营养需要复杂。接触酶阴性。通常在 10～45℃能生长（最适 37℃），在 pH 9.6、6.5％氯化钠中和 40％胆盐中也能生长。很少还原硝酸盐，通常发酵乳糖。

食品微生物检验主要针对在 10℃和 45℃下可生长发育的粪肠球菌与屎肠球菌，二者在生化特性方面有明显不同。在 45℃条件下，用含叠氮钠成分的培养基检测此类指标菌是其主要方法。

4.1.3　流行病学调查

肠球菌为条件致病菌，它来源于人和温血动物的粪便，偶尔出现于感染的尿道及急性心内膜炎。它能够通过食品对人类造成感染，因而常见于许多食品，如火腿肠、炸肉丸、布丁及经过巴氏消毒的牛奶等，肠球菌进入食物链的主要原因是不卫生的加工条件所致的，一般与直接的粪便感染无关。粪肠球菌引起的感染大多是由于它的侵袭所造成的，感染剂量较高，一般大于 10^7 个细菌。人、禽感染率最高，亦见于猪、牛、马、山羊、绵羊及兔。

4.1.4　致病性

肠球菌引起的感染有尿路感染、化脓性腹部感染、败血症、心内膜炎和腹泻发烧等。其中败血症最常继发于生殖泌尿性感染，皮肤、胆管、肠道等感染也可作为原发病灶。从天然乳清培养物中分离的菌株，能产生一种细菌素，叫肠球菌素，对单增李斯特氏菌有杀灭作用。

4.2　肠球菌检测

4.2.1　设备和材料

除微生物实验室常规灭菌用培养设备外，所需其他设备和材料如下所示。生物显微镜：10×～100×；电子天平：感量为0.001g；恒温水浴箱：(46±1)℃；恒温培养箱：(35±0.5)℃，(36±1)℃，(45±0.5)℃，(35±2)℃；均质器；振荡器；移液管：容量1mL，10mL；培养皿等。

4.2.2　培养基和试剂

具体包括：叠氮化钠葡萄糖肉汤、肠球菌肉汤、KF链球菌琼脂、肠球菌琼脂(胆汁七叶苷叠氮钠琼脂)、胆汁七叶苷琼脂(BEA琼脂)、脑心浸液肉汤(BHIB)、含6.5%氯化钠脑心浸液肉汤、脑心浸液琼脂(BHIA)、缓冲蛋白胨水、革兰氏染色液等。

4.2.3　食品和水中肠球菌平板计数法

此方法适用于检测未经加工处理的生鲜食品及肠球菌菌数大于10cfu/g(mL)的水和食品。

1.检测程序

食品和水中肠球菌平板计数法检测程序如图2-27所示。

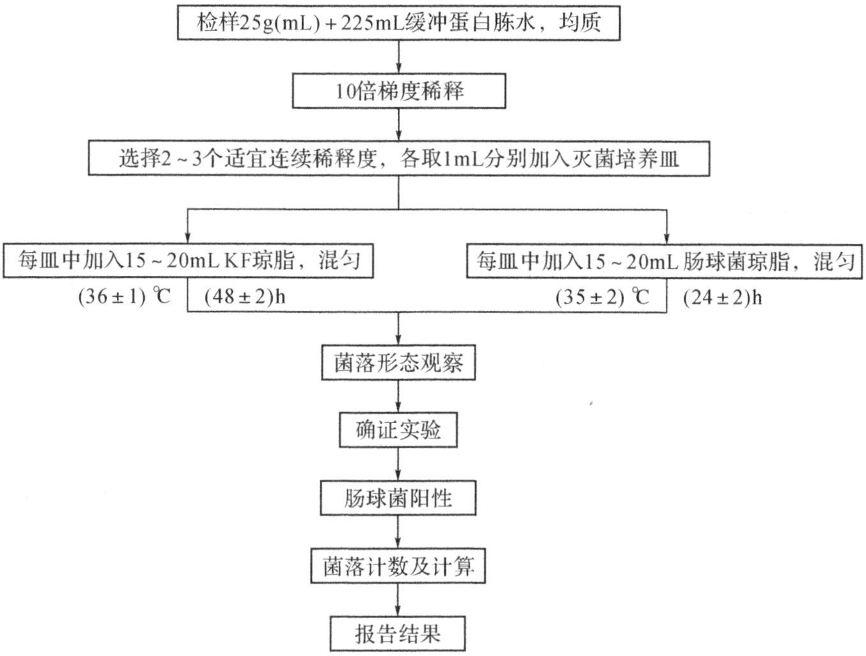

图2-27　食品和水中肠球菌平板计数法检测程序

2.检测步骤

(1)样品的贮存和运送

采样后应尽快进行检验，冷冻样品如不能立即进行检验，应置于－18℃保存。应冷藏保存的待检样品在运送实验室过程中应于1～－4℃保存。

(2)样品的制备

具体包括：①水及液体饮料。污染程度低的水及液体饮料可以直接进行检验；污染程度严重的水及液体饮料吸取 25mL 样品，加入 225mL 缓冲蛋白胨水中，充分混匀，制成 1：10样品匀液。

②固体或半固体食品。无菌操作取 25g 样品放入装有 225mL 缓冲蛋白胨水的均质杯内，以 8000～10000r/min 均质 1～2min，制成 1：10 样品匀液。

③以上样品制备可根据样品污染程度及检验需要，进一步制成 10 倍递增的样品稀释液。

(3)接种和培养

具体步骤包括：①根据样品污染情况，选择 2～3 个适宜连续稀释度的样液，分别吸取 1mL 稀释液，加入培养皿中，每个稀释度做两个平板。

②稀释液加入培养皿后，把保持(46±1)℃的 KF 琼脂或肠球菌琼脂 15mL 倾入培养皿内，使样液与培养基充分混合。水平放置，使琼脂凝固。从制备最初稀释液结束到倾注培养基于最后一个培养皿所用时间不应超过 20min。倒置平板进行培养，KF 链球菌琼脂平板置(36±1)℃培养(48±2)h；肠球菌琼脂平板置(35±2)℃培养(24±2)h。

(4)菌落形态观察

肠球菌属细菌在 KF 链球菌琼脂平板上形成暗红至粉红色菌落，边缘整齐；在肠球菌琼脂平板上形成带棕色环的棕黑色菌落。用灭菌接种针从每个 KF 链球菌琼脂平板或肠球菌琼脂平板挑取 10 个典型菌落，进一步做确证实验。

(5)确证实验

典型菌落分别接种到脑心浸液肉汤(BHIB)和脑心浸液琼脂(BHIA)斜面，脑心浸液肉汤(BHIB)置(35±0.5)℃培养(24±2)h，脑心浸液琼脂(BHIA)斜面置(35±0.5)℃培养(48±2)h。具体步骤如下：

①脑心浸液肉汤(BHIB)培养 24h 后，每管肉汤培养物分别接种到相应胆汁七叶苷琼脂(BEA 琼脂)平板、BHIB 肉汤及含 6.5%氯化钠的 BHIB 肉汤中。胆汁七叶苷琼脂(BEA 琼脂)平板及含 6.5%氯化钠的脑心浸液肉汤(BHIB)置(35±0.5)℃培养(48±2)h；BHIB 肉汤置(45±0.5)℃培养(48±2)h，观察细菌生长情况。

②脑心浸液琼脂(BHIA)斜面培养 48h 后，从斜面上挑取菌落作革兰氏染色。

③具有以下特性的典型菌落可确证为肠球菌：革兰氏染色镜检为革兰氏阳性球菌；在胆汁七叶苷琼脂(BEA 琼脂)平板上生长并水解七叶苷(形成黑色或棕色沉淀)；脑心浸液肉汤(BHIB)中(45±0.5)℃生长；并且在含 6.5%氯化钠的脑心浸液肉汤(BHIB)中(35±0.5)℃生长良好。

(6)菌落计数

对确证为肠球菌的菌落进行平板计数，生长有 30～300 个肠球菌为计数合适范围。

(7)结果计算

具体步骤如下：①用所选择计数的每个平板上典型肠球菌的菌落数，乘以确认为肠球菌的菌落所占比例，以此求出所选取的同一稀释度两个计数平板的肠球菌菌落数。

【例 2-1】 10^{-1}稀释样液的两个平板上分别有 85 个和 90 个菌落，每个平板所挑取的 10 个典型菌落中，确认为肠球菌的分别有 8 个和 9 个，则此稀释度的两个计数平板上肠球菌菌落数分别是 85×(8/10)＝68 及 90×(9/10)＝81。

②若只有一个稀释度平板上的肠球菌菌落数在计数合适范围 30～300 个之间，则计算

两个平板菌落数的平均值，再将平均值除以相应稀释倍数，作为每克（毫升）中菌落总数结果。

③若有两个连续稀释度在适宜计数范围内时，按式(2-1)计算：

$$N=\sum C/[(n_1+0.1n_2)d] \tag{2-1}$$

式中：N——样品中肠球菌菌落数；

$\sum C$——两个连续稀释度平板（含适宜范围菌落数的平板）肠球菌菌落数之和；

n_1——适宜范围菌落数的第一稀释度（低）平板个数；

n_2——适宜范围菌落数的第二稀释度（高）平板个数；

d——第一稀释度的稀释倍数。

【例 2-2】 已知某食品取样稀释度及检测菌落数如表 2-8 所示，求样品中菌落总数（N）。

表 2-8　已知数据

稀释度	1∶10（第一稀释度）	1∶100（第二稀释度）
菌落数	245,247	31,30

解　$N=\sum C/[(n_1+0.1n_2)d]=(245+247+31+30)/[(2+0.1\times 2)\times 10^{-1}]=2514$

上述数据经“四舍五入”后，结果表述为 2.5×10^3 cfu/g(mL)。

④若所有稀释度（包括液体样品原液）平板均无特征性菌落生长，则以小于 $1/d$（d：最低稀释倍数）计算。

⑤低数值的估算。如果实验样品原液（水及液体饮料）或初始稀释悬液（其他食品）的两个琼脂平板上的菌落数均小于 30 个，计算两个琼脂平板上菌落数的算术平均数。计算方法如式(2-2)所示：

$$NE=\sum C/(nd) \tag{2-2}$$

式中：NE——每毫升或每克样品中肠球菌数的估算值；

$\sum C$——两个琼脂平板上肠球菌菌落数的和；

n——琼脂平板的数量；

d——样品初始悬液或实际接种悬液的稀释倍数。

⑥大数值的估算。若所有稀释度的平板上菌落数均大于 300，计数最接近 300 个菌落数的琼脂平板上的菌落并计算出算术平均数。其他平板可记录为多不可计。

结果计算如式(2-3)所示：

$$NF=\sum C/(nd) \tag{2-3}$$

式中：NF——每毫升或每克样品中肠球菌菌落数的估计值；

$\sum C$——两个琼脂平板上肠球菌菌落数之和；

n——琼脂平板的数量；

d——与样品悬液相一致的稀释倍数。

(8)结果表述方式

具体方式如下：①菌落数在 100 以内时，按“四舍五入”规则修约，采用两位有效数字报告。

②菌落数大于或等于 100 时，前第 3 位数字采用“四舍五入”修约规则修约后，取前 2 位数字，后面用 0 代替位数来表示结果；也可用 10 的指数形式来表示，此时也按“四舍五入”修

约规则修约，采用两位有效数字。

3. 结果报告

固体样品以 cfu/g 为单位报告，液体样品以 cfu/mL 为单位报告。

4.2.4 食品和水中肠球菌最近似值(MPN)测定法

此方法适用于污染程度低的样品，检验含有受损伤的肠球菌的加工食品及肠球菌菌数小于等于 10cfu/g(mL)的水和食品。

1. 检测程序

食品和水中肠球菌最近似值(MPN)法的检测程序如图 2-28 所示。

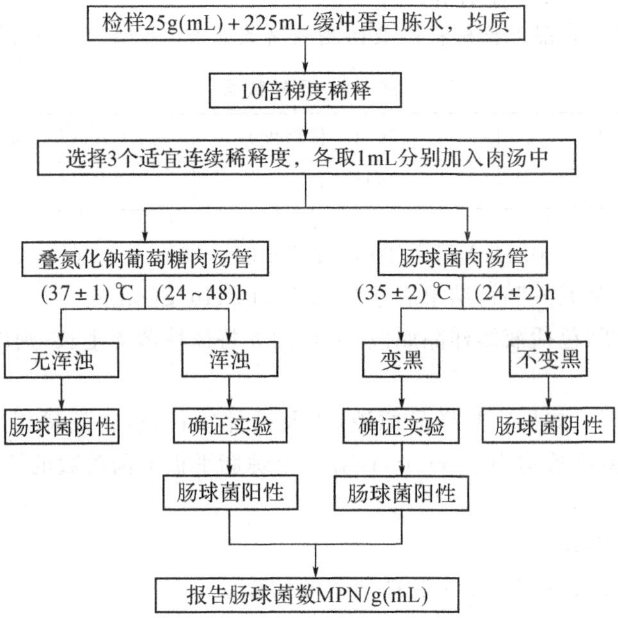

图 2-28 食品和水中肠球菌最近似值(MPN)法的检测程序

2. 检测步骤

(1)样品的贮存和运送

采样后应尽快进行检验，冷冻样品如不能立即进行检验，应置于－18℃保存。应冷藏保存的待检样品在运送实验室过程中应于－4～1℃保存。样品采集后 8h 之内要完成检验。

(2)样品的制备

具体包括：①水及液体饮料。污染程度低的水及液体饮料可以直接进行检验；污染程度严重的水及液体饮料吸取 25mL 样品，加入 225mL 缓冲蛋白胨水中，充分混匀，制成 1∶10 样品匀液。

②固体或半固体食品。无菌操作取 25g 样品放入装有 225mL 缓冲蛋白胨水的均质杯内，以 8000～10000r/min 均质 1～2min，制成 1∶10 样品匀液。

③以上样品制备可根据样品污染程度及检验需要，进一步制成 10 倍递增的样品稀释液。

(3)接种

根据样品污染情况，选择3个适宜连续稀释度的样液，分别吸取1mL稀释液，接种于叠氮化钠葡萄糖肉汤或肠球菌肉汤，每个稀释度加3管。接种量为1mL时，使用10mL单料管；对于低污染样品，将10mL最低稀释度的样品液加到等体积的双料培养基中。

(4)培养

接种后的肠球菌肉汤置(35±2)℃培养(24±2)h，肉汤颜色变为黑色的试管，表明有肠球菌生长。一般有肠球菌生长时，肉汤颜色在2h内即可变为黑色。接种后的叠氮化钠葡萄糖肉汤置(36±1)℃培养(24±2)h，检查各试管混浊情况。若无混浊，继续培养至(48±2)h后记录结果。

(5)确证试验

具体包括：①对所有呈现混浊的叠氮化钠葡萄糖肉汤管或颜色变为黑色的肠球菌肉汤管进行确证试验。用接种环将各管的培养物划线接种于KF链球菌琼脂平板或肠球菌琼脂平板。KF链球菌琼脂平板置(36±1)℃培养(48±2)h；肠球菌琼脂平板置(35±2)℃培养(24±2)h。

②肠球菌属细菌在KF链球菌琼脂平板上形成暗红至粉红色菌落，边缘整齐；在肠球菌琼脂平板上形成带棕色环的棕黑色菌落。

③用灭菌接种针从上述KF链球菌平板或肠球菌琼脂平板挑取10个可疑菌落分别接种到BHIB肉汤和脑心浸液琼脂(BHIA)斜面，脑心浸液肉汤(BHIB)置(35±0.5)℃培养(24±2)h，脑心浸液琼脂(BHIA)斜面置(35±0.5)℃培养(48±2)h。

④脑心浸液肉汤(BHIB)培养24h后，每管肉汤培养物分别接种到相应胆汁七叶苷琼脂(BEA琼脂)平板、BHIB肉汤及含6.5%氯化钠的脑心浸液肉汤(BHIB)中。BEA平板及含6.5%氯化钠的脑心浸液肉汤(BHIB)置(35±0.5)℃培养(48±2)h；脑心浸液肉汤(BHIB)置(45±0.5)℃培养(48±2)h，观察细菌生长情况。

⑤脑心浸液琼脂(BHIA)斜面培养48h后，从斜面上挑取菌落作革兰氏染色。

⑥具有以下特性的典型菌落可确证为肠球菌：革兰氏染色镜检为革兰氏阳性球菌，在胆汁七叶苷琼脂(BEA琼脂)平板上生长并水解七叶苷(形成黑色或棕色沉淀)，脑心浸液肉汤(BHIB)中(45±0.5)℃生长，并且在含6.5%氯化钠的脑心浸液肉汤(BHIB)中(35±0.5)℃生长良好。

(6)最近似值MPN

具体包括：①如一管培养物中所挑取的典型菌落中，有一个菌落确认为肠球菌，则该管应视为阳性。

②根据接种的样品量和确证为肠球菌的阳性反应管数，查MPN值表2-8，得出样品中肠球菌最近似值。

3.结果报告

根据肠球菌阳性管数，检索MPN表2-9，报告每克(或毫升)样品中肠球菌的MPN值，表示为MPN/g(mL)。

表 2-9　1g(mL)检样中肠球菌最大可能数(MPN)检索表

阳性管数			MPN	95%置信区间		阳性管数			MPN	95%置信区间	
0.1	0.01	0.001		下限	上限	0.1	0.01	0.001		下限	上限
0	0	0	<3.0	—	9.5	2	2	0	21	4.5	42
0	0	1	3.0	0.15	9.6	2	2	1	28	8.7	94
0	1	0	3.0	0.15	11	2	2	2	35	8.7	94
0	1	1	6.1	1.2	18	2	3	0	29	8.7	94
0	2	0	6.2	1.2	18	2	3	1	36	8.7	94
0	3	0	9.4	3.6	38	3	0	0	23	4.6	94
1	0	0	3.6	0.17	18	3	0	1	38	8.7	110
1	0	1	7.2	1.3	18	3	0	2	64	17	180
1	0	2	11	3.6	38	3	1	0	43	9	180
1	1	0	7.4	1.3	20	3	1	1	75	17	200
1	1	1	11	3.6	38	3	1	2	120	37	420
1	2	0	11	3.6	42	3	1	3	160	40	420
1	2	1	15	4.5	42	3	2	0	93	18	420
1	3	0	16	4.5	42	3	2	1	150	37	420
2	0	0	9.2	1.4	38	3	2	2	210	40	430
2	0	1	14	3.6	42	3	2	3	290	90	1000
2	0	2	20	4.5	42	3	3	0	240	42	1000
2	1	0	15	3.7	42	3	3	1	460	90	2000
2	1	1	20	4.5	42	3	3	2	1100	180	4100
2	1	2	27	8.7	94	3	3	3	>1100	420	—

注:①本表采用 3 个稀释度[0.1g(0.1mL)、0.01g(0.01mL)和 0.001g(0.001mL)],每个稀释度接种 3 管。

②表内所列检样量如改用 1g(1mL)、0.1g(0.1mL)和 0.01g(0.01mL)时,表内数据应相应降低 10 倍;如改用 0.01g(0.01mL)、0.001g(0.001mL)和 0.0001g(0.0001mL)时,表内数据应相应增高 10 倍,其余类推。

4.2.5　肠球菌检测培养基和试剂的配制

1.叠氮化钠葡萄糖肉汤

(1)成分

牛肉浸膏	4.5g	氯化钠	7.5g
胰蛋白胨	15g	叠氮化钠	0.2g
葡萄糖	7.5g	蒸馏水	1000mL

(2)制法

将上述各成分混匀，不断搅拌加热溶解。每管分装 10mL，121℃高压灭菌 15min，调节 pH 至 7.2±0.2。若制备双料浓度的叠氮化钠葡萄糖肉汤，可将上述配方蒸馏水改为 500mL。

(3)原理

叠氮化钠主要抑制葡萄球菌生长，从而抑制其细胞色素的活性。

2. 肠球菌肉汤

(1)成分

胰蛋白胨	17g	氯化钠	5g
牛肉浸膏	3g	柠檬酸钠	1g
酵母浸膏	5g	柠檬酸铁铵	0.5g
牛胆粉	10g	叠氮化钠	0.25g
七叶苷	1g	蒸馏水	1000mL

(2)制法

将上述各成分加热煮沸溶解冷却后，调 pH 至 7.1±0.2，分装，121℃高压灭菌 15min，备用。

3. KF 链球菌琼脂

(1)成分

蛋白胨	10g	氯化钠	5g
酵母浸膏	10g	甘油磷酸钠	10g
麦芽糖	20g	叠氮化钠	0.4g
乳糖	1g	琼脂	20g
蒸馏水	1000mL		

(2)制法

将各成分加热溶解，用 10%的碳酸钠调整 pH 值至 7.2±0.2，121℃高压灭菌 15min，冷却至 50～60℃时加入无菌 1% 2,3,5-氯化三苯四氮唑(TTC)水溶液 10mL。

(3)原理

KF 琼脂除含有叠氮化钠外，还含有 2,3,5-氯化三苯四氮唑(TTC)，TTC 能被肠球菌还原为红色，起到选择和鉴别的作用。

4. 肠球菌琼脂(胆汁七叶苷叠氮钠琼脂)

(1)成分

胰蛋白胨	17g	氯化钠	5g
牛肉浸膏	3g	柠檬酸钠	1g
酵母浸膏	5g	柠檬酸铁铵	0.5g
牛胆粉	10g	叠氮化钠	0.25g
七叶苷	1g	琼脂	13.5g
蒸馏水	1000mL		

(2)制法

121℃高压灭菌 15min，灭菌后调节 pH 至 7.1±0.2，于 45～50℃保温培养基，从保温开始至倾注平板的时间不要超过 4h。

5. 胆汁七叶苷琼脂(BEA 琼脂)

(1)成分

蛋白胨	8g	柠檬酸铁	0.5g
胆盐	20g	七叶苷	1g
琼脂	15g	蒸馏水	1000mL

(2)制法

将各成分加热溶解,121℃高压灭菌 15min,调节 pH 至 7.1±0.2。冷至 45～50℃,倾注平板。

6. 脑心浸液肉汤(BHIB)

(1)成分

牛脑浸出粉	10g	葡萄糖	2g
牛心浸出粉	9g	氯化钠	5g
胰蛋白胨	10g	磷酸氢二钠	2.5g

(2)制法

将各成分加入蒸馏水中,加热溶解,调节 pH 至 7.4±0.2,分装,121℃高压灭菌 15min。

7. 含 6.5%氯化钠脑心浸液肉汤

(1)成分

除加入氯化钠,其余成分与 BHIB 相同。

(2)制法

每升 BHIB 中加 60g 氯化钠,其余制法与 BHIB 相同。

8. 脑心浸液琼脂(BHIA)

(1)成分

除每升 BHIB 加 15g 琼脂,其余成分与 BHIB 相同。

(2)制法

称取 52g 无水 BHIA 溶于 1000mL 蒸馏水中,加热溶解,每管分装 10mL,121℃高压灭菌 15min,制备成斜面,调节 pH 至 7.4±0.2。

9. 缓冲蛋白胨水(BPW)

(1)成分

蛋白胨	10g	氯化钠	5g
磷酸氢二钠(含 12 个结晶水)	9g	蒸馏水	1000mL
磷酸二氢钾	1.5g		

(2)制法

按上述成分配好后,调节 pH 至 7.2,每瓶分装 225mL,121℃高压灭菌 15min。

思考题

1. 什么是大肠菌群? 大肠菌群由哪些微生物组成?

2. 测定食品、饮料等产品的大肠菌群数有什么意义?

3. 大肠菌群具有哪些生物学特性?

4. 在大肠菌群数的检验中，要注意哪些事项？
5. 在水的大肠菌群数检验中，如何进行水样的采集？
6. 简述食品中肠道各指标菌检测基本操作步骤。

【知识链接】

微生物学奠基人——巴斯德

路易斯·巴斯德，法国近代微生物学的奠基人。他用一生的精力证明了三个科学问题：①发现用加热的方法可以杀灭那些让啤酒变酸的微生物。“巴氏杀菌法”便应用在各种食物和饮料上。②传染病是微生物引起的。发现并根除了一种侵害蚕卵的细菌，巴斯德拯救了法国的丝绸工业。③传染病病菌，在特殊培养之下可减轻毒力，使它们从病菌变成防病疫苗。

1865 年，法国里尔一家酿酒厂厂主请求巴斯德帮助治治啤酒的病，看看能否阻止啤酒变酸。当时，法国的啤酒业在欧洲是很有名的，但啤酒常常会变酸，整桶的芳香可口啤酒，变成了酸得让人咧嘴的黏液，只得倒掉，这使酒商叫苦不迭，有的甚至因此而破产。

巴斯德在显微镜下观察，发现未变质的陈年葡萄酒和啤酒，其液体中有一种圆球状的酵母细胞，当葡萄酒和啤酒变酸后，酒液里有一根根细棍似的乳酸杆菌，就是这种“坏蛋”在营养丰富的啤酒里繁殖，使啤酒“生病”。他把封闭的酒瓶放在铁丝篮子里，泡在水里加热到不同的温度，试图既杀死了乳酸杆菌，而又不把啤酒煮坏，经过反复多次的试验，他终于找到了一个简便有效的方法：只要把酒放在 60℃加热 30min，就可杀死酒里的乳酸杆菌，这就是著名的“巴氏消毒法”。

1865 年，巴斯德前往法国南部的蚕业灾区阿莱。当地的蚕得了一种怪病，一只只病蚕常常抬着头，伸出脚像猫爪似的要抓人；蚕身上长满棕黑的斑点，就像黏了一身胡椒粉。得了病的蚕，有的孵化出来不久就死了，有的挣扎着活到第 3～4 龄后死了。极少数的蚕结成茧子，可钻出来的蚕蛾却残缺不全，它们的后代也是病蚕。

巴斯德用显微镜观察，发现一种很小的、椭圆形的棕色微粒，是它感染丝蚕以及饲养丝蚕的桑叶，巴斯德强调所有被感染的蚕及污染了的食物必须毁掉，必须用健康的丝蚕从头做起。为了证明“胡椒病”的传染性，他把桑叶刷上这种致病的微粒，健康的蚕吃了，立刻染上病。他还指出，放在蚕架上面格子里的蚕的病原体，可通过落下的蚕粪传染给下面格子里的蚕。巴斯德还发现蚕的另一种疾病——肠管病。造成这种蚕病的细菌，寄生在蚕的肠管里，它使整条蚕发黑而死，尸体像气囊一样软，很容易腐烂。巴斯德告诉人们消灭蚕病的方法很简单，通过检查淘汰病蛾，遏止病害的蔓延，不用病蛾的卵来孵蚕。这个办法挽救了法国的养蚕业。

1880 年，法国农村流行鸡霍乱，巴斯德决心攻克这种瘟疫。他用陈旧霍乱细菌培养液给鸡接种，鸡却未受感染，好像这种霍乱菌对鸡失去了作用。巴斯德发现，因空气中氧气的作用，霍乱菌的毒性日渐减弱。于是，他把几天的、1 个月的、2 个月和 3 个月的菌液，分别注入健康的鸡体，做一组对比实验，鸡的死亡率分别是 100%、80%、50%和 10%。如果用更久的菌液注射，鸡虽然也得病，却不会死亡。他另用新鲜菌液给同一批鸡再次接种，几乎所有接种过陈旧菌液的鸡都安然无恙，而未接种过陈旧菌液的鸡却死得精光。实践证明，凡是注射过低毒性的菌液的鸡，再给它注入毒素足以致死的鸡霍乱菌，它也具有抵抗力，病势轻微，甚至毫无影响。

1881年，巴斯德改进了减轻病原微生物毒力的方法，他观察到患过某种传染病并得到痊愈的动物，以后对该病有免疫力。据此用减毒的炭疽、鸡霍乱病原菌分别免疫绵羊和鸡，获得成功。

1882年，巴斯德开始研究狂犬病，证明病原体存在于患兽唾液及神经系统中，并制成减毒活疫苗，成功地帮助人获得了该病的免疫力。按照巴斯德免疫法，医学科学家们创造了防止若干种危险病的疫苗，成功地免除了斑疹伤寒、小儿麻痹等疾病的威胁。

在细菌学说占统治地位的年代，巴斯德并不知道狂犬病是一种病毒病，但从科学实践中他知道有侵染性的物质经过反复传代会减少其毒性。他将含有病原的狂犬病的提取液多次注射兔子后，再将这些减毒的液体注射狗，以后狗就能抵抗正常强度的狂犬病毒的侵染。1885年人们把一个被疯狗咬伤的9岁男孩送到巴斯德那里抢救，巴斯德给这个孩子注射了毒性减到很低的上述提取液，然后再逐渐用毒性较强的提取液注射，孩子得救了；1886年还救活了另一位被疯狗咬伤的15岁牧童朱皮叶。巴斯德在1889年发明了狂犬病疫苗，他还指出这种病原物是某种可以通过细菌滤器的"过滤性的超微生物"。

"意志、工作、成功"是人生的三大要素。"意志将为你打开事业的大门；工作是入室的路径；这条路径的尽头，有个成功来庆贺你努力的结果……只要有坚强的意志，努力的工作，必定有成功的那一天"，这是巴斯德关于成功的一段至理名言。

任务三　沙门氏菌及其检测

知识目标

- 了解沙门氏菌的生物学特征；
- 了解沙门氏菌的致病机理；
- 了解沙门氏菌的危害和控制方式；
- 掌握沙门氏菌检测的基本原理。

能力目标

- 掌握沙门氏菌的检测方法。

模块1　沙门氏菌概述

1885年沙门氏等在霍乱流行时分离出猪霍乱沙门氏菌，以后取 Salmon 氏之名为本菌属之名，故定名为沙门氏菌属。沙门氏菌属有的专对人类致病，有的只对动物致病，也有的对人和动物都致病。感染沙门氏菌的人或带菌者的粪便污染食品，可使人发生食物中毒。据统计在世界各国的细菌性食物中毒中，沙门氏菌引起的食物中毒常列榜首。我国内陆地区也以沙门氏菌为首位。

1.1　生物学特性

1.1.1　形态与染色特性

该菌形态为两端钝圆的短杆菌，菌体大小(0.4～0.9)μm×(1～3)μm，无芽孢，一般无荚膜，周身有鞭毛，能运动(鸡白痢沙门氏菌和鸡伤寒沙门氏菌除外，无菌毛，不能运动)，多数细菌有纤毛(鸡白痢沙门氏菌、鸡伤寒沙门氏菌、仙台沙门氏菌、伤寒沙门氏菌、甲型副伤寒沙门氏菌除外)，能吸附于细胞表面和凝集豚鼠的红细胞。普通苯胺染料容易着色，革兰氏染色阴性(见图3-1、图3-2、图3-3)。

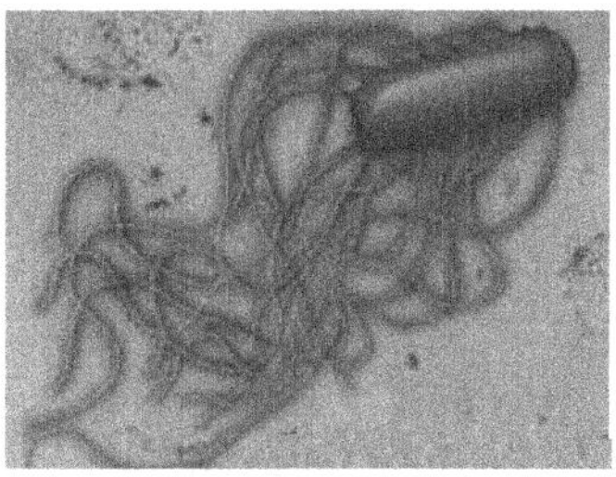

图3-1　沙门氏菌电镜图

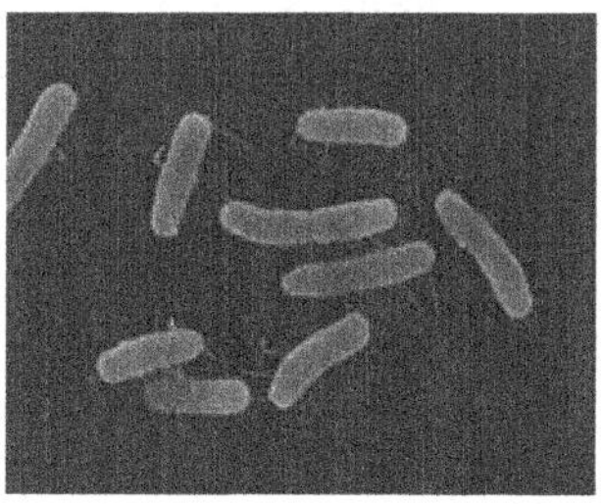

图3-2　鼠伤寒沙门氏菌电镜图

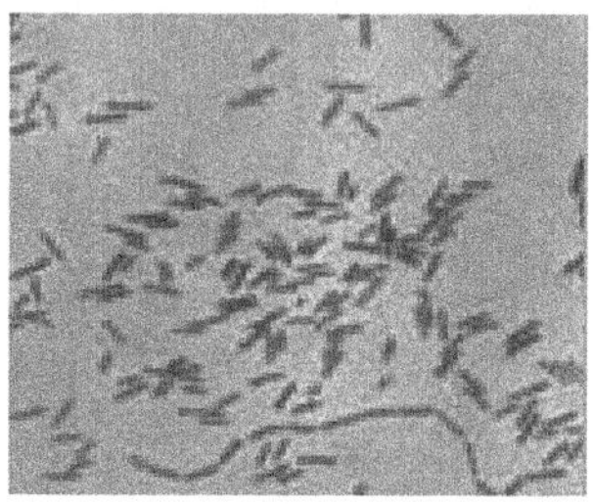

图3-3　沙门氏菌革兰氏染色

1.1.2　培养特性

本菌属为需氧或兼性厌氧菌，生长温度范围为10～42℃，最适生长温度为37℃。最适宜 pH 为 6.8～7.8。对营养要求不高，低盐和高水活度条件下生长最佳。生长最低水活度为 0.94。在普通培养基上均能良好生长。在不同培养基上的菌落形态如下：

①普通琼脂。在 37℃培养 24h，形成中等大小、圆形或近似圆形、表面光滑、无色、半透明、边缘整齐的菌落。菌落大小为 2～3mm，继续培养猪霍乱沙门氏菌、肠炎沙门氏菌，有时出现黏液体。其中鸡伤寒沙门氏菌、鸡白痢沙门氏菌、羊流产沙门氏菌等生长的菌落较小。

②SS 琼脂。由于 SS 琼脂中含有胆盐和煌绿，可抑制大多数大肠杆菌的生长，而沙门氏菌则能生长，因沙门氏菌不分解乳糖，而形成无色或浅粉色、半透明的菌落。产生硫化氢的菌株，菌落中心呈黑色。

③亚硫酸铋琼脂(BS)。产硫化氢菌株的菌落为黑色有金属光泽或棕褐色，或灰色，菌落周围的培养基亦呈黑色或棕色；不产生硫化氢的菌株，菌落呈灰绿色，培养基的周围无变化。

④DHL 琼脂。菌落呈无色半透明；产硫化氢的菌株，菌落中心或几乎整个菌落呈黑色。

⑤HE 琼脂。菌落呈蓝绿色或蓝色；产硫化氢的菌株，菌落中心或整个菌落呈黑色。

⑥普通肉汤。生长良好，均等混浊，无菌膜，有时有少量沉淀。

⑦血液琼脂。菌落形态与普通琼脂上的菌落相似，稍大，部分菌株在菌落周围产生 β 型溶血环。

⑧沙门氏菌显色培养基。多年来，国内外发展了许多沙门氏菌显色培养基，这些培养基是经过改良的选择性培养基，使目标菌在改良培养基上的菌落显示出一定的颜色，便于识别。这类培养基的主要代表有法国生物梅里埃公司的 SMID 和法国科玛嘉的沙门氏菌显色培养基。生物梅里埃公司的 SMID 上生长的沙门氏菌为粉红色；科玛嘉的沙门氏菌显色培养基的沙门氏菌典型菌落为紫色。

1.1.3 生化特性

沙门氏菌虽然有近 2300 多个血清型，但绝大多数血清型的细菌生化特性非常一致。因此，生化反应对本属菌的鉴别具有重要参考意义。

本菌不液化明胶，不分解尿素，不产生吲哚，不发酵乳糖和蔗糖，能发酵葡萄糖、甘露醇、麦芽糖和卫芽糖，大多产酸产气，少数只产酸不产气。V-P 试验阴性，有赖氨酸脱羧酶。

根据生化特性，沙门氏菌属分为 5 个亚属，其中亚属Ⅰ是生化特性典型的沙门氏菌，是最常见的沙门氏菌，亚属Ⅱ、Ⅲ、Ⅳ、Ⅴ均为不典型生化特性沙门氏菌，亚属Ⅲ是亚利桑那菌。

1.1.4 抗原结构

沙门氏菌具有复杂的抗原结构，一般可分为菌体(O)抗原、鞭毛(H)抗原、表面包膜(K)抗原和菌毛抗原 4 种，其中菌体(O)抗原和鞭毛(H)抗原在沙门氏菌血清型的鉴别上很重要。

1. 菌体(O)抗原

①成分。O 抗原主要存在于细菌细胞壁的外层，是多糖-类脂-蛋白质复合物，简称脂多糖，也是本菌的内毒素。

②特性。O 抗原性质很稳定，能耐 100℃达数小时，不被乙醇或 0.1%碳酸破坏。

③分类。决定 O 型原特异性的是脂多糖中的多糖侧链部分，以 1、2、3 等阿拉伯数字表示。例如，乙型副伤寒杆菌有 4、5、12 三个，鼠伤寒杆菌有 1、4、5、12 四个，猪霍乱杆菌有 6、7 两个。其中有些 O 抗原是几种菌所共有，如 4、5 为乙型副伤寒杆菌和鼠伤寒杆菌共有，将

国大约报告4万例沙门氏菌感染病例。但实际的感染人数可能要达20倍以上，因为许多轻型病人可能未确诊，据不完全统计，每年大约有1000人死于急性沙门氏菌感染。沙门氏菌主要污染肉、鱼、禽、奶、蛋类等食品。沙门氏菌食物中毒全年都可发生，吃了未煮透的病、死牲畜肉或在屠宰后其他环节污染的牲畜肉是引起沙门氏菌食物中毒的最主要原因。有食品专家指出美国人吃鸡蛋的习惯与我国不同，他们喜欢吃半熟的鸡蛋甚至是生鸡蛋，所以一旦鸡蛋里含有沙门氏菌，感染的几率就比较高。在国内，生鸡蛋里含有沙门氏菌其实并不奇怪，只不过国人喜欢将鸡蛋煮熟吃，这样就大大减少了感染的几率。

1.2.2　沙门氏菌的感染途径

食物传播是人类沙门氏菌感染的主要途径。污染源主要是人和家畜的粪便，沙门氏菌常存在于动物中，特别是禽类和猪。在许多环境中也有存在，从水、土壤、昆虫中，从工厂和厨房设施的表面和动物粪便中已发现该类细菌。它们可以存在于多类食品中，包括生肉、禽、奶制品和蛋、鱼、虾和田鸡腿、酵母、椰子、酱油和沙拉调料、蛋糕粉、奶油夹心甜点、顶端配料、干明胶、花生露、橙汁、可可和巧克力。

在自然界中，沙门氏菌有广泛的动物寄主。鸡、鸭、鹅等家禽和猪、牛、羊、马等家畜，以及各种兽类、鱼类、鼠类均可带菌，甚至从蝉及某些昆虫中也可分离出沙门氏菌。此菌存在于这些动物的肠腔内，因此在家禽家畜屠宰、加工过程中其肉均可染菌，患病动物屠宰后直接出售更易传播病菌。

蛋类或蛋制品同样可遭污染。污染沙门氏菌的禽蛋至少需煮沸3min才能将菌杀灭。

此外，各种动物组织来源的如甲状腺片、甲状腺粉、胰腺粉、垂体提取粉、明胶等制剂均可污染沙门氏菌。

1.2.3　沙门氏菌的中毒症状

沙门氏菌食物中毒的临床症状是由活菌和内毒素的协同作用引起的，人沙门氏菌病有四类综合征：沙门氏菌病(如沙门氏菌胃肠炎)、伤寒、非伤寒型沙门氏菌败血症和无症状带菌者。

1.沙门氏菌胃肠炎

沙门氏菌胃肠类是由除伤寒沙门氏菌外任何一型沙门氏菌所致，通常表现为轻度，持久性腹泻。沙门氏菌胃肠炎，潜伏期一般6～72h，多在食用污染的食物12～24h后突然起病，表现为腹痛、腹泻及发热。大便多呈水样，每日3～4次至20～30次不等，粪便中偶含黏液或呈脓血便。中等发热，可伴有畏寒。健康的成年人，症状持续2～5d后可恢复，而年老体弱者则可持续较长时间。呕吐、腹泻严重者，则可发生严重脱水。炎症累及结肠下段时，可有里急后重感。主要症状为恶心、呕吐、腹绞痛、腹泻、发热寒战头痛。病程一般1～2d或更长，如不及时进行急救处理，也可导致死亡，死亡率达1%～4%。最易感群体是年幼儿童、虚弱者、年长老人、免疫缺陷者等。

2.伤寒

伤寒多由猪霍乱沙门氏菌、鼠伤寒沙门氏菌等引起，病程一般为1～3周；虽腹泻明显，但很少并发肠出血和肠穿孔。未接受过治疗的病人致死率可超过10%，而对经过适当医疗的病人其致死率低于1%，幸存者可变成慢性无症状沙门氏菌携带者。这些无症状携带者不显示发病症状但仍能将微生物传染给其他人(如玛丽伤寒)。

3.非伤寒型沙门氏菌败血症

非伤寒型沙门氏菌败血症可由各型沙门氏菌感染所致，能影响所有器官，有时还引起死亡。多发生于儿童或原有慢性疾病的成年人。各种沙门氏菌均可引起，但猪霍乱沙门氏菌经口进入后，早期即侵入血流，而肠道常无病变。起病通常急骤，病人有高热、畏寒、出汗、乏力等表现，持续数天、1周或更长时间。部分患者可出现肠道外部位的局灶性感染，如关节炎、骨髓炎、脑膜炎、肾盂肾炎等。病变部位的感染为化脓性炎症，有不同程度的组织坏死及脓肿形成。幸存者可变成慢性无症状沙门氏菌携带者。

1.2.4 预防与控制

把好"病从口入"关，着重从饮食卫生和食品的加工、管理上做好预防工作；对食品和水源应严格进行卫生检查。沙门氏菌食物中毒暴发时，医务人员应及时向卫生防疫部门报告，同时切实做好控制该病流行的工作。具体措施包括：

①生、熟食品应分开加工，以免发生交叉感染；带菌者应暂时离开饮食工作。

②不喝未经处理的水，例如池塘、溪水、湖水、被污染的海水等；不喝未经巴氏法消毒的牛奶，即生牛奶。

③不吃死畜的肉、血和内脏；不吃生肉或未经加热煮熟的肉。

④吃生的蔬菜和水果要洗干净；不吃不合格的市场饮料，并注意剩下的饭菜要冷藏，冷藏时间过久的切勿再吃，超过1d也应再次烧开后食用。

⑤便后、换尿布后、接触宠物后，应仔细洗净双手，特别注意在准备食物或就餐前。

⑥生家禽肉、牛肉、猪肉均应视为可能受污染的食物，情况允许时，新鲜肉应该放在干净的塑料袋内，以免渗出血水污染别的食物。处理生肉后，未洗手前勿舔手指，或接触其他食物，或抽烟。

⑦每接触一种食物后，务必将砧板仔细洗净，以免污染其他食物。

⑧特别在使用微波炉煮肉食时，要使肉食内外达到一致的温度(通常是165℃以上)，可用温度计检查炉内食物的温度值。

⑨目前已有预防菌苗，为伤寒、副伤寒甲、乙三联菌苗，一般皮下注射3次，两次间隔10d，有效期一年，以后尚需每年加强1次，以保证产生有效的免疫力。

模块2 沙门氏菌的检测

2.1 设备和材料

除微生物实验室常规灭菌用培养设备外，所需其他设备和材料如下所示。冰箱：2～5℃；恒温培养箱：(36±1)℃，(42±1)℃；均质器；振荡器；电子天平：感量0.1g；无菌锥形瓶：容量500mL，250mL；无菌吸管：1mL(具0.01mL刻度)、10mL(具0.1mL刻度)或微量移液器及吸头；无菌培养皿：直径90mm；无菌试管：3mm×50mm，10mm×75mm，16mm×160mm；无菌毛细吸管及橡皮乳头；pH计或pH比色管或精密pH试纸；全自动微生物生化鉴定系统(VITEK)；接种环；接种针；载玻片；显微镜；试管架；酒精灯等。

2.2 培养基和试剂

具体包括：缓冲蛋白胨水(BPW)，四硫磺酸钠煌绿(TTB)增菌液，亚硒酸盐胱氨酸(SC)增菌液，亚硫酸铋(BS)琼脂，HE琼脂，木糖赖氨酸脱氧胆盐(XLD)琼脂，科玛嘉沙门氏菌属显色培养基，三糖铁(TSI)琼脂，蛋白胨水，靛基质试剂，尿素琼脂(pH 7.2)，氰化钾培养基，赖氨酸脱羧酶试验培养基，营养琼脂(NA)，糖发酵管，邻硝基酚β-D半乳糖苷(ONPG)培养基，半固体琼脂，丙二酸钠培养基；沙门氏菌O和H诊断血清，API 20E生化鉴定试剂盒或 VITEK GNI+ 生化鉴定卡，革兰氏染色液，1mol/mL 无菌氢氧化钠溶液，1mol/mL 无菌盐酸溶液，生理盐水等。

2.3 检测程序

沙门氏菌的检测程序如图 3-4 所示。

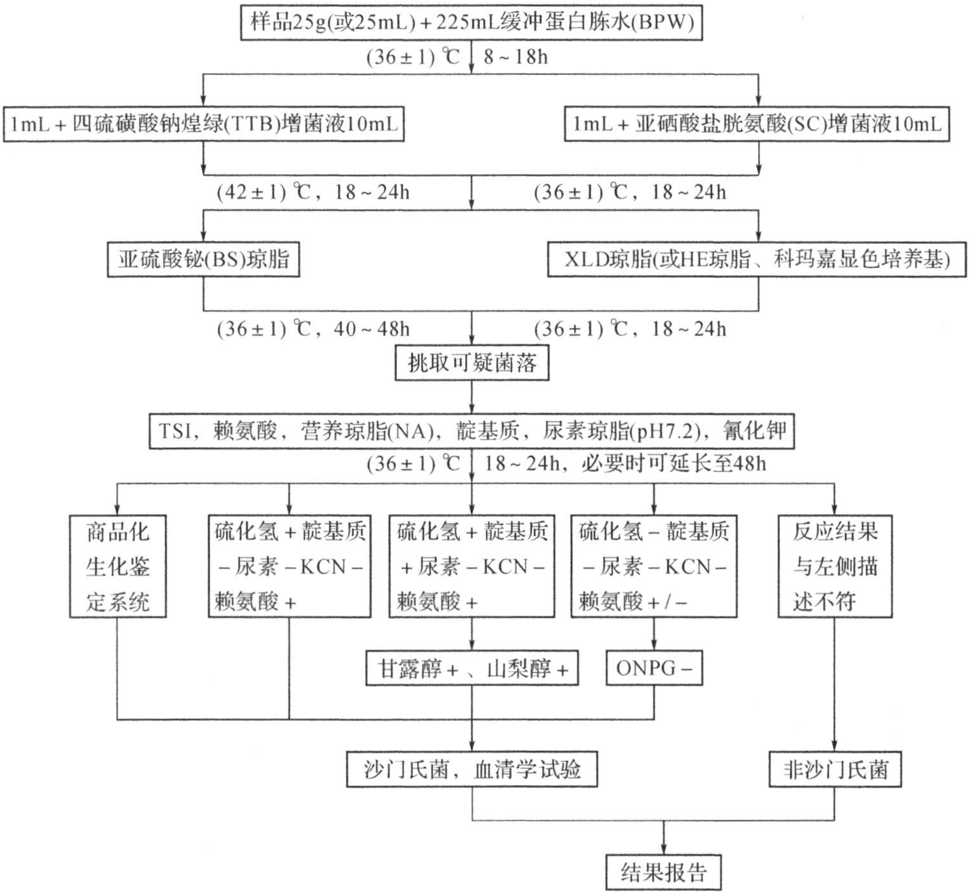

图 3-4 沙门氏菌的检测程序

2.4 操作步骤

2.4.1 前增菌

称取 25g(mL)样品放入盛有 225mL 缓冲蛋白胨水(BPW)的无菌均质杯中，以 8000～10000r/min 均质 1～2min，或置于盛有 225mL 缓冲蛋白胨水(BPW)的无菌均质袋中，用拍击式均质器拍打 1～2min。若样品为液态，不需要均质，振荡混匀。如需要，测定 pH 值，用 1mol/mL 无菌氢氧化钠或盐酸调 pH 至 6.8±0.2。无菌操作将样品转至 500mL 锥形瓶中，如果使用均质袋，可直接进行培养，于(36±1)℃培养 8～18h。

如为冷冻产品，应在 45℃以下不超过 15min，或 2～5℃不超过 18h 解冻。

2.4.2 增菌

轻轻摇动培养过程的样品混合物，移取 1mL，转种于 10mL 四硫磺酸钠煌绿(TTB)增菌液，于(42±1)℃培养 18～24h。同时，另取 1mL，转种于 10mL 亚硒酸盐胱氨酸(SC)增菌液内，于(36±1)℃培养 18～24h。

说明：选择性增菌的目的是最大可能地检出沙门氏菌，原则上必须使用两种选择性分离增菌液，一种是抑制除沙门氏菌以外其他肠道菌的生长，一种是在不影响其他肠道菌生长的情况下促进沙门氏菌的生长。

2.4.3 分离

分别用接种环取增菌液 1 环，划线接种于一个亚硫酸铋(BS)琼脂平板和一个木糖赖氨酸脱氧胆盐(XLD)琼脂平板(或 HE 琼脂、或科玛嘉沙门氏菌属显色培养基平板)。于(36±1)℃分别培养 18～24h(XLD 琼脂平板、HE 琼脂平板、科玛嘉沙门氏菌属显色培养基平板)或 40～48h(BS 琼脂平板)，观察各个平板上生长的菌落，各个平板上的菌落特征如表 3-1及图 3-5、图 3-6、图 3-7、图 3-8 所示。

表 3-1 沙门氏菌属在不同选择性琼脂平板上的菌落特征

选择性琼脂平板	沙门氏菌
亚硫酸铋(BS)琼脂平板	菌落为黑色有金属光泽、棕褐色或灰色，菌落周围的培养基可呈黑色或棕色；有些菌株形成灰绿色的菌落，周围培养基不变
HE 琼脂	菌落呈蓝绿色或蓝色，多数菌落中心黑色或几乎全黑色；有些菌株为黄色，中心黑色或几乎全黑色
木糖赖氨酸脱氧胆盐(XLD)琼脂	菌落呈粉红色，带或不带黑色中心，有些菌株可呈现大的带光泽的黑色中心，或呈现全部黑色的菌落；有些菌株为黄色菌落，带或不带黑色中心
科玛嘉沙门氏菌属显色培养基	菌落为紫红色

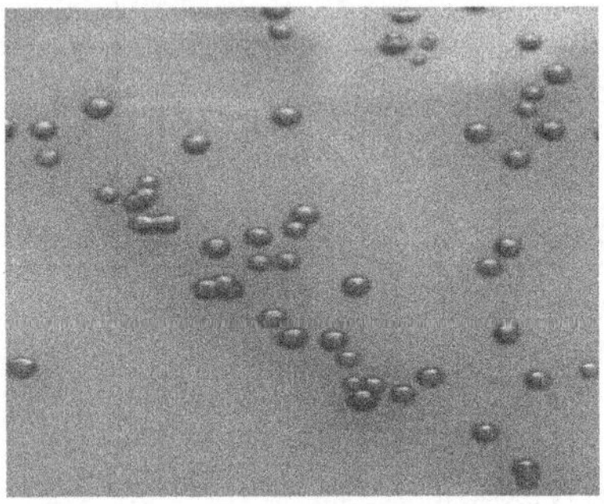

图 3-5 亚硫酸铋(BS)琼脂平板菌落形态

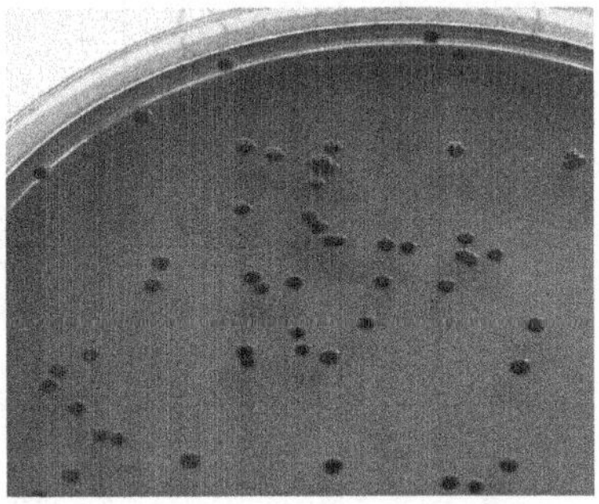

图 3-6 HE 琼脂菌落形态

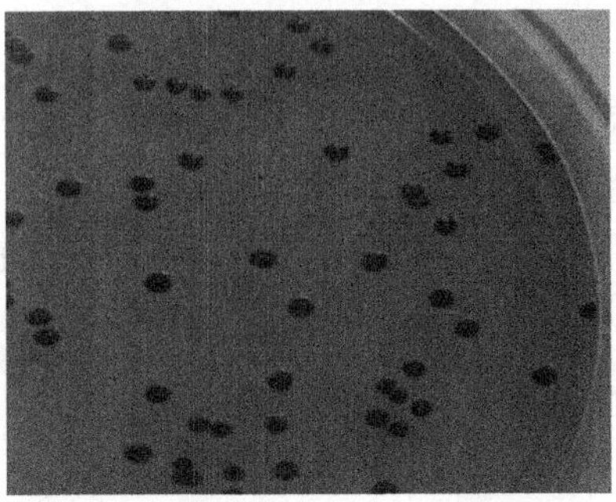

图 3-7 木糖赖氨酸脱氧胆盐(XLD)琼脂菌落形态

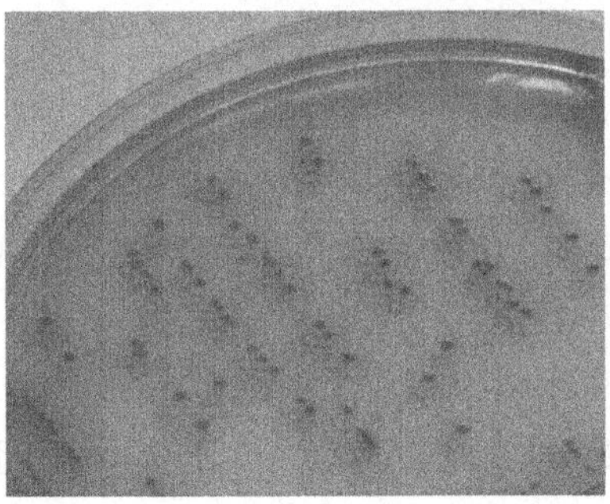

图 3-8 科玛嘉沙门氏菌属显色培养基菌落形态

说明：为了最大可能地检出沙门氏菌，原则上必须使用两种以上选择性分离培养基。

2.4.4　生化试验

第一步，自选择性琼脂平板上分别挑取两个以上典型或可疑菌落，用灭菌接种针轻轻地接触每个菌落中心部位，接种三糖铁（TSI）琼脂，先在斜面划线，再于底层穿刺；接种针不要灭菌，直接接种赖氨酸脱羧酶试验培养基和营养琼脂（NA）平板，于（36±1）℃培养18～24h，必要时可延长至48h。用一空白培养基作对照试验。在三糖铁（TSI）琼脂和赖氨酸脱羧酶试验培养基内，沙门氏菌的反应结果如表3-2、图3-9所示。

表3-2　沙门氏菌属在三糖铁（TSI）琼脂和赖氨酸脱羧酶试验培养基内的反应结果

三糖铁（TSI）琼脂				赖氨酸脱羧酶试验培养基	初步判断
斜面	底层	产气	硫化氢		
－	＋	＋（－）	＋（－）	＋	可疑沙门氏菌属
－	＋	＋（－）	＋（－）	－	可疑沙门氏菌属
＋	＋	＋（－）	＋（－）	＋	可疑沙门氏菌属
＋	＋	＋/－	＋/－	－	非沙门氏菌

注："＋"表示阳性；"－"表示阴性；"＋（－）"表示多数阳性，少数阴性；"＋/－"表示阳性或阴性。

表3-2说明，在三糖铁（TSI）琼脂内斜面产酸，底层产酸，同时赖氨酸脱羧酶试验阴性的菌株可以排除。其他的反应结果均有沙门氏菌属的可能，同时也均有不是沙门氏菌属的可能。

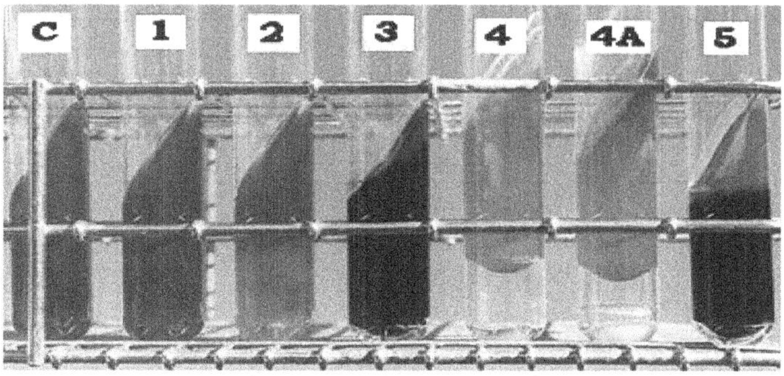

2－志贺氏菌；3－沙门氏菌；4－大肠杆菌

图3-9　肠杆菌科各属在三糖铁琼脂内的反应结果

典型沙门氏菌在三糖铁（TSI）琼脂培养基上的特征为：表面（－）粉红色、底层（＋）黄色、硫化氢（＋）底层有黑色、有动力。

在三糖铁（TSI）琼脂培养基中：表面（＋）黄色、硫化氢（－）的培养物可排除，其他培养物均有可能是沙门氏菌。

说明：必要时，从平板上可挑取可疑菌落进行革兰氏染色与镜检，沙门氏菌应为革兰氏阴性短杆菌。

第二步，接种三糖铁（TSI）琼脂和赖氨酸脱羧酶试验培养基的同时，可直接接种蛋白胨水（供做靛基质试验）、尿素琼脂（pH 7.2）、氰化钾培养基，也可在初步判定结果后从营养琼脂（NA）平板上挑取可疑菌落接种。各用一空白培养基作对照试验。于（36±1）℃培养18～24h，必要时可延长至48h，按表3-3判定结果。将已挑取菌落的平板储存于2～5℃或室温至少保留 24h，以备必要时复查，这对生化鉴定不确定的菌落进行进一步验证是非常必要的。

表 3-3 沙门氏菌属种生化反应初步鉴别表

反应序号	硫化氢 (H_2S)	靛基质	尿素琼脂 (pH 7.2)	氰化钾	赖氨酸脱羧酶	判定菌属
A_1	+	－	－	－	+	沙门氏菌属
A_2	+	+	－	－	+	沙门氏菌属(少见)
A_3	－	－	－	－	+/－	沙门氏菌属 甲型副伤寒沙门氏菌属

注："+"表示阳性；"－"表示阴性；"+/－"表示阳性或阴性。

按表 3-3 判定结果，沙门氏菌属五项生化试验的结果应符合 A_1、A_2 和 A_3，其他反应结果均可以排除。

①符合反应序号 A_1，为沙门氏菌属典型反应，判定为沙门氏菌属细菌。如尿素琼脂(pH 7.2)、氰化钾和赖氨酸脱羧酶试验三项中，有一项异常，按表 3-4 可判定沙门氏菌。如有两项异常为非沙门氏菌。

表 3-4 沙门氏菌属种生化反应初步鉴别表

尿素琼脂 (pH 7.2)	氰化钾	赖氨酸脱羧酶	判 定 菌 属
－	－	－	甲型副伤寒沙门氏菌(要求血清学鉴定结果)
－	+	+	沙门氏菌Ⅳ或Ⅴ(要求符合本群生化特性)
+	－	+	沙门氏菌个别变体(要求血清学鉴定结果)

注："+"表示阳性；"－"表示阴性。

②符合反应序号 A_2，补做甘露醇和山梨醇试验，沙门氏菌靛基阳性变体两项试验结果均为阳性，但需要结合血清学鉴定结果进行判定。

③符合反应序号 A_3，补做 ONPG。ONPG 阴性为沙门氏菌，同时赖氨酸脱羧酶阳性；甲型副伤寒沙门氏菌为赖氨酸脱羧酶阴性。

④必要时按表 3-5 进行沙门氏菌群生化群的鉴别。

表 3-5 沙门氏菌属各生化群的鉴别

项 目	Ⅰ	Ⅱ	Ⅲ	Ⅳ	Ⅴ	Ⅵ
卫矛醇	+	+	－	－	+	－
山梨醇	+	+	+	+	+	－
水杨苷	－	－	－	+	－	－
ONPG	－	+	+	－	+	－
丙二酸盐	－	－	+	－	－	－
氰化钾	－	－	－	+	+	－

注："+"表示阳性；"－"表示阴性。

说明：在接种 TSI 琼脂和赖氨酸脱羧酶试验培养基的同时增加一项营养琼脂(NA)，经 TSI 琼脂和赖氨酸脱羧酶试验培养基的选择后，可筛掉大部分非沙门氏菌株，大大减少了工作量，同时也满足了 API 20E 或 VITEK GNI 鉴定的需要。

第三步，如选择 API 20E 生化鉴定试剂盒或 VITEK 全自动微生物鉴定系统，可根据表 3-2 的初步判断结果，从营养琼脂(NA)平板上挑取可疑菌落，用生理盐水制备成浊度适当的菌悬液，使用 API 20E 生化鉴定试剂盒或 VITEK 全自动微生物鉴定系统进行鉴定。

2.4.5　血清学分型鉴定

1. 抗原的准备

一般采用 1.2%～1.5%琼脂斜面培养物作为玻片凝集试验用的抗原。

O 血清不凝集时，将菌株接种在琼脂量较高的(如 2%～3%)培养基上再检查；如果是由于 Vi 抗原的存在而阻止了 O 凝集反应时，可挑取菌苔于 1mL 生理盐水中做成浓菌液，于酒精灯火焰上煮沸后再检查。H 抗原发育不良时，将菌株接种在 0.55%～0.65%半固体琼脂平板的中央，俟菌落蔓延生长时，在其边缘部分取菌检查；或将菌株通过装有 0.3%～0.4%半固体琼脂的小玻管 1～2 次，自远端取菌培养后再检查。

2. 多价菌体抗原(O)鉴定

在玻片上划出两个约 1cm×2cm 的区域，挑取 1 环待测菌，各放 1/2 环于玻片上的每一区域上部，在其中一个区域下部加 1 滴多价菌体(O)抗血清，在另一区域下部加入 1 滴生理盐水，作为对照。再用无菌的接种环或针分别将两个区域内的菌落研成乳状液。将玻片倾斜摇动混合 1min，并对着黑暗背景进行观察，任何程度的凝集现象皆为阳性反应。

3. 多价鞭毛抗原(H)鉴定(同上)

4. 血清学分型(选做项目)

①O 抗原的鉴定。用 A～F 多价 O 血清做玻片凝集试验，同时用生理盐水做对照。在生理盐水中自凝者为粗糙形菌株，不能分型(见图 3-10)。

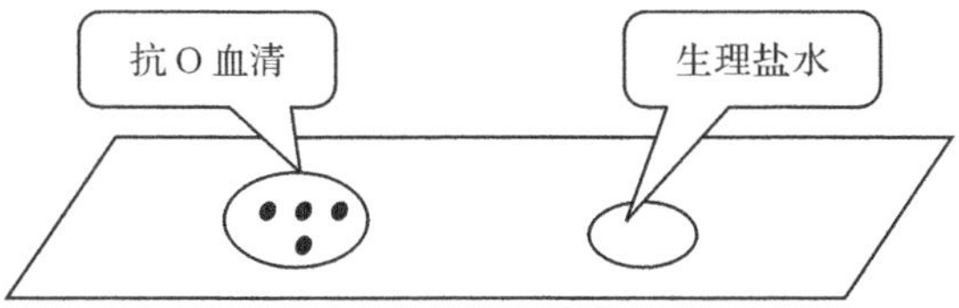

图 3-10　玻片凝集试验

被 A～F 多价 O 血清凝集者，依次用 O4；O3、O10；O7；O8；O9；O2 和 O11 因子血清做凝集试验。根据试验结果，判定 O 群。被 O3、O10 血清凝集的菌株，再用 O10、O15、O34、O19 单因子血清做凝集试验，判定 E1、E2、E3、E4 各亚群，每一个 O 抗原成分的最后确定均应根据 O 单因子血清的检查结果，没有 O 单因子血清的要用两个 O 复合因子血清进行核对。

不被 A～F 多价 O 血清凝集者，先用 57 种或 163 种沙门氏菌因子血清中的 9 种多价 O 血清检查，如有其中一种血清凝集，则用这种血清所包括的 O 群血清逐一检查，以确定 O 群。每种多价 O 血清所包括的 O 因子如下：

O 多价 1　A,B,C,D,E,F 群(并包括 6,14 群)

O 多价 2　13,16,17,18,21 群

O 多价 3　28,30,35,38,39 群

O 多价 4　40,41,42,43 群

O 多价 5　44,45,47,48 群

O 多价 6　50,51,52,53 群

O 多价 7　55,56,57,58 群

O 多价 8　59,60,61,62 群

O 多价 9　63,65,66,67 群

②H 抗原的鉴定。属于 A～F 各 O 群的常见菌型,依次用表 3-6 所述 H 因子血清检查第 1 相和第 2 相的 H 抗原。

表 3-6　A～F 群常见菌型 H 抗原表

O 群	第 1 相	第 2 相
A	a	无
B	g,f,s	无
B	i,b,d	2
C1	k,v,r,c	5,z_{15}
C2	b,d,r	2,5
D(不产气的)	d	无
D(产气的)	g,m,p,q	无
E1	h,v	6,w,x
E4	g,s,t	无
E4	i	无

不常见的菌型,先用 8 种多价 H 血清检查,如有其中一种或两种血清凝集,则再用这一种或两种血清所包括的各种 H 因子血清注意检查,以第 1 相和第 2 相得 H 抗原。8 种多价 H 血清所包括的 H 因子如下:

H 多价 1　a,b,c,d,i

H 多价 2　eh,enx,enz_{15},fg,gms,gpu,gp,gq,mt,gz_{51}

H 多价 3　k,r,y,z,z_{10},lv,lw,lz_{13},lz_{28},lz_{40}

H 多价 4　1,2;1,5;1,6;1,7;z_6

H 多价 5　z_4z_{23},z_4z_{24},z_4z_{32},z_{29},z_{35},z_{36},z_{38}

H 多价 6　z_{39},z_{41},z_{42},z_{44}

H 多价 7　z_{52},z_{53},z_{54},z_{55}

H 多价 8　z_{56},z_{57},z_{60},z_{61},z_{62}

每一个 H 抗原成分的最后确定均应根据 H 单因子血清的检查结果,没有 H 单因子血清的要用两个 H 复合因子血清进行核对。

检出第 1 相 H 抗原而未检出第 2 相 H 抗原或检出第 2 相 H 抗原而未检出第 1 相 H

抗原的，可在琼脂斜面上移种1～2代后再检查。如仍只检出一个相得H抗原，要用位相变异的方法检查其另一个相。单相菌不必做位相变异检查。

位相变异试验方法如下：

小玻管法。将半固体管(每管约1～2mL)在酒精灯上熔化并冷至50℃，取已知相的H因子血清0.05～0.1mL，加入熔化的半固体内，混匀后，用毛细吸管吸取分装于位相变异试验的小玻管内，俟凝固后，用接种针挑取待检菌，接种于一端。将小玻管平放在平皿内，并在其旁放一团湿棉花，以防琼脂中水分蒸发而干缩，每天检查结果，待另一相细菌解离后，可以从另一端挑取细菌进行检查。培养基内血清的浓度应有适当的比例，过高时细菌不能生长，过低时同一相细菌的动力不能抑制。一般按原血清1∶200～1∶800的量加入。

小倒管法。将两端开口的小玻管(下端开口要留一个缺口，不要平齐)放在半固体管内，小玻管的上端应高出于培养基的表面，灭菌后备用。临用时在酒精灯上加热熔化，冷至50℃，挑取因子血清1环，加入小套管中的半固体内，略加搅动，使其混匀，俟凝固后，将待检菌株接种于小套管中的半固体表层内，每天检查结果，待另一相细菌解离后，可从套管外的半固体表面取菌检查，或接种1%软琼脂斜面，于37℃培养后再做凝集试验。

简易平板法。将0.7%～0.8%半固体琼脂平板烘干表面水分，挑取因子血清1环，滴在半固体平板表面，放置片刻，待血清吸收到琼脂内，在血清部位的中央点种待检菌株，培养后，在形成蔓延生长的菌台边缘取菌检查。

③Vi抗原的鉴定。用Vi因子血清检查。已知具有Vi抗原的菌型有伤寒沙门氏菌、丙型副伤寒沙门氏菌和都柏林沙门氏菌。

④菌型的判定。根据血清学分型鉴定的结果，按照有关沙门氏菌属抗原表判定菌型。

2.5　结果报告

综合以上生化试验和血清学鉴定的结果，报告25g(mL)样品中检出或未检出沙门氏菌属。

2.6　沙门氏菌检测培养基和试剂的配制

2.6.1　缓冲蛋白胨水(BPW)

1.成分

蛋白胨	10g	磷酸氢二钠(含12个结晶水)	9g
氯化钠	5g	磷酸二氢钾	1.5g
蒸馏水	1000mL		

pH 7.2±0.1

2.制备

将各成分加入蒸馏水中，搅浑均匀，静置约10min，加热煮沸至完全溶解，调至pH 7.2±0.1，121℃高压灭菌15min。

2.6.2　四硫磺酸钠煌绿(TTB)增菌液

1.基础液

蛋白胨	10g	氯化钠	3g
牛肉膏	5g	碳酸钙	45g
蒸馏水	1000mL		

除碳酸钙外，将各成分加入蒸馏水中，搅浑均匀，静置约10min，加热煮沸至完全溶解，

再加入碳酸钙，调 pH 至 7±0.1，121℃高压灭菌 20min。

2. 硫代硫酸钠溶液

硫代硫酸钠(含 5 个结晶水)	50g	蒸馏水	加至 100mL

121℃高压灭菌 20min。

3. 碘溶液

碘片	20g	碘化钾	25g
蒸馏水	加至 100mL		

将碘化钾充分溶解于少量的蒸馏水中，再投入碘片，振摇玻璃瓶至碘片全部溶解为止，然后加蒸馏水至规定的总量，贮存于棕色瓶内，塞紧瓶盖备用。

4. 0.5%煌绿水溶液

煌绿	0.5g	蒸馏水	100mL

溶解后，存放暗处，不少于 1d，使其自然灭菌。

5. 牛胆盐溶液

牛胆盐	10g	蒸馏水	100mL

加热煮沸至完全溶解，121℃高压灭菌 20min。

6. 制备

基础液	900mL	煌绿水溶液	2mL
硫代硫酸钠溶液	100mL	牛胆盐溶液	50mL
碘溶液	20mL		

临用前，按上列顺序，以无菌操作依次加入基础液中，每加入一种成分，均应摇匀后再加入另一种成分。

2.6.3 亚硒酸盐胱氨酸(SC)增菌液

1. 成分

蛋白胨	5g	磷酸氢二钠(含 12 个结晶水)	10g
乳糖	4g	亚硒酸氢钠	4g
L-胱氨酸	0.01g	蒸馏水	1000mL

pH 7±0.1

2. 制备

除亚硒酸氢钠和 L-胱氨酸外，将各成分加入蒸馏水中，搅混均匀，静置约 10min，加热煮沸 5min 至完全溶解，冷至 55℃以下，以无菌操作加入亚硒酸氢钠和 1g/L L-胱氨酸溶液 10mL(称取 0.1g L-胱氨酸，加 1mol/L 氢氧化钠溶液 15mL，使其溶解，再加无菌蒸馏水至 100mL 即成，如为 DL-胱氨酸，用量应加倍)。摇匀，调至 pH 7.0±0.1。

2.6.4 亚硫酸铋(BS)琼脂

1. 成分

蛋白胨	10g	硫酸亚铁	0.3g
牛肉膏	5g	磷酸氢二钠	4g
葡萄糖	5g	煌绿	0.025g 或 5g/L 水溶液 5mL
柠檬酸铋铵	2g	亚硫酸钠	6g
琼脂	18g	蒸馏水	1000mL

2. 制备

将蛋白胨、牛肉膏和葡萄糖三种成分加入300mL蒸馏水(制作基础液)，硫酸亚铁和磷酸氢二钠分别加入20mL和30mL蒸馏水中，柠檬酸铋铵和亚硫酸钠分别加入另一20mL和30mL蒸馏水中，琼脂加入600mL蒸馏水中。然后分别搅拌均匀，静置约30min，加热煮沸至完全溶解。冷至80℃左右时，先将硫酸亚铁和磷酸氢二钠混匀，倒入基础液中，混匀。将柠檬酸铋铵和亚硫酸钠混匀，倒入基础液中，再混匀。调至pH 7.5±0.1，随即倾入琼脂液中，混合均匀，冷至50～55℃。加入煌绿溶液，充分混匀后立即倾注平皿，每皿约20mL。

注：本培养基不需要高压灭菌，在制备过程中不宜过分加热，避免降低其选择性，贮于室温暗处，超过48h会降低其选择性，本培养基宜于当天制备，第二天使用。

2.6.5　HE(Hektoen Enteric)琼脂

1. 成分

牛肉膏	3g	水杨素	2g
乳糖	12g	胆盐	20g
蔗糖	12g	氯化钠	5g
蒸馏水	1000mL	琼脂	18～20g
0.4%溴麝香草酚蓝溶液	16mL	Andrade指示剂	20mL
甲液	20mL	乙液	20mL

2. 制备

将牛肉膏、乳糖、蔗糖、水杨素、胆盐及氯化钠六种成分溶解于400mL蒸馏水中内作为基础液；将琼脂加入600mL蒸馏水内，加热溶解。加入甲液和乙液于基础液内，调至pH 7.5±0.1。再加入指示剂，并与琼脂液合并，待冷至50～55℃倾注平皿。

注：①本培养基不需要高压灭菌，在制备过程中不宜过分加热，避免降低其选择性。

②甲液的配制：

硫代硫酸钠	34g	柠檬酸铁铵	4g
蒸馏水	100mL		

③乙液的配制：

去氧胆酸钠	10g	蒸馏水	100mL

④Andrade指示剂

酸性复红	0.5g	1mol/L氢氧化钠溶液	16mL
蒸馏水	100mL		

将复红溶解于蒸馏水中，加入氢氧化钠溶液。数小时后如复红褪色不全，再加氢氧化钠溶液1～2mL。

2.6.6　木糖赖氨酸脱氧胆盐(XLD)琼脂

1. 成分

酵母膏	3g	去氧胆酸钠	2.5g
L-赖氨酸	5g	柠檬酸铁铵	0.8g
木糖	3.75g	硫代硫酸钠	6.8g
乳糖	7.5g	氯化钠	5g
蔗糖	7.5g	琼脂	15g

酚红	0.08g	蒸馏水	1000mL

pH 7.4±0.2

2. 制备

将上述成分(酚红除外)溶解于1000mL蒸馏水,加热溶解。调至pH 7.4±0.2。再加入指示剂,待冷至50~55℃,倾注平皿。

注:本培养基不需要高压灭菌,在制备过程中不宜过分加热,避免降低其选择性,贮于室温暗处,超过48h会降低其选择性,本培养基宜于当天制备,第二天使用。

2.6.7 三糖铁(TSI)琼脂

1. 成分

蛋白胨	20g	硫酸亚铁铵(含6个结晶水)	0.5g
牛肉膏	3g	氯化钠	5g
乳糖	10g	硫代硫酸钠	0.5g
蔗糖	10g	琼脂	12g
葡萄糖	1g	蒸馏水	1000mL
酚红	0.025g或5g/L溶液5mL		

2. 制备

除酚红和琼脂外,将其他成分加入400mL蒸馏水中,搅拌均匀,静置约10min,加热煮沸至完全溶解,调pH至7.4±0.1。另将琼脂加入600mL蒸馏水中,搅拌均匀静置约10min,加热煮沸至完全溶解。

将上述两溶液混合均匀后,再加入酚红指示剂,混匀,分装试管,每管约2~4mL,121℃高压灭菌10min或115℃高压灭菌15min,灭菌后置成高层斜面,呈橘红色。

2.6.8 蛋白胨水、靛基质试剂

1. 蛋白胨水

蛋白胨(或胰蛋白胨)	20g	氯化钠	5g
蒸馏水	1000mL		

按上述成分配制,分装小试管,121℃高压灭菌15min。

2. 靛基质试剂

具体包括:①柯凡克试剂。将5g对二甲氨基甲醛溶解于75mL戊醇中,然后缓慢加入浓盐酸25mL。

②欧-波试剂。将1g对二甲氨基苯甲醛溶解于95mL 95%乙醇内。然后缓慢加入浓盐酸20mL。

3. 试验方法

挑取小量培养物接种,在(36±1)℃培养1~2d,必要时可培养4~5d。加入柯凡克试剂约0.5mL,轻摇试管,阳性者于试剂层呈深红色;或加入欧-波试剂约0.5mL,沿管壁流下,覆盖于培养液表面,阳性者于液面接触处呈玫瑰红。

注:蛋白胨中应含有丰富的色氨酸。每批蛋白胨买来后,应先用已知菌种鉴定后方可使用。

2.6.9 尿素琼脂(pH 7.2)

1.成分

蛋白胨	1g	氯化钠	5g
葡萄糖	1g	磷酸二氢钾	2g
20%尿素溶液	100mL	0.4%酚红溶液	3mL
琼脂	20g	蒸馏水	1000mL

2.制备

将除尿素和琼脂以外的成分配好,并校正 pH,加入琼脂,加热溶化后分装烧瓶,121℃高压灭菌 15min。冷至 50～55℃,加入经除菌过滤的尿素溶液。尿素的最终浓度为 2%,最终 pH 应为 7.2±0.1。分装于无菌试管内,放成斜面备用。

3.试验方法

挑取琼脂培养物接种,在(36±1)℃培养 24h,观察结果。尿素酶阳性者由于产碱而使培养基变为红色。

2.6.10 氰化钾培养基

1.成分

蛋白胨	10g	磷酸二氢钾	0.225g
氯化钠	5g	磷酸二氢钠	5.64g
蒸馏水	1000mL	0.5%氰化钾	20mL

2.制备

将除氰化钾以外的成分配好后分装,121℃高压灭菌 15min。放在冰箱内使其充分冷却。每 100mL 培养基加入 0.5%氰化钾溶液 2mL(最后浓度为 1∶10000),分装于无菌试管内,每管约 4mL,立刻用无菌橡皮塞塞紧,放在 4℃冰箱内,至少可保存两个月。同时,将不加氰化钾的培养基作为对照培养基,分装试管备用。

3.试验方法

将琼脂培养物接种于蛋白胨水内成为稀释菌液,挑取 1 环接种于氰化钾培养基。并另挑取 1 环接种于对照培养基。在(36±1)℃培养 1～2d,观察结果。如有细菌生长即为阳性(不抑制),经 2d 细菌不生长为阴性(抑制)。

注:氰化钾是剧毒药,使用时应小心,切勿沾染,以免中毒。夏天分装培养基应在冰箱内进行。实验失败的主要原因是封口不严,氰化钾逐渐分解,产生氢氰酸气体逸出,以致药物浓度降低、细菌生长,因而造成假阳性反应。试验时对每一环节都要特别注意。

2.6.11 赖氨酸脱羧酶试验培养基

1.成分

蛋白胨	5g	1.6%溴甲酚紫-乙醇溶液	1mL
酵母浸膏	3g	L-赖氨酸或 DL-赖氨酸	0.5g/100mL 或 1g/100mL
葡萄糖	1g	蒸馏水	1000mL

pH 6.8±0.2

2.制法

除赖氨酸以外的成分加热溶解后,分装每瓶 100mL,分别加入赖氨酸。L-赖氨酸按 0.5%加入,DL-赖氨酸按 1%加入。调节 pH。对照培养基不加赖氨酸。分装于无菌的小试管内，每管0.5mL，上面滴加一层液体石蜡，115℃高压灭菌10min。

3. 试验方法

从琼脂斜面上挑取培养物接种，于(36±1)℃培养18～24h，观察结果。氨基酸脱羧酶阳性者由于产碱，培养基呈紫色。阴性者无碱性产物，但因葡萄糖产酸而使培养基变为黄色。对照管为黄色。

2.6.12 糖发酵罐

1. 成分

牛肉膏	5g	磷酸氢二钠(含12个结晶水)	2g
蛋白胨	10g	0.2%溴麝香草酚蓝溶液	12mL
氯化钠	3g	蒸馏水	1000mL

pH 7.4±0.1

2. 制法

①葡萄糖发酵管按上述成分配好后，并校正pH至7.4±0.1。按0.5%加入葡萄糖，分装于有一个倒置小管的小试管内，121℃高压灭菌15min。

②其他各种糖发酵管可按上述成分配好后，分装每瓶100mL，121℃高压灭菌15min。

另将蔗糖、棉子糖、山梨醇、甘露醇、鼠李糖等分别配成10%溶液，同时高压灭菌，将5mL糖液加入100mL培养基内，以无菌操作分装于已灭菌的16mm×160mm小试管中，每管3mL。

注：蔗糖不纯，加热后会自行水解者，应采用过滤法除菌。

3. 试验方法

从琼脂斜面上挑取少量培养物接种，于(36±1)℃培养，一般观察2～3d。迟缓反应需观察14～30d。

2.6.13 邻硝基酚β-D半乳糖苷(ONPG)培养基

1. 成分

邻硝基酚β-D半乳糖苷(ONPG)	60mg
0.01mol/L磷酸钠缓冲溶液(pH 7.5)	10mL
1%蛋白胨水(pH 7.5)	30mL

2. 制备

将邻硝基酚β-D半乳糖苷(ONPG)溶于缓冲溶液内，加入蛋白胨水，以过滤除菌，分装于无菌的小试管内，每管0.5mL，用橡皮塞塞紧。

3. 试验方法

自琼脂斜面上挑取培养物1满环接种于(36±1)℃培养1～3h和24h观察结果。如果β-半乳糖苷酶产生，则于1～3h变黄色，如无此酶则24h不变色。

2.6.14 半固体琼脂

1. 成分

蛋白胨	1g	氯化钠	0.5g
牛肉膏	0.3g	蒸馏水	100mL
琼脂	0.35～0.4g		

pH 7.4±0.1

2. 制法

将以上成分配好，沸腾溶解，并校正 pH 7.4±0.1，分装试管(8mL)。121℃高压灭菌15min，取出直立试管待凝固，备用。

注：供动力观察、菌种保存、H 抗原位相变异试验等用。

2.6.15　丙二酸钠培养基

1. 成分

酵母浸膏	1g	磷酸氢二钾	0.6g
硫酸铵	2g	磷酸二氢钾	0.4g
丙二酸钠	3g	氯化钠	2g
0.2%溴麝香草酚蓝溶液	12mL	蒸馏水	1000mL

pH 6.8±0.1

2. 制法

先将酵母浸膏和盐类溶解于水，校正 pH 至 6.8±0.1 后再加入指示剂，分装试管，121℃高压灭菌 15min。

3. 试验方法

用新鲜的琼脂培养物接种，于(36±1)℃培养 48h，观察结果。阳性者由绿色变为蓝色。

思考题

1. 如何提高沙门氏菌的检出率？

2. 沙门氏菌在三糖铁培养基上的反应结果如何？请解释这些现象。

3. 沙门氏菌检验有哪五个基本步骤？

4. 食品中能否允许有个别沙门氏菌存在？为什么？

5. 典型沙门氏菌的五项生化试验结果如何？

6. 沙门氏菌的形态特征、培养特性是什么？

7. 沙门氏菌检验时为什么要进行前增菌和增菌？

8. 沙门氏菌有哪些抗原？各有何特点？O、H 抗原如何表示？A～F 群沙门氏菌中，代表每群 O 特异性抗原的独特因子是什么？

9. 沙门氏菌哪几个菌型具有 Vi 抗原？Vi 抗原对 O 抗原血清学试验有何影响？对含 Vi 抗原菌，如何做 O 抗原血清学试验？

10. 沙门氏菌在 SS 平板、TSI 培养基上生长的现象如何？说明其原理。

11. 分离纯化后怎样选用最少的生化试验方法初步鉴定检验菌是否是沙门氏菌属的细菌？

12. 如何进行沙门氏菌的血清学试验？

【知识链接】

美国沙门氏菌感染事件

一、美国人生吃西红柿"中毒"

夏天正是新鲜蔬果抢闸上市的时节，而在大洋彼岸的美国，2010 年的夏天却有不少人因生吃西红柿被“绊倒”了。

生吃西红柿等新鲜的时蔬水果是再平常不过的事了，然而，在美国中西部和南部30个州，近日却有数百人因生食了从超市或是餐馆购买的新鲜西红柿而出现发烧、腹泻、腹痛等症状，这些西红柿进口自墨西哥。有几十人因病情严重需住院，甚至已有重症病人死亡。美国疾控中心通过检验发现，吃过这些西红柿的患者检查中都发现了沙门氏菌(见图3-11)，看来，这是一起严重的沙门氏菌病疫情。沙门氏菌是美国食物中毒致死的主要原因。美国人对这种病菌一点都不陌生，每年全国大约报告4万例沙门氏菌感染病例。但实际的感染人数可能要达20倍以上，因为许多轻型病人可能未确诊，据不完全统计，每年大约有1000人死于急性沙门氏菌感染。但是，以前各州暴发的疫情几乎都与人们吃了染上沙门氏菌的肉类、蛋类、乳类有关，但迄今为止，很少听说吃蔬果大面积受沙门氏菌污染甚至在人群中引发大疫情的。“生食疗法”被视为一种健康的时尚，如今听说生吃蔬果也会中毒，不少人十分着急：到底该如何预防？对此，专家指出，并不是所有的蔬果都越鲜吃越好，其实生吃蔬果有不少讲究，有些菜凉拌前一定要用开水焯一下，彻底除尘去虫更卫生。周福生教授也解释说，这可能是西红柿在生长的过程中，由于空气中紫外线不够强烈，植物在灌溉过程或因土壤中含有沙门氏菌，这样才使西红柿的表皮上沾染了沙门氏菌，加上不少人有生食西红柿的习惯，如果没有清洗干净，就完全有可能发生沙门氏菌感染。不光是食用西红柿，其他瓜果蔬菜也一样。

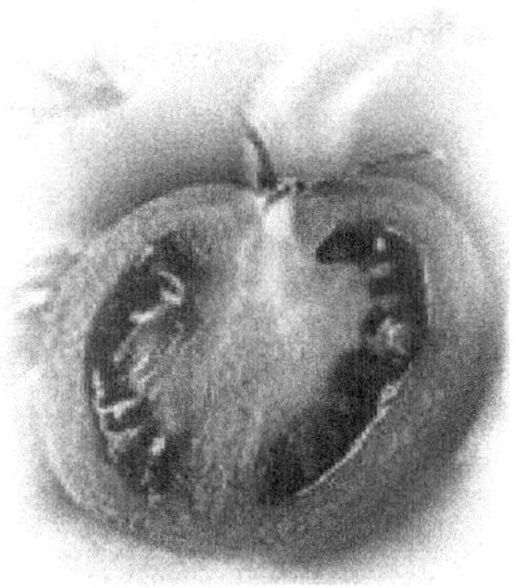

图3-11　西红柿中含有沙门氏菌

沙门氏菌引起的急性传染病。临床表现主要分为胃肠炎型(即食物中毒)、伤寒型、败血症型及肠道外局灶性感染。其中以胃肠炎型最为常见，可引起恶心、呕吐、腹痛、腹泻及发热等临床症候群。

二、美国鸡蛋受沙门氏菌感染事件

2010年8月17日，加利福尼亚州卫生部门宣布，加州多个地区暴发沙门氏菌疫情，自6月迄今接到266例患病报告。初步调查显示，多数病人食用鸡蛋后染病。这些鸡蛋可能遭沙门氏菌污染(见图3-12)。

明尼苏达州认定，至少7例病例与鸡蛋有关。

美联社报道，其他州沙门氏菌病例猛增。科罗拉多州6月和7月接到28例病例，数量是平时的大约4倍。亚利桑那州、伊利诺伊州、内华达州、得克萨斯州、威斯康星州接到疑似病例报告。

疾病控制和预防中心与州卫生部门合作调查这场疫情。疾控中心官员说，尚未接到死亡报告。

鸡蛋召回数量起初为2.28亿枚，18日升至3.8亿枚，23日升至5.5亿枚。

如何避免“蛋中毒”？

面对如此大规模的鸡蛋召回，对于如何防止因食用“问题蛋”而染病，美国疾病防控中心提出如下建议：

图3-12　问题鸡蛋

(1)养成把鸡蛋放入冰箱、保持鸡蛋在7℃冷藏的习惯，防止鸡蛋变质。

(2)不要食用破损与破损后被污染的鸡蛋，避免食用生鸡蛋。

(3)鸡蛋应该煮熟——煮到蛋白与蛋黄都凝固的程度。熟蛋也要及时放入冰箱保存，在温暖处或室内存放最好不要超过2h。

(4)外出用餐时，避免接触生蛋的各类餐具，避免食用含不熟蛋类的各类食品，尤其是小孩与老人。

(5)选购鸡蛋的时候，尽量选购正规品牌企业鸡蛋，避免“三无”农产品。

任务四　金黄色葡萄球菌及其检测

知识目标

- 了解金黄色葡萄球菌的生物学特征；
- 了解金黄色葡萄球菌的致病机理；
- 了解金黄色葡萄球菌的危害和控制方式；
- 掌握金黄色葡萄球菌检测的基本原理。

能力目标

- 掌握金黄色葡萄球菌的检测方法。

模块1　金黄色葡萄球菌概述

金黄色葡萄球菌是威胁人类健康的一种重要病原菌，隶属于葡萄球菌属，可引起多种严重感染，有“嗜肉菌”的别称。

1880年，巴斯德首次从一患者淤肿的浓汁中发现葡萄状排列的细菌，将其给家兔注射后可致脓疮。1881年，Ogsten确证化脓过程是由某菌所致，1883年，Becker获得纯培养，该菌为微球菌科葡萄球菌属。葡萄球菌因堆聚成葡萄串状而得名，为最常见的化脓性球菌。葡萄球菌属目前有32种，寄生人体的有16种，大部分为腐生或寄生菌，也有一些致病的球菌。其中只有金黄色葡萄球菌能产生血浆凝固酶，称为血浆凝固酶阳性葡萄球菌。金黄色葡萄球菌在自然界中无处不在，空气、土壤、水、饲料、食品、灰尘及人和动物的排泄物中都可以找到，因此，食品受污染机会很多。近年来，根据美国疾病控制中心报告，由金黄色葡萄球菌引起的感染占第二位，仅次于大肠杆菌，由金黄色葡萄球菌肠毒素引起的食物中毒占整个细菌性食物中毒的33%；在加拿大则更多，占45%；我国每年发生的此类中毒事件也非常多。金黄色葡萄球菌肠毒素引起的食物中毒已成为世界性的卫生问题。

1.1　生物学特性

1.1.1　形态与染色特性

典型的金黄色葡萄球菌呈球形或稍呈椭圆形，直径0.5～1μm，致病性葡萄球菌一般较非致病菌小，菌体大小及排列较整齐。细菌繁殖时，呈多个平面的不规则分裂，分裂后许多菌体无规则地堆聚在一起，显微镜下排列呈葡萄串状（见图4-1、图4-2）。在液体培养基中生长，常呈双球状或短链状排列，易被误认为链球菌。金黄色葡萄球菌无鞭毛，不能运动；无芽孢，除少数菌株外大多数无荚膜；易被一般碱性燃料着色，革兰氏染色为阳性，其衰老、死亡、被白细胞吞噬或在青霉素等药物影响下的菌株可被染成革兰氏阴性。

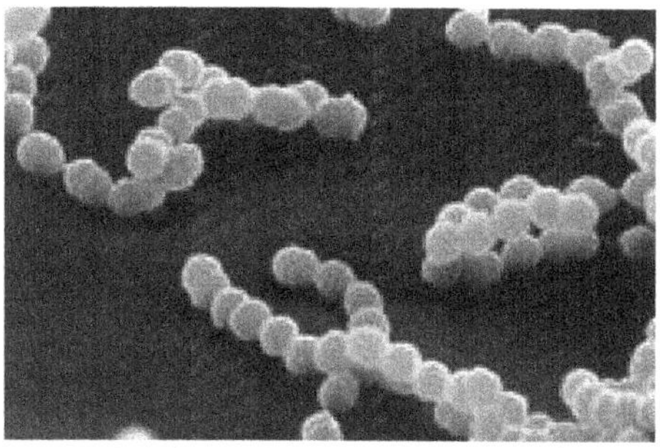

图 4-1 金黄色葡萄球菌显微图像

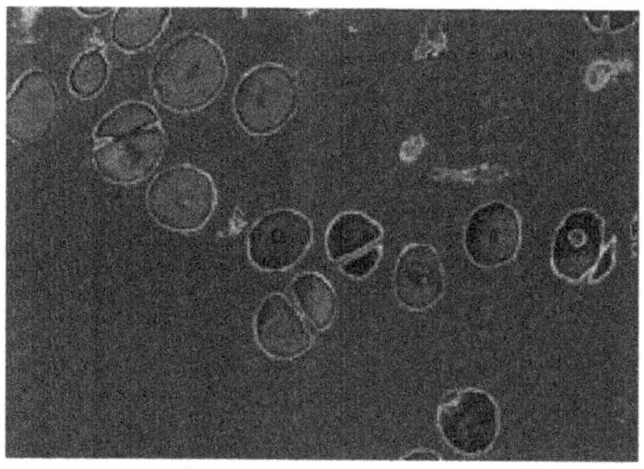

图 4-2 金黄色葡萄球菌的透射电镜照片

1.1.2 培养特性

金黄色葡萄球菌营养要求不高，在普通培养基上生长良好，需氧或兼性厌氧，最适生长温度 37℃，最适生长 pH 7.4，干燥环境下可存活数周。金黄色葡萄球菌有高度的耐盐性，可在 10%～15%氯化钠肉汤中生长，在含有 20%～30%二氧化碳的环境中培养，可产生大量的毒素。在不同培养基上的菌落形态如下。

①普通肉汤。37℃培养 24h 后，呈均匀浑浊生长，2～3d 后产生菌膜，培养时间更长，则在管底形成多量黏稠沉淀物。

②普通琼脂。培养 18～24h 后，形成圆形、凸起、边缘整齐、表面光滑、湿润、不透明的中等大菌落，直径一般为 1～2mm，也有大致 4～5mm 的菌落。不同型的菌株产生不同的脂溶性色素(如金黄色、白色、柠檬色)，使菌落呈不同的颜色。

③血琼脂平板。形成的菌落大而凸起、圆形、不透明、表面光滑，呈金黄色，有时为白色，产生溶血毒素，菌落周围形成全透明的溶血环(β 溶血)。非致病性葡萄球菌无溶血现象。

④Baird-Parker 氏培养基。菌落为圆形、光滑、凸起、湿润，直径为 2～3mm，颜色呈灰色到黑色，边缘为淡色，菌落周围有一浑浊带，在其外围有一透明带，用接种针接触菌落，似有奶油树胶的硬度。偶然会遇到非脂肪溶解的类似菌落，但无浑浊带及透明带。长期保存的冷冻或干燥食品中分离的菌落比典型菌落产生的黑色较淡，外观可能粗糙且干燥。

1.1.3 生化特性

金黄色葡萄球菌可分解葡萄糖、麦芽糖、乳糖、蔗糖，产酸不产气。致病性菌株能分解甘露醇。甲基红反应阳性，V-P 反应弱阳性。许多菌株可分解精氨酸，水解尿素，还原硝酸盐，液化明胶。各种葡萄球菌的主要生理生化性状如表 4-1 所示。

表 4-1 各种葡萄球菌的主要生理生化性状

主要性状	金黄色葡萄球菌	表皮葡萄球菌	腐生葡萄球菌
色素	主要为金黄色	主要为白色	主要为柠檬色
血浆凝固酶	+	−	−
分解甘露醇	+(极少−)	−(极少+)	−
耐热核酸酶活性	+	−	−
溶血毒素	α、β、γ、δ	−(极少+)	−

续表

主要性状	金黄色葡萄球菌	表皮葡萄球菌	腐生葡萄球菌
磷壁酸类型	核糖醇型	甘油型	甘油型
细胞壁中 A 蛋白	+	-	-
杀白细胞素	+	-	-
噬菌体分裂	多数能分裂	不能分裂	不能分裂
致病性	强	弱或无	无

注："+"表示阳性反应；"-"表示阴性反应。

绝大多数金黄色葡萄球菌可被相应的噬菌体裂解，故金黄色葡萄球菌可进一步用噬菌体来分型。噬菌体分型在流行病学调查、追踪传染病及研究菌型与疾病的关系方面均有重要的意义。根据噬菌体对金黄色葡萄球菌的裂解反应，可将金黄色葡萄球菌分为 5 个群 26 型如表 4-2 所示。

表 4-2 金黄色葡萄球菌噬菌体分型

群	噬 菌 体 型
Ⅰ	29，52，52A，79，80
Ⅱ	3A，3B，3C，55，71
Ⅲ	6，7，42E，47，53，54，70，73，75，77，83A，84，85
Ⅳ	42D
混合	81，187

肠毒素型食物中毒主要由Ⅲ和Ⅳ群的金黄色葡萄球菌引起，而造成医院感染严重流行的多数为Ⅰ群中的 52、52A、80 型引起。

1.1.4 抗原结构

金黄色葡萄球菌抗原结构复杂，具有多种抗原，经水解后，用沉淀法分析，可得到两种较重要的抗原，即蛋白质抗原和多糖抗原。此外还有一种较重要的抗原，即荚膜抗原。

①蛋白质抗原，即葡萄球菌 A 蛋白，存在于 90%以上的金黄色葡萄球菌细胞壁表面的一种蛋白质，为完全抗原。葡萄球菌 A 蛋白能抑制吞噬细胞的吞噬作用，对 T、B 细胞是良好的促分裂原。

②多糖抗原，为半抗原，具有群特异性，存在于细胞壁，借此可以分群，其抗原决定簇为磷壁酸的核糖单位。当与太聚糖结合后，可引起机体的免疫应答，检测抗磷壁酸抗体，可用于诊断全身性葡萄球菌感染。

③荚膜抗原，几乎所有金黄色葡萄球菌的表面都有荚膜多糖抗原的存在，而表皮葡萄球菌仅个别菌株有此抗原。

1.1.5 抵抗力

在无芽孢的细菌中，金黄色葡萄球菌的抵抗力最强。它具有较高的耐热性，70℃ 1h、80℃ 30min 不被杀死，在干燥的浓汁中存活数月。在 5%石炭酸、0.1%升汞(二氯化汞)水中 10～15min 死亡。对某些染料极为敏感，尤其是龙胆紫，其 1∶(100000～200000)的浓度即可抑制其生长。故临床上用1%～3%龙胆紫溶液治疗由本菌引起的化脓，效果很好。对磺胺类药物敏感性低，但对青霉素、金霉素和红霉素高度敏感，对链霉素中等敏感。近年来因广泛使用抗生素，耐药菌株逐年增多，目前金黄色葡萄球菌对青霉素G的耐药菌株高达90%以上，但这些耐药菌株对庆大霉素和先锋霉素是比较敏感的。

此外，本菌在冷冻贮藏环境中不易死亡，因此在冷冻食品中经常可以检出。对氯化钠有较强的抵抗力，在含有10%～15%的氯化钠培养基上仍能生长良好，故常用含高浓度的食盐培养基分离本菌。

1.2　金黄色葡萄球菌感染及食物中毒

1.2.1　流行病学调查

金黄色葡萄球菌的流行病学一般有如下特点：季节分布，多见于春夏季；中毒食品种类多，如奶、肉、蛋、鱼及其制品。此外，剩饭、油煎蛋、糯米糕及凉粉等引起的中毒事件也有报道。上呼吸道感染患者鼻腔带菌率83%，所以人畜化脓性感染部位，常成为污染源。

2000年，因食用日本著名乳制食品厂雪印乳业公司大阪工厂生产的乳制品而中毒者已逾万人。据化验，该工厂生产的一些乳制品中含有黄色葡萄球菌，这种细菌可产生使人出现腹泻、呕吐症状的A型肠毒素。该厂乳制品染菌是生产设备没有按规定定期清洗而造成的。中毒事件后，日本各地超市和食品店立即停止销售雪印牌乳制品，一些地方政府下令禁止食用雪印牌食品。大阪雪印厂也被当地政府勒令无期限停产，并且大规模回收出厂的几种染菌食品。

一般说，金黄色葡萄球菌可通过以下途径污染食品：食品加工人员、炊事员或销售人员带菌，造成食品污染；食品在加工前本身带菌，或在加工过程中受到了污染，产生了肠毒素，引起食物中毒；熟食制品包装不密封，运输过程中受到污染；奶牛患化脓性乳腺炎或禽畜局部化脓时，对肉体其他部位的污染。

1.2.2　致病性及致病机理

金黄色葡萄球菌是人类化脓感染中最常见的病原菌，可引起局部化脓感染，也可引起肺炎、伪膜性肠炎、心包炎等，甚至败血症、脓毒症等全身感染。

金黄色葡萄球菌的致病力强弱主要取决于其产生的毒素和侵袭性酶：

①溶血毒素。多数致病菌株能产生该毒素，使血琼脂平板菌落周围出现溶血环，在试管中出现溶血反应。溶血毒素是一种外毒素，根据其动物细胞的溶血范围、抗原性、溶血时所需温度等不同，可将其分为α、β、γ、δ四种，能损伤血小板，破坏溶酶体，引起肌体局部缺血和坏死，其中以β溶血毒素为主。

②杀白细胞素。该毒素可破坏人或兔的白细胞和巨噬细胞，使其失去活性，最后膨胀破裂。致病性和非致病性葡萄球菌均能被吞噬细胞吞噬，非致病性菌株在白细胞内很快被杀死，而致病性菌株则能在白细胞内生长繁殖。

③肠毒素。金黄色葡萄球菌能产生数种引起急性胃肠炎的蛋白质性肠毒素，分为A、B、C1、C2、C3、D、E及F八种血清型。肠毒素可耐受100℃煮沸30min而不被破坏。它引起的食物中毒症状是呕吐和腹泻。

肠毒素形成条件为：存放温度在37℃内，温度越高，产毒时间越短；存放地点如果通风不良、氧分压低易形成肠毒素；含蛋白质丰富，水分多，同时含一定量淀粉的食物，肠毒素易生成。

④脱氧核糖核酸酶。能够增加组织渗出物的黏性，当组织细胞及白细胞崩解时释放出

核酸，使组织渗出液的黏性增加，而脱氧核糖核酸酶能迅速将其分解，从而有利于细菌在组织中的扩散。金黄色葡萄球菌产生的脱氧核糖核酸酶能耐受高温，可用来作为鉴定金黄色葡萄球菌的依据。

测定次酶的方法是在含有脱氧核糖核酸的琼脂平板上，接种葡萄球菌，36℃培养 24h，再向平板倾注 1mol/L 的盐酸，如菌落周围出现澄清环则为阳性，证明此菌为金黄色葡萄球菌。

⑤血浆凝固酶。该酶能使含有柠檬酸钠或肝素抗凝剂的兔或人血浆发生凝固。当金黄色葡萄球菌侵入人体时，该酶使血液或血浆中的纤维蛋白沉积于菌体表面或凝固，阻碍吞噬细胞的吞噬作用。大多数致病性葡萄球菌均能产生此酶，而非致病性菌一般不产生。因此，凝固酶是鉴别葡萄球菌有无致病性的重要指标。金黄色葡萄球菌形成的感染易局部化与此酶有关。凝固酶较耐热，100℃ 30min 或高压灭菌后仍保存部分活性，但易被蛋白分解酶破坏。

⑥溶纤维蛋白酶。可使人、犬、豚鼠及家兔的已经凝固的纤维蛋白溶解。溶纤维蛋白酶是一种激酶，可激活血浆蛋白酶原成为血浆蛋白酶，血浆蛋白酶可使纤维蛋白溶解。

血浆凝固酶和溶纤维蛋白酶可在含有血浆的琼脂平板内同时测定。初次培养后，若菌落周围出现透明圈，表示产生血浆凝固酶；若继续培养时，不透明圈消失，则为溶纤维蛋白酶的作用结果。

⑦透明质酸酶。具有高度的黏稠性，是机体结缔组织中基质的主要成分。它被透明质酸酶水解后，结缔组织间失去黏性呈疏松状态，有利于细菌和毒素在机体内扩散，因此透明质酸酶又称扩散因子。

此外，金黄色葡萄球菌还产生剥脱毒素、毒性休克综合征毒素、溶表皮素、明胶酶、蛋白酶、脂肪酶、肽酶等。

金黄色葡萄球菌产生的众多毒素和酶当中，与食物中毒有密切关系的是肠毒素。金黄色葡萄球菌引起的呕吐反应，经动物试验认为，并不是肠毒素对肠管直接刺激的结果，而是肠毒素经消化道被吸收进入血液，作用于双侧迷走神经在内脏的分支和脊髓所引起的。

1.2.3 致病症状

1. 侵染性疾病

侵染性疾病主要是化脓性感染（见图 4-3、图 4-4）。金黄色葡萄球菌可通过多种途径侵入机体，引起局部组织、内脏器官或全身化脓性感染。局部感染主要表现为疖、痈、甲沟炎、麦粒肿、蜂窝组织炎、伤口化脓等；内脏器官感染如肺炎、脓胸、中耳炎、脑膜炎、心包炎、心内膜炎等；全身感染如败血症、脓毒血症等。

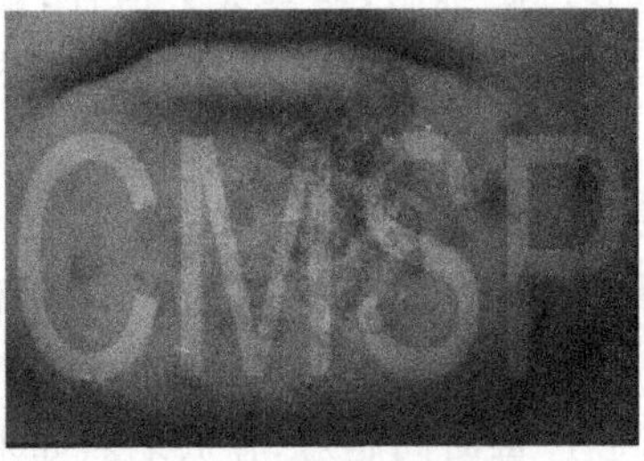

图 4-3　金黄色葡萄球菌引起的下颚感染

图 4-4　金黄色葡萄球菌引起的须疮感染

2. 毒素性疾病

(1)食物中毒

人摄入含肠毒素污染的食物后 1～6h，即可出现头晕、恶心、腹泻、呕吐、发热等急性肠胃炎症状。呕吐常在发热前出现，发热很高。轻症大便次数稍多，为黄绿色糊状便；重症大便次数频数，每日可达数十次，大便呈暗绿色水样便，外观像海水，所以叫海水样便。黏液多，有腥臭味。体液损失多，患儿脱水、电解质紊乱和酸中毒严重，可发生休克。金黄色葡萄球菌肠毒素中毒一般病程较短，发病 1～2d 可自行恢复，预后良好。

(2)毒性休克综合征

该症由某些金黄色葡萄球菌在生长过程中分泌的一种外毒素引起。主要表现为高热、低血压、呕吐、腹泻、猩红热样皮疹，严重者出现休克。研究发现，毒性休克综合征毒素并非是引起毒性休克综合征的唯一病因，细菌内毒素、葡萄球菌肠毒素等也与毒性休克综合征发病有关。

1.2.4　预防与控制

1. 防止金黄色葡萄球菌污染食品

具体措施包括：①防止带菌人群对各种食物的污染。定期对生产加工人员进行健康检查，患局部化脓性感染(如疥疮、手指化脓等)、上呼吸道感染(如鼻窦炎、化脓性肺炎、口腔疾病等)的人员要暂时停止其工作或调换岗位。

②防止金黄色葡萄球菌对奶及其制品的污染。牛奶厂要定期检查奶牛的乳房，不能挤患化脓性乳腺炎的牛奶；奶挤出后，要迅速冷却至 10℃以下，以防毒素生成、细菌繁殖。奶制品要以消毒牛奶为原料，注意低温保存。

③对肉制品加工厂，患局部化脓感染的禽、畜尸体应除去病变部位，经高温或其他适当方式处理后进行加工生产。

已被金黄色葡萄球菌污染的食品，不能再食用，因为一般的烹调温度不足以破坏肠毒素。

2. 防止金黄色葡萄球菌肠毒素的生成

应在低温和通风良好的条件下贮藏食物，以防肠毒素形成；在气温高的春夏季，食物置冷藏或通风阴凉地方也不应超过 6h，并且食用前要彻底加热。

3. 感染处理

有金黄色葡萄球菌感染者，可选用红霉素、新型青霉素、庆大霉素、万古霉素或先锋霉素Ⅵ治疗。

模块 2　金黄色葡萄球菌的检测

2.1　设备和材料

除微生物实验室常规灭菌用培养设备外，所需其他设备和材料如下所示。显微镜；恒温培养箱：(36±1)℃；冰箱：2～5℃；恒温水浴箱：(37±1)℃；天平：感量 0.1g；均质器及均质袋或乳钵；振荡器；无菌吸管：1mL(具有 0.01mL 刻度)、10mL(具有 0.1mL 刻度)或微量移液器及吸头；灭菌试管：13mm×130mm、16mm×160mm、18mm×200mm；无菌锥形瓶：容量 100mL、500mL；无菌培养皿：直径 90mm；注射器：0.5mL；pH 计或 pH 比色管或精密 pH 试纸；可调式电炉；玻璃珠：直径 5mm；试管架；载玻片；酒精灯；75%酒精棉球；玻璃蜡笔;登记簿;剪刀;灭菌镊子;不锈钢勺;接种环:直径 3mm 等。

2.2 培养基和试剂

具体包括:10%氯化钠胰酪陈大豆肉汤、7.5%氯化钠肉汤、血琼脂平板、Baird-Parker 琼脂平板、脑心浸出液(BHI)肉汤、兔血浆、营养琼脂斜面;磷酸缓冲溶液、革兰氏染色液、无菌生理盐水、1mol/L 氢氧化钠、1mol/L 盐酸。

2.3 检测程序

金黄色葡萄球菌的检测程序如图 4-5 所示。

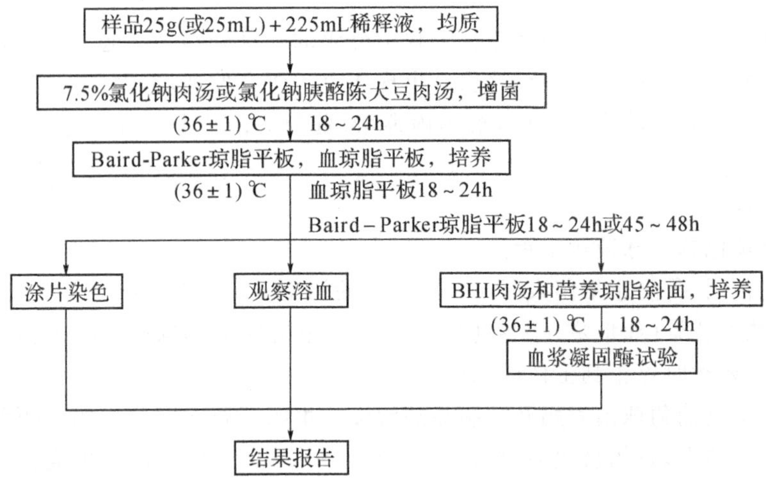

图 4-5 金黄色葡萄球菌的检测程序

2.4 操作步骤

2.4.1 样品的制备

具体包括:①固体或半固体食品。以无菌操作称取 25g 样品,放入装有 225mL 灭菌生理盐水或磷酸盐缓冲溶液的灭菌均质杯内,于 8000~10000r/min 均质 1~2min,或放入盛有 225mL 稀释液的无菌均质袋中,用拍击式均质器拍打 1~2min,制成 1∶10 样品匀液。

②液体食品。用灭菌吸管吸取 25mL 样品,放入装有 225mL 灭菌生理盐水或磷酸盐缓冲溶液的灭菌锥形瓶内(瓶内预置适当数量的无菌玻璃珠),经充分振摇制成 1∶10 样品匀液。

2.4.2 增菌和分离培养

具体步骤包括:①增菌培养。吸取 5mL 上述样品匀液,接种于 50mL 7.5%的氯化钠肉汤或 10%氯化钠胰酪陈大豆肉汤培养基中,(36±1)℃培养 18~24h。金黄色葡萄球菌在 7.5%的氯化钠肉汤中呈混浊生长,污染严重时在 10%氯化钠胰酪陈大豆肉汤内呈混浊生长。

②分离培养。从前增菌培养液中,取 1~2 接种环,划线接种到 Baird-Parker 琼脂平板和血琼脂平板上,血琼脂平板(36±1)℃培养 18~24h,Baird-Parker 琼脂平板(36±1)℃培养 18~24h 或 45~48h。

③菌落形态。金黄色葡萄球菌在 Baird-Parker 平板上,菌落直径为 2~3mm,颜色呈灰色到黑色,边缘为淡色,周围为一混浊带,在其外层有一透明圈。用接种针接触菌落有似奶

油至树胶的硬度，偶然会遇到非脂肪溶解的类似菌落，但无混浊带及透明圈。长期保存的冷冻或干燥食品中所分离的菌落比典型菌落所产生的黑色较淡些，外观可能粗糙并干燥。在血平板上，形成菌落较大，圆形、光滑凸起、湿润、金黄色（有时为白色），菌落周围可见完全透明溶血圈。挑取上述菌落进行革兰氏染色镜检及血浆凝固酶试验。

原因分析：Baird-Parker 琼脂培养基中的氯化锂可抑制革兰氏阴性菌生长，丙酮酸钠可刺激金黄色葡萄球菌生长；卵黄亚碲酸钾增菌剂中氯化钠用量大，可抑制某些细菌的生长，而卵黄中的卵磷脂有促进金黄色葡萄球菌生长和鉴别的作用。

④染色镜检。金黄色葡萄球菌为革兰氏阳性球菌，排列呈葡萄球状，无芽孢，无荚膜，直径约为 0.5～1μm。

2.4.3 血浆凝固酶试验

具体步骤如下：①挑取 Baird-Parker 琼脂平板或血平板上可疑菌落 1 个或以上，分别接种到 5mL 脑心浸出液（BHI）肉汤和营养琼脂斜面，（36±1）℃培养 18～24h。

②取新鲜配置的兔血浆 0.5mL，放入小试管中，再加入脑心浸出液（BHI）肉汤培养物 0.2～0.3mL，振荡摇匀，置（36±1）℃温箱或水浴箱内，每半小时观察一次，观察 6h，如呈现凝固（即将试管倾斜或倒置时，呈现凝块）或凝固体积大于原体积的一半，被判定为阳性结果。同时以已知血浆凝固酶试验阳性和阴性葡萄球菌菌株的肉汤培养物作为对照。也可用商品化的试剂，按说明书操作，进行血浆凝固酶试验。

③结果如可疑，挑取营养琼脂小斜面的菌落到 5mL 脑心浸出液（BHI）肉汤，（36±1）℃培养 18～48h，重复前面的凝固酶试验。

2.5 结果报告

具体报告如下：①结果判定。符合 2.4.2 中描述的菌落形态特征、革兰氏阳性、血浆凝固酶试验阳性，可判定为金黄色葡萄球菌。

②结果报告。在 25g（mL）样品中检出或未检出金黄色葡萄球菌。

2.6 金黄色葡萄球菌检测培养基和试剂的配制

2.6.1 10%氯化钠胰酪胨大豆肉汤

1. 成分

胰酪胨（或胰蛋白胨）	17g	氯化钠	100g
植物蛋白胨（或大豆蛋白胨）	3g	磷酸氢二钾	2.5g
丙酮酸钠	10g	蒸馏水	1000mL
葡萄糖	2.5g		

pH 7.3±0.2

2. 制法

将上述成分混合，加热，轻轻搅拌至溶解，调制 pH，分装，每瓶 50mL，121℃高温灭菌 15min.

2.6.2 7.5%氯化钠肉汤

1. 成分

蛋白胨	10g	氯化钠	75g
牛肉膏	5g	蒸馏水	1000mL

pH 7.4

2. 制法

将上述成分加热溶解,调节 pH,分装,每瓶 50mL,121℃高温灭菌 15min。

2.6.3 牛肉(或牛心)消化汤

1. 成分

绞碎牛肉(或牛心)	1000g	15%氢氧化钠溶液	27mL
胰蛋白酶	40mL	氯化钠	10g
三氯甲烷(氯仿)	1mL	蒸馏水	2000mL

2. 制法

具体制法如下:①称取碎牛肉(或牛心),加蒸馏水,隔水加热到 80℃,维持 15min。

②加氢氧化钠溶液,对 pH 试纸呈弱碱性,冷至 40℃。

③加胰蛋白酶、三氯甲烷(氯仿),在(36±1)℃放置 4~5h,每小时摇动一两次。

④4h 后,吸取上层液 5mL 于试管中,加 5%硫酸铜溶液 0.1mL,4%氢氧化钠溶液 5mL,混合之。若呈红色,则不需再消化,可由温箱取出。

⑤加入 15%乙酸溶液 45mL,对 pH 试纸呈酸性。

⑥煮沸 15min,使胰蛋白酶破坏,冷后,放冰箱内过夜。

⑦次日吸取上层清液,加氯化钠 10g,并加水补足原量,煮沸。

⑧校正 pH 7.4~7.6(加 15%氢氧化钠溶液约 10mL),加热,用滤纸过滤,分装烧瓶,121℃高压灭菌 20min。

注意:①此培养基可作为琼脂培养基的基础,不需加蛋白胨。

②胰蛋白酶的配制:称取去脂绞碎的猪胰 500g,加入乙醇 500mL,蒸馏水 1500mL,混合之,装入玻塞瓶内。每日摇匀三次。3d 后,用绒布过滤挤出其汁,加盐酸至 0.05%,放冰箱内保存备用。

2.6.4 豆粉琼脂

1. 成分

牛心消化汤(pH 7.4~7.6)	1000mL	豌豆粉浸液	50mL
琼脂	20g		

2. 制法

将琼脂加在牛心消化汤内,加热溶解,过滤。加入豌豆粉浸液,分装每瓶 100mL,121℃高温灭菌 15min。

豌豆粉浸液的制法:取豌豆粉 5g、氯化钠 10g,加入蒸馏水 1000mL。置于 100℃水浴内加热 1h,放于冰箱中过夜。吸取上清液即为豌豆浸液。

2.6.5 血琼脂平板

1. 成分

豆粉琼脂(pH 7.4~7.6)	100mL	脱纤维羊血(或兔血)	5~10mL

2. 制法

加热溶化琼脂,冷却至 50℃,以无菌操作加入脱纤维羊血(或兔血),摇匀,倾注平板。

2.6.6 Baird-Parker 琼脂平板

1. 成分

胰蛋白胨	10g	丙酮酸钠	10g

牛肉膏	5g	氯化锂（含 6 个结晶水）	5g
酵母膏	1g	琼脂	20g
甘氨酸	12g	蒸馏水	950mL

pH 7±0.2

2. 卵黄亚碲酸盐增菌剂配制

30%卵黄盐水 50mL 与经过除菌过滤的 1%亚碲酸钾溶液 10mL 混合，保存于冰箱内。

具体方法：将新鲜鸡蛋浸泡在适当的二氯化汞溶液（1∶1000）中约 1min，以无菌操作打开鸡蛋，使蛋黄与蛋白分开，将蛋黄加于生理盐水中（3+7，V/V）充分摇匀，于 50mL 蛋黄乳液中加入 10mL 过滤除菌的 1%亚碲酸钾水溶液，混匀，（4±1）℃贮存。

3. 制法

将各成分加到蒸馏水中，加热煮沸至完全溶解，调制 pH。分装每瓶 95mL，121℃高温灭菌 15min。临用时加热溶化琼脂，冷至 50℃，每 95mL 加入预热至 50℃的卵黄亚碲酸钾增菌剂 5mL，摇匀后倾注平板。培养基应是致密不透明的。使用前在冰箱储存不得超过 48h。

2.6.7　牛心浸出液

1. 成分

绞碎牛心	500g	氯化钠	5g
蛋白胨	10g	磷酸氢二钾（含 12 个结晶水）	2g
蒸馏水	1000mL		

pH 7.4～7.6

2. 制法

将绞碎的去筋膜无油脂牛心 500g 加蒸馏水 1000mL，混合后放冰箱过夜，除去液面的浮油，隔水煮沸 0.5h，使肉渣完全凝结成块，用绒布过滤，并挤压收集全部滤液，加水补足原量。加入蛋白胨、氯化钠和磷酸盐，溶解后校正 pH 7.4～7.6 煮沸并过滤，分装锥形瓶，置于 121℃高压灭菌 30min。

2.6.8　脑心浸出液（BHI）肉汤

1. 成分

胰蛋白质胨	10g	氯化钠	5g
葡萄糖	2g	磷酸氢二钠（含 12 个结晶水）	2.5g
牛心浸出液	500mL		

pH 7.4±0.2

2. 制法

加热溶解，调制 pH，分装 16mm×160mm 试管，每管 5mL，置 121℃高压灭菌 15min。

2.6.9　兔血浆

取柠檬酸钠 3.8g，加蒸馏水 100mL，溶解后过滤，装瓶 121℃高压灭菌 15min。

兔血浆制备：取 3.8%柠檬酸钠溶液一份，加兔全血四份，混好静置（或以 3000r/min 离心 30min），使血液细胞下降，即可得血浆。

2.6.10 磷酸盐缓冲液

1. 成分

磷酸二氢钾	34g	蒸馏水	500mL

pH 7.2

2. 制法

具体包括:①贮存液。称取34g的磷酸二氢钾于500mL蒸馏水中,用大约175mL的1mol/L氢氧化钠溶液调制pH至7.2,用蒸馏水稀释至1000mL后贮存于冰箱。

②稀释液。取贮存液1.25mL,用蒸馏水稀释至1000mL,分装于适宜容器中,121℃高温灭菌15min

2.6.11 营养琼脂斜面

1. 成分

蛋白胨	10g	氯化钠	5g
牛肉膏	3g	蒸馏水	1000mL
琼脂	15～20g		

pH 7.2～7.4

2. 制法

将除琼脂以外的各成分溶解于蒸馏水内,加入15%氢氧化钠约2mL,校正pH至7.2～7.4。加入琼脂,加热煮沸,使琼脂溶化,分装13mm×130mm试管,121℃高压灭菌15min。

模块3 金黄色葡萄球菌的计数

适用于食品和食品中毒样品中金黄色葡萄球菌的计数。其中Baird-Parker琼脂平板计数适用于金黄色葡萄球菌含量较高的食品;MPN计数适用于金黄色葡萄球菌含量较低而杂菌含量较高的食品;金黄色葡萄球菌Petrifilm™测试片法适用于肉及其制品、奶制品等。

3.1 设备和材料

除微生物实验室常规灭菌用培养设备外,所需其他设备和材料如下所示。显微镜;恒温培养箱:(36±1)℃;冰箱:2～5℃;恒温水浴箱:(37±1)℃;天平:感量0.1g;均质器及均质袋或乳钵;振荡器;无菌吸管:1mL(具有0.01mL刻度)、10mL(具有0.1mL刻度)或微量移液器及吸头;灭菌试管:8mm×100mm、13mm×130mm、16mm×150mm、18mm×200mm;无菌锥形瓶:容量100mL、500mL;无菌培养皿:直径90mm;pH计或pH比色管或精密pH试纸;可调式电炉;玻璃珠:直径5mm;试管架;载玻片;酒精灯;75%酒精棉球;玻璃蜡笔;登记簿;剪刀;灭菌镊子;不锈钢勺;接种环:直径3mm;无菌L形涂布棒;小倒管;放大镜等。

3.2 培养基和试剂

具体包括:10%氯化钠胰酪胨大豆肉汤,Baird-Parker琼脂平板,脑心浸出液(BHI)肉汤,兔血浆,营养琼脂斜面,甲苯胺蓝-DNA琼脂平板;磷酸缓冲溶液,革兰氏染色液,无菌生理盐水,1mol/L氢氧化钠,1mol/L盐酸,Petrifilm™金黄色葡萄球菌测试片。

3.3 Baird-Parker 琼脂平板计数

3.3.1 检测程序

Baird-Parker 琼脂平板适用于检查金黄色葡萄球菌数不小于 10cfu/g(mL)的食品。金黄色葡萄球菌 Baird-Parker 琼脂平板计数法检测程序如图 4-6 所示。

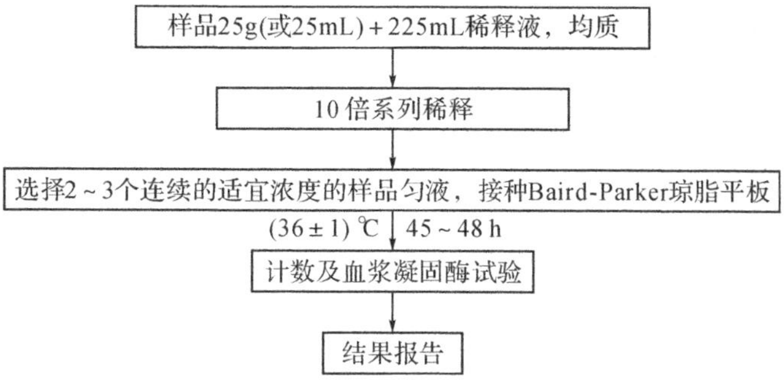

图 4-6 金黄色葡萄球菌 Baird-Parker 琼脂平板计数法检测程序

3.3.2 操作步骤

1. 样品的稀释

具体包括：①固体或半固体食品。以无菌操作称取 25g 样品，放入装有 225mL 灭菌生理盐水或磷酸盐缓冲溶液的灭菌均质杯内，于 8000～10000r/min 均质 1～2min，或放入盛有 225mL 稀释液的无菌均质袋中，用拍击式均质器拍打 1～2min，制成 1∶10 样品匀液。

②液体食品。用灭菌吸管吸取 25mL 样品，放入装有 225mL 灭菌生理盐水或磷酸盐缓冲溶液的灭菌锥形瓶内（瓶内预置适当数量的无菌玻璃珠），经充分振摇制成 1∶10 样品匀液。

③用 1mL 无菌吸管或微量移液器吸取 1∶10 样品匀液 1mL，沿管壁缓慢注于盛有 9mL 稀释液的无菌试管中（注意吸管或吸头尖端不要触及稀释液面），振摇试管或换用一支 1mL 无菌吸管反复吹打使其混合均匀，制成 1∶100 的样品匀液。

④按上述操作程序，制备 10 倍系列稀释样品匀液。每递增稀释一次，换用一次 1mL 无菌吸管或吸头。

2. 样品的接种

根据对样品污染状况的估计，选择 2～3 个适宜稀释度的样品匀液（液体样品可包括原液），在进行 10 倍递增稀释时，每个稀释度分别吸取 1mL 样品匀液以 0.3mL、0.3mL、0.4mL 接种量，分别加入三块 Baird-Parker 琼脂平板，然后用无菌 L 棒涂布整个平板，注意不要触及平板边缘。使用前，如 Baird-Parker 琼脂平板表面有水珠，可放在 25～50℃的培养箱里干燥，直到平板表面的水珠消失。

3. 培养

在通常情况下，涂布后，将平板静置 10min，如样液不易吸收，可将平板放在培养箱(36±1)℃培养 1h；等样品匀液吸收后翻转平皿，倒置于培养箱，(36±1)℃培养 45～48h。

4. 典型菌落计数和确认

具体方法如下：①典型或可疑金黄色葡萄球菌的单个菌落在 Baird-Parker 琼脂平板上呈圆形，表面光滑、凸起、湿润，直径 2～3mm。灰黑色至黑色，有光泽，常有浅色（非白色）的边缘，周围绕以不透明圈(沉淀)，其外常有一清晰带(见图 4-7、图 4-8)。当用接种针触及菌落时具有黄油样黏稠感。有时可见到不分解脂肪的菌株，除没有不透明圈和清晰带外，其他外观基本相同。从长期贮存的冷冻或脱水食品中分离的菌落，其黑色常较典型菌落浅些，且外观可能较粗糙，质地较干燥。

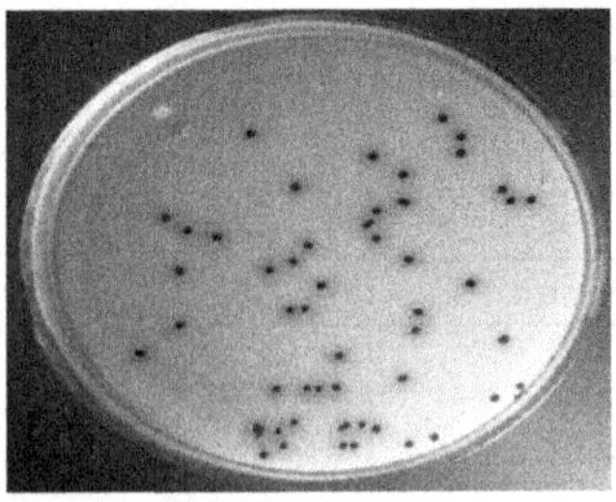

图 4-7 金黄色葡萄球菌在 BP 平板上的菌落

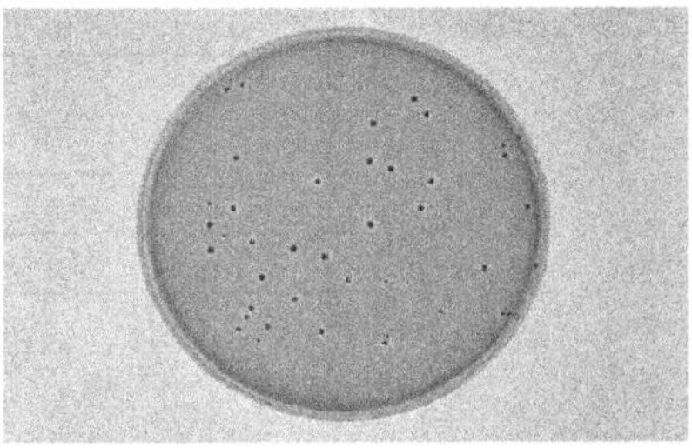

图 4-8 金黄色葡萄球菌在 BP 平板上的菌落

②选择合计菌落数在 20～200cfu 的平板，计算典型菌落数。如果：最低稀释度平板的菌落数小于 20cfu，且有典型菌落，计数该稀释度平板上的典型菌落。如果某一稀释度平板的菌落数大于 200cfu，且有典型菌落，但下一稀释度平板上没有典型菌落，应计数该稀释度平板上的典型菌落。如果某一稀释度平板的菌落数大于 200cfu，且有典型菌落，且下一稀释度平板上有典型菌落，但其平板上的菌落数不在 20～200cfu 之间，应计数该稀释度平板上的典型菌落。如果只有一个稀释度平板的菌落数在 20～200cfu 之间，且有典型菌落，计数该稀释度平板上的典型菌落。以上按 3.3.3 公式一计算。

如果 2 个连续稀释度的平板菌落数均在 20～200cfu 之间，按 3.3.3 公式二计算。

③从典型菌落中任选 5 个菌落(小于 5 个全选)，分别接种到 5mL 脑心浸出液(BHI)肉汤和营养琼脂斜面，(36±1)℃培养 18～24h。

④取新鲜配置兔血浆 0.5mL，放入小试管(8mm×100mm)中，再加上述 BHI 培养物 0.2～0.3mL，振荡摇匀，置(36±1)℃恒温培养箱或水浴内，每半小时观察一次，观察 6h，如呈现凝固(即将试管倾斜或倒置时，呈现凝块，不流动)或凝固体积大于原体积的一半，判定为阳性结果(见图 4-9)。同时以血浆凝固酶试验阳性和阴性葡萄球菌菌株的肉汤培养物作为对照。也可用商品化的试剂，按说明书操作，进行凝固酶试验。

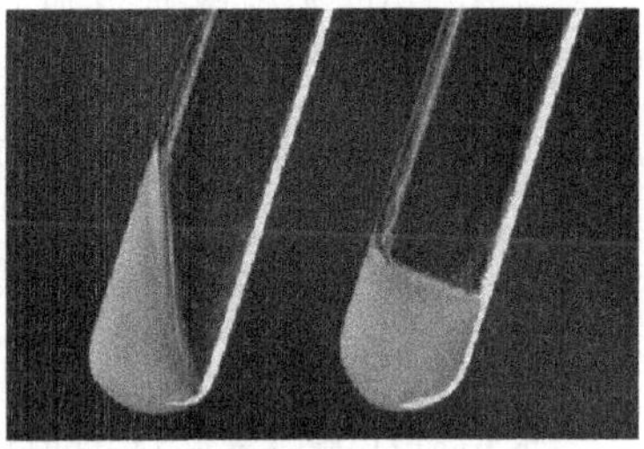

图 4-9 血浆凝固酶试验

⑤如实验结果可疑，挑取营养琼脂斜面的菌落到 5mL BHI 肉汤，(36±1)℃培养 18～48h，重复④操作。或进行革兰氏染色、镜检和其他辅助试验(如耐热核酸酶试验等)加以证实。

耐热核酸酶试验方法如下。

方法一：将 24h 肉汤培养物沸水浴处理 15min，用接种环划线刺种于甲苯胺兰-DNA 平板，(36±1)℃培养 24h，在刺种线周围出现淡粉色者为阳性。本试验金黄色葡萄球菌为阳性。

方法二：取 3mL 甲苯胺蓝-DNA 琼脂平铺于载玻片上制成标本片；待琼脂凝固后，在琼脂上打成直径 2mm 的小洞(每个载玻片 10～12 个),抽出小洞中的琼脂块;加入约 0.01mL 加过热(在水浴中煮沸 15min)的供凝固酶试验的肉汤培养物至所制备载玻片上的小洞中;将载玻片置湿室中,于 35℃培养 4h;阳性反应为在小洞周围形成至少扩展约 1mm 的浅粉红色的晕圈。

3.3.3 结果计算

公式一:$T=AB/(Cd)$

式中:T——样品中金黄色葡萄球菌菌落数;

A——某一稀释度典型菌落的总数;

B——某一稀释度血浆凝固酶阳性的菌落数;

C——某一稀释度用于血浆凝固酶试验的菌落数;

d——稀释因子(某一稀释度)。

公式二:$T=(A1B1/C1+A2B2/C2)/(1.1d)$

式中:T——样品中金黄色葡萄球菌菌落数;

$A1$——第一稀释度(低稀释倍数)典型菌落的总数;

$A2$——第二稀释度(高稀释倍数)典型菌落的总数;

$B1$——第一稀释度(低稀释倍数)血浆凝固酶阳性的菌落数;

$B2$——第二稀释度(高稀释倍数)血浆凝固酶阳性的菌落数;

$C1$——第一稀释度(低稀释倍数)用于血浆凝固酶试验的菌落数;

$C2$——第二稀释度(高稀释倍数)用于血浆凝固酶试验的菌落数;

1.1——计算系数;

d——稀释因子(第一稀释度)

3.3.4 金黄色葡萄球菌平板计数的结果报告

如发现有凝固酶试验阳性的菌落,即报告 1g(mL)食品中有金黄色葡萄球菌存在,否则为阴性。

根据 Baird-Parker 平板上金黄色葡萄球菌的典型菌落数,按上述公式计算,报告每 g(mL)样品中金黄色葡萄球菌数,以 cfu/g(mL)表示;如 T 值为 0,则以小于 1 乘以最低稀释倍数报告。如某食品检验中金黄色葡萄球菌菌落数 T 值为 0,则检测报告 $<1d^{-1}$cfu/mL(g)。

【例 4-1】 某食品检样采用 Baird-Parker 琼脂平板计数,检测结果如表 4-3 所示。求食品检样中金黄色葡萄球菌菌落数报告。

表 4-3 食品检样采用 Baird-Parker 琼脂平板计数检测结果

检样编号	稀释度及菌落数	
	10^{-1}	10^{-2}
1	64,66	6,5
2	185,180	20,22

解 (1)样品 1 符合"如果只有一个稀释度平板的菌落数在 20～200cfu 之间,且有典型菌落,计数该稀释度平板上的典型菌落",因此用公式一计算:

$T=AB/(Cd)$

式中:$A=(64+66)/2=65$(某一稀释度典型菌落的总数);

$B=4$(某一稀释度血浆凝固酶阳性的菌落数);

$C=5$(某一稀释度用于血浆凝固酶试验的菌落数);

$d=10^{-1}$(稀释因子:某一稀释度)。

计算:$T=65\times4\times10\div5=520$ (样品中金黄色葡萄球菌菌落数)。

(2)样品2符合"2个连续稀释度的平板菌落数均在20~200cfu之间",按公式二计算:

$$T=(A1B1/C1+A2B2/C2)/(1.1d)$$

式中:$A1=(185+180)/2=183$(第一稀释度典型菌落的总数);

$A2=(20+22)/2=21$(第二稀释度典型菌落的总数);

$B1=3$(第一稀释度血浆凝固酶阳性的菌落数);

$B2=4$(第二稀释度血浆凝固酶阳性的菌落数);

$C1=5$(第一稀释度用于血浆凝固酶试验的菌落数);

$C2=5$(第二稀释度用于血浆凝固酶试验的菌落数);

$d=10^{-1}$(稀释因子:第一稀释度)。

计算:$T=(183\times3\div5+21\times4\div5)\times10\div1.1=1151$(样品中金黄色葡萄球菌菌落数)。

答:样品1中检测的金黄色葡萄球菌数为520cfu/g(mL);样品2中检测的金黄色葡萄球菌数为1200cfu/g(mL)。

3.4 金黄色葡萄球菌 MPN 计数

3.4.1 检测程序

这种方法适用于检测认为带有大量竞争菌的食品及其原料和未经处理的食品中的少量金黄色葡萄球菌。即金黄色葡萄球菌含量较低而杂菌含量较高的食品。金黄色葡萄球菌 MPN 计数法检测程序如图 4-10 所示。

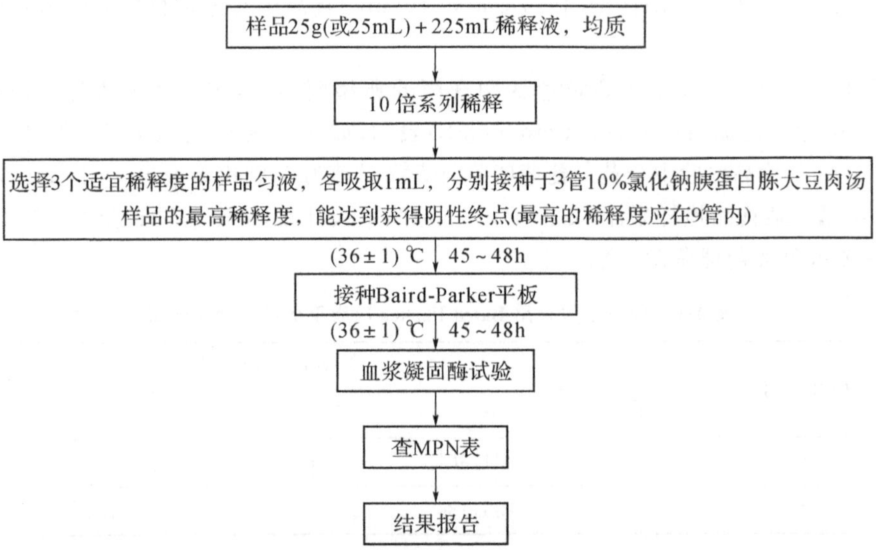

图 4-10 金黄色葡萄球菌 MPN 计数法检测程序

3.4.2　操作步骤

1. 样品的稀释

具体包括：①固体或半固体食品。以无菌操作称取 25g 样品，放入装有 225mL 灭菌生理盐水或磷酸盐缓冲溶液的灭菌均质杯内，于 8000～10000r/min 均质 1～2min，或放入盛有 225mL 稀释液的无菌均质袋中，用拍击式均质器拍打 1～2min，制成 1∶10 样品匀液。

②液体食品。用灭菌吸管吸取 25mL 样品，放入装有 225mL 灭菌生理盐水或磷酸盐缓冲溶液的灭菌锥形瓶内(瓶内预置适当数量的无菌玻璃珠)，经充分振摇制成 1∶10 样品匀液。

③用 1mL 无菌吸管或微量移液器吸取 1∶10 样品匀液 1mL，沿管壁缓慢注于盛有 9mL 稀释液的无菌试管中(注意吸管或吸头尖端不要触及稀释液面)，振摇试管或换用一支 1mL 无菌吸管反复吹打使其混合均匀，制成 1∶100 的样品匀液。

④按上述操作程序，制备 10 倍系列稀释样品匀液。每递增稀释一次，换用一次 1mL 无菌吸管或吸头。

2. 接种和培养

具体步骤如下：①根据对样品污染状况的估计，选择 3 个适宜稀释度的样品匀液(液体样品可包括原液)，在进行 10 倍递增稀释时，每个稀释度分别吸取 1mL 样品匀液接种到 10％氯化钠胰酪胨大豆肉汤管，每个稀释度接种 3 管(样品的最高稀释度必须达到能获得阴性终点)，将上述接种物于(36±1)℃培养 45～48h。

②用 3mm 接种环，从有细菌生长的各管中移取 1 环，划线接种于表面干燥的 Baird-Parker 琼脂平板，置(36±1)℃培养 45～48h。

3. 典型菌落确认

具体包括：①典型或可疑金黄色葡萄球菌的单个菌落在 Baird-Parker 琼脂平板上呈圆形，表面光滑、凸起、湿润，直径 2～3mm。灰黑色至黑色，有光泽，常有浅色(非白色)的边缘，周围绕以不透明圈(沉淀)，其外常有一清晰带。当用接种针触及菌落时具有黄油样黏稠感。有时可见到不分解脂肪的菌株，除没有不透明圈和清晰带外，其他外观基本相同。从长期贮存的冷冻或脱水食品中分离的菌落，其黑色常较典型菌落浅些，且外观可能较粗糙，质地较干燥。

②从有典型菌落生长的每一平板上至少挑取 1 个可疑金黄色葡萄球菌菌落，移种到脑心浸出液(BHI)肉汤和营养琼脂斜面培养基中，置(36±1)℃培养 18～24h。进行血浆凝固酶试验。

4. 凝固酶试验

具体步骤包括：①取新鲜配置兔血浆 0.5mL，放入小试管(8mm×100mm)中，再加上述 BHI 培养物 0.2～0.3mL，振荡摇匀，置(36±1)℃恒温培养箱或水浴内，每半小时观察一次，观察 6h，如呈现凝固(即将试管倾斜或倒置时，呈现凝块，不流动)或凝固体积大于原体积的一半，判定为阳性结果。同时以血浆凝固酶试验阳性和阴性葡萄球菌株的肉汤培养物作为对照。也可用商品化的试剂，按说明书操作，进行凝固酶试验。

②如实验结果可疑，挑取营养琼脂斜面的菌落到 5mL BHI 肉汤，(36±1)℃培养 18～48h，重复①操作。或进行革兰氏染色、镜检和其他辅助试验(如耐热核酸酶试验等)加以证实。

3.4.3　结果计算

计算血浆凝固酶试验阳性菌落对应的管数，查 MPN 检索表，如表 4-4 所示。

表 4-4　金黄色葡萄球菌最可能(MPN)检索表

阳性管数			MPN	95%置信区间		阳性管数			MPN	95%置信区间	
0.1	0.01	0.001		下限	上限	0.1	0.01	0.001		下限	上限
0	0	0	<3.0	—	9.5	2	2	0	21	4.5	42
0	0	1	3.0	0.15	9.6	2	2	1	28	8.7	94
0	1	0	3.0	0.15	11	2	2	2	35	8.7	94
0	1	1	6.1	1.2	18	2	3	0	29	8.7	94
0	2	0	6.2	1.2	18	2	3	1	36	8.7	94
0	3	0	9.4	3.6	38	3	0	0	23	4.6	94
1	0	0	3.6	0.17	18	3	0	1	38	8.7	110
1	0	1	7.2	1.3	18	3	0	2	64	17	180
1	0	2	11	3.6	38	3	1	0	43	9	180
1	1	0	7.4	1.3	20	3	1	1	75	17	200
1	1	1	11	3.6	38	3	1	2	120	37	420
1	2	0	11	3.6	42	3	1	3	160	40	420
1	2	1	15	4.5	42	3	2	0	93	18	420
1	3	0	16	4.5	42	3	2	1	150	37	420
2	0	0	9.2	1.4	38	3	2	2	210	40	430
2	0	1	14	3.6	42	3	2	3	290	90	1000
2	0	2	20	4.5	42	3	3	0	240	42	1000
2	1	0	15	3.7	42	3	3	1	460	90	2000
2	1	1	20	4.5	42	3	3	2	1100	180	4100
2	1	2	27	8.7	94	3	3	3	>1100	420	—

注：①本表采用 3 个稀释度[0.1g(0.1mL)、0.01g(0.01mL)和 0.001g(0.001mL)]，每个稀释度接种 3 管。

②表内所列检样量如改用 1g(1mL)、0.1g(0.1mL)和 0.01g(0.01mL)时，表内数据应相应降低 10 倍；如改用 0.01g(0.01mL)、0.001g(0.001mL)和 0.0001g(0.0001mL)时，表内数据应相应增高 10 倍，其余类推。

3.4.4　金黄色葡萄球菌最可能数(MPN)的报告

根据查 MPN 检索表，报告每 g(mL)样品中金黄色葡萄球菌的最可能数，以 MPN/g(mL)表示。

3.5　金黄色葡萄球菌 Petrifilm™测试片法

3.5.1　检测程序

金黄色葡萄球菌 Petrifilm™测试片法检测程序如图 4-11 所示。

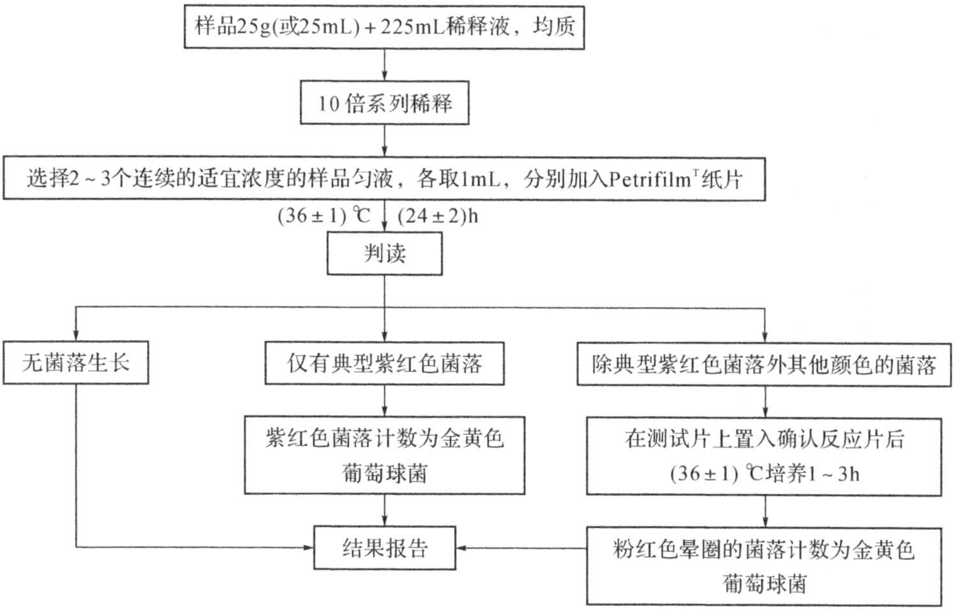

图 4-11　金黄色葡萄球菌 Petrifilm™测试片法检测程序

3.5.2　操作步骤

1.样品的稀释

具体步骤如下:①固体或半固体食品。以无菌操作称取 25g 样品,放入装有 225mL 灭菌生理盐水或磷酸盐缓冲溶液的灭菌均质杯内,于 8000～10000r/min 均质 1～2min,或放入盛有 225mL 稀释液的无菌均质袋中,用拍击式均质器拍打 1～2min,制成 1∶10 样品匀液。

②液体食品。用灭菌吸管吸取 25mL 样品,放入装有 225mL 灭菌生理盐水或磷酸盐缓冲溶液的灭菌锥形瓶内(瓶内预置适当数量的无菌玻璃珠),经充分振摇制成 1∶10 样品匀液。

③用 1mol/L 氢氧化钠或 1mol/L 盐酸调节该样品匀液的 pH 至 6～8。

2.接种和培养

具体步骤包括:①选择 2～3 个适宜稀释度的样品匀液,每个稀释度接种两张测试片。

②将测试片置于平坦实验台面处,揭开上层膜,用吸管吸取样品匀液 1mL 垂直滴加到一张测试片的中央,将上层膜缓慢盖下,避免气泡产生,切勿使上层膜直接落下,将压板放置在上层膜中央处,轻轻地压下,使样液均匀覆盖于圆形的培养面积上,切勿扭转或滑动压板,拿起压板,静置至少 1min 以使培养基凝固。

③将测试片的透明面朝上置于培养箱内,堆叠片数不超过 20 片,(36±1)℃培养(24±2)h。

④培养(24±2)h 后,如果测试片上没有菌落生长或菌落全部是典型紫红色,检验完毕。

⑤如果培养(24±2)h 时测试片上出现除典型紫红色以外颜色的菌落,如黑色、蓝绿色等,需使用确认反应片作进一步确认。

注意:确认反应片并非每个检测都要使用,只有当 24h 培养后测试片上出现除典型紫红色以外颜色菌落时才用；测试片的培养时间不要超过 26h。

金黄色葡萄球菌数测试片操作如图 4-12 所示。

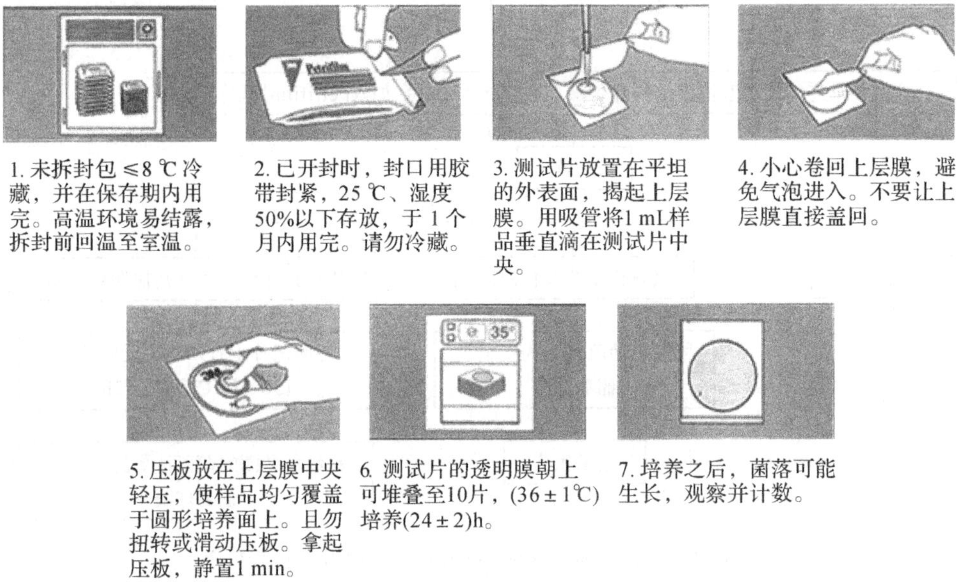

图 4-12　金黄色葡萄球菌数测试片操作图解一

3. 确认反应

当需要使用确认反应片时，将上层膜掀起，将确认反应片置入测试片的培养范围内，再将上层膜放下覆盖在确认反应片上，用手指以滑动的方式轻轻将测试片与确认反应片压紧，包括确认反应片的边缘，此步骤可使测试片与确认反应片紧密接触并除去气泡，最后将置入反应片的金黄色葡萄球菌检测片放在(36±1)℃的培养箱内培养 1～3h(见图 4-16)。

注意：插入确认反应片后培养时间不要超过 3h。

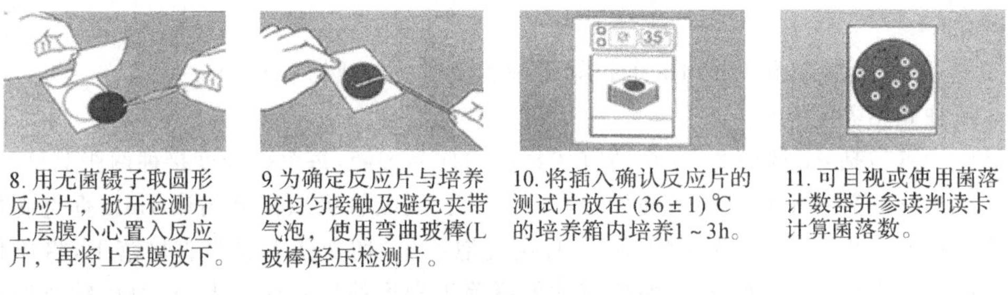

图 4-13　金黄色葡萄球菌数测试片确认反应操作图解二

3.5.3　结果计算与报告

1. 判读

具体包括：①培养(24±2)h 时在测试片上呈典型紫红色的菌落为确认的金黄色葡萄球菌，无需用确认反应片作进一步确认；

②如果培养(24±2)h 时出现典型紫红色以外的其他菌落，需用确认反应片进行确认，有粉红色晕圈的菌落为金黄色葡萄球菌。

③没有粉红色晕圈的菌落不是金黄色葡萄球菌，不应被计数。

④如果整个培养面积呈粉红色而没有明显的晕圈，说明金黄色葡萄球菌大量存在，结果记录为“多不可计”，然后进一步稀释后重新检验。

2. 金黄色葡萄球菌测试片计数的报告

到培养时间应立即计数，可目视或用标准菌落计数器来计数，放大镜可辅助计数。具体方法如下：

①选取菌落数在 15～150 之间的测试片作为计数标准。

②选择菌落数在 15～150 之间的稀释度，两张测试片菌落平均数乘以稀释倍数报告之。

③如果所有稀释度测试片上的菌落数都小于 15，则计数稀释度最低的测试片上的菌落数乘以稀释倍数报告之。

④如果所有稀释度的测试片上均无菌落生长，则以“小于 1 乘以最低稀释倍数”报告之。

⑤如果最高稀释度的菌落数大于 150 个时，计数最高稀释度的测试片上的菌落数乘以稀释倍数报告之，计数菌落数大于 150 个的测试片时，可计数一个或两个具有代表性的方格内的菌落数，换算成单个方格内的菌落数后乘以 30 即为测试片上估算的金黄色葡萄球菌数（圆形生长面积为 $30cm^2$）。

最终菌落浓度的单位以“cfu/g(mL)”表示，即为每 g(或 mL)样品中金黄色葡萄球菌数。

【例 4-2】 用 Petrifilm™测试片法测试金黄色葡萄球菌菌落数，结果观察如图 4-14 所示。

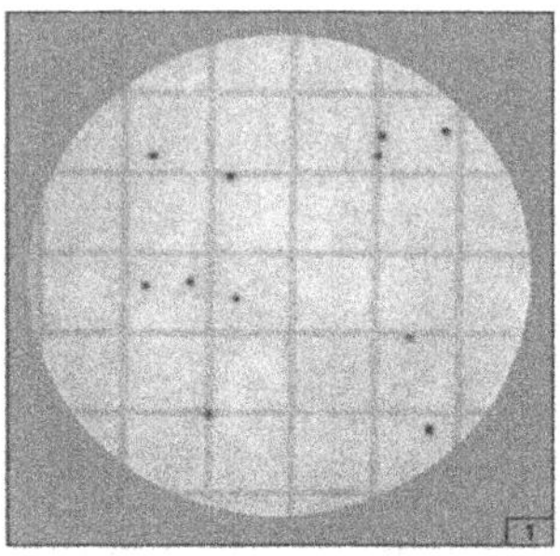

1. 典型金黄色葡萄球菌菌落，计算所有紫红色菌落数为11。

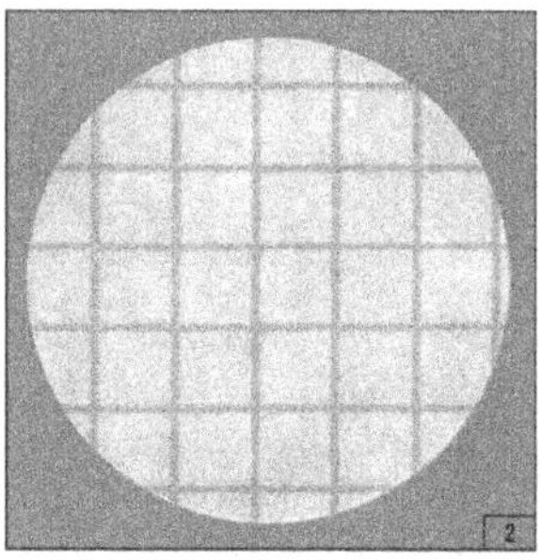

2. 看不到菌落生长，金黄色葡萄球菌菌落数为0。

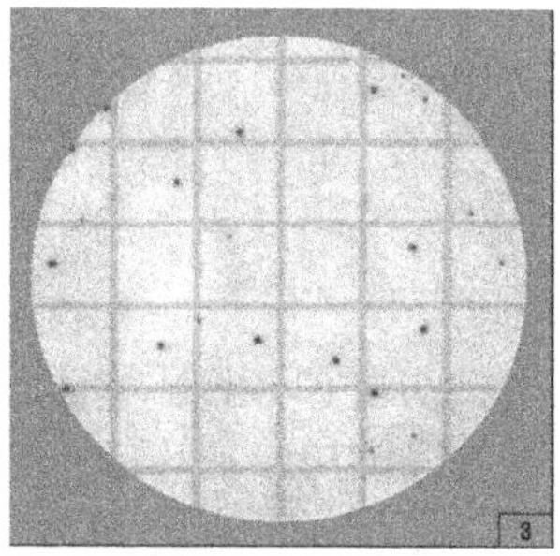

3. 典型金黄色葡萄球菌菌落，计算所有紫红色菌落数为23。

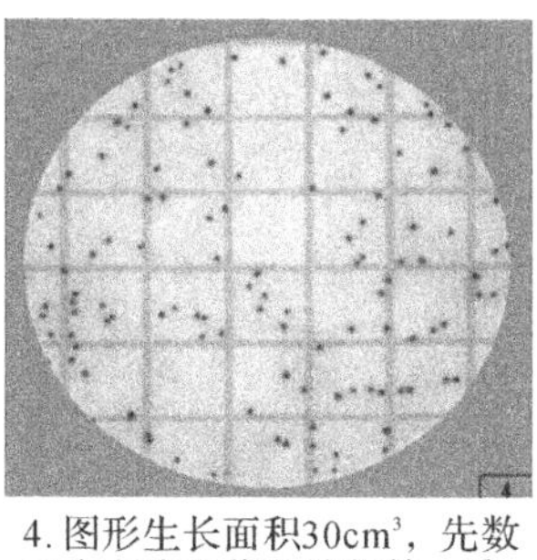

4. 图形生长面积$30cm^3$，先数三个方格内紫色菌落数，乘10，即所有在图形培养范围内的菌落数(约120)。

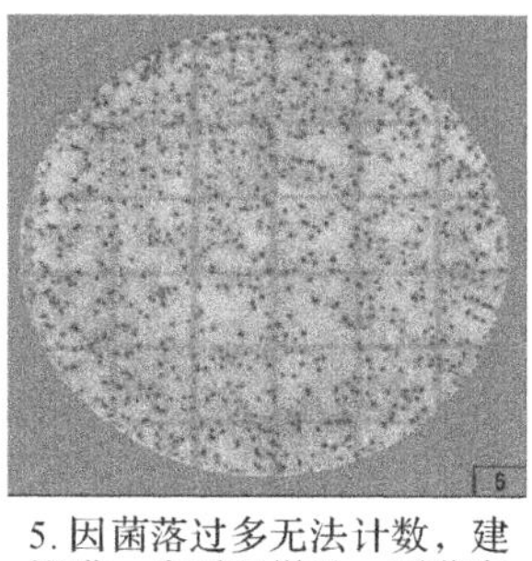

5. 因菌落过多无法计数，建议进一步稀释样品，再鉴定正确的菌落数。

图 4-14 Petrifilm™测试片法结果观察

3.5.4 金黄色葡萄球菌计数培养基和试剂的配制

1. 10%氯化钠胰酪胨大豆肉汤

(1)成分

胰酪胨(或胰蛋白胨)	17g	氯化钠	100g
植物蛋白胨(或大豆蛋白胨)	3g	磷酸氢二钾	2.5g
丙酮酸钠	10g	蒸馏水	1000mL
葡萄糖	2.5g		

pH 7.3±0.2

(2)制法

将上述成分混合,加热,轻轻搅拌并溶解,调节 pH,分装 10mL 于 16mm×150mm 试管内,121℃高压灭菌 15min。

2. Baird-Parker 琼脂平板

(1)成分

胰蛋白胨	10g	丙酮酸钠	10g
牛肉膏	5g	氯化锂(含 6 个结晶水)	5g
酵母膏	1g	琼脂	20g
甘氨酸	12g	蒸馏水	950mL

pH 7±0.2

(2)卵黄亚碲酸盐增菌剂配制

30%卵黄盐水 50mL 与经过除菌过滤的 1%亚碲酸钾溶液 10mL 混合,保存于冰箱内。

具体方法:将新鲜鸡蛋浸泡在适当的二氯化汞溶液(1∶1000)中约 1min,以无菌操作打开鸡蛋,使蛋黄与蛋白分开,将蛋黄加于生理盐水中(3+7,V/V)充分摇匀,于 50mL 蛋黄乳液中加入 10mL 过滤除菌的 1%亚碲酸钾水溶液,混匀,(4±1)℃贮存。

(3)制法

将各成分加到蒸馏水中,加热煮沸至完全溶解,调制 pH。分装每瓶 95mL,121℃高温灭菌 15min。临用时加热溶化琼脂,冷至 50℃,每 95mL 加入预热至 50℃的卵黄亚碲酸钾增菌剂 5mL,摇匀后倾注平板。培养基应是致密不透明的。使用前在冰箱储存不得超过 48h。

3. 牛心浸出液

(1)成分

绞碎牛心	500g	氯化钠	5g
蛋白胨	10g	磷酸氢二钾(含 12 个结晶水)	2g
蒸馏水	1000mL		

pH 7.4～7.6

(2)制法

将绞碎的去筋膜无油脂牛心 500g 加蒸馏水 1000mL,混合后放冰箱过夜,除去液面的浮油,隔水煮沸 0.5h,使肉渣完全凝结成块,用绒布过滤,并挤压收集全部滤液,加水补足原量。加入蛋白胨、氯化钠和磷酸盐,溶解后校正 pH 至 7.4～7.6,煮沸并过滤,分装锥形瓶,置于 121℃高压灭菌 30min。

4.脑心浸入液(BHI)肉汤

(1)成分

胰蛋白胨	10g	氯化钠	5g
葡萄糖	2g	磷酸氢二钠(含12个结晶水)	2.5g
牛心浸出液	500mL		

pH 7.4±0.2

(2)制法

加热溶解,调制pH,分装16mm×150mm试管,每管5mL,置121℃高压灭菌15min。

5.兔血浆(凝固酶试验用)

取柠檬酸钠3.8g,加蒸馏水100mL,溶解后过滤,装瓶121℃高压灭菌15min。

兔血浆制备:临用时取3.8%柠檬酸钠溶液一份,加兔(人)全血四份,混匀放入冰箱冷藏室静置(或以3000r/min离心30min),使血液细胞下降,即可得血浆(上清液),用于进行凝固酶试验。

6.磷酸盐缓冲液

(1)成分

磷酸二氢钾	34g	蒸馏水	500mL

pH 7.2

(2)制法

具体包括:①贮存液。称取34g的磷酸二氢钾于500mL蒸馏水中,用大约175mL的1mol/L氢氧化钠溶液调制pH至7.2用蒸馏水稀释至1000mL后贮存于冰箱。

②稀释液。取贮存液1.25mL,用蒸馏水稀释至1000mL,分装于适宜容器中,121℃高温灭菌15min。

7.营养琼脂斜面

(1)成分

蛋白胨	10g	氯化钠	5g
牛肉膏	3g	蒸馏水	1000mL
琼　脂	15～20g		

pH 7.2～7.4

(2)制法

将除琼脂以外的各成分溶解于蒸馏水内,加入15%氢氧化钠约2mL,校正pH至7.2～7.4。加入琼脂,加热煮沸,使琼脂溶化,分装13mm×130mm试管,121℃高压灭菌15min。

8.甲苯胺蓝-DNA琼脂平板

(1)成分

脱氧核糖核酸(DNA)	0.3g	氯化钙	1.1mg
甲苯胺蓝	0.083g	氯化钠	10g
三羟甲基氨基甲烷	6.1g	蒸馏水	1000mL
琼脂	10g		

pH 9±0.2

(2)制法

将三羟甲基氨基甲烷溶解于蒸馏水中,调至 pH 9,除甲苯胺蓝外将其余各项成分加热使溶解。再将甲苯胺蓝溶于培养基中。分装于塞有橡皮塞的三角烧瓶中。如立即使用可不需灭菌。已灭菌(115℃高压灭菌 15min)的培养基在室温可存放 4 个月无变化,并经数次溶化后仍可使用。

(3)作用原理

具有脱氧核糖核酸酶的细菌分解培养基中的脱氧核糖核酸(DNA),使 DNA 长链水解成数个单核苷酸的寡核苷酸短链,使指示剂甲苯胺蓝作用变成粉红色;氯化钙提供阳离子作为激活剂;氯化钠维持均衡的渗透压;三羟甲基氨基甲烷为缓冲剂;琼脂为培养基的凝固剂。

(4)用途

用于金黄色葡萄球菌的耐热核酸酶的试验。

思考题

1. 金黄色葡萄球菌可产生哪些毒素和酶?
2. 金黄色葡萄球菌在 B-P 平板上的菌落特征如何,说明其原理。
3. 金黄色葡萄球菌在血平板上的菌落特征如何,说明其原理。
4. 确认葡萄球菌为金黄色葡萄球菌的依据至少应包括哪几个试验?
5. 金黄色葡萄球菌的形态与染色、培养特征如何?

【知识链接】

血清学试验简介

血清学反应是指相应的抗原与抗体在体外一定条件下作用,可出现肉眼可见的沉淀、凝集现象。在食品微生物检验中,常用血清学反应来鉴定分离到的细菌,以最终确认检测结果。

血清学反应的一般特点为:

①抗原体的结合具有特异性,当有共同抗原体存在时,会出现交叉反应。

②抗原体的结合是分子表面的结合,这种结合虽相当稳定,却是可逆的。

③抗原体的结合是按一定比例进行的,只有比例适当时,才能出现可见反应。

血清学反应大体分为两个阶段进行,但其间无严格界限。第一阶段为抗原体特异性结合阶段,反应速度很快,只需几秒至几分钟反应即可完毕,但不出现肉眼可见现象。第二阶段为抗原体反应的可见阶段,表现为凝集、沉淀、补体结合反应等。反应速度慢,需几分、几十分以至更长时间。而且,在第二阶段反应中,电解质、pH、温度等环境因素的变化,都直接影响血清学反应的结果。

习惯上将经典的血清学反应分三种类别:凝集反应、沉淀反应和补体结合反应。

1. 凝集反应

颗粒性抗原(细菌、红细胞等)与相应抗体结合,在电解质参与下所形成的肉眼可见的凝集现象,称为凝集反应。其中的抗原称为凝集原,抗体称为凝集素。在该反应中,因为单位体积抗体量大，做定量实验时，应稀释抗体。

(1)直接凝集反应

颗粒性抗原与相应抗体直接结合所出现的反应，称为直接凝集反应。

①玻片凝集法。是一种常规的定性试验方法。原理是用已知抗体来检测未知抗原。常用于鉴定菌种、血型。如将含有痢疾杆菌抗体的血清与待检菌液各一滴，在玻片上混匀，数分钟后若出现肉眼可见的凝集块，即阳性反应，证明该菌是痢疾杆菌。此法快速、简便，但不能进行定量测定。

②试管凝集法。是一种定量试验方法。多用已知抗原来检测血清中有无相应抗体及其含量。常用于协助诊断某些传染病及进行流行病学调查。如肥达氏反应就是诊断伤寒、副伤寒的试管凝集试验。因为要测定抗体的含量，故将待检查的血清用等渗盐水倍比稀释成不同浓度，然后加入等量抗原，37℃或56℃，2～4h观察，血清最高稀释度仍有明显凝集现象的，为该抗血清的凝集效价。

(2)间接凝集反应

将可溶性抗原(抗体)先吸附在一种与免疫无关的，颗粒状微球表面，然后与相应抗体(抗原)作用，在有电解质存在的条件下，即可发生凝集，称为间接凝集反应。由于载体增大了可溶性抗原的反应面积，当载体上有少量抗原与抗体结合，就出现肉眼可见的反应，敏感性很高。

2.沉淀反应

可溶性抗原与相应抗体结合，在有适量电解质存在下，经过一定时间，形成肉眼可见的沉淀物，称为沉淀反应。反应中的抗原称为沉淀原，抗体为沉淀素。由于在单位体积内抗原量大，为了不使抗原过剩，故应稀释抗原，并以抗原的稀释度作为沉淀反应的效价。

①环状沉淀反应。是一种定性试验方法，可用已知抗体检测未知抗原。将已知抗体注入特制小试管中，然后沿管壁徐徐加入等量抗原，如抗原与抗体对应，则在两液界面出现白色的沉淀圆环。

②絮状沉淀反应。将已知抗原与抗体在试管(如凹玻片)内混匀，如抗原抗体对应，而又二者比例适当时，会出现肉眼可见的絮状沉淀，此为阳性反应。

③琼脂扩散试验。利用可溶性抗原抗体在半固体琼脂内扩散，若抗原抗体对应，且二者比例合适，在其扩散的某一部分就会出现白色的沉淀线。每对抗原抗体可形成一条沉淀线。有几对抗原抗体，就可分别形成几条沉淀线。琼脂扩散可分为单向扩散和双向扩散两种类型。单向扩散是一种定量试验，可用于免疫蛋白含量的测定；而双向扩散多用于定性试验。由于方法简便易行，常用于测定分析和鉴定复杂的抗原成分。

3.补体结合反应

补体结合反应是在补体参与下，以绵羊红细胞和溶血素作为指示系统的抗原抗体反应。补体无特异性，能与任何一组抗原抗体复合物结合而引起反应。如果补体与绵羊红细胞、溶血素的复合物结合，就会出现溶血现象，如果与细菌及相应抗体复合物结合，就会出现溶菌现象。因此，整个试验需要有补体、待检系统(已知抗体或抗原、未知抗原或抗体)及指示系统(绵羊细胞和溶血素)五种成分参加。其试验原理是补体不单独和抗原或抗体结合。如果出现溶菌，是补体与待检系统结合的结果，说明抗原抗体是相对应的，如果出现溶血，说明抗原抗体不相对应。此反应操作复杂，敏感性高，特异性强，能测出少量抗原和抗体，所以应用范围较广。

任务五　空肠弯曲菌及其检测

知识目标

- 了解空肠弯曲菌的生物学特征；
- 了解空肠弯曲菌的致病机理；
- 了解空肠弯曲菌的危害和控制方式；
- 掌握空肠弯曲菌检测的基本原理。

能力目标

- 掌握空肠弯曲菌的检测方法。

模块 1　空肠弯曲菌概述

弯曲菌属包括 13 个菌种，其中与食物中毒最密切相关的是空肠弯曲菌空肠亚种，简称空肠弯曲菌。空肠弯曲菌的分类地位如图 5-1 所示。空肠弯曲菌不是一种环境微生物，而是一种与温血动物有关的微生物，它在肉用动物粪便中的出现比例很高，尤其是以家禽粪便中含量最高。空肠弯曲菌可能出现在腹泻病人的粪便中，这种菌可能是人急性腹泻最常见的病原菌之一。该菌可以通过多种方式从动物传播给人，或直接接触污染的动物宰体。一般情况下，污染或传播媒介主要是家禽、家禽肉及粪便和未经巴氏消毒的牛奶等。

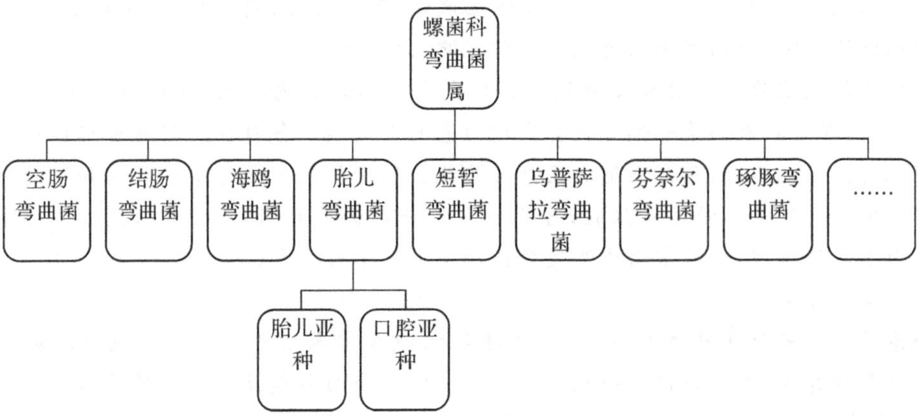

图 5-1　空肠弯曲菌分类地位

1.1　生物学特性

1.1.1　形态与染色特性

本菌为革兰阴性弯曲小杆菌，大小为(0.2～0.5)μm×(0.5～8)μm，多种形态，有螺旋形、弯曲杆状、S 形、逗点状、飞翔的海鸥形，陈旧培养物中可变成球形。无芽孢、无荚膜，有鞭毛，运动活泼，似飞箭样、穿梭样翻滚运动(见图 5-2)。染色时，用沙黄不易着色，5 倍稀释的石炭酸复红效果较佳。

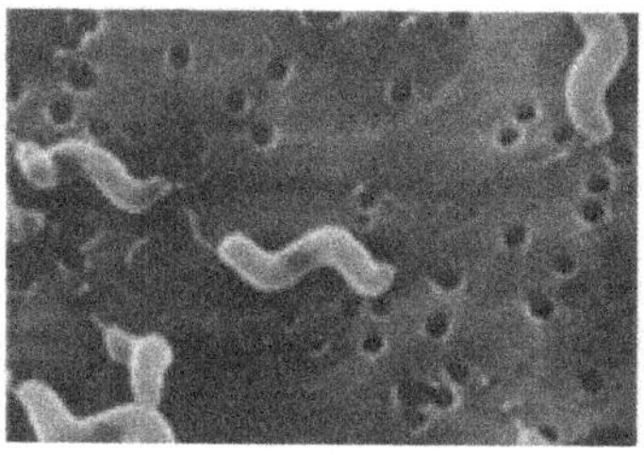

图 5-2　空肠弯曲菌电镜图

1.1.2　培养特性

本菌是一类微需氧菌，初次分离时需在含 5%氧、10%二氧化碳、85%氮环境中，该菌相对脆弱，对周围环境敏感，如对干燥、加热、消毒、酸性 21%氧气的空气都敏感。培养适宜温度为 42～43℃，最适 pH 7.2。对糖类既不发酵也不氧化，呼吸代谢无酸性或中性产物。在不同培养基上的菌落形态如下：

①布氏肉汤。生长呈均匀混浊。

②血琼脂。初分离出现两种菌落特征：第一型菌落不溶血，灰色，扁平，润湿，有光泽，看上去像水滴，边缘不规则，常沿划线生长；第二型菌落也不溶血，常呈分散凸起的单个菌落(直径 1～2mm)，边缘整齐，半透明，有光泽，中心稍浑，呈单个菌落生长。

1.1.3　生化特性

本菌生化反应不活泼，不能利用糖类氧化酶、触酶阳性。弯曲菌属各个种的生化特性如表 5-1 所示。

表 5-1　弯曲菌属各个种的生化特性

项　　目	空肠弯曲菌	空肠弯曲杆菌多氏亚种	结肠弯曲菌	胎儿弯曲菌胎儿亚种	豚豚弯曲菌	乌普萨拉弯曲菌
25℃生长	—	+/—	—	+	D	0
37℃生长	+	+	+	+	+	+
42℃生长	+	+/—	+	D	+	+
硝酸盐还原试验	+	—	+	+	+	+
3.5%氯化钠耐受试验	—	—	—	—	—	—
硫化氢试验(纸条法)	+	+	+	+	+	+
硫化氢试验(TSI)	—	—	D	—	+	—
过氧化氢酶试验	+	+	+	+	+	—
氧化酶	+	+	+	+	+	+
麦康凯琼脂	+	+	+	+	+	—
1%甘氨酸生长试验	+	+	+	+	+	+
马尿酸水解试验	+	+	—	—	—	—
奈啶酮酸敏感试验	S	S	S	R	R	S
头孢菌素敏感试验	R	R	R	S	S	S

注："+"表示 90%以上阳性；"D"表示 11%～89%阳性；"—"表示 90%以上阴性；"R"表示耐受；"S"表示敏感。

1.1.4　抵抗力

本菌抵抗力不强，直射阳光、干燥可杀灭；60℃ 5min 灭活；紫外线照射 5min 可灭活；一般消毒剂均可杀灭；培养物放室温可存活 2～24 周，冷冻干燥可保存其生活力达 13～16 个月。本菌对青霉素、头孢霉素耐受，对红霉素、四环素、庆大霉素敏感。

1.2 流行病学调查

弯曲菌是许多发达国家中肠道感染最常见的病原菌，美国每年弯曲菌感染人数约 240 万，占总人口数的 1%；弯曲菌是发展中国家婴幼儿腹泻的常见病原菌；绝大多数感染病例未经确诊或未被报告；报告的发病率高低随监测强度及感染率不同而不同。

1.2.1 急性弯曲菌感染的并发症

急性弯曲菌感染能引起神经或神经肌肉机能紊乱、风湿病、自身免疫性甲状腺病、肾病、菌血症、心血管疾病、胃肠功能失调、心理障碍等并发症。

1.2.2 弯曲菌感染后遗症

格林-巴利综合征(GBS)临床一般以感染性疾病后 1～3 周，突然出现剧烈以神经根疼痛(以腰肩、颈和下肢为多)，急性进行性对称性肢体软瘫，主观感觉障碍，腱反射减弱或消失为主症，严重者出现四肢瘫痪、呼吸麻痹而危及生命。瑞典对上万例空肠弯曲菌感染者进行了为期 7 年的跟踪调查，GBS 的发病率为 30.4/10 万，是一般人群的 100 倍；美国弯曲菌感染者发生 GBS 为 0.1%。

1.2.3 弯曲菌感染的传播途径(见图 5-3)

1. 弯曲菌感染的重要传染源——水

水是发展中国家感染的主要原因，如未加保护的农村水源危险最大、涧溪水、屋檐雨水、城市用水如消毒不慎可引起大暴发。常规饮水消毒可预防感染。

2. 弯曲菌感染的重要传染源——家禽

家禽是发达国家弯曲菌感染的主要传染源及危险因素，如未煮熟的或生的鸡肉，美国食品网统计 44%市场销售生鸡肉检出弯曲菌，10%市场销售生鸡肉检出氟诺喹酮耐药的弯曲菌；餐馆或野外烧烤的禽肉，据统计 24%和 4%弯曲菌感染者为在餐厅吃鸡肉和火鸡肉引起；还有接触生肉等。

3. 动物接触与弯曲菌感染

动物接触也是发展中国家的危险因素，如鸡、狗、猫及其他农场饲养的动物；动物偶尔腹泻，多数时候表现健康；屠宰场工人为高危人群。

图 5-3　空肠弯曲菌感染的传播途径

1.2.4 预防与控制

具体措施如下：①避免食用生的海鲜产品，注意防止被污染材料的交叉感染。

②空肠弯曲菌不耐热,巴氏灭菌下即能杀死,避免饮用生水或杀菌不充分的乳品。

③避免食用未煮透或灭菌不充分的食品,尤其是乳品。

④防止动物排泄物污染水、食物,分别做好水、动物粪便、食物的管理。

模块2 空肠弯曲菌的检测

2.1 设备和材料

除微生物实验室常规灭菌用培养设备外,所需其他设备和材料如下所示。冰箱;恒温培养箱:25℃、36℃、42℃;恒温振荡培养箱;水浴装置:(36±1)℃,100℃;微需氧培养装置;显微镜:有相差功能;高速离心机;均质器;电子天平;无菌平皿;灭菌吸管;三角瓶;载玻片;厚壁毛细管;酒精灯;灭菌试管;接种针;试管架等。

2.2 培养基和试剂

具体包括:Bolton肉汤,Skirrow琼脂,改良CCD(mCCDA)琼脂,哥伦比亚琼脂,布氏肉汤,Mueller Hinton琼脂;氧化酶试剂,马尿酸钠水解试剂,吲哚乙酸酯纸片,0.1%蛋白胨水,1mol/L碳酸氢钠溶液,3%过氧化氢溶液,革兰氏染色液等。

2.3 检测程序

空肠弯曲菌检测程序如图5-4所示。

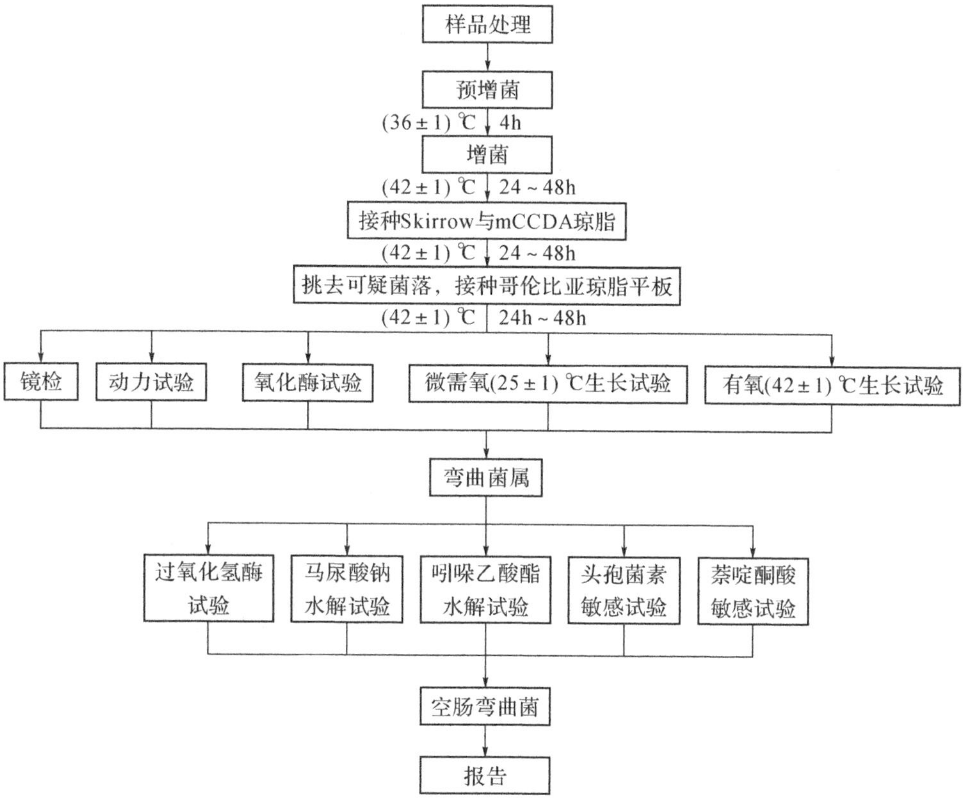

图5-4 空肠弯曲菌检测程序

2.4 操作步骤

2.4.1 样品采集

样品包括可疑食物、粪便、肛门拭子、水质等。采集的样本最好“现场”接种；如不能，应将采集的标本置于 Cary-Blair 运送培养基内保存，于 0～4℃条件下 6h 送检验室进行检验。

2.4.2 样品处理

具体包括：①一般样品。取 25g(25mL)样品(水果、蔬菜、水产品为 50g)＋100mL Bolton 肉汤，均质 1～2min，取滤液进行培养。

②鲜乳、冰淇淋、奶酪。称取 50g 样品放入离心管中，以 20000×g 离心力离心 30min，弃去脂肪和上清液将沉淀物置于 250mL 三角瓶中，加入 100mL Bolton 肉汤，摇匀。

③贝类。取至少 12 个带壳样品，除去外壳后将所有内容物放到均质器中均质 1～2min，取 25g 样品于 225mL Bolton 肉汤(1∶10 稀释)，再转移 25mL 到 225mL Bolton 肉汤(1∶100 稀释)中，将 1∶10 和 1∶100 稀释的 Bolton 肉汤同时进行培养。

④蛋黄液或蛋浆。取 25g(mL)样品于 125mL Bolton 肉汤(1∶6 稀释)搅匀，再转移 25mL 到 100mL Bolton 肉汤(1∶30 稀释)中搅匀，将 1∶6 和 1∶30 稀释的 Bolton 肉汤同时进行培养。

⑤净膛全禽和分割肉。在一个灭菌容器中，用 200mL 0.1%的蛋白胨水洗涤样品，振摇 2～3min，经灭菌纱布过滤，置于 250mL 离心管中，16000×g 离心 15min，弃去上清液，用 10mL 0.1%的蛋白胨水悬浮沉淀，将沉淀物置于 250mL 三角瓶中，加入 100mL Bolton 肉汤培养。

⑥需表面涂拭检测的样品。如用棉拭子采集的肛门拭子，无菌棉签涂布样品表面(面积 50～100cm^2)，将棉签头剪落到 100mL Bolton 肉汤中培养。

⑦河水或污水。取水样 4L，每升水样加入 5mL 1mol/L 硫代硫酸钠溶液，用 0.45μm 微孔滤膜过滤，立即将滤膜置于 100mL Bolton 肉汤中培养。

2.4.3 预增菌与增菌

在微需氧条件下，以 100r/min 的振荡速度，(36±1)℃培养 4h，必要时测定增菌液的 pH 值并调整至 7.2±0.2。(42±1)℃继续培养 24h 和 48h。

微需氧条件的建立：

1. 蜡烛缸法

将已接种的试管或平板置于玻璃干燥器内，盖与缸接口涂以凡士林，干燥器缸内放入小段点燃蜡烛(勿靠缸壁，以免爆裂)，密封。干燥器内蜡烛燃烧 1min 左右，熄灭，此时，干燥器缸内约含二氧化碳 5%～10%。将此容器置于(42±1)℃温箱中培养(见图 5-5)。

图 5-5 蜡烛缸法

图 5-6 双平板法

2. 双平板法

取两块平板，一块平板接种已知的兼性厌氧菌（如变形杆菌），另一块平板接种样品，去掉皿盖，将含琼脂的两只平皿相对合齐并用胶布粘封，放入密封不漏气的罐内（或袋内）培养。由于兼性厌氧菌的生长代谢作用，容器内的氧气浓度下降、二氧化碳浓度上升（见图5-6）。

3. 抽气换气法

最佳微需氧条件是5%氧、10%二氧化碳、85%氮。先抽去培养箱内空气，按比例输入三种混合气体，常压、恒温培养（见图5-7、图5-8）。

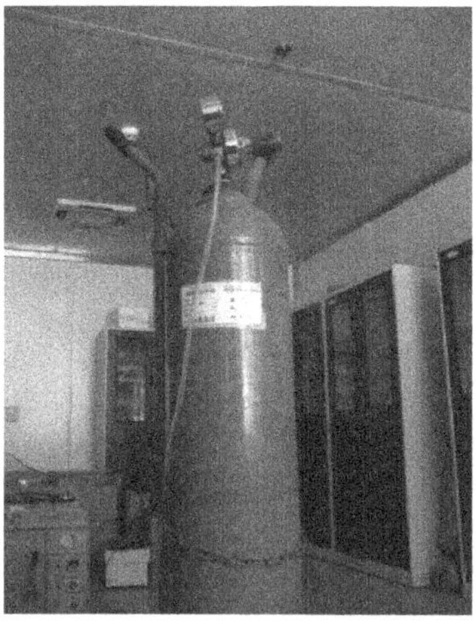

图5-7　抽气换气法

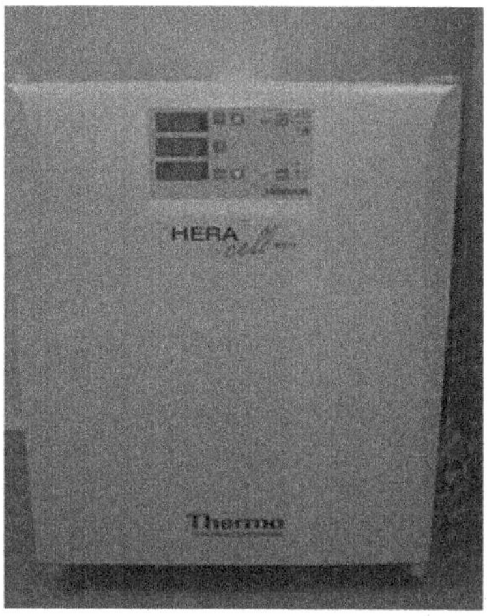

图5-8　三气培养箱

2.4.4　分离培养

将24h增菌液、48h增菌液以及相应的1∶50稀释液分别划线接种于Skirrow与mCCDA琼脂平板上，微需氧条件下(42±1)℃培养24～48h。另外，可同时选择使用CFA显色平板。

观察24h培养与48h培养的琼脂平板上的菌落形态。mCCDA琼脂平板上的可疑菌落通常有光泽、潮湿、扁平、呈扩散生长的倾向，直径约为1～2mm；Skirrow琼脂平板上的可疑菌落为灰色扁平、湿润有光泽，呈沿接种线向外扩散的倾向；有些可疑菌落常呈分散凸起的单个菌落，直径约为1～2mm，边缘整齐、发亮。CFA显色平板上的可疑菌落为红色、突起、湿润，菌落直径约为2～3mm，边缘有一圈红色的透明环，中间有一个圆形的、不透明、颜色较深的红色小点的菌落。预增菌、增菌和分离培养程序如图5-9所示。

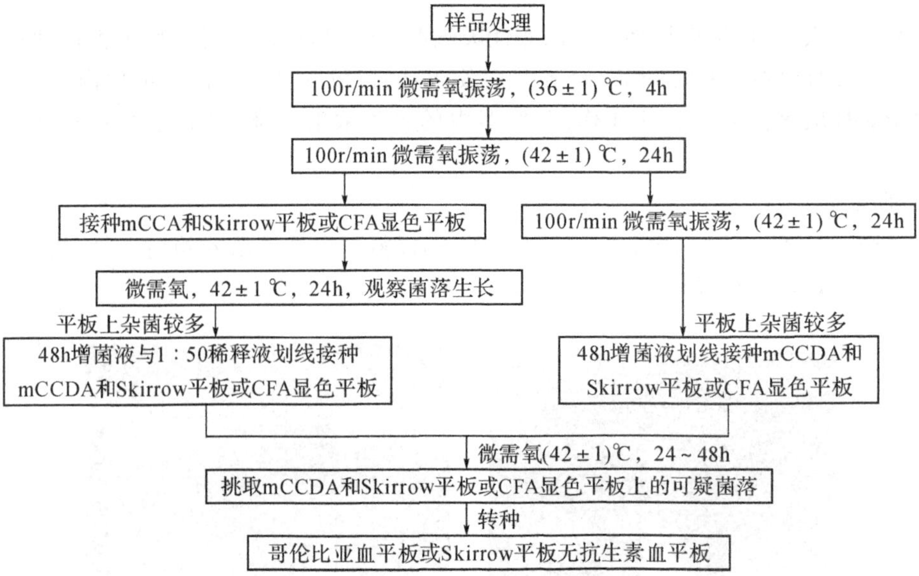

图 5-9 预增菌、增菌和分离培养程序

2.4.5 鉴定

空肠弯曲菌的鉴定程序如图 5-10 所示。

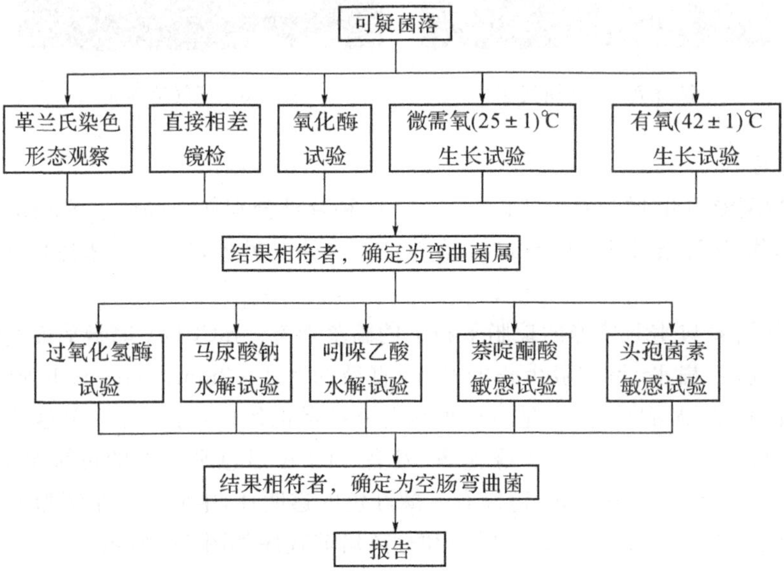

图 5-10 空肠弯曲菌的鉴定程序

1. 弯曲菌属的鉴定

挑取 5 个或更多的可疑菌落接种到哥伦比亚血平板上，微需氧条件下(42±1)℃培养 24～48h，按下述方式进行鉴定，结果符合表 5-2 的可疑菌落确定为弯曲菌属。

①形态观察。挑取可疑菌落进行革兰氏染色(第 4 染液用 0.5%石炭酸复红代替沙黄比较好)，镜检。

②动力观察。挑取可疑菌落用 1mL 布氏肉汤悬浮。用相差显微镜观察运动状态。

③氧化酶试验。挑取可疑菌落至氧化酶试剂润湿的滤纸上，如果在 10s 内出现紫红色、紫罗兰或深蓝色为阳性。

④微需氧条件下(25±1)℃生长试验。挑取可疑菌落接种到哥伦比亚血平板上，微需氧条件下(25±1)℃培养(44±4)h，观察细菌生长情况。

⑤微需氧条件下(42±1)℃生长试验。挑取可疑菌落接种到哥伦比亚血平板上，微需氧条件下(42±1)℃培养(44±4)h，观察细菌生长情况。

表 5-2　弯曲菌属的鉴定

项　　目	弯曲菌属特征
形态观察	革兰氏阴性弯曲小杆菌，有螺旋形、弯曲杆状、S 形、逗点状、飞翔海鸥形[a]
动力观察	螺旋状运动[b]
氧化酶试验	阳性
微需氧 25℃生长试验	不生长
有氧 42℃生长试验	不生长

注："a"表示有些菌株形态不典型；"b"表示有些菌株运动不明显。

2. 空肠弯曲菌的鉴定

具体方法如下：①过氧化氢酶试验。挑取菌落，加到干净玻片上的 3%过氧化氢溶液中，如果在 30s 内出现气泡则判定结果为阳性。

②马尿酸钠水解试验。挑取菌落，加到盛有 0.4%mL 1%马尿酸钠的试管中制成菌悬液。混合均匀后在(36±1)℃水浴放置 2h 或(36±1)℃培养箱中放置 4h。沿着试管壁缓缓加入 0.2mL 茚三酮溶液，不要振荡，在(36±1)℃的水浴或培养箱中放置 10min 后判断结果。若出现深紫色则为阳性；若出现淡紫色或没有颜色变化则为阴性。

③吲哚乙酸酯水解试验。挑取可疑菌落至吲哚乙酸酯纸片上，再滴加一滴灭菌水。如果吲哚乙酸酯水解，则在 5～10min 内出现深蓝色；若无颜色变化则没有发生水解。

④抗生素敏感性试验。用灭菌棉拭子将预先准备好的布氏肉汤培养物涂布于哥伦比亚血琼脂平板。将 30μg 头孢菌素和 30μg 萘啶酮酸的圆纸片分别贴于平板表面。于微需氧条件(36±1)℃培养(22±2)h。如果细菌紧贴着纸片生长则为有抗性；如果纸片周围出现不同程度的细菌抑制生长(抑菌圈)则为敏感。空肠弯曲菌的鉴定结果如表 5-3 所示。

表 5-3　空肠弯曲菌的鉴定

特　　征	空肠弯曲菌	结肠弯曲菌	红嘴鸥弯曲菌	乌普萨拉弯曲菌
过氧化氢酶试验	+	+	+	－或微弱
马尿酸钠水解试验	+	－	－	－
吲哚乙酸酯水解试验	+	+	－	+
头孢菌素敏感试验	R	R	R	S
萘啶酮酸敏感试验	S[a]	S[a]	R/S[b]	S

注："＋"表示阳性；"－"表示阴性；"R"表示抗性；"S"表示敏感。

"a"表示空肠弯曲菌和结肠弯曲菌对萘啶酮酸的耐药性呈现增长趋势。

"b"表示海鸥弯曲菌的不同菌株，分别表现为敏感或抗性。

2.5 结果报告

综合以上试验，报告检样中检出空肠弯曲菌或未检出空肠弯曲菌。

2.6 空肠弯曲菌株的保存

分离已经鉴定的菌株应在哥伦比亚血琼脂平板上经 2 次纯化，立即保存于 20%甘油的布氏肉汤菌种保存管中，置于－80℃保存；或冷冻干燥保存。

2.7 空肠弯曲菌检测培养基和试剂的配制

2.7.1 Bolton 肉汤

1.基础培养基

(1)成分

动物组织酶溶解物	10g	氯化钠	5g
乳白蛋白水解物	5g	丙酮酸钠	0.5g
酵母浸膏	5g	偏亚硫酸氢钠	0.5g
α-酮戊二酸	1g	碳酸钠	0.6g
蒸馏水	1000mL		

(2)制法

用蒸馏水溶解基础培养基成分，如需要可使用加热促使其溶解。将基础培养基分装至合适的锥形瓶内，121℃高压灭菌 15min。

2.无菌裂解脱纤维绵羊或马血

对无菌脱纤维绵羊或马血通过反复冻融进行裂解或使用皂角苷进行裂解。

3.抗生素溶液

(1)成分

头孢哌酮	0.02g	两性霉素 B	0.01g
万古霉素	0.02g	多粘菌素 B	0.01g
三甲氧苄胺嘧啶乳酸盐	0.02g	乙醇/灭菌水(50/50，体积比)	5mL

(2)制法

将上述成分溶解于乙醇/灭菌水混合溶液中。

4.完全培养基(由 2.7.1 中的 1、2、3 组成)

(1)组分

基础培养基	1000mL	抗生素溶液	5mL
无菌裂解脱纤维绵羊或马血	50mL		

(2)制法

当基础培养基的温度约为 45℃左右时，无菌加入绵羊或马血和抗生素溶液，混匀，将完全培养基的 pH 值调至 7.2±0.2(25℃)，将培养基无菌分装至合适的试管或锥形瓶中备用。配制的增菌液在常湿下放置不得超过 4h，或在 4℃避光保存不得超过 7d。

2.7.2 改良 CCD 琼脂(mCCDA)

1.基础培养液

(1)成分

肉浸液	10g	氯化钠	5g
动物组织酶解物	10g	去氧胆酸钠	1g

木炭	4g	硫酸亚铁	0.25g
酪蛋白酶解物	3g	丙酮酸钠	0.25g
琼脂	8～18g	蒸馏水	1000mL

(2)制法

用水溶解基础培养基成分，煮沸。分装至合适的三角瓶内，121℃高压灭菌15min。

2.抗生素溶液

(1)成分

头孢哌酮	0.032g	利福平	0.01g
两性霉素B	0.01g	乙醇/灭菌水(50/50，体积比)	5mL

(2)制法

将上述成分溶解于乙醇/灭菌水混合溶液中。

3.完全培养液(由2.7.2中的1、2组成)

(1)组分

基础培养液	1000mL	抗生素溶液	5mL

(2)制法

当基础培养基的温度约为45℃左右时，加入抗生素溶液，混匀。将完全培养基的pH值调至7.2±0.2(25℃)。倾注约14mL于无菌平皿中，静置至培养基凝固。使用前预先干燥平板。可将平皿盖打开，使培养基面朝下，置于干燥箱中约30min，直到琼脂表面干燥。预先制备的平板未干燥时在温室放置不得超过4h，或在4℃左右冷藏不得超过7d。

2.7.3 哥伦比亚琼脂

1.基础培养基

(1)成分

动物组织酶解物	23g	氯化钠	5g
淀粉	1g	蒸馏水	1000mL
琼脂	8～18g		

(2)制法

将基础培养液成分溶解于蒸馏水中，加热促其溶解。分装至合适的三角瓶内，121℃高压灭菌15min。

2.无菌脱纤维绵羊血

无菌操作条件下，将绵羊血加入盛有灭菌玻璃珠的容器中，振摇约10min，静置后除去附有血纤维的玻璃珠即可。

3.完全培养基(由2.7.3中的1、2组成)

(1)组分

基础培养液	1000mL	无菌脱纤维绵羊血	50mL

(2)制法

当基础培养基的温度为45℃左右时，无菌加入绵羊血，混匀。将完全培养基的pH值调至7.2±0.2(25℃)。倾注15mL于无菌平皿中，静置至培养基凝固。使用前需预先干燥平板。可将平皿盖打开，使培养基面朝下，置于干燥箱中约30min，直到琼脂表面干燥。预先制备的平板未干燥时在室温下放置不得超过4h，或在4℃左右冷藏不得超过7d。

2.7.4 布氏肉汤

1. 成分

酪蛋白酶解物	10g	氯化钠	5g
动物组织酶解物	10g	亚硫酸氢钠	0.1g
葡萄糖	1g	蒸馏水	1000mL
酵母浸膏	2g		

2. 制法

将基础培养液成分溶解于水,如需要可加热促其溶解。将高压灭菌后培养基的 pH 值调至 7.2±0.2(25℃)。将培养基分装至合适的试管中,每管 10mL,121℃高压灭菌 15min。

2.7.5 氧化酶试剂

1. 成分

四甲基对苯二胺盐酸盐	1g	蒸馏水	100mL

2. 制法

使用前迅速将上述成分溶于水中。

2.7.6 马尿酸钠水解试剂

1. 马尿酸钠溶液

(1)成分

马尿酸钠 10g

磷酸盐缓冲液(PBS)组分:

氯化钠	8.5g	蒸馏水	1000mL
磷酸氢二钠	8.98g	磷酸二氢钠	2.71g

(2)制法

将马尿酸钠溶于磷酸盐缓冲溶液中,过滤除菌。用合适的试管进行无菌分装,每管 0.4mL,贮存于−20℃。

2. 3.5%(水合)茚三酮溶液(质量/体积)

(1)成分

(水合)茚三酮	1.75g	乙醇	25mL
丙酮	25mL		

(2)制备

将(水合)茚三酮溶解于丙酮/乙醇混合液中,该溶液在避光冷藏时最多不超过 7d。

2.7.7 Mueller Hinton 琼脂

1. 基础培养基

(1)成分

动物组织酶解物	6g	琼脂	8~18g
酪蛋白酶解物	17.5g	蒸馏水	1000mL
可溶性淀粉	1.5g		

(2)制法

将基础培养基成分溶解于水中,煮沸。将基础培养基分装至合适的三角瓶内,121℃高压灭菌 15min。

2. 无菌脱纤维绵羊血

无菌操作条件下，将绵羊血加入盛有灭菌玻璃珠的容器中，振摇约 10min，静置后除去附有血纤维的玻璃珠即可。

3. 完全培养基(由 2.7.7 中的 1、2 组成)

(1)组分

基础培养基	1000mL	无菌脱纤维绵羊血	50mL

(2)制法

当基础培养基的温度为 45℃左右时，无菌加入绵羊血，混匀。根据需要，将完全培养基的 pH 值调至 7.2±0.2(25℃)。倾注 15mL 于无菌平皿中，静置至培养基凝固。使用前需预先干燥平板。可将平皿盖打开，使培养基面朝下，置于干燥箱中约 30min，直到琼脂表面干燥。预先制备的平板未干燥时在室温下放置不得超过 4h，或在 4℃左右冷藏不得超过 7d。

2.7.8 吲哚乙酸酯纸片

1. 成分

吲哚乙酸酯	0.1g	丙酮	1mL

2. 制法

将吲哚乙酸酯溶于丙酮中，吸取 25～50μL 溶液与空白纸片上(直径为 0.6～1.2cm)。室温干燥，用带有硅胶塞的棕色试管(瓶)于 4℃保存。

2.7.9 Skirrow 琼脂

1. 基础培养液

(1)成分

蛋白胨	15g	氯化钠	5g
胰蛋白胨	2.5g	琼脂	15g
酵母浸膏	5g	蒸馏水	1000mL

(2)制法

将基础培养基成分溶解于水中，加热并搅拌促其溶解，121℃高压灭菌 15min。

2. FBP 溶液

(1)成分

丙酮酸钠	0.25g	硫酸亚铁	0.25g
焦亚硫酸钠	0.25g	蒸馏水	5mL

(2)制法

将各成分溶于 100mL 水中，经 0.22μm 滤膜过滤除菌。FBP 最好根据需要量现用现配，在－70℃贮存不超过 3 个月或－20℃贮存不超过 1 个月。

3. 抗生素溶液

(1)成分

头孢哌酮	0.032g	利福平	0.01g
两性霉素 B	0.01g	乙醇/灭菌水(50/50，体积比)	5mL

(2)制法

将上述成分溶解于乙醇/灭菌水混合溶液中。

4. 无菌脱纤维绵羊血

无菌操作条件下，将绵羊血加入盛有灭菌玻璃珠的容器中，振摇约 10min，静置后除去附有血纤维的玻璃珠即可。

5. 完全培养液（由 2.7.9 中 1、2、3、4 组成）

(1)成分

基础培养液	1000mL	抗生素溶液	5mL
FBP 溶液	5mL	无菌脱纤维绵羊血	50mL

(2)制法

当基础培养基的温度为 45℃左右时，加入 FBP 溶液、抗生素溶液与冻融的无菌脱纤维绵羊血，混匀。将完全培养基的 pH 值调至 7.2±0.2(25℃)。倾注 15mL 于无菌平皿中，静置至培养基凝固。使用前需预先干燥平板。可将平皿盖打开，使培养基面朝下，置于干燥箱中约 30min，直到琼脂表面干燥。预先制备的平板未干燥时在室温放置不得超过 4h，或在 4℃左右冷藏不得超过 7d。

思考题

1. 简述空肠弯曲菌的传播途径及预防方法。
2. 各类样品前处理方法有何不同？
3. 空肠弯曲菌的生化特性有哪些？

【知识链接】

格林-巴利综合征

图 5-11 格林-巴尔综合征患者外表

格林-巴利综合征(GBS)的概念在几十年中有了很大的发展变化。GBS 最早由 Guilliain、Barre 及 Strohl 在 1961 作出具体明确的临床和生物学的特征描述，主要表现为至少一个肢体的运动无力伴有反射消失。在 1969 年，Asbury 第一次对该综合征的电镜形态作出描述，并把它限定为多发的脱髓鞘性神经炎。至 1986 年，Feasby 又报告了一种涉及轴突的变型，并在后来中国北部大样本的 GBS 研究中得到了确定；因该型的电镜特点仅在单纯运动性轴突出现病理改变，故称为急性运动轴索神经病(AMAN)。

进一步研究还发现另一种 GBS 变型可涉及运动、感觉两种神经元轴突，称急性运动感觉轴索神经病(AMSAN)。另一方面，早在 1956 年，C. M. Fisher 就描述了一种以共济失调、反射消失和眼肌麻痹三联症为特点的临床综合征，伴有蛋白细胞分离而预后很好，这种综合征也很快被认为是 GBS 的一种(Fisher 综合征)。随着对其机制、治疗方法认识的深入，现在临床上根据 GBS 的表现等不同的限定范围，尚有其他的和更进一步的分类方法。

GBS 的主要病理改变在运动及感觉神经根、后根神经节、周围神经及颅神经。组织学特点为局限性的节段性脱髓鞘，伴有血管(主要是小动脉)周围及神经内膜的淋巴细胞、单核细胞及巨噬细胞的浸润；严重病例可见轴索变性、碎裂，脊膜可有炎症反应，脊髓见点状出血，前角细胞及颅神经也有退行性变，肌肉神经性萎缩。临床表现为急性、对称性、弛缓性瘫痪，腱反射消失，面瘫和延髓麻痹；部分病人伴有肢体感觉障碍，以感觉异常多见。相应的病生理改变以神经的传导阻滞为最主要特征。最近有报道指出，皮神经密度的明显下降在GBS病人中普遍存在。

GBS的病因至今尚不清楚。许多学者倾向于病前的感染因素可能是导致GBS的重要原因，尤其近几年空肠弯曲杆菌(Campylobacter jejuni，CJ)感染与GBS发生的关系受到越来越多的关注。此外，还有多种病原体感染后出现GBS的报道，部分病例中与GBS发生的相关性尚不清楚。另一方面，某些疫苗导致GBS的情况也有发生，但这方面意见争议较大。此外，还有其他疾病和医疗干预过程中出现GBS的病例，故可能还存在其他原因导致GBS。

任务六　副溶血性弧菌及其检测

知识目标

- 了解副溶血性弧菌的生物学特征；
- 了解副溶血性弧菌的致病机理；
- 了解副溶血性弧菌的危害和控制方式；
- 掌握副溶血性弧菌检测的基本原理。

能力目标

- 掌握副溶血性弧菌的检测方法。

模块1　副溶血性弧菌概述

副溶血性弧菌于1950年从日本一次暴发性食物中毒中分离发现。该菌存在于近海的海水、海底沉积物和鱼类、贝壳等海产品中。主要引起食物中毒，尤以日本、东南亚、美国及我国台北地区多见，也是我国大陆沿海地区食物中毒中最常见的一种病原菌。国外海产品副溶菌限量美国FDA规定软体贝类总体副溶菌密度$<10^4$MPN/g；日本规定生食贝类与鱼片总体副溶菌密度<100cfu/g。

1.1　生物学特性

1.1.1　形态与染色特性

本菌为革兰氏阴性弯曲的球杆菌，或呈弧菌，两端有浓染现象，其中间着色较淡或不着色。一端有鞭毛，运动活泼，菌周有菌毛。大小0.7～1.0μm，有时有菌丝体，可长达15μm(见图6-1)。本菌在不同的生长环境中出现的菌体形态也有差异，主要出现的形态有球状、球杆状、卵圆形和丝状。本菌的排列不规则，多数散在，有时成对存在。在不同培养基上有不同的菌落形态：

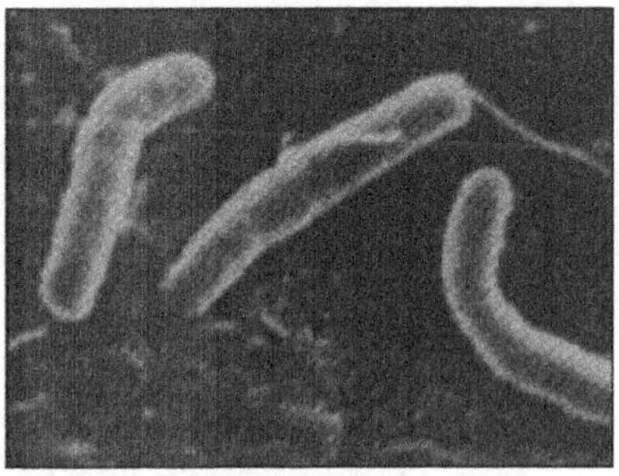

图6-1　副溶血性弧菌电镜图

①SS琼脂培养。主要呈长卵圆形，两端浓染，中间淡染或不着染，少数呈杆状。

②血琼脂培养。多数呈卵圆形，少数为球杆状，也有的成丝状。

③血琼脂厌氧培养。培养48h后菌体呈细短杆状及球杆状，菌体着色均匀。

④嗜盐琼脂培养。主要呈两头小中间略胖的球杆菌。

⑤罗氏双糖培养基培养。培养24h，菌体基本相似；培养48h，菌体形态变化很大，呈球状、丝状、杆状、弧状或逗点状等，而且大小差异很大，同一菌体染色性的差异也很大。

1.1.2 培养特性

本菌为需氧菌,需氧性很强,对营养的要求不高,嗜盐畏酸,在无盐培养基上,不能生长,3%～6%食盐水繁殖迅速,每8～9min为1周期,低于0.5%或高于8%盐水中停止生长。对酸敏感,在2%醋酸或50%的食醋中1min即可死亡。不耐热,56℃、5min即可杀死,90℃、1min灭活。在37℃、pH 7.7、含氯化钠3%～4%的环境中生长最好。对低温及高浓度氯代钠抵抗力甚强。

在肉汤、蛋白胨水等培养基中呈现混浊,表面形成菌膜。在固体培养基上的生长特性如表6-1所示。

表6-1 副溶血性弧菌在不同培养基上的菌落特性

培养基	菌落大小	边缘	隆起度	透明度	黏稠度	颜色	其他
嗜盐菌选择琼脂	不扩散的直径,2.5mm,一般呈扩散性生长	圆整,扩散的边缘不整	隆起,扩散得平坦	混浊	无黏性	无色	湿润
SS琼脂	直径2mm	圆整	扁平,有时菌落中央呈一点突起	透明	菌落不易挑起,有时挑起成黏丝状	无色	
血琼脂	直径3mm	圆整	隆起	混浊	无黏性	人血琼脂平板上为暗绿色溶血环	湿润,某些菌株形成α与β之间的溶血
普通琼脂	直径1.5mm	圆整,个别菌株不整齐	隆起,扩散得平坦	混浊	无黏性	无色	湿润
碱性胆盐琼脂	直径1.5～2mm	圆整	平坦	半透明	无黏性	无色	湿润
氯化钠蔗糖琼脂	直径1.5～2mm	圆整	隆起	半透明	无黏性	无色	湿润

1.1.3 生化特性

本菌能分解葡萄糖、麦芽糖、甘露醇、蕈糖、淀粉、甘油和阿拉伯糖,产酸但不产气,不发酵糖、蔗糖、木糖、卫矛醇等。不产生靛基质,不产生硫化氢,液化明胶,能还原硝酸盐或亚硝酸盐,细胞色素氧化酶、过氧化氢酶和磷脂酶均为阳性,尿素酶阴性。M.R试验阳性,V-P试验阴性,赖氨酸试验阳性,精氨酸试验阴性。

在特定培养条件下,该菌产生溶血毒素,呈现溶血现象,还可产生肠毒素。副溶血性弧菌与其他类似弧菌的鉴别生化特性如表6-2所示。

1.1.4 抵抗力

本菌抵抗力不强,不耐热,经56℃ 30min、75℃ 5min、90℃ 1min加热即可杀死。对醋酸更为敏感,在食醋中经5min即死亡。在淡水中生存不超过2d,在腌渍酱菜中存活30d以上。本菌对四环素、氯霉素、金霉素敏感。

表 6-2　副溶血性弧菌主要性状与其他弧菌的鉴别

名　　称	氧化酶	赖氨酸	精氨酸	鸟氨酸	明胶	V-P	42℃生长	蔗糖	纤维二糖	乳糖	阿拉伯糖	甘露醇	ONPG	嗜盐性试验 氯化钠含量/%				
														0	3	6	8	10
副溶血性弧菌	+	+	−	+	+	−	+	−	V	−	+	+	−	−	+	+	+	−
创伤弧菌	+	+	−	+	+	−	+	−	+	+	−	V	+	−	+	+	−	−
溶藻弧菌	+	+	−	+	+	+	+	+	−	−	−	+	−	−	+	+	+	+
霍乱弧菌	+	+	−	+	+	V	+	+	−	−	−	+	+	+	+	−	−	−
拟态弧菌	+	+	−	+	+	−	+	−	−	−	−	+	+	+	+	−	−	−
河弧菌	+	−	+	−	+	−	V	+	+	−	+	+	+	−	+	+	V	−
弗尼斯弧菌	+	−	+	−	+	−	−	+	−	−	+	+	+	−	+	+	+	−
梅氏弧菌	−	+	+	−	+	+	V	+	−	−	−	+	+	−	+	+	V	−
霍利斯弧菌	+	−	−	−	−	−	nd	−	−	−	+	−	−	−	+	+	−	−

注:“+”表示阳性;“−”表示阴性;“nd”表示未试验;“V”表示可变。

1.2　副溶血性弧菌食物中毒

1.2.1　流行病学调查

副溶血性弧菌主要分布在海水和海产品中,如海鱼、虾、蛤蜊、螃蟹、贝类、浮游生物等广泛存在,夏季鱼、虾、贝类检出率较高,冬季不能检出。

本菌食物中毒的发生时间与其他细菌性食物中毒大体相似,具有季节性,以夏季鱼汛季节为最高,即 8~9 月份为发病高峰。最常见的中毒食品为海鱼、虾、贝类、蟹类、水产制品、渍制食品以及本菌污染后易于生存繁殖的食品。这些食品处理不当或由于不同地区的饮食习惯不同,生食或冷食都有可能引起中毒。在我国部分地区,特别是沿海地区,副溶血性弧菌食物中毒占食物中毒的首位。

1.2.2　致病性

本菌食物中毒,是由于摄取带有大量活菌的食物所引起的。摄入该致病菌株 10^6 个,几小时后即可发生急性肠胃炎。

本菌的致病因素是大量活菌及其所产生的肠毒素样活性物质(脂多糖),即内毒素。这种内毒素 100℃ 30min 不被破坏,与腹泻有关。

1.2.3　中毒症状

本菌食物中毒潜伏期短,发病急,多半在进食后 2~26h 发病,一般是 6~10h,短者 1h,长者可达 30h 左右。主要症状为腹痛、腹泻、呕吐、发热等。本菌多发生在夏秋季,病程 1~7d 不等,一般恢复较快。病后带菌时间短,不超过一周,健康人带菌率为 1%左右,但海产作业有关人员带菌率稍高。

1.2.4　预防与控制

具体措施如下:①对海产品应特别注意操作,加工前用消毒水冲洗干净,接触过海产品的工器具和手均应洗涮干净,以免污染食品。

②凉拌菜应充分洗净,先在沸水中烫后,加醋拌渍,放置 10min,然后再加其他调味品

拌食。

③严格执行生熟食品分开的卫生制度。

④剩饭菜，食前要高温热透。

模块 2　副溶血性弧菌的检测

2.1　设备和材料

除微生物实验室常规灭菌用培养设备外，所需其他设备和材料如下所示。冰箱：2～5℃；恒温培养箱：(36±1)℃；水浴装置；显微镜；均质器及无菌均质袋、均质杯或灭菌乳钵；电子天平：感量 0.1g；无菌平皿：直径 90mm；灭菌吸管：1mL 具 0.01mL 刻度、10mL 具 0.1mL 刻度或微量移液器及吸头；无菌锥形瓶：500mL，250mL；载玻片；酒精灯；灭菌试管：18mm×180mm、15mm×100mm；接种针；试管架；灭菌手术剪、镊子等。

2.2　培养基和试剂

具体包括：硫代硫酸盐-柠檬酸盐-胆盐-蔗糖(TCBS)琼脂、科玛嘉弧菌显色培养基、3%氯化钠胰蛋白胨大豆(TSA)琼脂、3%氯化钠三糖铁(TSI)琼脂、嗜盐性试验培养基、3%氯化钠甘露醇试验培养基、3%氯化钠赖氨酸脱羧酶试验培养基、3%氯化钠 MR-VP 培养基；3%氯化钠碱性蛋白胨水(APW)、氧化酶试剂、革兰氏染色液、ONPG 试剂、V-P 试剂、API 20E 生化鉴定试剂盒或 VITEK NFC 生化鉴定卡等。

2.3　检测程序

副溶血性弧菌检测程序如图 6-2 所示。

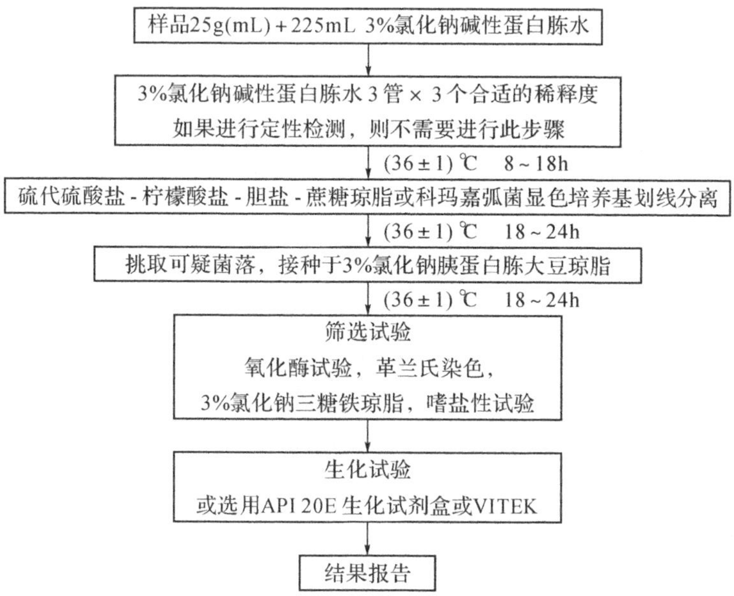

图 6-2　副溶血性弧菌检测程序

2.4　操作步骤

2.4.1　样品制备

具体步骤如下：①冷冻样品应在 45℃以下不超过 15min 或在 2～5℃不超过 18h 解冻，

若不能及时检验,应放于−15℃左右保存;非冷冻而易腐的样品应尽可能及时检验,若不能及时检验,应置2～5℃冰箱保存,在24h内检验。

②鱼类和头足类动物取表面组织、肠或鳃。贝类取全部内容物,包括贝肉和体液;甲壳类取整个动物,或者动物的中心部分,包括肠和鳃。如为带壳贝类或甲壳类,则应先在符合生活饮用水卫生标准的流水中洗刷外壳并甩干表面水分,然后以无菌操作打开外壳,按上述要求取相应部分。

③以无菌操作取检样25g(mL),加入3%氯化钠碱性蛋白胨水225mL,用旋转刀片式均质器以8000r/min均质1min,或拍击式均质器拍击2min,制备成1∶10的均匀稀释液。如无均质器,则将样品放入无菌乳钵中磨碎,然后放在500mL的灭菌容器内,加225mL 3%氯化钠碱性蛋白胨水,并充分振荡。

2.4.2 增菌

(1)定性检测

将上述1∶10稀释液于(36±1)℃培养8～18h。

(2)定量检测

具体步骤包括:①用灭菌吸管吸取1∶10稀释液1mL,注入含有9mL 3%氯化钠碱性蛋白胨水的试管内,振摇试管混匀,制备1∶100的稀释液。

②另取1mL灭菌吸管,按上条操作依次制备10倍递增稀释液,每递增稀释一次,换用1支1mL灭菌吸管。

③根据食品卫生标准要求或对检样污染情况的估计,选择三个连续的适宜稀释度,每个稀释度接种3支含有9mL 3%氯化钠碱性蛋白胨水的试管,每管接种1mL。置(36±1)℃恒温箱内,培养8～18h。

2.4.3 分离

在所有显示生长的试管或增菌液中用接种环蘸取一环,于TCBS平板或科玛嘉弧菌显色培养基平板上划线分离。一支试管划线一块平板。于(36±1)℃培养18～24h。菌落划线分离方法如图6-3所示。

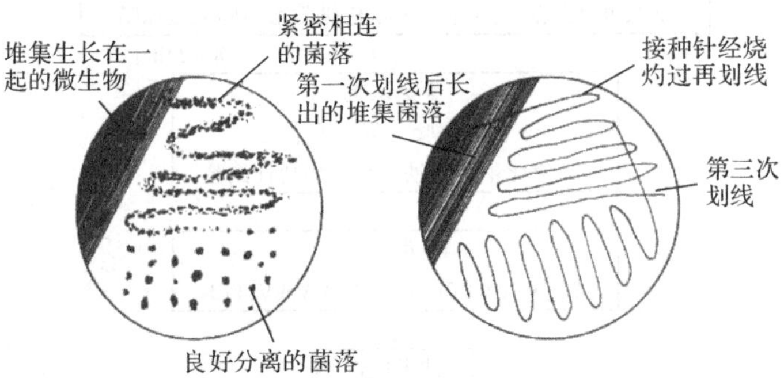

图6-3 菌落划线分离方法

典型的副溶血性弧菌在TCBS上呈现为圆的、半透明的、表面光滑的绿色菌落,用接种环轻触,有类似口香糖的质感,直径2～3mm。从培养箱取出TCBS平板后,应尽快(不超过1h)挑取菌落或标记要挑取的菌落。典型的副溶血性弧菌在科玛嘉弧菌显色培养基上呈现为圆的、半透明的、表面光滑的粉紫色菌落,直径2～3mm。

2.4.4 纯培养

挑取3个或以上的可疑菌落，划线3%氯化钠胰蛋白胨大豆琼脂平板，(36±1)℃培养18～24h。

2.4.5 鉴定

(1)初步鉴定

具体包括：①氧化酶试验。挑选纯培养的单个菌落进行氧化酶试验，副溶血性弧菌为氧化酶阳性。

②涂片镜检。将可疑菌落涂片，进行革兰氏染色，镜检观察形态。副溶血性弧菌为革兰氏阴性，呈棒状、弧状、卵圆状等多形态，无芽孢，有鞭毛。

③动力试验。挑取纯培养的单个可疑菌落，转种3%氯化钠三糖铁琼脂斜面并穿刺底层，(36±1)℃培养24h观察结果。副溶血性弧菌在3%氯化钠三糖铁琼脂中的反应为底层变黄不变黑，无气泡，斜面颜色不变或红色加深，有动力。

④嗜盐性试验。挑取纯培养的单个可疑菌落，分别接种于不同氯化钠浓度的胰胨水，(36±1)℃培养24h，观察液体混浊情况。副溶血性弧菌在无氯化钠和10%氯化钠的胰胨水中不生长或微弱生长，在7%氯化钠的胰胨水中生长旺盛。

(2)确定鉴定

具体包括：①生化试验。分别接种含3%氯化钠的甘露醇、赖氨酸、MR-VP培养基，(36±1)℃培养24～48h后观察结果。隔夜培养物进行ONPG试验。

②API 20E生化鉴定试剂盒或VITEK鉴定系统。刮取3%氯化钠胰蛋白胨大豆琼脂平板上的单个菌落，用生理盐水制备成浊度适当的细胞悬浮液，使用API 20E生化鉴定试剂盒或VITEK鉴定。

副溶血性弧菌的生化性状如表6-3所示。

表6-3 副溶血性弧菌的生化性状

试验项目	结　果
革兰氏染色镜检	阴性，无芽孢
氧化酶	+
动力	+
蔗糖	−
葡萄糖	+
甘露醇	+
分解葡萄糖产气	−
乳糖	−
硫化氢	−
赖氨酸脱羧酶	+
V-P	−
ONPG	−

注："+"表示阳性；"−"表示阴性。

2.5 结果报告

当检出的可疑菌落生化性状符合表6-3要求时，可以报告检出副溶血性弧菌。如果进行定量检测，根据证实为副溶血性弧菌阳性的试管管数，查MPN检索表6-4，报告每g(mL)副溶血性弧菌的MPN值。

表6-4 1g(mL)检样中最可能数(MPN)检索表

阳性管数			MPN	95%置信区间		阳性管数			MPN	95%置信区间	
0.1	0.01	0.001		下限	上限	0.1	0.01	0.001		下限	上限
0	0	0	<3.0	—	9.5	2	2	0	21	4.5	42
0	0	1	3.0	0.15	9.6	2	2	1	28	8.7	94
0	1	0	3.0	0.15	11	2	2	2	35	8.7	94
0	1	1	6.1	1.2	18	2	3	0	29	8.7	94
0	2	0	6.2	1.2	18	2	3	1	36	8.7	94
0	3	0	9.4	3.6	38	3	0	0	23	4.6	94
1	0	0	3.6	0.17	18	3	0	1	38	8.7	110
1	0	1	7.2	1.3	18	3	0	2	64	17	180
1	0	2	11	3.6	38	3	1	0	43	9	180
1	1	0	7.4	1.3	20	3	1	1	75	17	200
1	1	1	11	3.6	38	3	1	2	120	37	420
1	2	0	11	3.6	42	3	1	3	160	40	420
1	2	1	15	4.5	42	3	2	0	93	18	420
1	3	0	16	4.5	42	3	2	1	150	37	420
2	0	0	9.2	1.4	38	3	2	2	210	40	430
2	0	1	14	3.6	42	3	2	3	290	90	1000
2	0	2	20	4.5	42	3	3	0	240	42	1000
2	1	0	15	3.7	42	3	3	1	460	90	2000
2	1	1	20	4.5	42	3	3	2	1100	180	4100
2	1	2	27	8.7	94	3	3	3	>1100	420	—

注：①本表采用3个稀释度[0.1g(0.1mL)、0.01g(0.01mL)和0.001(0.001mL)]，每个稀释度接种3管。

②本表所列检样量如改用1g(1mL)、0.1g(0.1mL)和0.01(0.01mL)时，表内数字应相应降低10倍；如改用0.01g(0.01mL)、0.001g(0.001mL)和0.0001(0.0001mL)时，表内数字应相应增加10倍，其余类推。

2.6 副溶血性弧菌检测培养基和试剂的配制

2.6.1 3%氯化钠碱性蛋白胨水(APW)

1. 成分

蛋白胨	10g	氯化钠	30g
蒸馏水	1000mL		

pH 8.5±0.2

2. 制法

将上述成分混合，121℃高压灭菌 10min。

2.6.2　硫代硫酸盐-柠檬酸盐-胆盐-蔗糖(TCBS)琼脂

1. 成分

多价蛋白胨	10g	硫代硫酸钠	10g
酵母浸膏	5g	柠檬酸钠	10g
牛胆汁粉	5g	氯化钠	10g
蔗糖	20g	柠檬酸铁	1g
溴麝香草酚蓝	0.04g	胆酸钠	3g
麝香草酚蓝	0.04g	琼脂	15g
蒸馏水	1000mL		

2. 制法

加热煮沸至完全溶解，最终的 pH 应为 8.6±0.2。冷至 50℃倾注平板备用。

2.6.3　3%氯化钠胰蛋白胨大豆(TSA)琼脂

1. 成分

胰蛋白胨	15g	氯化钠	30g
大豆蛋白胨	5g	琼脂	15g
蒸馏水	1000mL		

2. 制法

将上述成分混合，加热并轻轻搅拌至溶解，121℃高压灭菌 15min，调节 pH 至 7.3±0.2。

2.6.4　3%氯化钠三糖铁(TSI)琼脂

1. 成分

蛋白胨	15g	氯化钠	30g
脲蛋白胨	5g	硫酸亚铁	0.2g
牛肉膏	3g	硫代硫酸钠	0.3g
酵母浸膏	3g	苯酚红	0.024g
乳糖	10g	琼脂	12g
蔗糖	10g	蒸馏水	1000mL
葡萄糖	1g		

2. 制法

调节 pH，使灭菌后为 7.4±0.2。分装到适当容量的试管中。121℃高压灭菌 15min，制成斜面，斜面长 4～5cm，底部深度为 2～3cm。

2.6.5　嗜盐性试验培养基

1. 成分

胰蛋白胨	10g	氯化钠	按不同量加入
蒸馏水	1000mL		

pH 7.2±0.2

2. 制法

配制胰蛋白胨，校正 pH，共配置 4 瓶，每瓶 100mL。每瓶分别加入不同量的氯化钠：①不加；②3g；③6g；④10g。121℃高压灭菌 15min，在无菌条件下分装试管。

2.6.6　3%氯化钠甘露醇试验培养基

1. 成分

牛肉膏	5g	氯化钠	3g
蛋白胨	10g	磷酸氢二钠	2g
0.2%溴麝香草酚蓝溶液	12mL	蒸馏水	1000mL

pH 7.4

2. 制法

将上述成分分配好后，分装每瓶 100mL，121℃高压灭菌 15min。另配 10%甘露醇溶液，同时高压灭菌。将 5mL 糖溶液加入于 100mL 培养基内，以无菌操作分装小试管。

3. 试验方法

从琼脂斜面上挑取培养物接种，于(36±1)℃培养不少于 24h，观察结果。甘露醇阳性者培养物呈黄色，阴性者为紫色。

2.6.7　3%氯化钠赖氨酸脱羧酶试验培养基

1. 成分

蛋白胨	5g	氯化钠	30g
酵母浸膏	3g	1.6%溴甲酚紫-乙醇溶液	1mL
葡萄糖	1g	L-赖氨酸	0.5g/100mL 或 1g/100mL
蒸馏水	1000mL		

2. 制法

除赖氨酸以外的成分加热溶解后，分装每瓶 100mL，校正 pH 至 6.8。再按 0.5%的比例加入赖氨酸，对照培养基不加赖氨酸。分装于灭菌的小试管内，每管 0.5mL 上面滴加一层液体石蜡 115℃高压灭菌 10min。

3. 试验方法

从琼脂斜面上挑取培养物接种于(36±1)℃培养不少于 24h，观察结果。赖氨酸脱羧酶阳性者由于产碱中和葡萄糖产酸，故培养基仍应呈紫色。阴性者无碱性产物，但因葡萄糖产酸而使培养基变为黄色。对照管应为黄色。

2.6.8　3%氯化钠 MR-VP 培养基

1. 成分

多胨	7g	氯化钠	30g
葡萄糖	5g	蒸馏水	1000mL
磷酸氢二钾	5g		

pH 6.9±0.2

2. 制法

将各成分溶于蒸馏水中，分装试管，121℃高压灭菌 15min。

2.6.9　氧化酶试剂

1. 试剂

具体包括：①1%盐酸二甲基对苯二胺溶液：少量新鲜配制于冰箱内避光保存。

②α-萘酚-乙醇溶液。

2. 试验方法

具体包括：①取白色洁净滤纸蘸取菌落加盐酸二甲基对苯二胺溶液 1 滴，阳性者呈现粉红色，并逐渐加深；再加 α-萘酚-乙醇溶液 1 滴，阳性者于 0.5min 内呈现鲜蓝色。阴性于 2min 内不变色。

②以毛细管吸收试剂，直接滴加于菌落上，其显色反应与以上相同。

2.6.10　ONPG 试剂

1. 缓冲液

(1)成分

磷酸二氢钠	6.9g	用蒸馏水加至	50mL

(2)制法

将磷酸二氢钠溶于蒸馏水，调至 pH 值至 7。缓冲液置冰箱保存。

2. ONPG 溶液

(1)成分

邻硝基酚-β-D-半乳糖苷	0.08g	蒸馏水	5mL
缓冲液	5mL		

(2)制法

将 ONPG 在 37℃的蒸馏水中溶解，加入缓冲液。ONPG 溶解置冰箱保存，试验前，将所需用量的 ONPG 溶液加热至 37%。

3. 3%氯化钠溶液

(1)成分

氯化钠	30g	缓冲液	1000mL

(2)制备

将氯化钠溶于蒸馏水中，121℃高压灭菌 20min。

4. 试验方法

将待检培养物接种 3%氯化钠三糖铁琼脂，(36±1)℃培养 18h。挑取 1 满环新鲜培养物接种于 0.25mL 3%氯化钠溶液，在通风橱中，滴加 1 滴甲苯，摇匀后置 37%水浴 5min。加 0.25mL ONPG 溶液，(36±1)℃培养观察 24h。阳性结果呈黄色，阴性结果则 24h 不变色。

2.6.11　Voges-Proskauer(V-P)试剂

1. 成分

甲液：

α-苯酚	5g	无水乙醇	100mL

乙液：

氢氧化钾	40g	用蒸馏水加至	100mL

2. 试验方法

将3%氯化钠胰蛋白胨大豆琼脂生长物接种3%氯化钠MR-VP培养基，(36±1)℃培养48h。取1mL培养物，转放到一个试管内，加0.6mL甲液，摇动。加2mL乙液，摇动。随意加一点肌酸结晶，4h观察结果。阳性结果呈现伊红的粉红色。

思考题

1. 简述副溶血性弧菌的传播途径及如何预防。
2. 描述典型的副溶血性弧菌在TCBS和科玛嘉弧菌显色培养基上的菌落特征。
3. 副溶血性弧菌的生化特性有哪些？

【知识链接】

创伤弧菌食物中毒

1976年，霍利斯(Hollis)等首次完成了创伤弧菌的分离与鉴定，1979年正式被定名为创伤弧菌。进食被创伤弧菌污染食品而引起的食物中毒是最为严重的食源性疾患之一，其危害并不在于其引起的胃肠炎，而在于其引起的蜂窝组织炎和败血症，其残废率高达60%。感染此菌，临床上常造成严重的败血症及肢体坏死，过程相当迅速且死亡率高。正因如此，创伤弧菌食物中毒在一些国家(尤其是美国)备受关注，为全球重要之海洋致病细菌，与霍乱弧菌、肠炎弧菌并列为造成人类感染疾病之三大弧菌之一。国内近来浙江省温州地区陆续有创伤弧菌败血症病例报告，大多因多器官功能障碍而死亡。可见创伤弧菌感染是一种少见而又致命性的重要疾病。

创伤弧菌其自然生存于河海交界之处，因此又称海洋弧菌，是需要较高盐分才可生长的一种革兰氏阴性的嗜盐性弧菌。若接触受该菌污染的海产，如生蚝等食物、被海水污染，或遭海生鱼贝类、渔具刺伤等，都可能是创伤弧菌进入人体的致病途径。

一般健康民众受到感染，情况并不严重，偶有呕吐、腹泻、腹痛等症状；若病患已经罹患肝脏疾病或免疫力较弱的人，再食用含菌生蚝，数天后可能发病，其致死率高达50%；若伤口暴露于海水中或是被海洋中的生物咬伤，则易引起伤口感染，且迅速溃烂并蔓延开来，进一步导致组织坏死，严重者引发菌血症而死亡；至于胃肠道感染则是因为生食含菌海鲜而引起下列之症状，如发热、寒战、恶心、呕吐、下痢、皮肤病变、坏死性溃疡等胃肠道不适症。如患者出现受到感染的病征，例如皮肤红肿、疼痛及含脓等，应立即求医。

建议大家到海边戏水时或生吃海鲜时一定要做好保护措施，特别是肝功能不良者或身体有伤口时更应注意，以免被此菌侵袭导致感染；处理海鲜类时，应戴手套，以防止扎伤；且建议海产类食物绝对要煮熟再吃，因高温可以杀死创伤弧菌。

任务七　肉毒梭菌及肉毒毒素的检测

知识目标

- 了解肉毒梭菌的生物学特征；
- 了解肉毒梭菌及肉毒毒素的致病机理；
- 了解肉毒梭菌及肉毒毒素的危害和控制方式；
- 掌握肉毒梭菌及肉毒毒素检测的基本原理。

能力目标

- 掌握肉毒梭菌及肉毒毒素的检测方法。

模块1　肉毒梭菌概述

肉毒梭菌广泛存在于自然界，引起中毒的食品有腊肠、火腿、鱼及鱼制品和罐头食品等。在美国以罐头发生中毒较多，日本以鱼制品较多，在我国主要与发酵食品有关，如臭豆腐、豆瓣酱、面酱、豆豉等。其他引起中毒的食品还有：熏制未去内脏的鱼、填馅茄子、油浸大蒜、烤土豆、炒洋葱、蜂蜜制品等。

肉毒梭菌根据其所产毒素的抗原特异性，可将其分为A、B、C、D、E、F、G七型，其中C型又分为Cα型和Cβ型。一种菌型的细菌能产生一种以上的毒素型，如Cα型主要产生Cα型毒素，并带有少量的D型和Cβ型毒素。各型毒素，只为其相应的抗毒素所中和，但Cβ型毒素既可为Cβ型抗毒素又可为Cα型抗毒素中和。

根据肉毒梭菌的生化反应亦可将其分为两型：一种能水解凝固蛋白的称为解蛋白菌，解蛋白菌能产生A、B、C、D、E、F、G型毒素；另一种不能水解凝固蛋白，称为非解蛋白菌，非解蛋白菌能产生B、C、D、E、F型毒素。

肉毒毒素是生物毒素里最强的一种，等量的A型肉毒毒素与化学毒素里毒性最强的氰化钾相比，肉毒毒素的毒性要比氰化钾的毒性强1万倍，对人的致死量为10^{-9} mg/kg，0.072μg即可致一成年人死亡。

人体的胃肠道是一个良好的缺氧环境，适于肉毒杆菌居住。肉毒杆菌属于厌氧菌，严格厌氧，在胃肠道内既能分解葡萄糖、麦芽糖及果糖，产酸产气，又能消化分解肉渣，使之变黑，腐败恶臭。在厌氧环境中，此菌能分泌强烈的肉毒毒素，能引起特殊的神经中毒症状，致残率、病死率极高。

1.1　生物学特性

1.1.1　形态与染色特性

肉毒梭菌属于厌氧梭状芽孢杆菌属，是革兰氏阳性粗大杆菌，大小为(4～6)μm×(0.9～1.2)μm，两端钝圆，一般单个存在，偶有成对或成短链状，无荚膜(见图7-1)。周身有

4～8 根周毛性鞭毛，运动迟缓。芽孢呈卵圆形，比繁殖体宽，位于菌体次末端，使细菌呈汤匙状或网球拍状（见图 7-2）。在老龄培养物上呈革兰氏阴性。

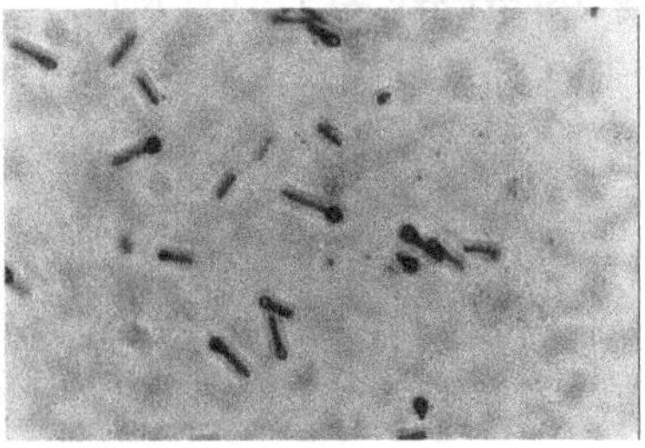

图 7-1　肉毒梭菌显微图

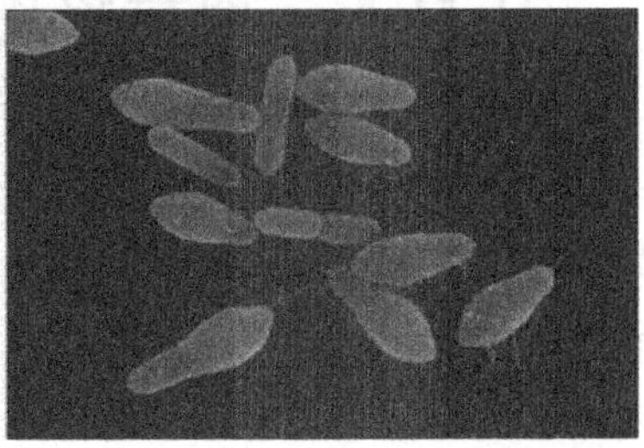

图 7-2　肉毒梭菌分布

1.1.2　培养特性

肉毒梭状芽孢杆菌本菌是专性厌氧菌，可在普通培养基上生长。培养适宜温度为 28～37℃，但本菌产生毒素的最适生长温度为 25～30℃，最适 pH 为 6～8（细菌在 8℃以上，pH 4 以上都可形成毒素），在 10%食盐溶液中不生长。在不同培养基上有不同的菌落形态：

①固体培养基。形成不正圆形，大约 3mm 左右的菌落。菌落半透明，表面呈颗粒状，边缘不整齐，界线不明显，向外扩散，呈绒毛网状，常常扩散成菌苔。

②葡萄糖鲜血琼脂平板。菌落较小、扁平、颗粒状、中央低隆、边缘不规则、带丝状或绒毛状菌落。开始较小，37℃培养 3～4d，直径可达 5～10mm，因易于汇合在一起，通常不易获得良好的菌落。有的菌落有大的 β-溶血环。

③乳糖卵黄牛奶平板。菌落下培养基为乳浊，菌落表面及周围形成彩虹薄层，不分解乳糖；分解蛋白的菌株，常常在菌落周围出现透明环，但 G 型没有。

④庖肉液体或半流动培养基。生长旺盛而且产生大量气体。A、B、F 三型表面混浊，底有粉状或颗粒状沉淀，并能消化肉渣，变黑有臭味。而 C、D、E 三型则清亮，絮片状生长，粘贴于管壁。

1.1.3　生化特性

肉毒梭菌能分解葡萄糖、麦芽糖及果糖，产酸产气，对其他糖的分解作用因菌株不同而异。能液化明胶，但菌株间有液化能力的差异。缓慢液化凝固血清，使牛乳消化，产生硫化氢，但不能使硝酸盐还原为亚硝酸盐。各型肉毒梭菌的生化反应如表 7-1 所示。

表 7-1　各型肉毒梭菌的生化反应

型别反应	A	B	C	D	E	F
葡萄糖发酵	＋	＋	＋	＋	＋	＋
麦芽糖发酵	＋	＋	（±）	（±）	（＋）	＋
乳糖发酵	－	－	－	（－）	－	－
蔗糖发酵	（±）	（±）	（±）	（±）	（±）	（±）
靛基质产生	－	－	（－）	（－）	－	－
明胶液化	（＋）	（＋）	（±）	（±）	（±）	（＋）
牛奶消化	＋	（±）	－	－	－	（＋）

注："＋"表示阳性反应；"－"表示阴性反应；"（±）"表示视菌株而异；"（＋）"表示多为阳性反应；"（－）"表示多为阴性反应。

1.1.4 抵抗力

肉毒梭菌抵抗力不强，A型毒素经60℃，2min加热，差不多能被完全破坏。而B、E二型毒素要经70℃，2min才能被破坏；C、D二型毒素对热的抵抗更大些；C型毒素要经过90℃，2min加热才能完全破坏。无论如何，只要煮沸1min或75℃加热5～10min，毒素都能被完全破坏。

但其芽孢的抵抗力很强，可耐煮沸1～6h之久，于180℃干热5～15min，120℃高压蒸气下10～20min才能杀死。10%的盐酸须经1h才能破坏。其中以A、B型菌的芽孢抵抗力最强。

肉毒梭菌毒素是一种蛋白质，通常以毒素分子和一种血细胞凝集素载体所构成的复合物形式存在，不被胃液或消化酶所破坏，在pH为3～6毒性不减弱，但在pH 8.5以上或100℃ 10～20min常被破坏。

毒素在干燥密封和阴暗的条件下，可保存多年。毒素用甲醛处理后即变为类毒素。毒素及类毒素均有抗原性，注射于动物体内能产生抗毒素。

1.2 肉毒梭菌食物中毒

1.2.1 流行病学

肉毒梭菌中毒也叫肉毒中毒，一般是由于人们误食了含有肉毒毒素的食物而引起的以运动神经麻痹为主要症状的单纯的毒素性食物中毒，是细菌性中毒中症状最重、病死率很高的一种毒素型食物中毒。

肉毒梭菌在自然界分布很广，由于生态上的差异出现区域性的差异。以A、B两型分布最广，土壤、沼泽、湖泊、河川和海底，各大洲都能检测出它们的芽孢；C、D两型主要存在于动物的尸体内或腐尸周围的土壤里；E型主要存在于海洋的沉积物、海鱼、海虾及海栖哺乳动物的肠道内；F型曾在动物肝脏引起食物中毒时分离到。引起人食物中毒的主要是A、B、E三型；C、D两型是畜、禽肉毒中毒的主要病原菌。

引起肉毒中毒的食品，因饮食习惯和膳食结构不同而有差别。日本发生的肉毒中毒主要由鱼类、鱼卵等水产品所引起。美国发生的肉毒中毒主要由家庭自制的蔬菜、水果罐头、水产品和肉、奶类制品所引起。我国发生的肉毒中毒，91.48%由植物性食品所引起，8.52%由动物性食品所引起，在植物性食品中，绝大部分是家庭自制的臭豆腐、豆豉、豆酱和面酱等发酵食品。

1.2.2 肉毒梭菌的感染途径

具体感染途径包括：①食物媒介。这是最早被发现的中毒方式，也是最主要的传播途径。

②吸入。这是极罕见的中毒类型，只有在进行肉毒梭菌及其毒素研究的检验室内偶尔发生。

③创伤感染。肉毒梭状芽孢污染创伤部位，在局部发芽繁殖，产生毒素，引起肉毒中毒。

④肠道感染。此类肉毒中毒目前一般通称婴儿肉毒中毒，婴儿经口吞入的肉毒梭菌芽孢在消化道内发芽繁殖，产生肉毒毒素，引起中毒。

1.2.3 肉毒梭菌的中毒机理

肉毒毒素与典型的外毒素不同，并非由生活的细菌释放，而是在细菌细胞内产生无毒的前体毒素，等待细菌死亡自溶后游离出来，经肠道中的胰蛋白酶或细菌产生的蛋白酶激活后方始具有毒性,且能抵抗胃酸和消化酶的破坏。

肉毒梭菌食物中毒与肉毒梭菌及芽孢无直接关系,肉毒毒素经口入肠道或经伤口最终进入血液循环并作用于中枢神经系统的脑神经核、肌肉神经连接处及自主神经末梢,抑制了作为神经传导递质的乙酰胆碱的释放,使肌肉失去神经控制不能收缩而出现肌肉松弛性麻痹,最终死于呼吸麻痹、心力衰竭。

1.2.4 肉毒梭菌的中毒症状

肉毒梭菌中毒的潜伏期为12~36h,最短为2~6h,长者可达8~10d。中毒剂量越大则潜伏期越短,病情越重。起病突然,以神经系统症状为主。早期可有全身乏力、头痛、头晕、恶心、呕吐、食欲不振,以后逐渐出现眼内外肌瘫痪如视力模糊、眼睑下垂、复视、瞳孔散大等神经麻痹症状;重症患者则出现吞咽、咀嚼、语言困难,甚至呼吸困难。肌力低下主要见于颈部及肢体近端如头下垂,运动失调。体温、血压正常,无感觉障碍,意识清楚。重症患者抢救不及时多数死亡,病死率较高,达30%~60%,多死于发病后10天内。死亡原因多为延髓麻痹所致呼吸衰竭、心力衰竭及误吸肺炎所致继发感染。婴儿患者首发症状常为便秘,迅速出现颅神经麻痹,可引发中枢性呼吸衰竭而猝死。轻者5~9d内逐渐恢复,但全身乏力及眼肌瘫痪持续较久。经积极治疗后逐渐恢复健康,一般无后遗症。

1.2.5 预防措施

具体包括:①防止肉毒梭菌污染食品。食品制作的原料应新鲜,充分洗净并灭菌,食品的制作、烹调、加工所需器具、器材等应洗净后灭菌。

②对食品进行灭菌。罐装食品生产,必须建立严密合理的工艺规程和卫生制度,严格执行灭菌操作规程。罐头在贮藏期间发生胖听或破裂时,不能食用;发酵食品生产前,先对粮、谷、豆类等原料进行彻底蒸煮,以杀灭肉毒梭菌芽孢。

③对有肉毒梭菌增殖危险性的食品,应严格遵守低温保存和运输的规定,如鱼、肉、火腿、腊肠等,须在10℃以下,通风凉快的地方保存,或在缺氧条件下保存(真空包装),避免加工后的再污染。盐腌或熏制肉类或鱼类时,原料应新鲜并清洗;加工后、使用前不再经加热处理的食品,更应认真防止污染和彻底冷却。

④进食前充分加热。肉毒梭菌毒素不耐热,80℃ 30min或100℃ 10~20min可破坏毒素,因此,对可疑食品彻底加热是预防肉毒中毒的可靠措施。

⑤防止婴儿肉毒中毒。对婴儿的补充食品如水果、蔬菜等应去皮或洗净消毒,不可食用变质的食品,以免经口感染。由于肉毒梭菌芽孢分布于自然界很广,一岁以下婴儿避免喂食蜂蜜,避免肉毒梭菌中毒。

⑥对食入可疑食品但尚未发病者,可皮下或肌肉注射A、B、E三型肉毒抗毒素各10000~20000单位,若已知中毒型别,注射同型抗毒素即可。有伤口者不可接触可疑食品,因本毒素可被创皮处、黏膜表面及新创口吸收。

模块2 肉毒梭菌的检测

2.1 设备和材料

除微生物实验室常规灭菌用培养设备外,所需其他设备和材料如下所示。离心机及离心管;均质器;恒温培养箱:30℃、35℃、37℃;显微镜;厌氧培养装置:常温催化除氧式或碱性焦性没食子酸除氧式;灭菌吸管:1mL、10mL;注射器:1mL;无菌平皿;接种环;载玻片;小白鼠:15～20g。

2.2　培养基和试剂

具体包括:庖肉培养基、卵黄琼脂培养基、明胶磷酸盐缓冲液、肉毒分型抗毒素诊断血清、胰酶(活力1∶250)、革兰氏染色液。

2.3　检测程序

肉毒梭菌及肉毒毒素的检测程序如图7-3所示。

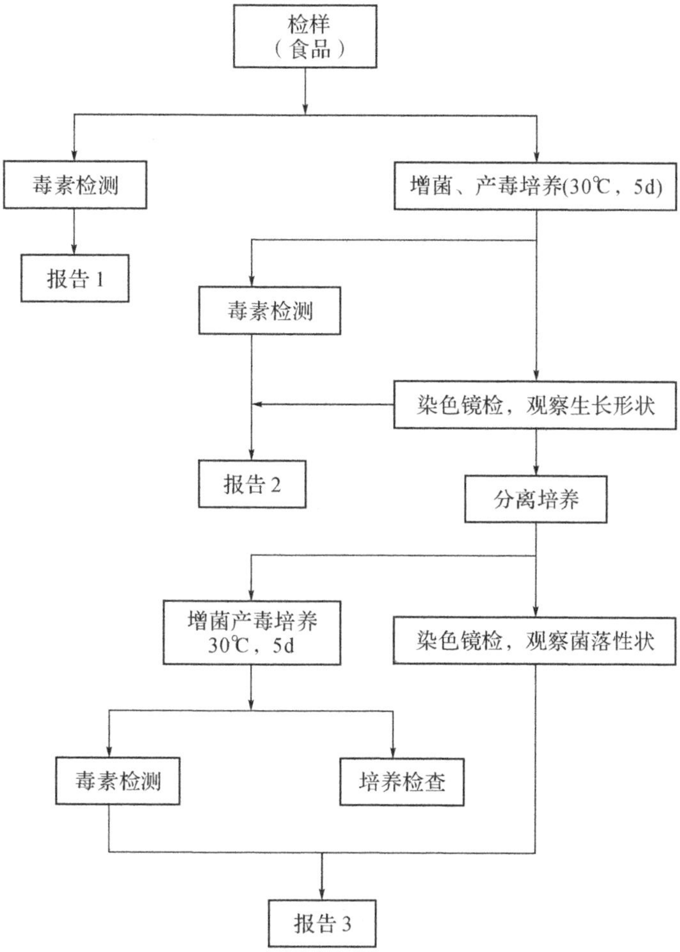

图7-3　肉毒梭菌及肉毒毒素的检测程序

报告1:检样中是否含有某型肉毒毒素;

报告2:检样中是否含有某型肉毒梭菌;

报告3:由检样分离的菌株为某型肉毒梭菌。

2.4　操作步骤

2.4.1　样品采集

样品包括罐头、臭豆腐、豆瓣酱、面酱、豆豉等发酵食品。

(1)样本的采集、运输及保存

具体包括:①食品样本。可疑食品采集后应尽快送检。密封食品,直至检验开始以前不要启封。非密封食品应采集于灭菌容器中。若需要远运,标本应装入严密的容器,置于冰壶中冷藏。

②体液或组织标本。发生肉毒中毒时,如能直接从患者血清中检出肉毒毒素,那是最可靠的实验室诊断。血液应在发病的早期,在开始应用肉毒抗毒素治疗之前采集。采血量应足够分离血清至少 10mL(最好 15~20mL),以供毒素中和试验用。血清、胃内容物、粪便及尸体标本须装入灭菌容器中,尽快送检。若需远运,按食品标本的方法处理。水产动物的脏器标本应以消化道为主。

③土壤。以灭菌工具由地表面下 10~20cm 处取土,装入灭菌容器。

(2)样本的处理

为了尽量保持肉毒毒素的稳定,一般多用明胶磷酸盐缓冲液作稀释剂。血清分离后可直接供肉毒毒素检测试验,无需另加处理。

固体标本需用明胶磷酸盐缓冲液进行浸提,即取标本(最好是 50g)放入研钵,加灭菌砂 1~2g 与适量(尽量少,如 5mL)的冷明胶磷酸盐缓冲液,研匀。然后,补加明胶磷酸盐缓冲液至总容量与标本的质量相等,搅匀,离心沉淀,上清液供毒素检测试验,沉淀物(或离心沉淀前的均质物)可供培养试验。

土壤泥沙标本可加足量的明胶磷酸盐缓冲液,充分搅匀,待泥沙自然沉淀,吸取上部澄浆离心沉淀,沉淀物供培养试验。

E 型及非蛋白分解性的 B、F 型肉毒梭菌产生的前体毒素,做动物试验时,事前须以胰蛋白酶进行激活,使之变为活化毒素。取检样稀释液或培养液 4.5mL 加 1%(或 5%,或 10%)胰蛋白酶(1∶250,或按实际活力换算,增减用量)水溶液 0.5mL,调 pH 6~6.2,37℃作用 45min。pH 值不可过高,达到或超过 7.0 时毒力将会减弱。过度的激活处理也将使毒性失活。若有可能,最好在激活后立即加抑制剂,以终止胰蛋白酶的作用。血清中的毒素或用作体外免疫学试验的毒素无需激活。

2.4.2 肉毒毒素的检测

肉毒中毒的诊断,重要的是毒素的检出及定型;罐头食品的细菌学检验,有时需要证实肉毒梭菌的存在,不过,最终还是要根据产毒试验来鉴定细菌及其型别。

(1)初步的定性试验——小白鼠腹腔注射法

液状检样可直接离心,固体或半固体检样须加适量(例如等量、倍量或 5 倍量、10 倍量)明胶磷酸盐缓冲液,浸泡、研碎,然后离心,取上清液进行检测。

另取一部分上清液,调 pH 6.2,每 9 份加 10%胰酶(活力 1∶250)水溶液一份,混匀,经常轻轻搅动,37℃作用 60min,进行检测。肉毒毒素检测以小白鼠腹腔注射法为标准方法。

检出试验:取上述离心上清液及其胰酶激活处理液分别注射小白鼠 2 只,每只 0.5mL,观察 4d。注射液中若有肉毒毒素存在,小白鼠一般多在注射后 24h 内发病、死亡。主要症状为竖毛、四肢瘫软、呼吸困难、呼吸呈风箱式,腰部凹陷,宛如蜂腰,最终死于呼吸麻痹。如遇小鼠猝死以至症状不明显时,则可将注射液做适当稀释,重新试验。

(2)确证试验

不论是上清液或其胰酶激活处理液,凡能致小鼠发病、死亡者,取样分成 3 份进行试验。1 份加等量多型混合肉毒抗毒诊断血清,混匀,37℃作用 30min;1 份加等量明胶磷酸盐缓冲液,混匀,煮沸 10min;1 份加等量明胶磷酸盐缓冲液,混匀即可,不做其他处理。3 份混合液分别注射小白鼠各2只，每只0.5mL，观察4d，若注射加诊断血清与煮沸加热的2份混合液的小白鼠均获保护存活，而唯有注射未经其他处理的混合液的小白鼠以特有症状死亡，则可判定检样中有肉毒毒素存在，必要时进行毒力测定及定型试验。

(3)毒力测定

取已判定含有肉毒毒素的检样离心上清液，用明胶磷酸盐缓冲液做成50倍、500倍及5000倍的稀释液，分别注射小白鼠各2只，每只0.5mL，观察4d。根据动物死亡情况，计算检样中所含肉毒毒素的大体毒力(LD/mL或LD/g)。例如，5倍、50倍及500倍稀释致动物全部死亡，而注射5000倍稀释液的动物全部存活，则可大体判定检样上清液所含毒素的毒力为1000～10000LD/mL。

(4)定型试验

按毒力测定结果，用明胶磷酸盐缓冲液将检样上清液稀释至所含毒素的毒力大体在10～1000LD/mL的范围，分别与各单型肉毒抗毒诊断血清等量混匀，37℃作用30min，各注射小白鼠2只，每只0.5mL，观察4d。同时以明胶磷酸盐缓冲液代替诊断血清，与稀释毒素液等量混合作为对照。能保护动物免于发病、死亡的诊断血清型即为检样所含肉毒毒素的型别。

(5)结果分析

食物中发现毒素，表明未经充分的加热处理，可能引起肉毒中毒。检出肉毒梭菌，但未检出肉毒毒素，不能证明此食物会引起肉毒中毒。肉毒中毒的诊断必须以检出食物中的肉毒毒素为准。

(6)注意事项

具体包括：①未经胰酶激活处理的检样毒素检出试验或确证试验若为阳性结果，则胰酶激活处理液可省略毒力测定及定型试验。

②为争取时间尽快得出结果，毒素检测的各项试验也可同时进行。

③根据具体条件和可能性，定型试验可酌情先省略C、D、F及G型。

④进行确证及定型等中和试验时，检样的稀释应参照所用肉毒素诊断血清的效价。

⑤试验动物的观察可按阳性结果的出现随时结束，以缩短观察时间；唯有出现阴性结果时，应保留充分的观察时间。

⑥典型的肉毒中毒，小白鼠会在4～6h内死亡，而且98%～99%的小白鼠会在12h内死亡，因此，试验前24h内的观察是非常重要的。24h后的死亡是可疑的，除非有典型的症状出现。

⑦如果小白鼠注射经1∶2或1∶5倍数稀释的样品后死亡，但注射更高稀释度的样品后未死亡，这也是非常可疑的现象，一般为非特异性死亡。

⑧小白鼠要用不会抹去的颜料加以标记。小白鼠的饲料与水必须及时添加、充分供应。

2.4.3　肉毒梭菌的检测与分离鉴定

肉毒梭菌检验方法的重点仍是产毒及毒素的检出试验，如要证实是否有肉毒梭菌存在，只要分离、培养、毒素鉴定即可。

1. 肉毒梭菌检测(增菌产毒培养试验)

取庖肉培养基3支，煮沸10～15min做如下处理：

第一支急速冷却，接种检样均质液1～2mL；第二支冷却至60℃，接种检样，继续于60℃保温10min后急速冷却；第三支接种检样，继续煮沸加热10min后急速冷却。

以上接种物于30℃培养5d，若无生长，可再培养10d。培养到期，若有生长，取培养液离心，以其上清液进行毒素检测试验，方法同2.4.2，阳性结果证明检样中有肉毒梭菌存在。

2. 分离培养

选取经毒素检测试验证实含有肉毒梭菌的前述增菌产毒培养物的沉淀物，加无菌生理盐水稀释至原体积（必要时可重复一次适宜的加热处理），取菌液划线接种卵黄琼脂平板，35℃厌氧培养48h。肉毒梭菌在卵黄琼脂平板上生长时，菌落及周围培养基表面覆盖特有的虹彩样（或珍珠层样）薄层，但G型菌无此现象。

根据菌落形态及菌体形态挑取可疑菌落，接种庖肉培养基，于30℃培养5d，进行毒素检测及培养特性检查确证试验。

毒素检测：试验方法同2.4.2。

培养特征检查：接种卵黄琼脂平板，分成2份，分别在35℃的需氧和厌氧条件下培养48h，观察生长情况及菌落形态。肉毒梭菌只有在厌氧条件下才能在卵黄琼脂平板上生长并形成具有上述特征的菌落，而在需氧条件下则不生长。

注意：为检出蜂蜜中存在的肉毒梭菌，蜂蜜检样需预温37℃（流质蜂蜜），或52～53℃（晶质蜂蜜），充分搅拌后立即称取20g，溶于100mL灭菌蒸馏水（37℃或52～53℃），搅拌稀释，以8000～10000r/min离心30min（20℃），沉淀，加灭菌蒸馏水1mL，充分摇匀，等分各半，接种庖肉培养基（8～10mL）各1支，分别在30℃及37℃下厌氧培养5d，按2.4.3进行肉毒毒素检测。

2.5 结果报告

详细记录实验过程和现象，判断样品中是否含有肉毒梭状芽孢杆菌。具体包括：

①食物中发现毒素，表明未经充分的加热处理，可能引起肉毒中毒。

②检出肉毒梭菌，但未检出肉毒毒素，不能证明此食物会引起肉毒中毒。

③肉毒中毒的诊断必须以检出食物中的肉毒毒素为准。

④中和试验可以为毒素定型。

注意：①肉毒中毒诊断。只要从检样（如食品、患者血清及粪便、创伤坏组织及渗出液等）中检出肉毒毒素予以定型，即可结束检验。报告1：证明检样中有或无某型肉毒毒素存在。肉毒中毒的直接致病因素为毒素，所以不必进行检出细菌的培养试验。

②增菌产毒培养。自然界的各种一般物质（如土壤、泥沙）基本上不可能含有肉毒毒素，不必直接进行毒素检测试验，而应从培养试验着手，然后根据产毒试验结果判断。报告2：证明检样中有或无某型肉毒毒素存在。

③分离培养。在一般情况下，没有必要从检样中分离纯的肉毒梭菌。基于特殊需要或目的分离纯菌株，须经产毒培养及毒素检测试验。报告3：证明所分离的菌株是否是某型肉毒梭菌。

2.6 检测培养基和试剂的配制

2.6.1 庖肉培养基

1. 成分

牛肉浸液	1000mL	磷酸二氢钠	5g

蛋白胨	30g	葡萄糖	3g
酵母膏	5g	可溶性淀粉	2g
碎肉渣	适量		

pH 7.8

2. 制法

①称取新鲜除脂肪和筋膜的碎牛肉 500g，加蒸馏水 1000mL 和 1mol/L 氢氧化钠溶液 25mL，搅拌煮沸 15min，充分冷却，除去表层脂肪，澄清，过滤，加水补足至 1000mL。加入除碎肉渣外的各种成分，校正 pH。

②碎肉渣经水洗后晾至半干，分装 15mm×150mm 试管约 2～3cm 高，每管加入还原铁粉 0.1～0.2g 或铁屑少许。将上述液体培养基分装至每管内超过肉渣表面约 1cm。上面覆盖溶化的凡士林或液体石蜡 0.3～0.4cm。121℃高压灭菌 15min。

2.6.2　卵黄琼脂培养基

1. 成分

(1)基础培养基

肉浸液	1000mL	氯化钠	5g
蛋白胨	15g	琼脂	25～30g

pH 7.5

(2)50%葡萄糖水溶液

(3)50%卵黄盐水悬液

2. 制法

制备基础培养基，分装每瓶 100mL。121℃高压灭菌 15min。临用时加热溶化琼脂，冷至 50℃，每瓶内加入 50%葡萄糖水溶液 2mL 和 50%卵黄盐水悬液 10～15mL，摇匀，倾注平板。

2.6.3　明胶磷酸盐缓冲液

1. 成分

明胶	2g	蒸馏水	1000mL
磷酸氢二钠	4g		

pH 6.2～6.8

2. 制法

明胶、磷酸氢二钠溶于蒸馏水，以盐酸调 pH 6.2～6.8，121℃蒸汽灭菌 15min。

思考题

1. 在食品中检出肉毒梭菌能否说明食物可引起食物中毒？

2. 在食品中检测肉毒梭菌及其毒素的过程中，应注意哪些事项？

3. 肉毒梭菌有无芽孢？它是需氧菌还是厌氧菌？

4. 肉毒梭菌引起的食物中毒是感染型还是毒素型食物中毒？两者有何区别？

【知识链接】

啤酒的历史

人类最早的酿酒记载出现在6000年前,记录这一活动的是苏美尔人。苏美尔位于底格里斯河和幼发拉底河流域,包括南美索布达米娅和古巴比伦城,也就是现在的伊拉克地区。

考古发现一个苏美尔人在4000年前使用的印章,上面描述了对酒神的赞美,这首赞美诗同时也是一个酿造啤酒的配方。在这个古代篆刻上面有用苏美尔语描述大麦的象形文字,包括大麦是如何焙烤、弄碎、加水成浆,最终制成一种可以让人兴奋的、感觉幸福的饮料。焙烤过的面包显然更容易储存和运输,可见那时的苏美尔人已经熟练掌握这个酿造过程了。

公元前2000年前,在苏美尔帝国消亡之后,巴比伦人成了这里的新统治者。巴比伦文明是从苏美尔文明中衍生出来的,巴比伦人对啤酒也非常推崇。历史学家考证后认为巴比伦人曾经酿造过20种以上的啤酒。

在古代,啤酒是一种苦涩的、混浊的、不过滤的酒精饮料。巴比伦汉谟拉比法典中规定了按照等级制度建立的啤酒配给制度。普通阶层允许每天两升啤酒,公仆可以允许三升啤酒,而僧侣和特权阶层则可以允许五升啤酒。在古巴比伦时期,啤酒通常要易物交换才能获得。后来,古埃及人延续了啤酒酿造的传统。他们采用未经焙烤的面包来酿造啤酒,并加入了红枣来改善口味。

其实世界上很多地方也都有早期的发酵酒。比如,我国西藏就有用青稞酿造的发酵酒,甚至在中东一些地区还有用骆驼奶酿造的酒。在埃及人之后学会酿造啤酒的是希腊和罗马人,且在葡萄酒没有成气候之前,啤酒一直是地中海地区最受欢迎的酒精饮料。但到了罗马帝国时期,葡萄酒成为了酒神巴克斯的饮料,而啤酒只能在葡萄不能种植的偏远地区才能酿造,古罗马人把啤酒看做野蛮人的酒。

德国是对啤酒酿造有突出贡献的国家,德国人酿造啤酒的最早记录出现在公元前800年的“铁器时代”。啤酒在这个时期是无法储存的,酒质混浊,也没有什么泡沫。早期文明认为啤酒具有一种超自然的力量,那种陶醉的感觉被认为是有神灵的,而喝下啤酒的人也就拥有了这种魔力。当然,古代德国人不仅仅把啤酒看做上帝的赏赐,他们也像古埃及人一样出于享乐而酿造啤酒。啤酒曾经在人类历史上扮演了非常重要的角色,它使得人类从游牧生活过渡到农耕。在那个时期啤酒还被认为是非常有价值的食物,而且工人们还可能得到用啤酒支付的工资。

啤酒花是直到公元9世纪才被引入德国的。早期的啤酒酿造者曾一度抵制使用啤酒花。最终,啤酒花成为啤酒酿造不可缺少的部分,也是啤酒酿造的重要属性。

啤酒在欧洲成为商品还是中世纪的事。今天,世界上几乎所有工业国家都生产啤酒,尤其是英国、德国、捷克和美国等国家。在历史上,古罗马皇帝查尔斯五世曾经非常支持啤酒酿造业;精通医术的鲁道夫二世也认为啤酒是一种有益于健康的饮料。从那时起,啤酒的酿造工艺就开始大步向前发展了。在中世纪,僧侣们对啤酒的酿造更是煞费苦心,因为他们希望有一种味道好、营养丰富的饮料来佐餐。在斋月里饮用啤酒对于崇尚简朴的僧侣们来说更为重要。僧侣们通常把啤酒销售给寺院的酒馆,然后用卖啤酒的钱把寺院建得规模宏大。当时的啤酒工艺基本都是僧侣们在黑暗中摸索提高的。

随着时间的流逝，啤酒出口成了大产业，出现了一些啤酒酿造中心。14世纪，汉堡成为辐射荷兰、英国和德国的啤酒酿造中心，那里有大约1500家啤酒厂。德国的啤酒行会甚至把啤酒销售到了印度。

为了保证啤酒的质量和信誉，德国巴伐利亚公爵维尔逊五世在1516年颁布了《德国啤酒纯净法》。这是有史以来第一部食品法规，在这个法案中规定啤酒的酿造只能使用大麦、啤酒花和纯净水。

法国的化学家巴斯特是微生物科学的创始人。巴斯特认为不同种群的微生物可以根据不同的营养要求和易感染程度通过特殊的技术加以分离。他发明了一种低温消毒方法，即巴氏消毒法。采用这种方法可以在短时间内对一些不耐高温的液体食品以不太高的温度进行杀菌，这种方法只针对无芽孢的肠道细菌。它的主要依据是无芽孢细菌在60～65℃的情况下只需15～30min就可以灭活。这种方法广泛应用于牛奶、啤酒和葡萄酒的杀菌。在这个温度下可以杀灭细菌但是营养不会被破坏，采用这种方法生产的啤酒又叫做“熟”啤酒。可以说，巴斯特对于欧洲的啤酒酿造产生了巨大的影响和贡献。

另外，对啤酒酿造起到革命性作用的还有两项发明，即瓦特的蒸汽机和卡尔的人工降温。实践证明要想酿造好啤酒就必须很好地控制温度，卡尔的发明，使啤酒也可以在夏天酿造了。

总之，啤酒作为一种发酵酒在人类发展史上扮演了非常重要的作用，啤酒的多样性是其最具魅力的地方。从美国和欧洲的啤酒发展史来看，啤酒作为低酒精发酵酒将与葡萄酒一样重新回到人们的生活中并占有前所未有的重要位置。在中国，啤酒厂的小型化或者说啤酒品种的多样化是非常重要的发展方向。

任务八　蜡样芽孢杆菌及其检测

知识目标

- 了解蜡样芽孢杆菌的生物学特征；
- 了解蜡样芽孢杆菌的致病机理；
- 了解蜡样芽孢杆菌的危害和控制方式；
- 掌握蜡样芽孢杆菌检测的基本原理。

能力目标

- 掌握蜡状芽孢杆菌的检测方法。

模块1　蜡样芽孢杆菌概述

在《Bergey氏鉴定细菌学手册》第8版中，蜡样芽孢杆菌的分类地位为芽孢杆菌属的第Ⅰ群，该群有22个种。根据营养型菌细胞的宽度分为五类，蜡样芽孢杆菌、蕈状芽孢杆菌、苏云金芽孢杆菌、炭疽芽孢杆菌和巨大芽孢杆菌属“大细胞菌种”。1950年，Hauge在对挪威奥斯陆某医院职工和病员进食甜食后引起的食物中毒研究中，首次明确指出蜡样芽孢杆菌的致病作用。

1.1　生物学特性

1.1.1　形态与染色特性

蜡样芽孢杆菌为革兰氏阳性大杆菌，大小为(1～1.3)μm×(3～5)μm，兼性需氧，形成芽孢，芽孢不突出菌体，菌体两端较平整，多数呈链状排列，与炭疽杆菌相似。引起食物中毒的菌株多为周鞭毛，有动力(见图8-1)。

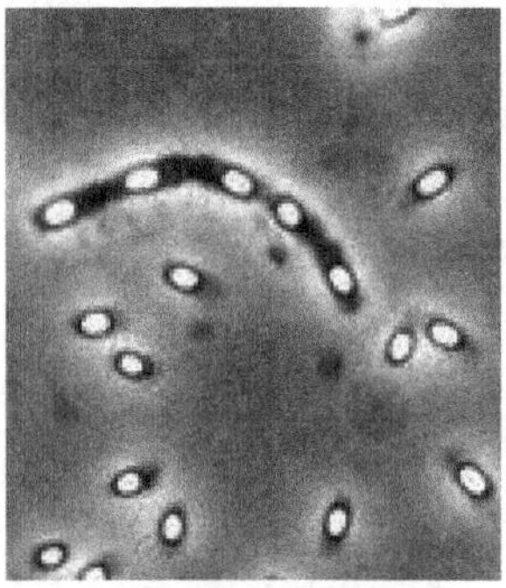

图8-1　蜡样芽孢杆菌电镜图

1.1.2　培养特性

蜡样芽孢杆菌生长温度为10～45℃，最佳温度28～35℃。在不同培养基上有不同的菌落形态：

①在普通肉汤中生长迅速，肉汤混浊，有菌膜或壁环，振摇易乳化。

②在普通琼脂上生成的菌落较大，直径3～10mm，灰白色、不透明，表面粗糙似毛玻璃状或融蜡状，边缘常呈扩展状。偶有产生黄绿色色素，有的菌株产生淡红褐色弥散性色素。

③在血琼脂平板上形成浅灰、不透明、似毛玻璃状的菌落。在菌落周围呈草绿色溶血，时间稍长及完全透明。

④在甘露醇卵黄多粘菌素(MYP)平板上，呈伊红粉色菌落，随着培养时间的延长则更明显。

1.1.3　生化特性

蜡样芽孢杆菌的生化特性及其与近缘菌的鉴别如表 8-1 所示。

表 8-1　蜡样芽孢杆菌的生化特性及其与近缘菌的鉴别

特　性	蜡样芽孢杆菌	苏云金杆菌	蕈状芽孢杆菌	炭疽杆菌	巨大芽孢杆菌
革兰氏染色	＋a	＋	＋	＋	＋
过氧化氢酶	＋	＋	＋	＋	＋
动力	＋/－b	＋/－	－c	－	＋/－
硝酸盐还原	＋	＋/－	＋	＋	－d
分解酪氨酸	＋	＋	＋/－	－d	＋/－
抗溶菌酶	＋	＋	＋	＋	－
卵黄反应	＋	＋	＋	＋	－
厌氧利用葡萄糖	＋	＋	＋	＋	－
V-P 反应	＋	＋	＋	＋	-
甘露醇产酸	－	－	－	－	＋
溶血(羊红细胞)	＋	＋	＋	－d	－
已知致病特性	产肠毒素	晶体内毒素 对昆虫致病	根状生长	人畜共患	

注:“＋a”表示 90％～100％菌株是阳性;“＋/－b”表示 50％菌株是阳性;“－c”表示 90％～100％菌株是阴性;“－d”表示绝大多数菌株是阴性。

1.1.4　抵抗力

蜡样芽孢杆菌耐热,其 37℃ 1h 的肉汤培养物的 D_{80} 值(在 80℃时使细菌数减少 90％所需的时间)约为 10～15min;使肉汤中细菌(2.4×10^{7}cfu/mL)转为阴性需 100℃ 20min。其游离芽孢能耐受 100℃ 30min,而干热灭菌需 120℃ 60min 才能杀死。本菌对氯霉素、红霉素和庆大霉素敏感;耐受青霉素、磺胺噻唑和呋喃西林。

1.2　蜡样芽孢杆菌食物中毒

1.2.1　流行病学调查

蜡样芽孢杆菌在自然界分布广泛,常存在于土壤、灰尘和污水中,植物和许多生熟食品中常见。已从多种食品中分离出该菌,包括肉、乳制品、蔬菜、鱼、土豆、酱油、布丁、炒米饭以及各种甜点等。

在美国,炒米饭是引发蜡样芽孢杆菌呕吐型食物中毒的主要原因;在欧洲大都由甜点、肉饼、色拉和奶、肉类食品引起;在我国主要与受污染的米饭或淀粉类制品有关。

蜡样芽孢杆菌作为一种食源性疾病的报道较多,在各种食品中的检出率也较高,如 1982 年日本名古屋所采 1641 份食品样品中,有 193 份检出了该菌,阳性率为 11.8％;1984 年我国有关单位对南京市所采 211 份食品样品中,有 81 份检出了该菌,阳性率为 38.4％。

蜡样芽孢杆菌食物中毒通常以夏秋季(6～10 月)最高。引起中毒的食品常于食前由于保存温度不当,放置时间较长或食品经加热而残存的芽孢以生长繁殖的条件,因而导致中毒。中毒的发病率较高,一般为 60％～100％。但也有在可疑食品中找不到蜡样芽孢杆菌而引起食物中毒的情况，一般认为是由于蜡样芽孢杆菌产生的热稳定毒素所致。1985 年 9 月，美国缅因州的健康局报道了在一家日本餐馆发生了食物中毒而导致的胃肠炎事件，经调查所有的食品其加工和储藏都是规范的，仅用剩饭制作的炒饭其是冷藏储放还是在室温放置说不清楚，在炒饭中虽然找不到活的蜡样芽孢杆菌，但是完全可能存在重新加热过程中消除了活菌而没有破坏热稳定毒素的可能性。

1.2.2 致病性

蜡样芽孢杆菌引起食物中毒是由于该菌产生肠毒素。它产生两种性质不同的代谢物，引起腹泻型综合征的是一种大分子量蛋白；而引起呕吐型综合征的被认为是一种小分子量、热稳定的多肽。

致呕吐型综合征的肠毒素至今尚未提纯，致腹泻型综合征的肠毒素已提纯，其纯化的肠毒素分子量为$(5.5\sim6.0)\times10^3$。致腹泻的肠毒素能使小白鼠致死。

1.2.3 中毒症状

当摄入的食品其蜡样芽孢杆菌数量达$>10^6$ 个/g 时常可导致食物中毒。

蜡样芽孢杆菌食物中毒在临床上可分为呕吐型和腹泻型两类。呕吐型的潜伏期为 0.5～6h，中毒症状以恶心、呕吐为主，偶尔有腹痉挛或腹泻等症状，病程不超过 24h，这种类型的症状类似于由金黄色葡萄球菌引起的食物中毒。腹泻型的潜伏期为 6～15h，症状以水泻、腹痉挛、腹痛为主，有时会有恶心等症状，病程约 24h，这种类型的症状类似于产气荚膜梭菌引起的食物中毒。蜡样芽孢杆菌腹泻和呕吐毒素的性状如表 8-2 所示。

表 8-2 蜡样芽孢杆菌腹泻和呕吐毒素的性状

性状	腹泻毒素	呕吐毒素
分子量	$(5.5\sim6.0)\times10^3$	<5000
稳定性	56℃ 5min、pH3 或 pH11 2h 毒性消失	115℃ 10min、pH2 或 pH11 2h 毒性残存
活性	致猴腹泻，对胰蛋白酶敏感	致猴呕吐，对胃蛋白酶、胰蛋白酶耐受
抗原性	特异性抗体中和试验阳性	无抗原性

1.2.4 预防与控制

具体措施如下：

①本菌在 15℃以下不繁殖，营养丰富、水分含量较高适宜于细菌生长的食品，必须注意冷藏。米饭熟后，或维持在 63℃以上，或迅速冷却。烹调必须充分加热，使之灭菌。

②熟食不宜放置过久，不宜在温热情况(25～45℃)下保存。蜡样芽孢杆菌繁殖至中毒菌量需要一定的温度和时间，因此缩短熟食的放置时间颇为重要。

③搞好环境卫生，保持厨房整洁，消灭昆虫以及在食品加工、储运和销售过程中做好防尘、防虫工作，以控制污染源和减少本菌的污染。

④严格食品从业人员认真执行卫生法规，以防止通过工作人员造成本菌的中毒流行。

模块 2 蜡样芽孢杆菌的检测

2.1 设备和材料

除微生物实验室常规灭菌用培养设备外，所需其他设备和材料如下所示。冰箱：0～

4℃；恒温培养箱：(36±1)℃；恒温水浴：(46±1)℃；显微镜；均质器及无菌均质袋、均质杯或灭菌乳钵；天平；可调式电炉；无菌平皿(直径 90mm)；灭菌吸管：容量 1mL 和 10mL，具 0.1mL 刻度；试管灭菌试管：13mm×100mm、18mm×200mm；无菌锥形瓶：500mL；载玻片；酒精灯；玻璃珠：直径 5～6mm；菌落计数器；厌氧培养装置；L 形玻璃棒；接种针；接种环：直径 3mm；试管架；灭菌手术剪、镊子；酒精棉球；记录纸；玻璃蜡笔等。

2.2　培养基和试剂

具体包括：甘露醇卵黄多粘菌素琼脂(MYP)、胰酪胨大豆多粘菌素肉汤、酚红葡萄糖肉汤、硝酸盐肉汤、营养琼脂、L-酪氨酸营养琼脂、溶菌酶营养肉汤、改良 V-P 培养基、动力培养基、胰酪胨大豆羊血琼脂(TSSB)；Butterfield 氏磷酸盐缓冲稀释液、亚硝酸盐试剂、V-P 试剂、碱性复红染色液、革兰氏染色液、生理盐水、甲醇、蒸馏水等。

2.3　检测程序

蜡样芽孢杆菌检验程序如图 8-2 所示。

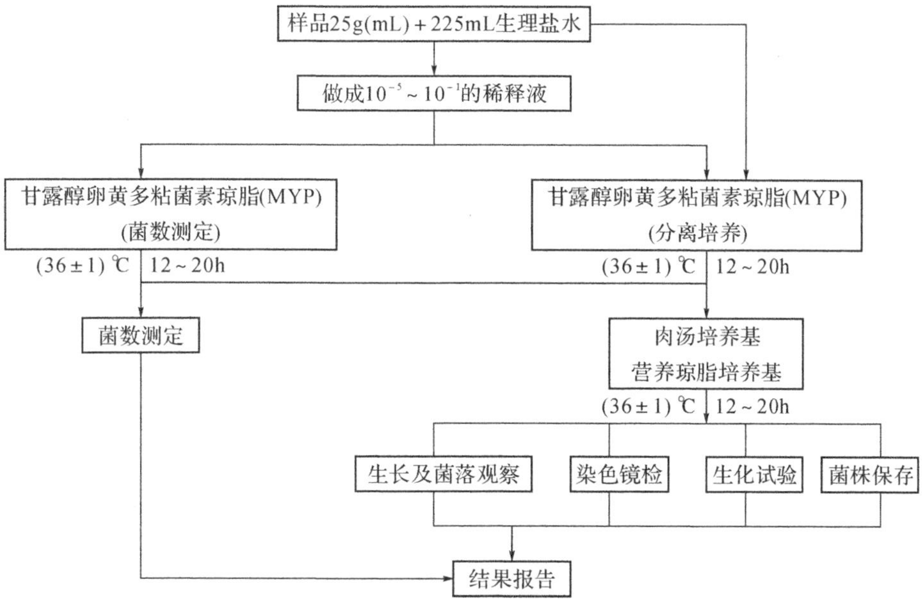

图 8-2　蜡样芽孢杆菌检测程序

2.4　操作步骤

2.4.1　样品的保存和送检

待检样品应保持在 6℃以下运送并尽可能不使其冷冻。送达实验室后，应保存于 4℃并尽快进行检验。如在 4d 内不能进行检验，应将样品储存在－20℃，检验前再于室温下解冻。脱水食品可在常温下送检和储存。

2.4.2　样品制备

具体包括：①以无菌操作用灭菌刀、剪将样品剪碎。称取 25g 放于无菌均质杯中。

②加 225mL 无菌生理盐水或磷酸盐缓冲液稀释液于均质杯中以 18000～20000r/min 均质 2min，制成 1∶10 样品稀释液。

③取 1∶10 稀释液 10mL 加到含有 90mL 无菌生理盐水或无菌磷酸盐缓冲液的稀释瓶

中,充分混匀制成1∶100的稀释液。

④每个稀释度换用1支10mL灭菌吸管,按上述操作程序进行10倍递增稀释直至10^{-5}。

2.4.3 菌数测定

(1)平板计数法

具体包括:①取各稀释液0.1mL接种到甘露醇卵黄多粘菌素琼脂(MYP)平板上。用灭菌L形玻璃棒均匀涂布于整个琼脂表面。每个稀释度接种两个甘露醇卵黄多粘菌素琼脂(MYP)平板。

②将平板置于(36±1)℃培养12～20h。

③选取具有30个左右典型或可疑蜡样芽孢杆菌菌落的平板,进行计数。并计算同一稀释度两个平板的平均菌落数。蜡样芽孢杆菌在MYP琼脂平板上生成的菌落为微粉红色(表示不发酵甘露醇),随着培养时间的延长则更明显,菌落周围环绕产生乳白色卵磷脂酶沉淀环。如反应不典型,可继续培养24h再计数。

④计数后,从每个平板至少选取5个已计数的菌落分别接种于营养琼脂斜面,于(36±1)℃培养12～20h,供蜡样芽孢杆菌证实试验用。

⑤根据证实试验确定为蜡样芽孢杆菌的菌落数,按比例计算出该皿内的蜡样芽孢杆菌菌落数,然后乘其稀释倍数再乘以10,即得1g样品所含蜡样芽孢杆菌数并作出报告。

【例8-1】 将检样10^{-4}稀释液0.1mL涂布于MYP琼脂平板上,生成的可疑菌落数为25个,取5个进行鉴定,证实为蜡样芽孢杆菌的是4个,则1g样品中蜡样芽孢杆菌数为:$25\times4/5\times10^{4}\times10=2\times10^{6}$。

(2)最近似值(MPN)法

适用于污染蜡样芽孢杆菌数不大于10^{3}个/g的食品。具体步骤如下:

①选用三管法MPN系列。取10^{-1}、10^{-2}、10^{-3}三种稀释液,每种稀释液接种3管胰酪陈大豆多粘菌素肉汤,每管接种1mL。置于(36±1)℃培养18～24h。

②从长菌的试管取培养物划线接种到MYP琼脂平板上。置(36±1)℃培养12～20h。

③从MYP琼脂平板上挑取粉红色绕有沉淀环的单个菌落,接种营养琼脂斜面,置(36±1)℃培养12～20h,供做证实试验。

④根据证实试验确定为蜡样芽孢杆菌的管数,由表8-3计算蜡样芽孢杆菌的MPN/g,并作出报告。

表8-3 1g(mL)检样中蜡样芽孢杆菌群最大可能数(MPN)检索表

阳性管数			MPN	95%置信区间		阳性管数			MPN	95%置信区间	
0.1	0.01	0.001		下限	上限	0.1	0.01	0.001		下限	上限
0	0	0	<3.0	—	9.5	2	2	0	21	4.5	42
0	0	1	3.0	0.15	9.6	2	2	1	28	8.7	94
0	1	0	3.0	0.15	11	2	2	2	35	8.7	94
0	1	1	6.1	1.2	18	2	3	0	29	8.7	94
0	2	0	6.2	1.2	18	2	3	1	36	8.7	94
0	3	0	9.4	3.6	38	3	0	0	23	4.6	94

续表

阳性管数			MPN	95%置信区间		阳性管数			MPN	95%置信区间	
0.1	0.01	0.001		下限	上限	0.1	0.01	0.001		下限	上限
1	0	0	3.6	0.17	18	3	0	1	38	8.7	110
1	0	1	7.2	1.3	18	3	0	2	64	17	180
1	0	2	11	3.6	38	3	1	0	43	9	180
1	1	0	7.4	1.3	20	3	1	1	75	17	200
1	1	1	11	3.6	38	3	1	2	120	37	420
1	2	0	11	3.6	42	3	1	3	160	40	420
1	2	1	15	4.5	42	3	2	0	93	18	420
1	3	0	16	4.5	42	3	2	1	150	37	420
2	0	0	9.2	1.4	38	3	2	2	210	40	430
2	0	1	14	3.6	42	3	2	3	290	90	1000
2	0	2	20	4.5	42	3	3	0	240	42	1000
2	1	0	15	3.7	42	3	3	1	460	90	2000
2	1	1	20	4.5	42	3	3	2	1100	180	4100
2	1	2	27	8.7	94	3	3	3	>1100	420	—

注:①本表采用3个稀释度[0.1g(0.1mL)、0.01g(0.01mL)和0.001g(0.001mL)],每个稀释度接种3管。

②表内所列检样量如改用1g(1mL)、0.1g(0.1mL)和0.01g(0.01mL)时,表内数据应相应降低10倍;如改用0.01g(0.01mL)、0.001g(0.001mL)和0.0001g(0.0001mL)时,表内数据应相应增高10倍,其余类推。

2.4.4 分离培养

从MYP琼脂平板上挑取5个或更多的伊红粉色、卵磷脂酶阳性的菌落,移种到营养琼脂斜面上,置(36±1)℃培养12～20h。再用3mm直径的接种环取培养物到装有0.5mL灭菌生理盐水或磷酸缓冲稀释液的13mm×100mm试管中,充分混悬均匀,用于下列试验。

2.4.5 证实试验

(1)形态观察

取营养琼脂斜面培养物,做革兰氏染色镜检。蜡样芽孢杆菌为革兰氏阳性大杆菌,呈短链或长链,芽孢呈椭圆形位于菌体中央或偏端,不使菌体胀大。

(2)培养特性

本菌在肉汤中生长混浊,常微有菌膜或壁环,振摇易乳化。在琼脂平板上生成的菌落不透明,表面粗糙,似毛玻璃状或融蜡状,边缘不齐。

(3)生化性状

①葡萄糖发酵试验。接种于酚红葡萄糖肉汤中,厌氧条件下36℃培养24h。培养基应由红色变为黄色(表明本菌在厌氧条件下分解葡萄糖产酸)。

②硝酸盐还原试验。接种于硝酸盐肉汤中，36℃培养 24h。加硝酸盐试剂后应为阳性反应(红色)。

③V-P 试验。接种于改良 V-P 培养基中，36℃培养 48h。加 V-P 试剂及肌酸数粒，静止 1h，应为阳性反应(伊红色)。

④L-酪氨酸分解试验。接种于 L-酪氨酸琼脂培养基上，36℃培养 48h，阳性反应菌落周围培养基应出现澄清透明区(表示产生酪蛋白酶)。阴性时应继续培养 72h 再观察。

⑤溶菌酶试验。用直径 3mm 接种环取纯菌悬液一环，接种于溶菌酶肉汤中，36℃培养 24h。该菌在本培养基(含 0.001%的溶菌酶)中能生长。如出现阴性反应，应继续培养 24h。

⑥卵磷脂酶试验。接种于 MYP 琼脂平板上，36℃培养 24h。阳性反应菌落周围应出现沉淀环(表示产生卵磷脂酶)。

(4)蜡样芽孢杆菌与类似菌的鉴别试验

蜡样芽孢杆菌的生化特性及其与近缘菌的鉴别如表 8-1 所示。

①动力试验。用接种针挑取培养物穿刺接种于动力培养基中，36℃培养 24h。有动力蜡样芽孢杆菌应沿穿刺线呈扩散生长，而蕈状芽孢杆菌常常呈绒毛状生长，形成所谓的蜂巢状扩散。也可用悬滴法检查。蜡样芽孢杆菌和苏云金芽孢杆菌通常运动极为活泼，而炭疽杆菌则不运动。

②根状生长试验。用接种环取培养物接种于营养琼脂平板上，36℃培养 18～24h。蜡样芽孢杆菌群的多数菌株形成粗糙的似毛玻璃状或融蜡状的菌落。其中唯独蕈状芽孢杆菌形成根状生长的特征。

③溶血试验。取培养物接种于胰酪胨大豆羊血琼脂平板上，36℃培养 24h。蜡样芽孢杆菌落周围呈现β型完全溶血的溶血环。苏云金芽孢杆菌和蕈状芽孢杆菌呈现弱的溶血现象，而炭疽芽孢杆菌通常为不溶血。

④蛋白质结晶毒素试验。取经 36℃培养 24h 并于室温放置 2～3d 的营养琼脂培养物少许于载玻片上，滴加蒸馏水混涂成薄膜。经自然干燥，微火固定后，于涂膜加甲醇 0.5min 后倾掉，再通过火焰干燥，于载片上滴满 0.5%碱性复红液，放火焰上加热微见蒸气(勿使染液沸腾)后持续 1.5min，移去火焰，使载片放置 0.5min 再倾去染液。用洁净自来水彻底清洗、晾干、镜检。观察有无游离芽孢和染成黑色的菱形毒素结晶体。如发现游离芽孢形成得不丰富，应将培养物置室温 2～3d 再行检查。苏云金芽孢杆菌用此法检测为阳性，而蜡样芽孢杆菌群及其他菌种则为阴性。

2.5 结果报告

符合蜡样芽孢杆菌群的特征，有活泼的动力，很强的溶血能力，不形成根状生长和不产生蛋白结晶毒素，可报告为蜡样芽孢杆菌。对偶尔遇到的一些少数可疑菌株，可以根据需要进行其他试验，如青霉素酶、噬菌体试验等。

2.6 蜡状芽孢杆菌检测培养基和试剂的配制

2.6.1 甘露醇卵黄多粘菌素琼脂培养基(MYP)

1. 成分

牛肉膏	1g	酚红	0.025g(配成溶液加入)
蛋白胨	10g	蒸馏水	稀释至 900mL

D-甘露醇	10g	50%卵黄液	50mL
氯化钠	10g	多粘菌素 B	100IU/mL
琼脂	15g		

2. 制法

将牛肉膏、蛋白胨、D-甘露醇、氯化钠和琼脂5种成分加入蒸馏水中加热溶解，校正pH至7.2±0.1，加入酚红溶液，混匀后分装烧瓶中，每瓶225mL。121℃高压灭菌15min。用时加热溶化，冷至50℃后每瓶加入50%卵黄液12.5mL和2.5mL多粘菌素B溶液，混匀后倾注灭菌平皿，每皿15～18mL。用前应将平板置室温约24h。

注：①50%卵黄液制法，即取鲜鸡蛋，用硬刷将蛋壳彻底洗净，沥干，放于70%酒精溶液中浸泡1h。以无菌操作取出卵黄，加入等量灭菌生理盐水，混匀后备用。

②多粘菌素B溶液制法，即在50mL灭菌蒸馏水中溶解500000 IU/mL的无菌硫酸盐多粘菌素B。

2.6.2 胰酪胨大豆多粘菌素肉汤

1. 成分

胰酪胨	17g	氯化钠	5g
植物胨	3g	磷酸氢二钾	2.5g
葡萄糖	2.5g	蒸馏水	稀释至1000mL

pH 7.3±0.1

2. 制法

将上述各成分溶解在蒸馏水中，煮沸2min，分装大试管，每管15mL，121℃高压灭菌15min。临用时每管加入0.5%多粘菌素B溶液0.1mL混匀即可。

注：多粘菌素B溶液，即在33.3mL灭菌蒸馏水中溶解500000国际单位无菌硫酸盐多粘菌素B。

2.6.3 酚红葡萄糖肉汤

1. 成分

脲胨	10g	氯化钠	5g
牛肉膏	1g	酚红	0.018g(配成溶液加入)
葡萄糖	5g	蒸馏水	稀释至1000mL

pH 7.4±0.1

2. 制法

将除酚红外的各成分溶解于蒸馏水并稀释至1000mL。校正pH后加入酚红溶液，混匀，分装试管，每管3mL。121℃高压灭菌10min备用。最终pH 7.4±0.1。

2.6.4 硝酸盐肉汤

1. 成分

牛肉膏	3g	硝酸钾	1g
蛋白胨	5g	蒸馏水	稀释至1000mL

pH 7±0.1

2. 制法

将上述各成分溶解于蒸馏水并稀释至1000mL。校正pH后分装试管，每管5mL，

121℃高压灭菌15min。

2.6.5 营养琼脂(NA)

1. 成分

牛肉膏	3g	琼脂	15～20g
蛋白胨	5g	蒸馏水	稀释至1000mL

pH 7.2±0.1

2. 制法

将除琼脂以外的各成分溶解于蒸馏水内，加入15%氢氧化钠溶液约2mL，校正pH 7.2±0.1。加入琼脂，加热煮沸，使琼脂溶化。分装试管，每管5～7mL；或分装烧瓶，每瓶100～150mL。121℃高压灭菌15min。将试管取出，制成斜面；如制平板，可将灭菌的琼脂冷至45～50℃倾注灭菌平皿，每皿18～20mL。

此培养基可供一般细菌培养之用。如用于菌落计数，琼脂量为1.5%；如做成平板或斜面，则应为2%。

2.6.6 L-酪氨酸营养琼脂

1. 成分

营养琼脂	100mL	5%灭菌L-酪氨酸悬液	10mL

2. 制法

将100mL营养琼脂溶化，冷至45℃，加入5%的灭菌L-酪氨酸悬液10mL，充分混匀后，分装试管，每管3.5mL。制成的斜面应迅速冷却防止L-酪氨酸分离而出。

注：L-酪氨酸悬液制法，即将0.5g酪氨酸加10mL蒸馏水混匀，121℃高压灭菌15min。

2.6.7 溶菌酶营养肉汤

1. 成分

牛肉膏	3g	蒸馏水	稀释至1000mL
蛋白胨	5g	0.1%溶菌酶溶液	10mL

pH 6.8±0.1

2. 制法

将上述成分(溶菌酶溶液除外)溶解于蒸馏水并稀释至1000mL。校正pH后，分装于烧瓶中，每瓶99mL。121℃高压灭菌15min。于每瓶中加入0.1%溶菌酶溶液1mL，混匀后分装灭菌试管，每管2.5mL。

注：溶菌酶溶液，即在65mL灭菌的0.1mol/L盐酸中加0.1g溶菌酶。煮沸20min溶解后，再用灭菌的0.1mol/L盐酸稀释至100mL。

2.6.8 改良V-P培养基

1. 成分

脲蛋白胨	7g	氯化钠	5g
葡萄糖	5g		

pH 6.5±0.1

2. 制法

将上述各成分溶解于蒸馏水并稀释至1000mL。校正pH后分装试管，每管5mL。121℃高压灭菌10min备用。

2.6.9　动力培养基

1. 成分

胰酪胨	10g	磷酸氢二钠	2.5g
酵母膏	2.5g	琼脂	3g
葡萄糖	5g	蒸馏水	稀释至1000mL

pH 7.4±0.2

2. 制法

将上述各成分于蒸馏水加热溶解并稀释至1000mL。校正pH后，分装试管，每管2mL。121℃高压灭菌10min备用。

2.6.10　胰酪胨大豆羊血琼脂(TSSB)

1. 成分

胰酪胨	15g	氯化钠	5g
植物胨	5g	蒸馏水	稀释至1000mL
琼脂	15g		

pH 7±0.2

2. 制法

将上述各成分于蒸馏水中加热溶解。校正pH后，分装烧瓶，每瓶100mL。121℃高压灭菌15min。水浴中冷至45～50℃加入5mL无菌脱纤维羊血，混匀后倾注平板，每皿18～20mL。

2.6.11　Butterfield氏磷酸盐缓冲稀释液

在500mL蒸馏水中溶解磷酸二氢钾34g，用1mol/L氢氧化钠溶液约175mL校正pH至7.2，再用蒸馏水稀释至1000mL，制成储存液于冰箱中储存。取原液1.25mL，用蒸馏水稀释至1000mL。分装试管，每管90mL，121℃高压灭菌15min。

2.6.12　亚硝酸盐试剂

具体包括：①试剂A，即将对氨基苯磺酸8g，溶解于5mol/L乙酸1000mL中。

②试剂B，即将α-萘酚2.5g溶解于5mol/L乙酸1000mL中。

③试验方法，即将培养物接种于硝酸盐肉汤中，36℃培养24h。加硝酸盐试剂后，阳性反应者呈红色。

2.6.13　V-P试剂

具体包括：①5%α-萘酚溶液，即取α-萘酚5g溶解于100mL无水乙醇中。

②40%氢氧化钾溶液，即将氢氧化钾40g于蒸馏水中溶解并稀释至100mL。

③肌酸结晶

④试验方法，即将培养物接种于改良V-P培养基中，36℃培养48h。取1mL培养物转放到一个试管内，加0.6mL 5%α-萘酚溶液，摇动。加0.2mL 40%氢氧化钾溶液，摇动。随意加一点肌酸结晶，静止1h后观察结果。阳性结果呈伊红色(粉红色)。

2.6.14　碱性复红染色液

取碱性复红0.5g溶解于20mL乙醇中，再用蒸馏水稀释至100mL，滤纸过滤后储存备用。

思考题

1. 引起蜡样芽孢杆菌食物中毒的常见食物有哪些？什么条件下可引起蜡样芽孢杆菌食物中毒？

2. 蜡样芽孢杆菌的形态与染色特性如何？

3. 蜡样芽孢杆菌在普通营养琼脂和甘露醇卵黄多粘菌琼脂平板上生长的菌落特征如何？

【知识链接】

单克隆抗体及生物导弹

我们现在将要看到的是动物细胞工程中最重要的，也是现代生物技术的重要支柱之一——淋巴细胞杂交瘤技术。它的产生导致了医学免疫学的一场革命，对我们人类的健康产生了重要影响。

我们每个人都接种过疫苗，如肝炎疫苗，它会使我们获得抵御肝炎病毒的能力。原理是什么呢？想想看，我们人类生活在十分复杂的大自然中，每天通过呼吸、进食，还有其他一些途径把许多有害的东西带进体内，我们随时受到细菌、病毒之类敌人的侵扰，可是我们生病的时候毕竟是少数，这是因为我们人类在长期的进化过程中形成了一套防御敌人、保护自我的免疫系统。当遇到敌人(除了病原菌之外，还有体内的一些叛乱分子，如肿瘤细胞)进攻的时候，免疫系统会调集各种精兵强将来进行一番抵抗，当这种抵抗发挥效力的时候，我们就能逃离病魔的威胁。当然，有时敌人太强大，免疫系统相对较弱，敌人就会得逞。

接种病苗的目的，就是要加强我们的防御系统，刺激免疫系统准备好对付敌人的强大武器，一旦敌人来犯就消灭它们。导致我们生病的坏分子，称之为抗原，用来对付它的武器就是抗体。人和动物体内都会产生一些针对抗原物质的抗体。

人体内有一种特殊的细胞群体——B 型淋巴细胞，它是专门产生抗体的地方。它们可以产生数以百万计的抗体蛋白质。实际上，每一个 B 型淋巴细胞都能分泌一种特异的抗体蛋白质，因此要想制备专门对付一种敌人的抗体，就必须从单个细胞出发，即实现单个细胞的克隆。

然而，动物细胞不像植物细胞那样，很容易实现单个细胞的无限增殖，因此一个 B 型淋巴细胞在体外培养的条件下，并不能够变成许许多多和它一样的细胞群体，但不要紧，现在科学家们已经借助于细胞杂交技术，对它进行了一番遗传改造，使它具备了在体外无限增殖的本领。

肿瘤细胞一旦被激活，就会在我们的体内无限增殖，形成肿瘤，威胁人的健康。但肿瘤细胞的这种特性，却在实现单个细胞的克隆即制备单克隆抗体上派上了用场。

1975 年，是细胞工程取得重大突破的一年，两位英国科学家成功地实现了 B 淋巴细胞和肿瘤细胞的融合，形成的杂种细胞继承了双亲的遗传特征，既具有肿瘤细胞无限增殖的特性，又能够合成分泌特异性抗体，从而成功地解决了从单个 B 型淋巴细胞制备单克隆抗体的技术难题，也象征着现代生物技术取得了又一重大战果。两位英国科学家因此获得了 1984 年度的诺贝尔奖。

淋巴细胞杂交瘤技术体系的建立，为人类对付疾病提供了好办法。单克隆抗体可充当生物体内一名经过特殊训练的士兵，生平只对付一种敌人。它的识别能力很强，专门从众多的目标中捕捉到自己的攻击目标，即具有很强的特异性。在疾病诊断和治疗上，可以很好地发挥它的优势。

单克隆抗体不仅具有特异性强的特点，而且具有质地统一、反应灵敏、可标准化操作等明显的优越性。它可以代替传统的临床诊断方法，从而大大加快临床诊断速度。通过病原性抗原（如致病病毒、细菌、癌表面抗原）与抗体之间的特异性反应，可迅速确诊人是否患了某种疾病。不仅可用于病毒性疾病、细菌性疾病、性病、寄生虫病、肿瘤等疾病的诊断，而且还可以用于免疫缺陷症诊断，早孕检测，妇女内分泌疾病、心血管疾病等的诊断。

单克隆抗体的另一重要贡献是可以充当生物导弹，我们知道，导弹是长了眼睛的武器运输工具，能击中事先被人选中的目标。单抗的作用就好比导弹，因为它能准确识别我们体内的敌人。但如同导弹本身具有一定的杀伤力，而往往不能置敌人于死地一样，单抗本身对病原的攻击力量也是不够的，尤其是对于像癌细胞这样繁殖极快的顽固分子，需要像导弹一样组装上杀伤力强的弹头，比如说抗癌药物。这样既避免了药物对病灶的针对性差、需要使用大剂量、容易产生副作用的弊端，又弥补了单抗杀伤力弱的缺陷，使药效成倍提高。作为生物导弹的单抗，很有希望成为对付诸如癌症这样的顽症的有力武器。

单抗的出现，虽然仅有20多年的时间，但发展很快。英国、美国、日本等国家已有100多种单抗试剂在市场上销售，目前的年产值已有几十亿美元。除了用于医学之外，单抗的应用范围还扩大到农业、工业、基础研究、环境保护与食品检测、蛋白提纯、优生优育等各个方面。随着科学的发展，单抗及其相关的技术，必将显示出更大的威力。

任务九　志贺氏菌及其检测

知识目标

- 了解志贺氏菌的生物学特征；
- 了解志贺氏菌的致病机理；
- 了解志贺氏菌的危害和控制方式；
- 掌握志贺氏菌检测的基本原理。

能力目标

- 掌握志贺氏菌的检测方法。

模块1　志贺氏菌概述

志贺氏菌属的细菌(通称痢疾杆菌)，是细菌性痢疾的病原菌。本属包括痢疾志贺氏菌(10个血清型)、福氏志贺氏菌(6个血清型，其中1～5又可分为两个亚型，还有x、y两个变种)、鲍氏志贺氏菌(18个血清型)和宋内志贺氏菌(1个血清型)，共4群44个血清型(包括亚型)。4群均可引起痢疾，它们的主要致病特点是侵袭结肠黏膜的上皮细胞，引起自限性化脓性感染病灶。

人类对痢疾杆菌有很高的易感性。在幼儿可引起急性中毒性菌痢，死亡率甚高。所以在食物和饮用水的卫生检验时，常以是否有志贺菌作为指标。除运动力与生化反应外，志贺菌的进一步分群分型有赖于血清学试验。

1.1　生物学特性

1.1.1　形态与染色特性

志贺氏菌属细菌的形态与一般肠道杆菌无明显区别，为革兰氏阴性短小杆菌(见图9-1)，长2～3μm，宽0.5～0.7μm。不形成芽孢，无荚膜，有菌毛。长期以来人们认为志贺氏菌无鞭毛、无运动。最近重新分离志贺氏菌，电子显微镜证实有鞭毛、有动力。

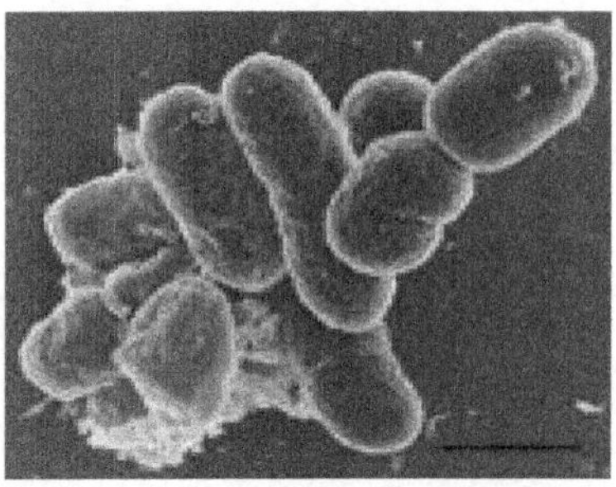
图9-1　志贺氏菌电镜图

1.1.2　培养特性

本菌需氧或兼性厌氧，对营养要求不高，在普通培养基上生长良好，形成半透明光滑型菌落。最适生长温度为37℃，最适pH为6.4～7.8。在不同培养基上有不同的菌落形态：

①普通培养基。37℃培养18～24h后，菌落呈圆形、微凸、光滑湿润、无色、半透明、边缘整齐，直径约2mm，宋内志贺氏菌菌落一般较大，较不透明，并常出现扁平的粗糙型菌落。

②SS琼脂。菌落形态和沙门氏菌相似，为无色半透明中等大或较小的菌落，边缘整齐、

光滑、稍隆起。由于志贺氏菌不产生硫化氢，故在 SS 琼脂培养基上的菌落中心不形成黑色。

③普通肉汤。在液体培养基中呈均匀浑浊生长，无菌膜形成。

1.1.3　生化特性

本菌属都能分解葡萄糖，产酸不产气。大多不发酵乳糖，仅宋内志贺氏菌迟缓发酵乳糖。氧化酶、蔗糖、肌醇、卫矛醇、鼠李糖、本焦糖、尿酶、V-P 试验、枸橼酶盐、苯丙氨酸脱氨酶、赖氨酸脱羧酶、鸟氨酸脱羧酶、精氨酸、明胶均为阴性；硝酸盐还原，甲基红、甘露醇、靛基质均为阳性。志贺氏菌的基本生化特性如表 9-1 所示。

表 9-1　志贺氏菌的基本生化特性

项　目	生化特性	项　目	生化特性	项　目	生化特性
葡萄糖产气	—①	靛基质	d	在氰化钾中生长	—
乳糖	—②	甲基红	＋	苯丙氨酸脱氨酶	—
蔗糖	—/＋	V-P	—	丙二酸钠	—
甘露醇	d	柠檬酸铵	—	赖氨酸脱羧酶	—
卫矛醇	d	葡萄糖胺	—	精氨酸脱羧酶	—
水杨苷	—	硫化氢	—	鸟氨酸脱羧酶	—
侧金盏花醇	—	尿素酶	—	动力	—
肌醇	—	明胶液化	—		

注：①福氏志贺菌 6 型可产生微量气体；②宋内志贺氏迟缓分解乳糖。“＋”表示阳性；“—”表示阴性；“d”表示不同的生化型；“—/＋”表示多数阴性，少数阳性。

根据志贺氏菌属的细菌对甘露醇分解能力不同，可分为两大组。

①不分解甘露醇组，主要为志贺氏痢疾菌。又根据能否产生靛基质，进一步分靛基质阳性(1、3、4、5、6、9、10 型)和靛基质阴性(2、7、8 型)的志贺氏痢疾菌。

②分解甘露醇组，包括福氏、鲍氏、宋内氏菌。再按乳糖分解情况，分为迟缓分解乳糖的宋内氏和不分解乳糖的福氏和鲍氏菌。后者进一步再根据靛基质产生与否，分靛基质阳性(福氏菌 1、2、3、4、5 型和鲍氏菌 5、7、9、11、13、15 型)和靛基质阴性(福氏菌 6 型和鲍氏菌 1、2、3、4、6、8、10、12、14)两类(见图 9-2)。

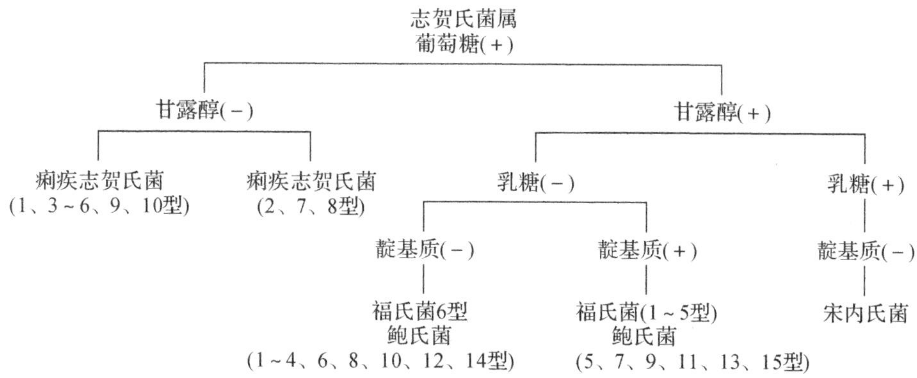

图 9-2　志贺氏菌属生化反应分类

1.1.4 抗原和血清学特性

除运动力与生化反应外，志贺菌的进一步分群分型有赖于血清学试验。志贺氏菌属细菌的抗原结构由菌体抗原(O)及表面抗原(K)组成。主要抗原有三种：

①型特异性抗原。型多糖抗原为菌体抗原的一种，是光滑型菌株所含有的重要抗原。当菌株变为粗糙型时，此抗原也常随之消失，各菌型所含的型抗原不同，可用于区别菌种的型别。

②群特异性抗原。为光滑型菌株的次要抗原，也是菌体抗原的一种。特异性较低，常在数种近似的菌内出现。在福氏菌株中，由于所含群抗原不同，可将某些菌型分为多种亚型，如福氏菌2型；根据群抗原不同，可分成2a、2b两个亚型。

③表面抗原(K抗原)。在新分离的某些菌株菌体表面含有此种抗原。不耐热，加热100℃ 1h即被破坏。具有此种抗原的菌株，可阻止菌体抗原与相应免疫血清发生凝集。

根据O抗原构造的不同，按最新国际分类法，将本属细菌分为4个群、44个血清型(包括亚型)(见表9-2)。

表9-2 志贺氏菌属抗原的分类

菌 名	血 清 分 类			生化特性	
	群	型	亚 型	甘露醇	鸟氨酸脱羧酶
痢疾志贺氏菌	A	1～10	8a、8b、8c	－	－
福氏志贺氏菌	B	1～6、x、y变种	1a、1b、2a、2b、3a、3b、3c、4a、4b	＋	－
鲍氏志贺氏菌	C	1～18	4b、5a、5b	＋	－
宋内志贺氏菌	D	1		＋	＋

A群，即痢疾志贺氏菌群，有10个血清型。不发酵甘露醇，无鸟氨酸脱羧酶，与其他各群细菌无血清学联系。

B群，即福氏志贺氏菌。发酵甘露醇，无鸟氨酸脱羧酶。有15个血清型(含亚型及变种)。抗原构造复杂，各型间有交叉凝集。每一福氏菌型具有二种抗原，即型特异性抗原和群抗原，前者只存在于同型菌株中，后者有许多种，存在于福氏各菌型中。根据型抗原的不同，分为6型，又根据群抗原的不同将型分为亚型；x、y变种没有特异性抗原，仅有不同的群抗原。例如福氏1b型除含有1型特异性抗原外，尚含有4、6群抗原。我国以2a型为常见血清型。

C群，即鲍氏志贺氏菌。有18个血清型，发酵甘露醇，无鸟氨酸脱羧酶。各型间无交叉凝集。

D群，也称宋内志贺氏菌。仅有一个血清型。发酵甘露醇，并迟缓发酵乳糖，一般需要3～4d，有鸟氨酸脱羧酶。有两个变异相，即Ⅰ相和Ⅱ相。Ⅰ相为S型(有荚膜，光滑型)，Ⅱ相为R型(无荚膜，粗糙型)。

1.1.5 抵抗力

志贺氏菌属对理化因素的抵抗力较其他肠道杆菌为弱，对酸敏感。在外界环境中的生存力，以宋内氏最强，福氏菌次之，痢疾志贺氏菌最弱。在潮湿土壤中能存活34d，37℃水中存活20d，在冰块中可存活96d，在粪便内(室温)存活11d，蝇肠内可存活9～10d。日光直接照射30min，56～60℃ 10min被杀死，对高温和化学消毒剂很敏感，1%石炭酸中15～30min

即被杀死，对氯霉素、磺胺类、链霉素敏感，但易产生耐药性。

1.2 志贺氏菌食物中毒

1.2.1 流行病学调查

志贺氏菌食物中毒，实际上是食源性的痢疾暴发。人和灵长类是志贺氏菌的适宜宿主，营养不良的幼儿、老人及免疫缺陷者更为易感。据报道，每年约有1.4万例志贺氏菌病，但估计发病人数为30万。据FDA统计，1997年美国加州等5个州食源性疾病共为8051例，其中志贺氏菌引起的为1263例。

志贺氏菌病常为食物暴发型或经水传播。和志贺氏菌病相关的食品包括色拉（土豆、金枪鱼、虾、通心粉、鸡），生的蔬菜，奶和奶制品，禽，水果，面包制品，汉堡包和有鳍鱼类。志贺氏菌在拥挤和不卫生条件下能迅速传播，经常发现于人员大量集中的地方，如餐厅、食堂。食源性志贺氏菌流行的最主要原因是从事食品加工行业人员患菌痢或带菌者污染食品，食品接触人员个人卫生差，存放已污染的食品温度不适当等。一般在制作并受污染以后到食用中间，有一个细菌繁殖的时间。如当天制作的，第二天供食用，只要气温适宜，细菌便在其中大量繁殖。中毒暴发时间常为7～10月，与痢疾流行的季节相符。

1.2.2 致病性

志贺氏菌引起的细菌性痢疾，主要通过消化道途径传播。根据宿主的健康状况和年龄，只需少量病菌（至少为10个细胞）进入，就有可能致病。志贺氏菌的致病作用，主要是侵袭力、菌体内毒素、个别菌株产生外毒素。

1. 侵袭力

志贺氏菌进入大肠后，由于菌毛的作用黏附于大肠黏膜的上皮细胞上，继而进入上皮细胞并在内繁殖，扩散至邻近细胞及上皮下层。由于毒素的作用，上皮细胞死亡，黏膜下发炎，并有毛细血管血栓形成以至坏死、脱落，形成溃疡。志贺氏菌一般不侵犯其他组织，偶尔可引起败血症。目前认为不论是产生外毒素的还是只有内毒素的志贺氏菌，必须侵入肠壁才能致病。因此，对黏膜组织的侵袭力是决定致病力的主要因素。此外，凡具有K抗原的痢疾杆菌，一般致病力较强。

2. 内毒素

志贺氏菌属中各菌株都有强烈的内毒素，作用于肠壁，使通透性增高，从而促进毒素的吸收。继而作用于中枢神经系统及心血管系统，引起临床上一系列毒血症症状，如发热、神志障碍，甚至中毒性休克。毒素破坏黏膜，形成炎症、溃疡，呈现典型的痢疾脓血便。毒素作用于肠壁植物神经，使肠道功能紊乱，肠蠕动共济失调和痉挛，尤其直肠括约肌痉挛最为明显，因而发生腹痛、里急后重（频繁便意）等症状。

3. 外毒素

痢疾志贺氏菌Ⅰ型及部分Ⅱ型（斯密兹痢疾杆菌）菌株能产生强烈的外毒素，称志贺氏毒素。为蛋白质，不耐热，75～80℃ 1h即可破坏。其作用是使肠黏膜通透性增加，并导致血管内皮细胞损害。该毒素具有三种生物活性：①神经毒性，将毒素注射家兔或小鼠，作用于中枢神经系统，引起四肢麻痹、死亡；②细胞毒性，对人肝细胞、猴肾细胞均有毒性；③肠毒性，具有类似大肠杆菌、霍乱弧菌肠毒素的活性，可以解释疾病早期出现的水样腹泻。外毒素经甲醛或紫外线处理可脱毒成类毒素，能刺激机体产生相应的抗毒素。一般认为具有外毒素的志贺氏菌引起的痢疾比较严重。

1.2.3 中毒症状

志贺氏菌引起的细菌性痢疾可分为两类6型。细菌性痢疾是最常见的肠道传染病，夏秋两季患者最多。传染源主要为病人和带菌者，通过污染了痢疾杆菌的食物、饮水等经口感染。人类对志贺氏菌易感，10～200个细菌可使10%～50%志愿者致病。一般说来，痢疾志贺氏菌所致菌痢的病情较重；宋内氏菌引起的症状较轻；福氏菌介于二者之间，但排菌时间长，易转为慢性。

(1)急性细菌性痢疾

急性细菌性痢疾又分急性典型、急性非典型、急性中毒性菌痢三型。急性典型菌痢症状典型，有腹痛腹泻、脓血黏便、里急后重、发热等症状。各型菌都可引起，以痢疾志贺氏菌引起的较重，宋内氏菌引起的较轻。经治疗，痊愈后良好。如治疗不彻底，可转为慢性。急性非典型菌痢症状不典型，易诊断错误延误治疗，常导致带菌或慢性发展。急性中毒性菌痢小儿多见，各型菌都可发生。中毒性菌痢一系列的病理生理变化，主要是内毒素造成机体微循环障碍的结果。导致内脏淤血、周围循环衰竭（休克），主要功能器官灌注不足，发生心力衰竭、脑水肿，急性肾功能衰竭。严重微循环障碍，再加上内毒素损伤血管内皮细胞、激活凝血因子等，而发生弥漫性血管内凝血(DIC)。

(2)慢性细菌性痢疾

慢性细菌性痢疾又分慢性迁延型、慢性隐伏型、急性发作型三型。慢性迁延型，通常由急性菌痢治疗不彻底等引起。病程超过2个月，时愈时发，大便培养阳性率低。在有临床症状时为急性发作型，该型往往在半年内有急性菌痢病史。慢性隐伏型菌痢，是在一年内有过菌痢病史，临床症状早已消失，但直肠镜可发现病变或大便培养阳性。

志贺氏菌带菌者有三种类型：

①健康带菌者，是指临床上无肠道症状而又能排出痢疾杆菌者。这种带菌者是主要传染源，特别是饮食业、炊事员和保育员中的带菌者，潜在的危险性更大。

②恢复期带菌者，是指临床症状已治愈的病人，仍继续排菌达2周之久者。

③慢性带菌者，是指临床症状已治愈，但长期排菌者。

1.2.4 预防与控制

志贺氏菌随粪便排除体外，通过食物、水和手经口传染给健康人。志贺氏菌痢疾预防的措施具体包括：

①食品从业人员必须定期做粪便细菌培养检验，以发现志贺氏菌带菌者。志贺氏菌带菌者不得从事食品的生产和制作，直到治愈(连续3次培养阴性)以后。

②要保护水源，便桶不下河洗涤，新粪不下田，菌痢病人的衣裤、病儿的尿布不下河洗涤。搞好饮水消毒，严格做到不喝生水。

③生熟分开，严格消毒食具。要自觉做到四不吃，即不吃生冷蔬菜、不吃不洁瓜果，不吃腐败变质食物，不吃未经回锅煮透的剩菜剩饭。菌痢流行期间，不在病家或疫点内办酒席。在农村要切实做到直接入口的食品不下河洗涤，还要防蝇、灭蝇。工作后、学习后、外出回家后要洗手，特别是食前、便后要洗手，勤剪指甲。

④目前正在试用痢疾口服菌苗，主要有Sd(依链菌株)口服活菌苗。菌苗只对同型菌的再感染有保护力，故使用时应考虑到当地常见流行菌型。

模块2 志贺氏菌的检测

2.1 设备和材料

除微生物实验室常规灭菌用培养设备外，所需其他设备和材料如下所示。恒温培养箱:(36±1)℃;显微镜;均质器或灭菌乳钵;天平;无菌平皿:直径 90mm;灭菌吸管;灭菌试管;灭菌广口瓶:500mL;载玻片;酒精灯;试管架;金属匙或玻璃棒;接种棒、接种针、接种环、镍铬丝、硝酸纤维素滤膜等。

2.2 培养基和试剂

具体包括:GN 增菌液、HE 琼脂、SS 琼脂、麦康凯琼脂、伊红美蓝琼脂(EMB)、三糖铁琼脂(TSI)、半固体管、赖氨酸培养基、苯丙氨酸琼脂、西蒙柠檬酸盐培养基、葡萄糖铵培养基、糖发酵管(棉籽糖、甘露糖、甘油、七叶苷及水杨苷)、蛋白胨水、靛基质试剂、缓冲葡萄糖蛋白胨水、尿素琼脂、氰化钾;吲哚试剂、志贺氏菌属诊断血清、氧化酶试剂、V-P 试剂、甲基红试剂、革兰染色液、10%三氯化铁溶液、生理盐水等。

2.3 检测程序

志贺氏菌检测程序如图 9-3 所示。

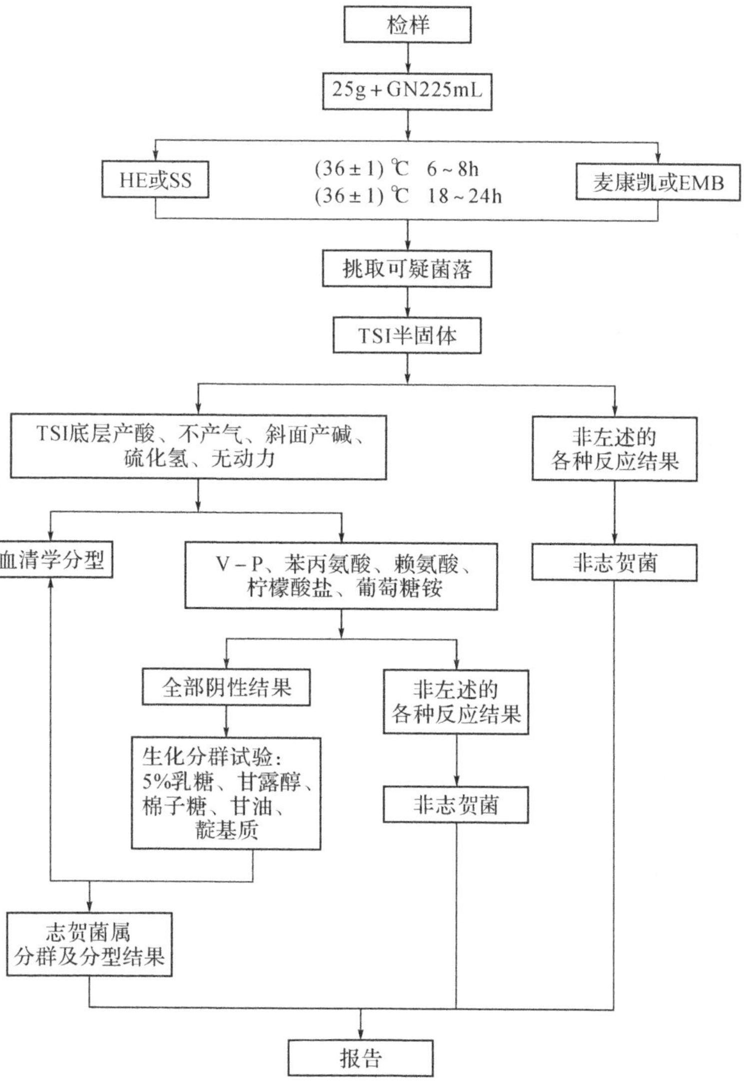

图 9-3 志贺氏菌检测程序

2.4 操作步骤

2.4.1 样品的保存和送检

在用药前取粪便的脓血或黏液部分，标本不能混有尿液；如果有食物中毒，可从剩余食物、病人吐泻物取样；中毒性菌痢可取肛门拭子检查。应迅速送检培养。若不能及时送检，应将标本保存于30%甘油缓冲盐水或专门运送培养基（增菌培养液）中。

志贺菌在常温存活期很短，因此，当样品采集后，应尽快进行检验。如果在2h内检验，样品可保存在冰箱内，如欲保存较长时间，必须放在低温冰箱内。宋内志贺菌和福氏志贺菌2型，在牛乳和麦粉中，于－25℃可存活100d，在鸡蛋和水产品中于－20℃可存活30d。

2.4.2 样品制备及增菌

称取样品25g加入装有225mL GN增菌液的500mL三角瓶中，如果是固体食品应用均质器以8000～10000r/min打碎1min，或用乳钵加灭菌砂磨碎。粉状食品用灭菌金属匙或玻璃棒研磨使其乳化。在(36±1)℃的条件下培养6～8h。

迄今没有很好的增菌培养基。目前仍然认为用GN肉汤增菌检查食品中和粪便中的志贺氏菌是有效的。

2.4.3 分离培养

取增菌液1环，划线接种于HE琼脂平板或SS琼脂平板一个、麦康凯琼脂平板或伊红美蓝琼脂平板一个，于(36±1)℃培养18～24h。志贺菌在这些培养基上呈现无色透明不发酵乳糖的菌落。

增加鉴别培养基的数目，可以增加志贺氏菌的阳性检出率。用于分离的鉴别培养基一般不少于两个。中等选择性的，HE或SS琼脂平板一个；弱选择性的，麦康凯或EMB琼脂平板一个。

2.4.4 生化试验

挑取平板上的可疑菌落，接种三糖铁琼脂(TSI)和半固体各一管。一般应多挑几个菌落以防遗漏。志贺菌属在三糖铁琼脂内的反应结果为底层产酸、不产气（福氏志贺菌6型可微产气），斜面产碱，不产生硫化氢，无动力，在半固体管内沿穿刺线生长。具有以上特性的菌株，疑为志贺菌，可做血清凝集试验。下述培养物可以弃去：

①在三糖铁琼脂斜面上呈蔓延生长的培养物；

②在18～24h内发酵乳糖、蔗糖的培养物；

③不分解葡萄糖和只生长在半固体表面的培养物；

④产气的培养物；

⑤有动力的培养物；

⑥产生硫化氢的培养物。

在做血清学试验的同时，应进一步做V-P、苯丙氨酸脱氨酶、赖氨酸脱羧酶、西蒙柠檬酸盐和葡萄糖铵试验，志贺菌属均为阴性反应。必要时应做革兰氏染色检查和氧化酶试验，应为氧化酶阴性的革兰氏阴性杆菌，并以生化试验方法做4个生化群的鉴定，如表9-3所示。

表 9-3 志贺氏菌属 4 个群的生化特性

生化群	5%乳糖	甘露醇	棉子糖	甘油	靛基质
A 群：痢疾志贺菌	－	－	－	(＋)	－/＋
B 群：福氏志贺菌	－	＋	＋	－	－/＋
C 群：鲍氏志贺菌	－	＋	－	(＋)	－/＋
D 群：宋内志贺菌	＋/(＋)	＋	＋	d	－

注："＋"表示阳性；"－"表示阴性；"－/＋"表示多数阴性，少数阳性；"(＋)"表示迟缓阳性；"d"表示有不同生化型。

V-P、苯丙氨酸、赖氨酸、柠檬酸盐和葡萄糖铵，是为了排除克雷伯菌族、变形杆菌族，以及无动力不产气的大肠埃希氏菌。应当着重注意鉴别的是无动力不产气的大肠埃希菌，其次是哈夫尼亚菌属和普罗菲登斯菌属。

2.4.5 血清学试验

挑取三糖铁琼脂上的培养物，做玻片集试验。先用 4 种志贺氏菌多价血清检查。如果由于 K 抗原的存在而不出现凝集，应将菌液煮沸后再检查；如果呈现凝集，则用 A1、A2、B 群多价和 D 群血清分别试验。如系 B 群福氏志贺氏菌，则用群和型因子血清分别检查。福氏志贺氏菌各型和亚型如表 9-2 所示。可先用群因子血清检查，再根据群因子血清出现凝集的结果，依次选用型因子血清检查(见表 9-4)。

表 9-4 福氏志贺氏菌各型和亚型的型抗原和群抗原

型和亚型	型抗原	群 抗 原	在群因子血清中的凝集		
			3,4	6	7,8
1a	Ⅰ	1,2,4,5,9,…	＋	－	－
1b	Ⅰ	1,2,4,5,9,…	＋	＋	－
2a	Ⅱ	1,3,4,…	＋	－	－
2b	Ⅱ	1,7,8,9,…	－	－	＋
3a	Ⅲ	1,6,7,8,9,…	－	＋	＋
3b	Ⅲ	1,3,4,6,…	＋	＋	－
4a	Ⅳ	1,(3,4),…	(＋)	－	－
4b	Ⅳ	1,3,4,6,…	＋	＋	－
5a	Ⅴ	1,3,4,…	＋	－	－
5b	Ⅴ	1,5,7,9,…	－	－	＋
6	Ⅵ	1,2,(4),…	(＋)	－	－
X 变体	—	1,7,8,9,…	－	－	＋
Y 变体	—	1,3,4,…	＋	－	－

注："＋"表示凝集；"－"表示不凝集；"()"表示有或无。

4 种志贺氏菌多价血清不凝集的菌株，可用鲍氏多价 1、2、3 分别检查，并进一步用 1～

15 各型因子血清检查。如果鲍氏多价血清不凝集，可用痢疾志贺氏菌 3～12 型多价血清及各型因子血清检查。

生化反应不符合的菌株，即使能与某种志贺氏菌分型血清发生凝集，仍不得判定为志贺氏菌属的培养物。

2.5 结果报告

综合生化和血清学的试验结果判定菌型并作出报告。

2.6 动物试验(豚鼠角膜试验)

豚鼠角膜试验的原理是用志贺氏菌感染豚鼠的角膜，可产生特异性的角膜炎，新分离的菌株一般均能获得阳性结果，经多次继代培养后阳性率降低。肠杆菌科其他菌属则不能引起这种炎症。因此志贺氏菌属中新菌型的鉴定，除依靠临床和流行病学资料外，可用本试验作为一个鉴定的方法。试验方法如下：

①将 19～20h 的琼脂培养的可疑菌落，以肉汤洗下做成浓度为 9×10^{8} 个/mL 的菌悬液作为接种材料。

取 400～500g 体重的健康豚鼠，先检查其角膜、结膜是否正常，然后用烧灼灭菌的大头针在角膜上轻轻划伤 7～8 条，然后滴上一滴培养液，接种后次日开始观察，以后每天在日光下(或电筒照射)观察。于急性期、恢复期及末期，分别自结膜囊分离细菌，并检测与原接种菌型是否一致。

③一般 1d 后出现症状，开始结膜充血浮肿，角膜出现白点，眼内充满浆液性分泌物，以后日益加剧，一般于发病后第 5～6d 外表症状最明显。结膜高度浮肿，角膜初为浅灰色逐渐转为毛玻璃状乳白色。滴加荧光素后呈现绿色，证明为溃疡性变化。有大量的浆液性分泌物，可致使眼裂封闭(急性初期)。

④此时检查时，动物惊叫，在笼中亦不活泼。角膜边缘出现紫红色圆环，边缘整齐，边线稍隆起(急性中期)。

⑤此环渐向中心扩张，约经一周后可将瞳孔盖住，此时角膜外观呈牛肉色(急性末期)。至此角膜症状达到顶点，而结膜的红肿及分泌物都大为减退，随即转入恢复阶段，角膜边缘消退，中心也由肉红色转为灰暗，上面可见细微的极少数粗大的血管，结膜则是轻度红肿，眼角带有少量浆液脓性分泌物(恢复初期)。

⑥以后主要是角膜的变化，经浑浊状态(恢复期)，逐渐趋向好转以致出现轻微的浑浊(完全恢复)。结膜红肿及眼内分泌物较早消失，此时，结膜囊内已分离不出原接种的细菌。角膜的透明度最后可以恢复到与正常透明度相差无几。自发病开始到完全恢复为止，多数经过 2～4 周。鼠伤寒沙门菌与铜绿假单细胞菌亦可造成炎症，但症状不同。

2.7 志贺氏菌检测培养基和试剂的配制

2.7.1 GN 增菌液

1.成分

胰蛋白胨	20g	氯化钠	5g
柠檬酸钠	5g	磷酸氢二钾	4g
甘露醇	2g	磷酸二氢钾	1.5g
葡萄糖	1g	蒸馏水	1000mL
去氧胆酸钠	0.5g		

pH 7

2. 制法

将上述成分配好，加热使溶解，校正 pH，分装每瓶 225mL，115℃高压灭菌 15min。

2.7.2　HE 琼脂

1. 成分

蛋白胨	12g	氯化钠	5g
乳糖	12g	0.4%溴麝香草酚蓝溶液	16mL
牛肉膏	3g	Andrade 指示剂	20mL
蔗糖	12g	甲液	20mL
水杨素	2g	乙液	20mL
胆盐	20g	蒸馏水	1000mL
琼脂	20g		

pH 7.5

2. 制法

将蛋白质、乳糖、水杨素、氯化钠、蔗糖、牛肉膏、胆盐溶解于 400mL 蒸馏水中。作为基础液，加入甲液和乙液，校正 pH 值为 7.5，再加入指示剂；将琼脂溶于 600mL 蒸馏水中。二者合并，待冷至 50～55℃，倾注平板。

注：①此培养基不可高压灭菌。

②Andrade 指示剂成分为：酸性复红 0.5g，1mol/L 氢氧化钠溶液 16mL，蒸馏水 100mL。制法为：将复红溶解于蒸馏水中，加入氢氧化钠溶液。数小时后如果复红褪色不全，再加氢氧化钠溶液 1～2mL。

③甲液成分为：硫代硫酸钠 34g，柠檬酸铁铵 4g，蒸馏水 100mL。

④乙液成分为：去氧胆酸钠 10g，蒸馏水 100mL。

2.7.3　SS 琼脂

1. 基础培养基

牛肉膏	5g	琼脂	17g
脲胨	5g	蒸馏水	1000mL
3 号胆盐	3.5g		

将牛肉膏、脲胨和胆盐溶解于 400mL 蒸馏水中，将琼脂溶于 600mL 蒸馏水中，二液混合，121℃高压灭菌 15min 备用。

2. 完全培养

基础培养基	1000mL	10%柠檬酸铁溶液	10mL
乳糖	10g	1%中性红水溶液	2.5mL
柠檬酸钠	8.5g	0.1%煌绿溶液	0.33mL
硫代硫酸钠	8.5g		

pH 7

加热溶化基础培养基，按比例加入上述染料以外的各成分，充分混合均匀，校正 pH 值为 7，加入中性红和煌绿溶液，倾注平板。

注：制好的培养基宜当日使用，或保存于冰箱内于 48h 内使用；煌绿溶液配好后应在

10d 以内使用。

2.7.4　麦康凯琼脂

1. 成分

蛋白胨	17g	氯化钠	5g
乳糖	10g	0.01%结晶紫水溶液	10mL
猪胆盐(或牛胆盐)	5g	0.5%中性红水溶液	5mL
䏡胨	3g	蒸馏水	1000mL
琼脂	17g		

pH 7.2

2. 制法

①将蛋白胨、䏡胨、胆盐和氯化钠溶解于 400mL 蒸馏水中,校正 pH 为 7.2。将琼脂加入于 600mL 蒸馏水中,加热溶化,将两液合并,分装烧瓶内,121℃高压灭菌 15min 备用。

②临用时加热溶化琼脂,趁热加乳糖,冷至 50～55℃时,加入结晶紫和中性红水溶液,摇匀后倾注平板。

注:结晶紫和中性红水溶液配好后须经高压灭菌。

2.7.5　伊红美蓝琼脂(EMB)

1. 成分

蛋白胨	10g	2%伊红溶液	20mL
乳糖	10g	0.65%美蓝溶液	10mL
磷酸氢二钾	2g	蒸馏水	1000mL
琼脂	17g		

pH 7.2

2. 制法

①将蛋白胨、磷酸盐和琼脂溶解于蒸馏水中,校正 pH,分装于烧瓶内,121℃高压灭菌 15min 备用。

②临用时加乳糖,并加热溶化琼脂,冷至 50～55℃,加入伊红和美蓝溶液,摇匀,倾注平板。

2.7.6　三糖铁琼脂(TSI)

1. 成分

蛋白胨	20g	氯化钠	5g
乳糖	10g	硫代硫酸钠	0.2g
蔗糖	10g	硫酸亚铁铵(含 6 个结晶水)	0.2g
牛肉膏	5g	酚红	0.025g
葡萄糖	1g	蒸馏水	1000mL
琼脂	12g		

pH 7.4

2. 制法

将除琼脂和酚红以外的各种成分溶解于蒸馏水中,校正 pH。加入琼脂,加热煮沸以溶化琼脂。加入 0.2%酚红水溶液 12.5mL,摇匀。分装试管,装量宜多些,以便得到较高的底层。121℃高压灭菌15min后放置高层斜面备用。

2.7.7　半固体琼脂

1. 成分

蛋白胨	1g	氯化钠	0.5g
牛肉膏	0.3g	蒸馏水	1000mL
琼脂	0.35～0.4g		

pH 7.4

2. 制法

将以上成分配好，沸腾溶解，并校正pH 7.4，分装试管(8mL)。121℃高压灭菌15min，取出直立试管待凝固。供动力观察、菌种保存、H抗原位相变异试验等用。

2.7.8　氨基酸脱羧酶试验培养基(赖氨酸培养基)

1. 成分

蛋白胨	5g	1.6%溴甲酚紫-乙醇溶液	1mL
酵母浸膏	3g	L-氨基酸或DL-氨基酸	0.5或1g/100mL
葡萄糖	1g	蒸馏水	1000mL

pH 6.8

2. 制法

除氨基酸以外的成分加热溶解后，分装每瓶100mL，分别加入赖氨酸、精氨酸和鸟氨酸等各种氨基酸。L-氨基酸按0.5%加入，DL-氨基酸按1%加入。再行校正pH至6.8。对照培养基不加氨基酸。分装于灭菌的小试管内，每管0.5mL，上面滴加一层液体石蜡，115℃高压灭菌10min。

3. 试验方法

从琼脂斜面上挑取培养物接种，于(36±1)℃培养18～24h，观察结果。氨基酸脱羧酶阳性者由于产碱，培养基应呈紫色。阴性者无碱性产物，但因葡萄糖产酸而使培养基变为黄色。对照管应为黄色。

2.7.9　苯丙氨酸培养基

1. 成分

酵母浸膏	3g	磷酸氢二钠	1g
DL-苯丙氨酸(或L-苯丙氨酸)	2g	氯化钠	5g
琼脂	12g	蒸馏水	1000mL

2. 制法

加热溶解后分装试管，121℃高压灭菌15min，放成斜面。

3. 试验方法

自琼脂斜面上挑取大量培养物，移种于苯丙氨酸琼脂，在(36±1)℃培养4h或18～24h，滴加10%三氯化铁溶液2～3滴，自斜面培养物上流下，苯丙氨酸脱氨酶阳性者呈深绿色。

2.7.10　西蒙氏柠檬酸盐琼脂

1. 成分

柠檬酸钠	5g	磷酸二氢铵	1g

氯化钠	5g	磷酸氢二钾	1g
硫酸镁(含 7 个结晶水)	0.2g	0.2%溴麝香草酚蓝溶液	40mL
琼脂	20g	蒸馏水	1000mL

pH 6.8

2.制法

先将盐类溶解于水内,校正 pH,再加琼脂,加热溶化。然后加入指示剂,混合均匀后分装试管,121℃高压灭菌 15min,放成斜面。

3.试验方法

挑取少量琼脂培养物接种,于(36±1)℃培养 4d,每天观察,阳性者斜面上有菌生长,培养基由绿色变为蓝色。

2.7.11 葡萄糖铵培养基

1.成分

氯化钠	5g	磷酸氢二铵	1g
硫酸镁(含 7 个结晶水)	0.2g	磷酸氢二钾	1g
葡萄糖	2g	0.2%溴麝香草酚蓝溶液	40mL
琼脂	20g	蒸馏水	1000mL

pH 6.8

2.制法

先将盐类和糖溶解于水内,校正 pH,加入琼脂,加热溶化,然后加入指示剂,混合均匀分装试管,121℃高压灭菌 15min,放成斜面。

3.实验方法

用接种针轻轻触及培养物的表面,在生理盐水管内做成极稀的悬液,肉眼观察不见混浊,以每一接种环内含菌数在 20～100 为宜。将接种环灭菌后挑去菌液接种,同时再以同法接种普通营养琼脂斜面一支作为对照。于(36±1)℃培养 24h。阳性者葡萄糖铵斜面上有正常大小的菌落生长;阴性者不生长,但在对照培养基上生长良好。如在葡萄糖铵斜面生长极微小的菌落可视为阴性结果。

容器使用前应用清洁液浸泡。再用清水、蒸馏水冲洗干净,并用新脱脂棉做成棉塞,干热灭菌后使用。如果操作时不注意,有杂质污染时,易造成假阳性的结果。

2.7.12 糖发酵管

1.成分

牛肉膏	5g	磷酸氢二钠(含 12 个结晶水)	2g
蛋白胨	10g	0.2%溴麝香草酚蓝溶液	12mL
氯化钠	3g	蒸馏水	1000mL

pH 7.4

2.制法

①葡萄糖发酵管按上述成分配好后,按 0.5%加入葡萄糖,分装于有一个倒置小管的小试管内,121℃高压灭菌 15min。

②其他各种糖发酵管可按上述成分配好后,分装每瓶 100mL,121℃高压灭菌 15min。另将各种糖类分别配好 10%溶液,同时高压灭菌。将 5mL 糖溶液加入 100mL 培养基

内,以无菌操作分装小试管。

注:蔗糖不纯,加热后会自行水解者,应采用过滤法除菌。

3. 试验方法

从琼脂斜面上挑取小量培养物接种,于(36±1)℃培养,一般观察2~3d。迟缓反应需观察14~30d。

2.7.13 蛋白胨水(靛基质试验用)

1. 成分

蛋白胨 20g　蒸馏水 1000mL

氯化钠 5g

pH 7.4

2. 制法

称取各成分,加入蒸馏水中加热溶化。用1mol/L氢氧化钠调至pH 7.4。分装小试管,每管约3mL,116℃,15min高压灭菌后4~10℃保存备用。

2.7.14 缓冲葡萄糖蛋白胨水(V-P和MR试验用)

1. 成分

磷酸氢二钾 5g　葡萄糖 5g

多胨 7g　蒸馏水 1000mL

pH 7

2. 制法

溶化后校正pH,分装试管,每管1mL,121℃高压灭菌15min。

3. 甲基红(MR)试验

自琼脂斜面挑取少量培养物接种本培养基中,于(36±1)℃培养2~5d,哈夫尼亚菌则应在22~25℃培养。滴加甲基红试剂一滴,立即观察结果。鲜红色为阳性,黄色为阴性。

甲基红试剂配法:10mg甲基红溶于30mL 95%乙醇中,然后加入20mL蒸馏水。

4. V-P试验

用琼脂培养物接种本培养基中,于(36±1)℃培养2~4d。哈夫尼亚菌则应在22~25℃培养。加入6%α-萘酚-乙醇溶液0.5mL和40%氢氧化钾溶液0.2mL,充分振摇试管,观察结果。阳性反应立刻或于数分钟内出现红色,如为阴性,应放在(36±1)℃下培养4h再进行观察。

2.7.15 氧化酶试验

1. 试剂

具体包括:①1%盐酸二甲基对苯二胺溶液。少量新鲜配制,于冰箱内避光保存。

②1%α-萘酚-乙醇溶液。

2. 试验方法

①取白色洁净滤纸蘸取菌落,加盐酸二甲基对苯二胺溶液一滴,阳性者呈现粉红色,并逐渐加深;再加α-萘酚-乙醇溶液一滴,阳性者于0.5min内呈现鲜蓝色。阴性者于2min内不变色。

②以毛细吸管吸取试剂,直接滴加于菌落上,其显色反应与以上相同。

思考题

1. 志贺氏菌在三糖铁培养基上的反应结果如何？解释这些现象。
2. 志贺氏菌检验有哪5个基本步骤？
3. 食品中能否允许有个别志贺氏菌存在？为什么？

【知识链接】

爱吃蜡的微生物——石油酵母

吃蜡冠军——石油酵母在石油化工公司的炼油厂中，寄宿了一批爱“吃”蜡的食客，它们就是被称为“石油酵母”的解脂假丝酵母和热带假丝酵母。

石油酵母炼油厂为什么要供养这批食客呢？原来，石油产品的质量与蜡的含量多少有很大关系。在高空飞翔的飞机，如果使用含蜡量高的汽油，那么高空的低温会使蜡凝固起来，堵塞机内各条输油管，使飞机发生严重事故。因此，石油产品需要经过脱蜡处理。工业上有多种脱蜡办法，但是设备复杂，消耗材料和能源也多。于是，炼油厂的工程师从微生物实验中请来了这批专爱吃蜡的食客——石油酵母。在要脱蜡的石油产品中，石油酵母如鱼得水，大吃特吃，把石蜡一扫而光，同时自己迅速繁殖起来。这样，人们既得到了高级航空汽油和柴油，又获得了大量石油酵母，真是一举两得。

完成了脱蜡任务的石油酵母，一个个吃得白白胖胖，含有丰富的蛋白质和维生素，可以制成无毒高蛋白的精饲料，用于喂养家禽和家畜。据说加喂1吨石油酵母饲料，可多生产700多公斤猪肉。科学家预测，石油酵母将来还可以作为色香味俱全的人类食物！

任务十 小肠结肠炎耶尔森氏菌及其检测

知识目标

- 了解小肠结肠炎耶尔森氏菌的生物学特征；
- 了解小肠结肠炎耶尔森氏菌的致病机理；
- 了解小肠结肠炎耶尔森氏菌的危害和控制方式；
- 掌握小肠结肠炎耶尔森氏菌检测的基本原理。

能力目标

- 掌握小肠结肠炎耶尔森氏菌的检测方法。

模块1 小肠结肠炎耶尔森氏菌概述

耶尔森氏菌属包括11个种，其中对人有致病性的有三种：小肠结肠炎耶尔森氏菌、假结核菌和鼠疫菌。只有小肠结肠炎耶尔森氏菌和假结核菌已确定是食源性病原体。鼠疫耶尔森氏菌引起黑疽病，不通过食品传染。1981年根据DNA以及生化和形态特征的相关资料，与小肠结肠炎耶尔森氏菌极为密切的3个同源群被作为耶尔森氏菌的新种命名，它们是弗氏耶尔森氏菌、中间型耶尔森氏菌和克氏耶尔森氏菌，三者均为非致病性菌。

小肠结肠炎耶尔森菌引起的食物中毒是近年来在国际上引起重视的一种肠道传染病。该菌广泛分布于自然界，是一种人畜共患的病原微生物，对人以肠道感染为主，并可成为各种疾病的病原。在食品和饮水等受到本菌污染时，往往可引起人的胃肠炎暴发，其症状表现与沙门氏菌食物中毒相似。检验以检出该菌为主，用生化和血清学进行鉴定。该菌生长的最适温度为22～29℃，但它可在0～4℃发育，为嗜冷性致病性细菌，因此，应特别引起注意的是，如被该菌污染的食品，虽在低温保存，但不能防止其生存和繁殖，这与其他肠道致病菌有所不同。

1.1 生物学特性

1.1.1 形态与染色特性

本菌为革兰氏阴性杆菌或球杆菌，大小为(1～3.5)μm×(0.5～1.3)μm，多单个散在，有时排列成短链或成堆。22～25℃幼龄培养物主要呈球形，在陈旧培养物呈多形性。本菌不形成芽孢，无荚膜，有周鞭毛；25℃生长的培养物细菌具有1～8根周鞭毛，其鞭毛数根据生物型的不同而多少不一，生物1～3型的菌株有2～6根鞭毛，多者达18根鞭毛，生物4～5型的菌株多数只有1根鞭毛。但其鞭毛在30℃以下培养条件形成，温度较高时即丧失，因此表现为30℃以下有动力，而35℃以上则无动力。普通碱性染料易于着色，美蓝染色可显示两极染色。

1.1.2 培养特性

本菌为需氧和兼性厌氧菌，4～40℃均能生长，但在22～29℃才能使本菌的某些特性出现。4℃时能保存和繁殖。本菌世代时间长，最短亦需 40min 左右。最适 pH 7.2～7.4。本菌对营养要求不高，在普通培养基上均能生长，但生长缓慢，对胆盐、结晶紫、孔雀绿及氯化钠均有一定耐受性，所以常用的肠道选择培养基上均能生长。在不同培养基上有不同的菌落形态：

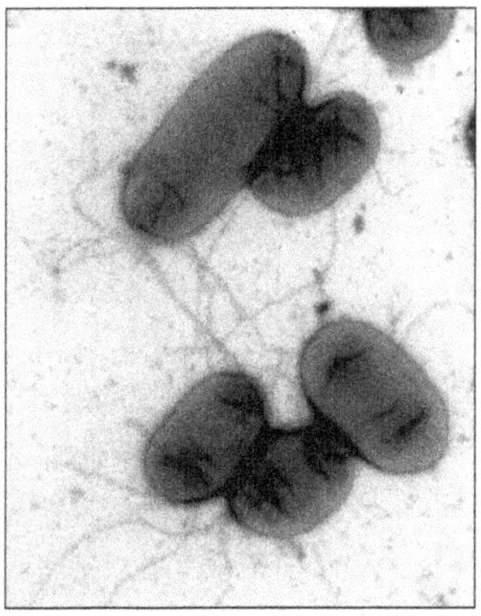

图 10-1 小肠结肠炎耶尔森氏菌电镜图

①营养肉汤。呈均匀混浊，偶有薄膜或少量沉淀物。

②营养琼脂。培养 24～48h，可以形成圆形、光滑、稍隆起、透明或半透明，大小 0.5～2mm 的菌落。继代培养后，容易变异，形成 R 型(粗糙型)。

③血琼脂。可以形成圆形、光滑、凸起、容易乳化，大小为 1～2mm 的菌落，某些菌株在 22℃培养时，菌落周围出现溶血环。

④NYE 琼脂(新的耶尔森菌选择性培养基)。可以形成不发酵乳糖的无色、透明或半透明、扁平、较小的菌落。

⑤SS 琼脂。菌落呈圆形，光滑，稍突起，略呈浅橘红色，或淡粉色，大小比普通营养琼脂小，培养 24h 为 0.1～0.3mm，培养 48h 为 0.5～0.7mm。

⑥麦康凯琼脂。菌落呈圆形，光滑，透明或半透明，略扁平，淡黄色，如若微带红色，则菌落中心的红色常稍深。大小比 SS 琼脂稍大，培养 48h 为 1～2mm。

1.1.3 生化特性

本菌的生化特性不稳定，反应较为复杂，培养在 25℃和 37℃的反应结果有差异，绝大多数菌株不能发酵乳糖、鼠李糖、水杨苷、阿拉伯糖、七叶苷；能分解葡萄糖、蔗糖、产酸不产气，硫化氢阴性，脲酶阳性，吲哚阴性或阳性，V-P 25℃阳性、37℃阴性，赖氨酸脱羧酶和苯丙氨酸脱氢酶阴性，鸟氨酸脱羧酶阳性。1984 年《Bergey 细菌分类手册》介绍的生物型分类如表 10-1 所示。

表 10-1 小肠结肠耶氏菌生物型鉴别

生化反应	生物型				
	1	2	3	4	5
脂肪酶(吐温 80)	+	−	−	−	−
脱氧核糖核酸酶	−	−	−	+	+
靛基质产生	+	+	−	−	−
硝酸盐还原	+	+	+	+	−
产酸:D-木糖	+	+	+	−	−
蔗糖	+	+	+	+	d
D-海藻糖	+	+	+	+	−
七叶苷/水杨苷(24h)	+/−	−	−	−	−
吲哚	+	(+)	−	−	−
吡嗪酰胺酶	+	−	−	−	+
β-D-葡萄糖苷酶	+	−	−	−	−
V-P	+	+	+/−	+	(+)

注："+"表示阳性；"−"表示阴性；"d"表示有不同的生化型；"+/−"表示多数阳性，少数阴性；"(+)"表示迟缓阳性。

1.1.4　抗原和血清学特性

具体包括:①肠道共同抗原。本菌具有革兰氏阴性肠道杆菌特异性的脂多糖抗原和肠道杆菌共同抗原。用加热杀死的小肠结肠炎耶氏菌注射试验动物产生抗体,该菌体与沙门氏菌、大肠埃希氏菌、变形杆菌、假结核耶氏菌和鼠疫耶氏菌发生交叉凝集反应。这种交叉抗体用沙门氏菌和大肠埃希氏菌吸收后,即完全消失。在非肠道菌中并不存在共同抗原。

②脂多糖O抗原血清型。本菌具有耐热的菌体(O)抗原,不耐热的鞭毛(H)抗原和表面包膜(K)抗原。现在已知道有84个O抗原因子,用阿拉伯数字1,2,3,4,…表示,20个H抗原因子,用小写英文字母a,b,c,d,…表示和1个K鞭毛抗原因子。本菌血清型是根据多糖O抗原,结合H抗原和K抗原确定的。多数菌株只含1个O抗原因子,部分菌株含有2个以上的O抗原因子,目前我国采用49个O因子分群,引起人类疾病的主要血清群是0∶3,0∶5,0∶8,0∶9。

③与其他菌种交叉反应。本菌O_9型与流产布氏杆菌有交叉反应。O_9型耶氏菌能激活杀弧菌抗体的产生。O_3型耶氏菌康复的小白鼠,对鼠疫耶氏菌有抵抗力,且能抵制鼠疫耶氏菌共同蛋白抗原的合成。此菌免疫力受温度的影响,在25℃生长的耶氏菌所感染的小白鼠,对鼠疫耶氏菌有免疫力和迟发型变态反应。相反,在37℃生长则无此种免疫力,也不表现迟发型变态反应。这表明37℃的耶氏菌在小鼠体内存活力弱、时间短,未产生对鼠疫耶氏菌的免疫力。

1.1.5　抵抗力

本菌对热敏感,60℃ 30min,65℃ 1min即可杀死,说明牛乳中的耶氏菌通过巴氏灭菌不能完全被杀死。4℃可存活18个月,－20～－10℃冷藏肉在保藏过程中,菌数明显减少,紫外线对本菌有一定的杀灭作用。0.5%氢氧化钾溶液中能存活10～15min。肉汤中5%的氯化钠浓度本菌仍能生长,7%的氯化钠才能抑制耶氏菌生长,有少数菌株在10%氯化钠中仍能生长。本菌对抗生素的敏感性不定,但对青霉素、红霉素、先锋霉素、氨苄青霉素不敏感。

1.2　小肠结肠炎耶尔森菌食物中毒

1.2.1　流行病学调查

小肠结肠炎耶尔森氏菌分布很广,可存在于生的蔬菜、乳和乳制品、肉类、豆制品、沙拉、牡蛎、蛤和虾中。也存在于环境中,如湖泊、河流、土壤和植被。已从家畜、狗、猫、山羊、灰鼠、水貂和灵长类动物的粪便中分离出该菌。在港湾周围,许多鸟类包括水禽和海鸥可能是带菌者。

本菌感染人的主要是O_3、O_8、O_9血清型菌株。食品和饮用水受到本菌污染,往往是暴发小肠结肠炎耶尔森菌胃肠炎的重要原因。

小肠结肠炎耶尔森氏菌是20世纪30年代引起注意的急性胃肠炎型食物中毒的病原菌,为人畜共患病。潜伏期约摄食后3～7d,也有报道11d才发病。病程一般为1～3d,但有些病例持续5～14d或更长。

20世纪70年代在加拿大魁北克地区暴发过两起,有138名儿童感染,源于摄入生牛奶。1976年在美国纽约暴发过一起,有217名学生感染,在这起发病过程中涉及的是巴氏消毒巧克力奶。1980年发生于华盛顿的一起有87人感染,污染源是用未经氯处理的泉水做的豆腐。由本菌引起的胃肠炎或中毒暴发，在欧洲以冬春季节较多，夏季较少，而日本则以夏季发病率较高。在我国福建省南部地区，该菌是冬春季腹泻的重要病原菌。

1.2.2 致病性

具体包括：

1. 肠毒素

该菌能产生耐热性肠毒素（分子量为 10000～50000），能耐热 121℃ 30min，能在 4℃保存 7 个月，pH 1～11 中稳定。因食品中一旦有肠毒素存在，其在食品加工或储存中相当稳定，且不受胃酸的影响。但肠毒素的产生仅限于 22～25℃。血清型 O_3、O_8 和 O_9 几乎经常产生肠毒素，在其他血清型中也有产生肠毒素的菌株。当食入含有一定量的肠毒素的食品可引起发病。

2. 侵袭性

Hela 细胞感染，血清型 O_1、O_3、O_4、O_5B、O_8、O_9、O_{15}、O_{18}、O_{20}、O_{21} 和 O_{22} 的菌株都能侵入 Hela 细胞，在机体内可侵入上皮细胞。鉴于 Hela 细胞感染阳性株多是人类致病的常见血清型，以及从人和动物死亡所见肠类的侵入模型，表明 Hela 细胞侵入性在小肠结肠炎耶尔森氏菌腹泻的发病机理上是重要的。有人将 11 株小肠结肠炎耶尔森氏菌的菌悬液接种于豚鼠眼结膜，有 6 株引起严重的角膜结膜炎，塞里尼（Sereny）试验阳性。这 6 株均为 O_8 血清型。

侵入性和肠毒素是本菌引起肠炎症状的两个致病因子。

3. 自凝性

1980 年，莱尔德（Laird）等人提出了一种测定本菌毒力的简易方法，即将试验菌接种于两管含 10%小牛血清的组织培养液内，分别置 22℃和 37℃培养，若 22℃培养，菌液混浊，而 37℃培养，细菌凝结，上层液体透明，即为有毒力的菌株，称为自凝阳性。在检查的 180 株菌中有 25 株阳性，这些阳性菌株均能引起腹泻。

1.2.3 中毒症状

主要临床症状以发热、腹痛腹泻（水样便或血便）为主，病程 3～4d。有的患者的主要症状为急性腹痛，类似急性阑尾炎症状，这些患者以青少年为主。急性期后 1～3 周出现自身免疫性抗体，成人常可出现结节性红斑、关节炎。少数患者可表现为脑膜炎、肺炎，败血症即血液系统感染，尽管较少见，但死亡率高达 34%～50%。本菌的易染人群为婴幼儿。

1.2.4 预防与控制

小肠结肠炎耶尔森氏菌分布很广，然而猪的带菌率最高，日本报告检出率为 4%，加拿大为 3.6%，丹麦为 10%～17%。该菌最容易在猪扁桃腺中发现。由于大多数待宰猪只扁桃腺携带此菌，因此在屠宰场中控制此菌的传播比较困难，猪健康携带者的大量存在及广泛传播使该问题更加恶化。猪的屠宰加工质量明显影响着小肠结肠炎耶尔森氏菌的传播，因而改造屠宰加工技术可阻止该菌的传播，其中最重要的是加强对猪头和下水的处理。

另外，生食蔬菜和水果，要彻底洗净，以防耶氏菌感染。冰箱保存食品不能杀死耶氏菌，反而有利于耶氏菌繁殖。因此，适当的蒸煮或巴氏灭菌，适宜的食品处理，水处理、合理使用消毒剂等措施可防止小肠结肠炎耶尔森氏菌的污染。

模块 2 小肠结肠炎耶尔森氏菌的检测

2.1 设备和材料

除微生物实验室常规灭菌用培养设备外，所需其他设备和材料如下所示。冰箱：2～5℃；恒温培养箱：(26±1)℃和(36±1)℃两种；样品均质器或灭菌乳钵；天平：感量 0.1g；灭菌试管：16mm×160mm、15mm×100mm；无菌平皿：直径 90mm；灭菌吸管：包括 1mL、5mL、10mL 三种；灭菌锥形瓶：200mL、500mL；带橡胶乳头的吸管数支；pH 试纸：pH 范围为 6.0～8.0；比浊管；显微镜；玻片染色缸或盘；全自动细菌生化鉴定仪，如 VITEK 等。

2.2 培养基和试剂

具体包括：改良磷酸盐缓冲液、碱处理液、CIN-1 培养基、改良 Y 培养基、改良克氏双糖培养基、尿素培养基、半固体琼脂、营养琼脂、糖发酵管（根据需要加入山梨醇、鼠李糖、棉子糖、蔗糖、甘露醇等）、鸟氨酸脱羧酶试验培养基；缓冲葡萄糖蛋白胨水[甲基红(MR)和 V-P 试验用]、革兰氏染色液、V-P 试剂、API 20E 生化鉴定试剂盒或 VITEK GNI^{+} 生化鉴定卡等。

2.3 检测程序

小肠结肠炎耶尔森氏菌检测程序如图 10-2 所示。

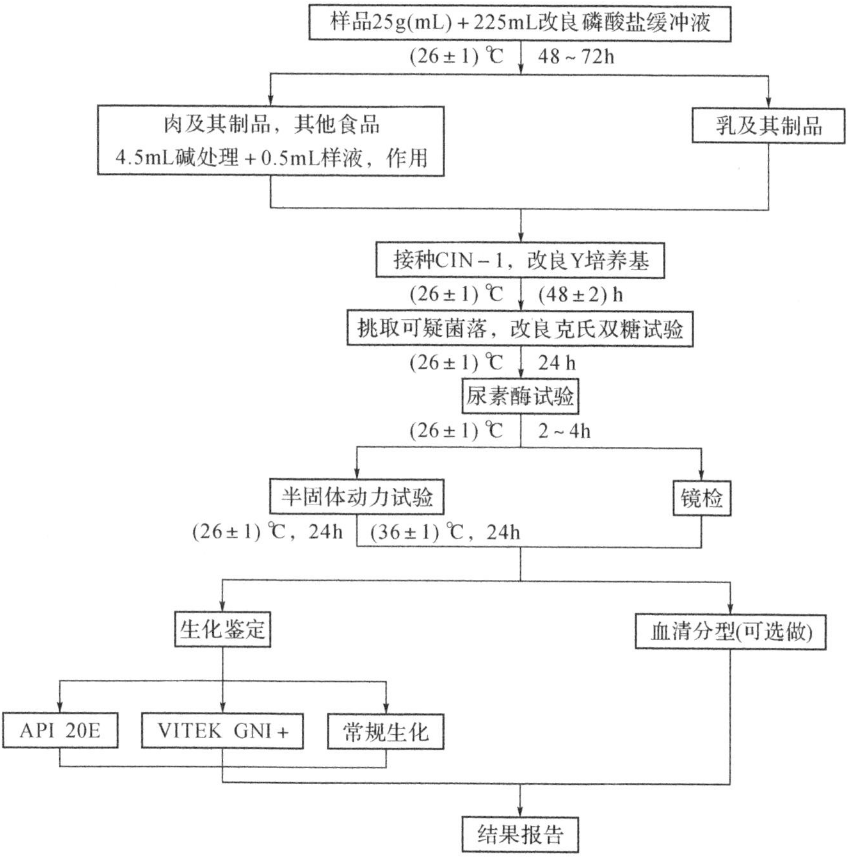

图 10-2 小肠结肠炎耶尔森氏菌检测程序

2.4 操作步骤

2.4.1 样品的采集和处理

采集样品后立即开始检验，或者将样品于4℃保存，因为大多数细菌在4℃不能繁殖，但小肠结肠炎耶尔森氏菌可以生长。虽然耶尔森氏菌也能够从冷冻食品中检验出来，但建议检验前不要冷冻样品。如为冷冻食品，应于2～5℃下不超过18h解冻。若不能及时检验，应放于−15℃保存，最多不能超过2d。非冷冻易腐的食品应置于4℃冰箱保存，最多不得超过3d。

固体样品如肉品、肠系膜淋巴结等，可用灭菌镊子、刀、剪采集；液体样品如牛奶、水、脓液等，可用灭菌勺、匙或移液管采集。所采样品应置灭菌容器内送检。猪舌应剪取舌根、舌两侧及舌尖部肉，猪咽喉部带菌检查，可在猪屠宰中割下的头部，用灭菌棉拭子于其扁桃体和舌根部涂擦后置于改良磷酸盐缓冲液中送检。患者或动物粪便，可用便盒收集或以采便管插入直肠采集。患者血液应在发病初期(≤3d)和恢复期(2周左右)采样送检。本菌在室温易死亡，样品采集后需立即送检，并应注意冷藏。

样品送达实验室后应即放冰箱保存，最好在当天接种完毕。接种时，固体样品要剪细或于乳钵内加少量增菌液研成匀浆，或置于均质器杯内与少量增菌液均质处理呈匀浆。粪便、脓液可用灭菌盐水做成乳液。用于测定患者血清效价的血液，可用离心法将血清分出保存于冰箱内，以备与检出菌株做定量凝集试验。

2.4.2 样品制备及增菌

以无菌操作取检样25g(mL)放入装有225mL改良磷酸盐缓冲液增菌液的无菌均质器内，以8000r/min均质1～2min或拍击式均质1～2min。液体样品或粉末状样品，应该振荡混匀。置于(26±1)℃增菌48～72h。

注意：为使受损伤的小肠结肠炎耶尔森氏菌得到较好的恢复和繁殖或由污染少量细菌的样品中检出，必须采用增菌的方法，根据该菌能在0～4℃生长的特点，可采用4℃冷增菌，有利于耶氏菌存活和缓慢繁殖，而对大多数其他细菌不利或保持不变，特别适用于含菌量少的被检材料，同时改良磷酸盐缓冲液对本菌有一定的选择性，经冷增菌培养后，分别在7d、14d、21d时进行分离，可获得较好的检出效果，虽然增菌时间较长，但可提高检出率。

2.4.3 碱处理

除乳及其制品外，将肉及其制品、其他食品的增菌液0.5mL与碱处理液4.5mL混合15s。

注意：小肠结肠炎耶尔森氏菌比其他革兰氏阴性细菌生长慢，因其他细菌都能在弱选择性分离琼脂平板上生长，尤其在22～26℃情况下仍可生长较快，而耶尔森氏菌往往易被掩盖。为控制其他细菌的过多生长，采用耶尔森氏菌对弱碱性有较高抵抗力的特点，将冷增菌后的样液，经弱碱液迅速处理15s，立即接种选择性平板进行分离，此方法可杀死大部分不耐碱的其他细菌，可提高小肠结肠炎耶尔森氏菌的检出率。必须严格掌握处理方法，不宜超过时间，以免影响检出效果。

检验乳品时不需要进行碱处理，增菌培养后可直接进行分离，尤其在细菌污染较少情况下的样品，经碱处理后有时对该菌的检出也能受到影响。

2.4.4 分离培养

将增菌液和经过碱处理的增菌液分别接种CIN-I培养基和改良Y培养基于，(26±

1)℃培养(48±2)h。

注意:小肠结肠炎耶尔森氏菌在CIN-I平板上生长菌落较大,扁平,有明显的边缘,中心为深红色,周围有半透明圆环的特征,成牛眼状菌落,直径1~2mm。在改良Y琼脂平板上生长为无色透明、光滑、扁平、不黏稠的菌落。经样品分离效果比较,改良Y的分离率高于麦康凯和SS培养基,因此选用了CIN-I和改良Y培养基结合使用,可以达到较好的分离选择效果。

CIN琼脂(Cefsulondin-Irgasan-Novobiocin Agar)是一种对耶氏菌选择性较强的培养基,为Schienann氏于1979年研制成功的,由于配方中Irgasan成分在我国不易购到,无法应用,经试验后改用二苯醚代替,其选择培养基的效果反应相同,因此称为"CIN-I"。

2.4.5　改良克氏双糖试验

分别挑取上述可疑菌落3~5个,接种改良克氏双糖斜面,于(26±1)℃培养24h,将斜面和底部皆变黄(少数因不发酵或迟缓发酵蔗糖者斜面可仍为红色),硫化氢阴性和不产生气体的培养物做进一步生化鉴定。

注意:利用改良克氏双糖琼脂斜面对本菌初筛,比三糖铁琼脂斜面更为可靠。因为有些细菌如变形杆菌、柠檬酸杆菌、克雷伯氏菌等,都可能产生类似耶氏菌的底层和斜面均产酸的反应,在三糖铁琼脂上有15%的细菌反应不一致,难以区分,但在改良克氏双糖上的反应与其他易于混淆的细菌反应不同,绝大部分的耶氏菌在改良克氏双糖斜面上反应一致,耶氏菌甘露醇阳性者为100%,蔗糖阳性者为98%,乳糖则为8%~15%,而变形菌对甘露醇,乳糖则为阴性,即可排除部分非耶氏菌的干扰。

2.4.6　尿素酶试验和动力观察

将改良克氏双糖上的可疑培养物接种到尿素培养基上,注意接种量要大,挑取一接种环,振摇几秒钟,于(26±1)℃培养2~4h,然后将阳性者接种两管半固体琼脂,分别放置(26±1)℃和(36±1)℃恒温培养箱中,培养24h检查,将26℃有动力的可疑菌落接种营养琼脂平板,进行革兰氏染色镜检和进一步的生化试验。

注意:尿素酶试验时,注意培养基制作时尿素不要高温加热,以防水解影响效果,接种细菌时菌量可适当大些。肠结肠炎耶尔森氏菌菌落为粉红色(尿素酶阳性),大肠杆菌为无色(尿素酶阴性);动力观察时,小肠结肠炎耶尔森氏菌在26℃培养时有动力,在37℃培养时无动力。

2.4.7　革兰氏染色镜检

将上述可疑菌落做涂片革兰氏染色,进行显微镜观察。

注意:小肠结肠炎耶尔森氏菌为革兰氏阴性杆菌或球杆菌,普通碱性染料易于着色,偶尔可见两极浓染,大小为(0.8~3.0)μm×0.8μm,多为单个散在,有时排列为短链状或成堆,不形成芽孢,无荚膜,有周鞭毛,但不稳定,于26℃培养物中可见周鞭毛,30℃以上易消失,在22~26℃普通培养基上生长的幼龄菌,球形占优势,37℃培养时或在陈旧培养物中趋向多形性。

2.4.8　生化鉴定

1. 常规生化鉴定

从营养琼脂平板上挑取菌落做生化试验,所有的生化反应皆在(26±1)℃培养。小肠结肠炎耶尔森氏菌的主要生化特性以及与其他菌的区别如表10-2所示。

表 10-2 小肠结肠炎耶尔森氏菌与其他相似菌的生化性状鉴别

项目	小肠结肠炎耶尔森氏菌	中间型耶尔森氏菌	弗氏耶尔森氏菌	克氏耶尔森氏菌	假结核耶尔森氏菌	鼠疫耶尔森氏菌
动力(26℃)	+	+	+	+	+	−
尿素酶	+	+	+	+	+	−
V-P 试验(26℃)	+	+	+	−	−	−
鸟氨酸脱羧酶	+	+	+	+	−	−
蔗糖	d	+	+	−	−	−
棉子糖	−	+	−	−	−	d
山梨醇	+	+	+	+	−	−
甘露醇	+	+	+	+	+	+
鼠李糖	−	+	+	−	−	+

注:"+"表示阳性;"−"表示阴性;"d"表示有不同的生化型。

2. 生化鉴定系统

可选择使用 2 种商品化的生化鉴定系统(API 20E 或 VITEK GNI$^+$)中任一种,代替常规的生化鉴定。

①API 20E。从营养琼脂平板上挑取可疑菌落,按照 API 20E 操作手册进行,并判读结果。

②VITEK 全自动微生物生化分析仪。琼脂平板上挑取可疑菌落,按照 VITEK GNI$^+$ 操作手册进行,并判定结果。

2.4.9 血清型鉴定

除进行生化鉴定外,必要时可将菌落种送至上级检验机构进行血清鉴定。目前国内可生产 27 种 O 型血清因子,供各地使用,具体操作方法与沙门氏菌 O 因子血清分型相同。

进行血清学试验时,可将被检菌接种于普通斜面上,于 26℃培养 48h,取其培养物用分型血清做玻片凝集试验。即在洁净的载玻片上加一滴"O"因子血清,将待试培养物混入其内,使成为均一性混浊悬液,将玻片轻轻摇动 0.5～1min,在黑色背景下观察反应。如在 2min 内出现比较明显的小颗粒状凝集者,即为阳性反应,反之则为阴性,另用生理盐水作对照试验,以检查有无自凝现象。

2.5 结果报告

综合以上生化特性报告结果,报告 25g(mL)样品中检出或未检出小肠结肠耶尔森氏菌。

2.6 小肠结肠炎耶尔森氏菌检测培养基和试剂的配制

2.6.1 改良磷酸缓冲液

1. 成分

磷酸氢二钠	8.23g	磷酸二氢钠(含 1 个结晶水)	1.2g
氯化钠	5g	蒸馏水	1000mL
山梨醇	20g	3 号胆盐	1.5g

2. 制法

将磷酸盐及氯化钠溶于蒸馏水中，再加山梨醇及胆盐，溶解后校正 pH 为 7.6，分装于 500mL 广口玻璃瓶内，每瓶 225mL，121℃高压灭菌 15min 备用。

2.6.2　CIN-I 培养基

1. 成分

胰胨	20g	氯化钠	1g
酵母浸膏	2g	去氧胆酸钠	2g
甘露醇	20g	硫酸镁(含 7 个结晶水)	0.01g
琼脂	12g	蒸馏水	950mL

pH 7.5±0.1

2. 制法

上述成分溶于蒸馏水中，121℃高压灭菌 15min，待冷至 80℃时加入二苯醚(用 95%的乙醇配成 0.4%的溶液)1mL，混匀，冷至 50℃左右时加入中性红(3mg/mL)10mL，结晶紫(0.1mg/mL)10mL，头孢霉素(1.5mg/mL)10mL，新生霉素(0.25mg/mL)10mL，最后不断搅拌，加入 10%的氯化锶 10mL，倒平皿。

2.6.3　改良 Y 培养基

1. 成分

蛋白胨	15g	氯化钠	5g
乳糖	10g	草酸钠	2g
去氧胆酸钠	6g	3 号胆盐	5g
丙酮酸钠	2g	孟加拉红	40mg
水解酪蛋白	5g	琼脂	17g
蒸馏水	1000mL		

pH 7.4±0.1

2. 制法

将上述成分混合，溶解于蒸馏水，校正 pH 7.4±0.1，于 121℃高压灭菌 15min，待冷却至 45℃左右，倾注平皿。

2.6.4　改良克氏双糖培养基

1. 成分

蛋白胨	20g	氯化钠	5g
牛肉膏	3g	柠檬酸铁铵	0.5g
酵母膏	3g	硫代硫酸钠	0.5g
山梨醇	20g	酚红	0.025g
葡萄糖	1g	蒸馏水	1000mL
琼脂	12g		

pH 7.4

2. 制法

以 800mL 蒸馏水将琼脂加热溶化，再用 200mL 蒸馏水将其他成分(酚红除外)加热溶解，再将以上两种溶液混匀，调至 pH 7.4±0.2，然后加入 0.2%酚红水溶液 12.5mL 摇匀，分装于16mm×160mm试管，装量宜多些，以便得到比较高的底层。121℃高压灭菌15min，待冷至50℃左右，斜置成深高层斜面。制成的培养基为淡橙红色。

培养基采用高层穿刺、斜面密布划线接种法。(26±1)℃培养(24±2)h。观察结果：小肠结肠炎耶尔森氏菌的反应为底层斜面均产酸、变黄色、无硫化氢、不产气(偶有少量小气泡)。

2.6.5 营养琼脂

1. 成分

蛋白胨	10g	蒸馏水	1000mL
琼脂	15～20g	氯化钠	5g
牛肉膏	3g		

2. 制法

将除琼脂以外的各种成分溶解于蒸馏水内，加入15%氢氧化钠溶液约2mL，校正pH至7.2～7.4。加入琼脂，加热煮沸，使琼脂溶化，分装烧瓶，121℃高压灭菌15min。

此培养基可供一般细菌培养之用，可倾注平板或制成斜面。如用于菌落计数，琼脂量为1.5%；如做成平板或斜面，则应为2%。

2.6.6 半固体琼脂

1. 成分

蛋白胨	1g	氯化钠	0.5g
牛肉膏	0.3g	蒸馏水	100mL
琼脂	0.35～0.4g		

pH 7.4±0.1

2. 制法

将以上成分配好，沸腾溶解，并校正pH 7.4±0.1，分装试管(8mL)。121℃高压灭菌15min，取出直立试管待凝固，备用。

注：供动力观察、菌种保存、H抗原位相变异试验等用。

2.6.7 糖发酵管

1. 成分

牛肉膏	5g	磷酸氢二钠(含12个结晶水)	2g
蛋白胨	10g	0.2%溴麝香草酚蓝溶液	12mL
氯化钠	3g	蒸馏水	1000mL

pH 7.4±0.1

2. 制法

①葡萄糖发酵管按上述成分配好后，并校正pH至7.4±0.1。按0.5%加入葡萄糖，分装于有一个倒置小管的小试管内，121℃高压灭菌15min。

②其他各种糖发酵管可按上述成分配好后，分装每瓶100mL，121℃高压灭菌15min。另将蔗糖、棉子糖、山梨醇、甘露醇、鼠李糖等分别配成10%溶液，同时高压灭菌，将5mL糖液加入100mL培养基内，以无菌操作分装于已灭菌的16mm×160mm小试管中，每管3mL。

注：蔗糖不纯，加热后会自行水解者，应采用过滤法除菌。

3. 试验方法

从琼脂斜面上挑取少量培养物接种，于(36±1)℃培养，一般观察2～3d。迟缓反应需观察14～30d。

2.6.8　尿素培养基

1. 成分

尿素	20g	酵母浸膏	0.1g
磷酸二氢钾	0.091g	磷酸氢二钠	0.095g
酚红	0.01g	蒸馏水	1000mL

2. 制法

将上述成分于蒸馏水中溶解，校正pH为6.8±0.2。不要加热，过滤除菌，分装于15mm×100mm的灭菌小试管中，每管为约3mL。

3. 试验方法

挑取琼脂培养物接种在尿素培养基上，(36±1)℃培养24h。制成的培养基为淡橙黄色，尿素酶阳性者由于产碱而使培养基变为桃红色，阴性者颜色不变。

2.6.9　缓冲葡萄糖蛋白胨水(V-P和MR试验用)

1. 成分

磷酸氢二钾	5g	葡萄糖	5g
多胨	7g	蒸馏水	1000mL

pH 7

2. 制法

溶化后校正pH，分装试管，每管1mL，121℃高压灭菌15min。

3. 甲基红(MR)试验

自琼脂斜面挑取少量培养物接种本培养基中，于(36±1)℃培养2～5d，哈夫尼亚菌则应在22～25℃培养。滴加甲基红试剂一滴，立即观察结果。鲜红色为阳性，黄色为阴性。

甲基红试剂配法：10mg甲基红溶于30mL 95%乙醇中，然后加入20mL蒸馏水。

4. V-P试验

用琼脂培养物接种本培养基中，于(36±1)℃培养2～4d。哈夫尼亚菌则应在22～25℃培养。加入6%α-萘酚-乙醇溶液0.5mL和40%氢氧化钾溶液0.2mL，充分振摇试管，观察结果。阳性反应立刻或于数分钟内出现红色，如为阴性，应放在(36±1)℃下培养4h再进行观察。

2.6.10　鸟氨酸脱羧酶试验培养基

1. 成分

蛋白胨	5g	1.6%溴甲酚紫-乙醇溶液	1mL
酵母浸膏	3g	L-鸟氨酸或DL鸟氨酸	0.5g/100mL或1g/100mL
葡萄糖	1g	蒸馏水	1000mL

pH 6.8

2. 制法

除鸟氨酸以外，将其他成分加热溶解，分装每瓶100mL，分别加入鸟氨酸。L-鸟氨酸按0.5%加入，DL-鸟氨酸按1%加入。再校正pH至6.8，对照培养基不加鸟氨酸。分装于无菌小试管 15mm×100mm 内，每管 0.5mL，上面滴加一层液体石蜡，115℃高压灭菌 10min。

3. 试验方法

从琼脂斜面上挑取培养物接种，于(26±1)℃培养 18～24h，观察结果。鸟氨酸脱羧酶阳性者由于产碱，培养基呈紫色或红紫色，弱阳性者为青灰色。阴性者无碱性产物，但因葡萄糖产酸而使培养基变为黄色。对照管应为黄色。

2.6.11　碱处理液

氢氧化钾 0.5g，氯化钠 0.5g，各加入蒸馏水 100mL 配成 0.5%氢氧化钾溶液和 0.5%氯化钠溶液，然后等量混合。

思考题

1. 如何检出食品中的小肠结肠炎耶尔森氏菌？
2. 小肠结肠炎耶尔森氏菌的致病机理如何？
3. 如何控制食品中的耶尔森氏菌？

【知识链接】

抗生素的发展历程

关于抗生素的早期历史，可追溯至古代的传说或记载。我国古籍如《本草拾遗》记载利用尘土中微生物治疗疮痈等恶疾，《左传》中记载用麦曲治疗消化系统的疾病，根据近年研究证明，"曲"可能是繁殖在酸败麦上的高温菌"红米霉"。欧洲、南美等地在数世纪前也曾应用发霉的面包、旧鞋、玉蜀黍等治疗溃疡、肠道感染、化脓疮伤等疾病。所以用细菌的产物治疗疾病很早就有，只是那时不知有所谓细菌和抗生物质而已。直到 19 世纪后半叶才真正揭开了抗生素的发展序幕。

微生物间拮抗现象的发现。1874 年，罗伯茨在英国《皇家学会会报》上首次发表拮抗现象的报道。他记载了真菌的生长常常抑制细菌的生长。这一观察还专门谈到一种青霉菌对细菌生长的影响，并且预示了 50 年后弗莱明的工作。可是它没有引起人们的注意，直到 20 世纪 70 年代才被医史学者所发现。1876 年，廷德尔报道了青霉菌溶解细菌的现象，并指出在霉菌和细菌为生存而进行的竞争中，霉菌通常是胜利者。1877 年，巴斯德和朱伯特首先进行了初步治疗尝试，他们发现，给动物接种无害细菌，结果抑制了炭疽病状的发生，并报道了微生物之间的拮抗现象。

青霉素的发现。英国细菌学家弗莱明(1881—1955)在研究葡萄球菌的菌落形态时，他的实验平板中偶然污染了青霉菌的一个菌落。他用放大镜检查此平板，发现青霉菌落周围的葡萄球菌菌落被明显溶解。弗莱明认为这是微生物拮抗现象的一个有趣的例子，并进一步研究这一现象。他有意识地在葡萄球菌培养物平板和其他微生物上点和划线接种了青霉菌，证实了其对葡萄球菌和许多其他细菌均有裂解作用。然后，弗莱明转向研究青霉菌培养物的无细胞提取物，发现它们有显著的抗细菌作用。他试着用培养物的滤液局部治疗伤口感染，并取得了一些成功。1929 年，弗莱明将霉菌培养物的滤液中所含有的抗细菌物质叫做青霉素，并予以报道。可惜因无人理会弗莱明的发现，他没有对其进行深入探讨，中断了这项工作，原因是受到当时科学思想的阻碍，即认为动物试验结果不能反映在人体内所发生的情况，或者说以动物试验结果来指导人的医学实践是不可靠的。这个错误思想控制着弗莱明所在的研究室，由于这个框框，青霉素被埋没了10年。

进一步推动抗生素发展的是牛津大学病理学教授弗洛里。他在1938—1939年对已知的由微生物产生的抗生物质进行了系统的研究。弗莱明的青霉素是最引起他注意的物质之一。幸运的是弗洛里得到了以钱恩为首的一批优秀化学家的帮助，很快就能对青霉菌培养物中的活性物质——青霉素进行提取和纯化，到1940年已经制备了纯度可满足人体肌肉注射的制品。在首次临床试验中，虽然青霉素的用量很少，但疗效却非常惊人。人们再也不怀疑青霉素是空前有效的抗细菌药物，它使感染性疾病的治疗得以产生巨大的变革。其时正值第二次世界大战期间，青霉素的大规模生产成为燃眉之急，在英美科学家的协作攻关下，其大规模生产所存在的技术问题逐步得以解决。于是在短短一年中青霉素便已商品化，而且产量日益增加。正是这种有神奇疗效的抗生素，在第二次世界大战期间，使成千上万受死亡威胁的生命得以幸存。青霉素成为第一个作为治疗药物应用于临床的抗生素。

瓦克斯曼(1888—1978，1952年诺贝尔奖获得者)是抗生素历史中另一位重要人物，他和他的学生Dubos等通过筛选成千上万的微生物来有意识、有目的地寻找抗生素，并于1942年首先给抗生素下了一个明确的定义：抗生素是微生物在代谢中产生的，具有抑制他种微生物生长和活动甚至杀灭他种微生物的性能的化学物质。瓦克斯曼的成就引起人们在世界范围内寻找土壤微生物所产生的其他抗生素，于是开始了大规模筛选抗生素的时代。这些工作也得到许多大制药公司的资助。霎时间，许多科研工作者纷纷来到污水沟旁、垃圾堆上、沃野之中，采集样本，筛选菌种。在短短的一二十年间，相继发现了金霉素(1947)、氯霉素(1948)、土霉素(1950)、制霉菌素(1950)、红霉素(1952)、卡那霉素(1958)等。这些抗生素的问世，使当时的细菌性疾病与立克次体病得以成功的治疗，使人的寿命显著延长。也正是在这一时期，抗生素研究进入了有目的、有计划、系统化的阶段，并建立了大规模的抗菌素制药工业，生产方法亦工业化。

至此，抗生素的历史暂可划上一个逗号，但其历史还远未结束，寻找新抗生素的工作还在继续进行。这些状况犹如细菌和微生物学家之间的赛跑，细菌不断地产生对那些常用抗生素有抗药性的突变菌株，而微生物学家则百折不挠地寻找细菌还没来得及形成抗药性的新化合物。新的抗生素的发现是无止境的，在人类医疗需要和相关学科技术不断发展等因素的推动下，相信将会开发和生产出更多的抗生素，人类与细菌之间的赛跑没有终点。

项目Ⅲ 综合实训

任务一 肉与肉制品中的微生物及其检测

知识目标

- 了解肉与肉制品中有害微生物；
- 了解肉与肉制品中有害微生物的危害；
- 掌握肉与肉制品中有害微生物的控制方式。

能力目标

- 掌握肉与肉制品中有害微生物的检测方法。

模块1 肉与肉制品概述

1.1 肉及肉制品的定义

广义上的肉是指适合人类作为食品的动物机体的所有构成部分。

在商品学上，肉则专指去皮(毛)、头、蹄、尾和内脏的动物胴体或白条肉，它包括肌肉、脂肪、骨、软骨、筋膜、神经、血管、淋巴结等多种成分，而把头、尾、蹄爪和内脏统称为副产品或下水。

肉制品是指以肉或副产品为主要原料，为了贮藏并适合用途加入或不加入一定的辅料，采取腌制、干制、蒸制、烟熏和煮熟等工艺方法制成的具有一定特色、一定风味、可直接食用或经过加热后再食用的肉类产品。

根据对肉的处理及贮藏方法不同，可将其分为鲜肉、冷藏肉及各类肉制品。

1.2 肉及肉制品中的微生物危害

肉类以其丰富的营养成为人们膳食营养的来源。肉中含蛋白质18%～20%，是利用率较高的优良蛋白质；肉中含有0.8%～1.2%的无机盐，其中铁和磷含量丰富；肉类还能提供多种维生素，以瘦肉中的B族维生素较多；肉中还含有一定量的脂肪，使肉具有较好的口感。正由于肉及肉制品含有如此丰富的营养成分，因此最易受到微生物的污染而导致腐败变质。

肉中含有丰富的营养物质，但是不宜久存，在常温下放置时间过长，就会发生质量变化，最后引起腐败。肉腐败的原因主要是由微生物作用引起变化的结果。据研究，每平方厘米内的微生物数量达到5000万个时，肉的表面便产生明显的发黏，并能嗅到腐败的气味。

肉内的微生物是在畜禽屠宰时，由血液及肠管侵入到肌肉里的，当温度、水分等条件适宜时，便会高速繁殖而使肉质发生腐败。肉的腐败过程使蛋白质分解成蛋白胨、多肽、氨基酸，进一步再分解成氨、硫化氢、酚、吲哚、粪臭素、胺及二氧化碳等，这些腐败产物具有浓厚的臭味，对人体健康有很大的危害。

对食源性疾患进行统计分析发现，微生物引起的危害与化学、物理等其他危害相比，已居首位。在主要的25种食源性疾患的致病菌中，至少有15种是通过在肉制品中生长并引起传播的，更重要的是，由于鲜肉的贮藏和部分消费者半生半熟的消费方式，使得肉制品在加工中已经受到来自动物自源性致病菌的交叉污染，再加上缺乏有效的去除手段，从而导致食源性疾病的暴发。冷藏可以延长病毒在肉中的存活期，使某些病毒成为食源性疾患的病原体，导致有生食习惯的人群患病。肉与肉制品同时亦是众多腐败微生物的"食粮"，缺乏良好控制的加工环境，能很快导致肉与肉制品的腐败变质。

微生物在肉制品中更为重要和不可忽视的危害是，许多肉制品特别是生肉中所携带的致病菌，往往通过刀具、砧板、餐具甚至冰箱交叉污染其他食物而导致食源性疾患，有调查分析和证据显示，这种交叉污染带来的微生物危害比肉制品更为严重。

正是由于肉及肉制品是动物与消费者直接关联的产品，近些年一些重要的新病原体的出现和暴发案例，都与肉及肉制品直接有关，如禽及禽肉制品中的高致病性禽流感、碎牛肉中的肠出血性大肠杆菌O157、猪肉中的猪链球菌、牛肉及制品中的疯牛病等，充分证实了肉与肉制品中微生物危害的严重性。

因此，对肉及肉制品进行微生物检测，是确保其卫生质量及维护人体健康的重要工作之一。

1.3　肉及肉制品微生物的控制策略

对肉及肉制品微生物污染的渠道多，因素很复杂，涉及产、储、运、销等各环节，稍一疏忽都会造成污染，主要从五个方面加以控制。

1.3.1　原辅料控制

原料肉应选用政府定点屠宰企业生产的产品，应有卫生检验检疫合格证明，进口原料肉必须经出入境检验检疫部门检验合格，不得使用非经正常屠宰死亡的畜禽肉及非食用性原料。辅料应符合国家标准及有关规定，严禁使用不合格的原辅料及未经证明的不安全的原辅料。如果使用的原辅料为实施生产许可证管理的产品，必须选用获得生产许可证企业生产的产品。

1.3.2　加工过程的温度控制

在肉制品加工过程中，应严格控制原料肉、半成品和成品的温度，防止由于温度升高造成肉品腐败及微生物污染与繁殖。

1.3.3　工艺流程设计

车间布局与工艺流程的设计应合理，热加工区应为生料加工区与熟料加工区的分界线，能使生熟分开。生料加工区和熟料加工区应分别设置工作人员入口、更衣室和洗手消毒设施，杜绝操作人员流向与物料流向不合理造成的交叉污染。

1.3.4　原料库、辅料库、成品库

应干燥、清洁，防鼠防蝇，温度应满足工艺要求。

1.3.5 人员

车间工作人员须穿着洁净的工作服、工作鞋、工作帽并佩戴口罩，工作帽应罩住全部头发，工作服应定期清洗消毒。

模块2 鲜肉中的微生物及其检测

2.1 鲜肉中常见的微生物类群

鲜肉中的微生物来源与许多因素有关，如动物生前的饲养管理条件、机体健康状况及屠宰加工的环境条件、操作程序等。微生物的种类也很多，包括真菌、细菌、病毒等，可分为致病性微生物、致腐性微生物及食物中毒性微生物三大类群。

2.1.1 致腐性微生物

致腐性微生物是在自然界里广泛存在的一类营养体寄生菌，该类菌能产生蛋白分解酶，使动物组织中的蛋白质发生分解，从而引起肉制品的腐败变质。主要是细菌和真菌。

1. 细菌

造成鲜肉腐败的主要微生物，常见的致腐性细菌主要包括：

①革兰氏阳性芽孢需氧菌，如蜡样芽孢杆菌、小芽孢杆菌、枯草芽孢杆菌等；

②革兰氏阴性无芽孢菌，如阴沟肠杆菌、大肠杆菌、奇异变性形杆菌、普通变形杆菌、绿脓杆菌、荧光假单胞菌、腐败假单胞菌等；

③革兰氏阳性菌，如凝聚性细球菌、嗜冷细球菌、淡黄绥茸菌、金黄色葡萄球菌、粪链球菌等；

④厌氧性细菌，如腐败梭状芽孢杆菌、双酶梭状芽孢杆菌、溶组织梭状芽孢杆菌、产芽孢梭状芽孢杆菌等。

2. 真菌

真菌在鲜肉中不仅没有细菌数量多，而且分解蛋白质的能力也较细菌弱，生长较慢，在鲜肉变质中起一定作用。经常可从肉上分离到的真菌有交链霉、曲霉、青霉、枝孢霉、毛霉，其中以毛霉及青霉为最多。

肉的腐败，通常由外界环境中的需氧菌污染肉表面开始，然后沿着结缔组织向深层扩散，因此肉品腐败的发展取决于微生物的种类、外界条件（温度、湿度）以及侵入部位。

在1～3℃时，主要生长的为嗜冷菌，如无色杆菌、气杆菌、产碱杆菌、色杆菌等，随着深度的不断扩展，菌相也发生相应的改变。嗜氧菌仅能在肉表面繁殖，到较深层时，厌氧菌处于优势。

2.1.2 致病性微生物

主要见于细菌和病毒等。

1. 人畜共患病的病原微生物

常见的细菌有炭疽杆菌、布氏杆菌、李氏杆菌、鼻疽杆菌、土拉杆菌、结核分枝杆菌、猪丹毒杆菌等。

常见的病毒有口蹄疫病毒、狂犬病病毒、水泡性口炎病毒等。

2. 只感染畜禽的病原微生物

污染肉品的这些病原微生物种类甚多，在畜禽传染病的传播及流行方面有一定意义。

常见的有多杀性巴氏杆菌、坏死杆菌、猪瘟病毒、兔病毒性出血症病毒、鸡新城疫病毒、鸡传染性支气管炎病毒、鸡传染性法氏囊病毒、鸡马立克氏病毒、鸭瘟病毒等。

2.1.3　中毒性微生物

有些致病性微生物或条件致病性微生物，可通过污染食品或细菌污染后产生大量毒素，从而引起以急性过程为主要特征的食物中毒。

①常见的致病性细菌，有沙门氏菌、志贺氏菌、致病性大肠杆菌等。

②常见的条件致病菌，有变形杆菌、蜡样芽孢杆菌等。

③有的细菌可在肉品中产生强烈的外毒素或耐热的肠毒素，也有的细菌在随食品大量进入消化道过程中，迅速形成芽孢，同时释放肠毒素，如蜡样芽孢杆菌、肉毒梭菌，产气荚膜梭菌(魏氏梭菌)等。

④常见的致食物中毒性微生物，有链球菌、空肠弯曲杆菌、小肠结肠炎耶尔森氏菌等。

⑤真菌。在肉中繁殖后产生毒素，可引起各种毒素中毒，常见的真菌有麦角菌、赤霉、黄曲霉、黄绿青霉、毛青霉、冰岛青霉等。

2.2　鲜肉中微生物的检测

肉的腐败是由于微生物大量繁殖，导致蛋白质分解的结果，故检查肉的微生物污染情况，不仅可判断肉的新鲜程度，而且反映肉在生产、运输、销售过程中的卫生状况，为及时采取有效措施提供依据。

2.2.1　样品的采集及处理

1. 一般检验法

①屠宰后的畜肉，可于开膛后，用无菌刀采取两腿内侧肌肉 100g(或采取背最长肌)；

②冷藏或售卖的生肉，可用无菌刀采取腿肉或其他肌肉 100g，也可采取可疑的淋巴结或病变组织。

检样采取后放入无菌容器，立即送检。最好不超过 4h。送样时应注意冷藏。

先将样品放入沸水中，烫 3～5min，进行表面灭菌，以无菌手续从各样品中间部取 25g，再用无菌剪刀剪碎后，加入灭菌砂少许，进行研磨，加入灭菌生理盐水，混匀后制成 1∶10 稀释液。

2. 表面检查法

取 $50cm^2$ 消毒滤纸以无菌刀将滤纸贴于被检肉的表面，持续 1min，取下后投入装有 100mL 无菌生理盐水和带有玻璃珠的 250mL 三角瓶内，或将取下的滤纸投入放有一定量生理盐水的试管内，送至实验室后，再按 $1cm^2$ 滤纸加生理盐水 5mL 的比例补足，强力振荡，直至滤纸成细纤维状备用。

2.2.2　微生物检验

细菌总数测定、大肠菌群 MPN 测定及病原微生物检测，均按项目Ⅱ及国家检验标准中描述的相应方法进行。

2.2.3　鲜肉压印片镜检

1. 采样方法

具体包括：①如为半爿或 1/4 胴体，可从胴体前后肢覆盖有筋膜的肌肉，割取不小于 8cm×6cm×6cm 的瘦肉。

②肩胛前或股前淋巴结及其周围组织。

③病变淋巴结、浮肿(浆液浸润)组织、可疑脏器(肝、脾、肾)的一部分。

④大块肉则从瘦肉深部采样 100g，盛于灭菌陪氏皿(作细菌等培养用的有盖玻璃碟)中。

⑤成堆产品在堆放空间的四角和中间设采样点，每点从上、中、下三层取若干小块混为一份样品；若零散产品，则随机从 3～5 片胴体上取若干小块混为一份样品。每份 500～1500g。

2. 检验方法

从样品中切取 $3cm^3$ 左右的肉块，用点燃的酒精棉球在肉块表面消毒 2～3 次，再以火焰消毒手术刀、剪刀、镊子，待冷却后，将肉样切成 $0.5cm^3$（约蚕豆大）的小块。用镊子夹取小肉块，在载玻片上做成 4～5 个压印，用火焰固定或用甲醇固定 1min，用瑞士染液(或革兰氏)染色后，水洗、干燥、镜检。

3. 评定

①新鲜肉看不到细菌，或一个视野中只有几个细菌；

②次新鲜肉一个视野中的细菌数为 20～30 个；

③变质肉视野中的细菌数在 30 个以上，且以杆菌占多数。

我国现行的食品卫生标准中设有制定鲜肉细菌指标。细菌总数：新鲜肉为 1 万个/g 以下；次新鲜肉为 1 万～100 万个/g；变质肉为 100 万个/g 以上。

在胴体淋巴结中，如果发现鼠伤寒或肠炎沙门氏菌，那么全部胴体和内脏应作工业用或销毁；仅在内脏发现此类细菌时，废弃全部内脏，胴体切块后，进行高温处理。

2.3 肉及肉制品质量鉴别后的食用原则

肉及肉制品在腐败的过程中，由于组织成分被分解，首先使肉品的感官性状发生令人难以接受的改变，因此借助于人的感官来鉴别其质量优劣，具有很重要的现实意义。

经感官鉴别后的肉及肉制品，可按如下原则来食用或处理：

①新鲜或优质的肉及肉制品，可供食用并允许出售，可以不受限制。

②次鲜或次质的肉及肉制品，根据具体情况进行必要的处理。对稍不新鲜的，一般不限制出售，但要求货主尽快销售完，不宜继续保存。对有腐败气味的，须经修整、剔除变质的表层或其他部分后，再高温处理，方可供应食用及销售。

③腐败变质的肉及肉制品，禁止食用和出售，应予以销毁或改作工业用。

模块 3　冷藏肉中的微生物及其检测

3.1 冷藏肉中微生物的来源及类群

冷藏肉中的微生物来源，以外原性污染为主，如屠宰、加工、贮藏及销售过程中的污染。

肉类在低温下贮存，能抑制或减弱大部分微生物的生长繁殖。

嗜冷性细菌，尤其是霉菌常可引起冷藏肉的污染与变质。能耐低温的微生物还是相当多的，如沙门氏菌在－163℃可存活 144d，猪瘟病毒于冻肉中可存活 366d，炭疽杆菌在低温下也可存活，霉菌孢子在－8℃也能发芽。

冷藏肉类中常见的嗜冷细菌有假单胞菌、莫拉氏菌、不动杆菌、乳杆菌及肠杆菌科的某些菌属，尤其以假单胞菌最为常见。常见的真菌有球拟酵母、隐球酵母、红酵母、假丝酵母，毛霉、根霉、枝霉、枝孢霉、青霉等。

解冻肉在较短时间内即可发生腐败变质：

①冻藏时和冻藏前沾于肉类表面并被抑制的微生物，随着环境温度的升高而逐渐生长发育。

③解冻肉表面的潮湿和温暖，更有利于污染于肉品上的微生物的生长繁殖。

③肉解冻时渗出的组织液又为微生物提供了丰富的营养物质。

3.2　冷藏肉中的微生物变化引起的现象

在冷藏温度，高湿度有利于假单胞菌、产碱类菌的生长，较低的湿度适合微球菌和酵母的生长，如果湿度更低，霉菌则生长于肉的表面。

3.2.1　肉表面产生灰褐色改变，或形成黏液样物质

在冷藏条件下，嗜温菌受到抑制，嗜冷菌如假单胞菌、明串珠菌、微球菌等继续增殖，使肉表面产生灰褐色改变，尤其在温度尚未降至较低的情况下，降温较慢，通风不良，可能在肉表面形成黏液样物质，手触有滑感，甚至起黏丝，同时发出一种陈腐味，甚至恶臭。

3.2.2　有些细菌产生色素，改变肉的颜色

肉中的“红点”可由黏质沙雷氏菌产生的红色色素引起，类蓝假单胞菌能使肉表面呈蓝色；微球菌或黄杆菌属的菌种能使肉变黄，蓝黑色杆菌能在牛肉表面形成淡绿蓝色至淡褐黑色的斑点。

在有氧条件下，酵母也能于肉表面生长繁殖，引起肉类发黏、脂肪水解、产生异味和使肉类变色（白色、褐色等）。

3.3　冷藏肉中微生物的检测

3.3.1　样品的采集

冻藏胴体肉在取样时应尽量使样品具有代表性，一般以无菌方法分别从颈、肩胛、腹及臀股部的不同深度上多点采样，每一点取一方形肉块约 50～100g（若同时作理化检验时应取 200g）；500g 及以下的小包装，同批同质随机抽取 10 包以上；500g 以上的标准，同批同质随机抽取 6 包。

取出的样品应置于灭菌容器内立即送检，若不能在 3h 内进行检验时，必须将样品低温保存并尽快检验。

3.3.2　样品的处理

冻肉，应在无菌条件下将样品迅速解冻。由各检验肉块的表面和深层分别制得触片，进行细菌镜检；然后再对各样品进行表面消毒处理，以无菌手续从各样品中间部取出 25g，剪碎、匀浆，并制备稀释液。

3.3.3　微生物检测

1. 细菌镜检

为判断冷藏肉的新鲜程度，单靠感观指标往往不能对腐败初期的肉品作出准确判定。必须通过实验室检查，其中细菌镜检简便、快速，通过对样品中的细菌数目、染色特性以及触片色度三个指标的镜检，即可判定肉的品质，同时也能为细菌、霉菌及致病菌等的检验提供必要的参考依据。

①触片制备。从样品中切取 $3cm^3$ 左右的肉块，浸入酒精中并立即取出点燃烧灼，如此处理 2～3 次，从表层下 0.1cm 处及深层各剪取 $0.5cm^3$ 大小的肉块，分别进行触片或抹片。

②染色镜检。将已干燥好的触片用甲醇固定 1min，进行革兰氏染色后，显微镜观察 5 个视野。同时分别计算每个视野的球菌和杆菌数，然后求出一个视野中细菌的平均数。

③鲜度判定。新鲜肉触片印迹着色不良，表层触片中可见到少数的球菌和杆菌；深层触片无菌或偶见个别细菌；触片上看不到分解的肉组织。

次新鲜肉触片印迹着色较好，表层触片上平均每个视野可见到20～30个球菌和少数杆菌；深层触片也可见到20个左右的细菌；触片上明显可见到分解的肉组织。

变质肉触片印迹着色极浓，表层及深层触片上每个视野均可见到30个以上的细菌，且大都为杆菌；严重腐败的肉几乎找不到球菌，而杆菌可多至每个视野数百个或不可计数；触片上有大量分解的肉组织。

2. 其他微生物检测

可根据实验目的而分别进行细菌总数测定、霉菌总数测定、大肠菌群MPN检验及有关致病菌的检验等。

模块4　肉制品中的微生物及其检测

4.1　肉制品中的微生物类群

不同的肉类制品，其微生物类群也有差异。

4.1.1　熟肉制品

常见的有细菌和真菌，如葡萄球菌，微球菌，革兰氏阴性无芽孢杆菌中的大肠杆菌、变形杆菌，还可见到需氧芽孢杆菌如枯草杆菌、蜡样芽孢杆菌等；常见的真菌有酵母菌属、毛霉菌属、根霉属及青霉菌属等。

4.1.2　灌肠类制品

常见的有耐热性链球菌、革兰氏阴性杆菌及芽孢杆菌属、梭菌属的某些菌类，某些酵母菌及霉菌。这些菌类可引起灌肠制品变色、发霉或腐败变质；如大多数异型乳酸发酵菌和明串珠菌能使香肠变绿。

4.1.3　腌腊制品

多以耐盐或嗜盐的菌类为主，弧菌是极常见的细菌，也可见到微球菌、异型发酵乳杆菌、明串珠菌等。一些腌腊制品中可见到沙门氏菌、致病性大肠杆菌、副溶血性弧菌等致病性细菌；一些酵母菌和霉菌也是引起腌腊制品发生腐败、霉变的常见菌类。

4.2　肉制品中产气荚膜梭菌的检测

1892年，美国病理学家W. H. 魏尔奇等自一尸体分出本菌，因而又称魏氏梭菌。菌体较大，大小为(0.9～1.3)μm×(3.0～9.0)μm，无鞭毛，有荚膜。芽孢椭圆形，位于偏端。菌落直径2～5mm，血琼脂平板上有溶血圈。糖发酵能力强，产酸产气。本菌的特征之一是在牛乳培养基中呈暴烈发酵现象。形成的毒性物质有12种，可损伤细胞膜，导致细胞坏死、组织水肿、充气等病变。根据产生毒素种类和致病性的不同，本菌有A、B、C、D、E、F6个型。A型产气荚膜梭菌的部分菌株能产生肠毒素，引起人的食物中毒。本菌广泛存在于土壤、人和动物的肠道中，常因深部创伤而感染。

产气荚膜梭菌为厌氧芽孢菌，是引起食源性胃肠炎最常见的病原之一。可引起典型的食物中毒暴发。患者临床特征是剧烈腹绞痛和腹泻。摄食被本菌污染的食品后8～22h开始发病。在食品中该菌数量必须达到很高时(1.0×10^7或更多)，才能在肠道中生产毒素，病程通常在24h内，但某些个体的不显著症状可能会持续1～2周，已报道有少数病人因脱水和其他混合感染而导致死亡。

4.2.1 样品的采集与处理

1. 样品的采集

500g以上的小包装，同批同质随机抽取3～5件上取若干小块混合，共500～1500g；500g及以下的标准，同批同质随机抽取3～5件上取若干小块混合，总量不得少于1000g。

烧烤制品及酱卤制品，可分别采用如下方法采集：

①烧烤肉块制品。用无菌棉拭子进行六面$50cm^2$取样，即正(表)面擦拭$20cm^2$，周围四边(面)各$5cm^2$，背面(里面)拭$10cm^2$。

②烧烤禽类制品。用无菌棉拭子作五点$50cm^2$取样，即在胸腹部各拭$10cm^2$，背部拭$20cm^2$，头颈及肛门各拭$5cm^2$。

③其他肉类制品，包括熟肉制品(酱卤肉、肴肉)、灌肠类、腌腊制品、肉松等，都采集200g。有时可按随机抽样法进行一定数量的样品采集。

2. 样品的处理

①用棉拭采的样品，可先用无菌盐水少许充分洗涤棉拭子，制成原液，再按要求进行10倍系列稀释。

②其他按重量法采集的样品均同鲜肉的处理方法，进行稀释液制备。

4.2.2 检验方法

食品中的产气荚膜梭菌检测的主要目的是食品被污染的程度，检测重点项目包括细菌计数及确证试验。

1. 设备和材料

除微生物实验室常规灭菌用培养设备外，所需其他设备和材料如下所示。均质器；显微镜；温箱：(36±1)℃；水浴：(46±0.5)℃；厌氧培养装置：常温催化除氧式或碱性焦性没石子酸除氧式；吸管：1mL、10mL；试管；平皿；接种环或接种针等。

2. 培养基和试剂

具体包括：庖肉培养基、亚硫酸盐-多粘菌素-磺胺嘧啶琼脂(SPS)、液体硫乙醇酸盐培养基(FT)、动力-硝酸盐培养基、含铁牛奶培养基、卵黄琼脂培养基、0.1%蛋白胨水稀释剂、硝酸盐还原试剂、革兰氏染色液等。

3. 检测程序

产气荚膜梭菌检测程序如图1-1所示。

4. 操作步骤

(1)活菌计数培养

具体步骤包括：①无菌称取检样(食品25g，粪便5g)，放入均质器，加0.1%蛋白胨水(食品225mL，粪便45mL)低速搅拌1～2min，使之均质化，作为1∶10稀释液。

②以上述1∶10稀释的均质液按1mL加0.1%蛋白胨水9mL做成10^{-2}～10^{-6}的系列稀释液。

③吸取各稀释液1mL，分别放于灭菌皿内，每个平皿浇注约50℃的SPS琼脂约15～20mL，仔细转动平皿，使稀释液和琼脂充分混匀。

④每个稀释度做两块平皿。(36±1)℃厌氧培养24h。

⑤选取长有30～300个黑色菌落的平板，计数黑色菌落数。

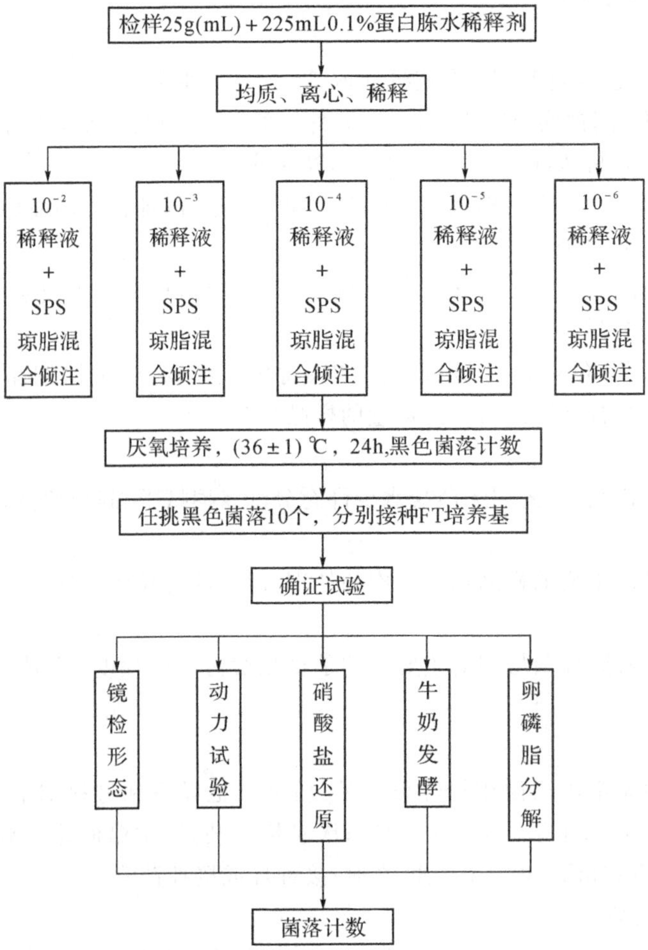

图 1-1　产气荚膜梭菌检测程序

(2)确证试验

由平板上任取 10 个黑色菌落,分别接种 FT 培养基,于(36±1)℃增菌培养 18～24h。

①用上述培养液涂片,革兰氏染色后镜检,检查培养液的纯净度。

②以接种针穿刺接种动力-硝酸盐培养基,(36±1)℃厌氧培养 24h,观察有无动力,判断有无动力。然后,滴加甲萘胺液和对氨基苯磺酸液各 0.5mL,观察硝酸盐是否被还原。

③取生长旺盛的 FT 培养液 1mL,接种含铁牛奶培养基,厌氧培养,46℃水浴中培养 2h,观察有无"暴烈发酵"现象,5h 内不发酵者为阴性。产气荚膜梭菌发酵乳糖,凝酪蛋白并大量产气,呈"暴烈发酵"现象,但培养基不变黑。

④用接种环蘸取 FT 培养液点种卵黄琼脂平板(每个平板至少可点种 10 点),倒置厌氧培养装置,(36±1)℃培养 24h,观察接种点。产气荚膜梭菌产生卵磷脂酶,分解卵黄中的卵磷脂,使接种点的底部及周围形成乳白色的混浊带。

四项生化试验全部符合者,即确定为产气荚膜梭菌。

(3)菌数计算

根据黑色菌落的计数和确证试验的结果,计算每克(毫升)检样的含菌数。

例如：10^{-4}稀释液的平板长有黑色菌落100个，而供做确证试验的10个菌落中有7个被确证为产气荚膜梭菌，则每克（毫升）检样中含产气荚膜梭菌数：$100\times0.7\times10^4=7\times10^5$ cfu/g(mL)

5. 结果分析判定

SPS琼脂中含有亚硫酸盐及柠檬酸铁铵。前者可被产气荚膜梭菌还原为硫化物，与后者发生反应，产生黑色沉淀，菌落变黑。但这个反应非产气荚膜梭菌独有，梭菌属的肉毒梭菌等都有这个反应，所以需对黑色菌落做确证补充。若培养时厌氧条件不好，被细菌还原的硫化物能被氧气所氧化，只能看到灰黑色菌落或黑心菌落。

确证试验的第一种都不是产气荚膜梭菌绝对特有的，故必须四个指标完全符合才能判为产气荚膜梭菌。

对产气荚膜梭菌食物中毒有诊断意义的指标有：食品中产气荚膜梭菌的污染程度（活菌计数），患者粪便中的肠毒素检验，从可疑食品及患者粪便中分离出同一型别的菌株。各种食品中产气荚膜梭菌的污染量差别很大，通常在$1\sim10^5$之间。

4.2.3 培养基和试剂

1. 庖肉培养基

(1)成分

牛肉浸液	1000mL	磷酸二氢钠	5g
蛋白胨	30g	葡萄糖	3g
酵母膏	5g	可溶性淀粉	2g
碎肉渣	适量		

(2)制法

称取新鲜除脂肪和筋膜的碎牛肉500g，加蒸馏水1000mL和1mol/L氢氧化钠溶液25mL，搅拌煮沸15min，充分冷却，除去表面脂肪，澄清过滤，加水补足至1000mL。加入除碎肉渣外的各种成分，校正pH。

碎肉渣经水洗后晾至半干，分装15mm×150mm试管约1～2cm高，每管加入还原铁粉0.1～0.2g或铁屑少许。将上述液体培养基分装至每管内超过肉渣表面约1cm。上面覆盖溶化的凡士林或液体石蜡0.3～0.4cm。121℃高压灭菌15min。

2. 卵黄琼脂培养基

(1)成分

肉浸液	1000mL	氯化钠	5g
蛋白胨	15g	琼脂	25～30g
50%葡萄糖水溶液			
50%卵黄盐水溶液			
pH 7.5			

(2)制法

制备基础培养基，分装每瓶100mL。121℃高压灭菌15min。临用时加热溶化琼脂，冷至50℃，每瓶内加入50%葡萄糖水溶液2mL和50%卵黄盐水悬液10～15mL，摇匀，倾注平板。

3.亚硫酸盐-多粘菌素-磺胺嘧啶琼脂(SPS)

(1)成分

胰酶消化酪蛋白胨	15g	柠檬酸铁铵	1g
酵母膏	10g	1.2%磺胺嘧啶钠水溶液	10mL
蒸馏水	1000mL	10%亚硫酸钠水溶液(新配)	7mL
琼脂	15g	0.12%多粘菌素B硫酸盐水溶液	10mL

pH 7

(2)制法

胰酶消化酪蛋白胨、酵母膏、柠檬酸铁铵、琼脂和蒸馏水五种成分配合后加热溶解,校正pH。分装每瓶100mL,121℃高压灭菌15min。临用时加热溶化琼脂,冷至50℃。按比例加入1.2%磺胺嘧啶钠水溶液、10%亚硫酸钠水溶液(新配)和0.12%多粘菌素B硫酸盐水溶液3种溶液,摇匀,倾注平板。

4.液体硫乙醇酸盐培养基(FT)

(1)成分

胰酶消化酪蛋白胨	15g	氯化钠	2.5g
L-胱氨酸	0.5g	硫乙醇酸钠	0.5g
葡萄糖	5g	刃天青	0.001g
酵母膏	5g	蒸馏水	1000mL
琼脂	0.75g		

(2)制法

上述成分煮沸溶解,冷却后校正pH,分装试管10mL,121℃高压灭菌15min。临用时隔水煮沸10min,以驱除培养基中溶解的氧气,迅速冷却。

5.含铁牛奶培养基

(1)成分

新鲜全脂牛奶	1000mL	硫酸亚铁	1g
蒸馏水	1500mL		

(2)制法

将硫酸亚铁溶解于蒸馏水中,不断搅拌,缓慢加入1000mL牛奶中,混匀。分装试管,每管10mL,上面覆盖溶化的凡士林0.3~0.4cm,121℃高压灭菌15min。本培养基必须新鲜配制。

6.动力-硝酸盐培养基

(1)成分

蛋白胨	5g	硝酸钾	5g
牛肉膏	3g	磷酸氢二钠	2.5g
半乳糖	5g	甘油	5g
琼脂	3g	蒸馏水	1000mL

(2)制法

将以上成分混合,加热溶解,校正pH,分装试管,121℃高压灭菌15min。

7. 0.1%蛋白胨水稀释剂

(1)成分

蛋白胨	1g	蒸馏水	1000mL

(2)制法

溶解蛋白胨于蒸馏水中，校正 pH 至 7，121℃高压灭菌 15min。

8. 硝酸盐还原试剂

甲液：将对氨基苯磺酸 0.8g 溶解于 5mol/L 乙酸溶液 100mL 中。

乙液：将甲萘胺 0.5g 溶解于 5mol/L 乙酸溶液 100mL 中。

接种硝酸盐培养基，(36±1)℃培养 24h，加入甲液和乙液各一滴，观察结果。硝酸盐还原为亚硝酸盐是立刻或数分钟内显红色。

本试验阴性的原因有三：细菌不能还原硝酸下边；亚硝酸盐继续分解，生成氨和氮；培养基不适于细菌的生长。如欲检查培养基中硝酸盐是否未被分解，可再加入锌粉少许，可使硝酸盐还原为亚硝酸盐而呈现红色。

附录　我国对肉及肉制品要求的微生物检测项目和限量要求

我国对肉及肉制品要求的微生物检验项目主要包括：菌落总数、大肠菌群、沙门氏菌、志贺氏菌、致泻性大肠埃希氏菌、金黄色葡萄球菌、溶血性链球菌、溶血性链球菌、肠出血性大肠杆菌 O157：H7 等。检测项目和限量要求如附表 1 所示。

附表 1　我国对肉及肉制品要求的微生物检测项目和限量要求

<table>
<tr><th>产品类型</th><th colspan="2">检　测　项　目</th><th>限　量　要　求</th></tr>
<tr><td rowspan="9">GB2726—2005《熟肉制品卫生标准》</td><td rowspan="4">菌落总数</td><td>烧烤肉、肉灌肠</td><td>≤50000cfu/g</td></tr>
<tr><td>酱卤肉</td><td>≤80000cfu/g</td></tr>
<tr><td>熏制火腿、其他熟肉制品、肉松</td><td>≤30000cfu/g</td></tr>
<tr><td>肉干、肉脯、肉糜脯、其他熟肉干制品</td><td>≤10000cfu/g</td></tr>
<tr><td rowspan="4">大肠菌群</td><td>肉灌肠、肉干、肉脯、肉糜脯、其他熟肉干制品</td><td>≤30MPN/100g</td></tr>
<tr><td>烧烤肉、熏制火腿、其他熟肉制品</td><td>≤90MPN/100g</td></tr>
<tr><td>酱卤肉</td><td>≤150MPN/100g</td></tr>
<tr><td>肉松、油酥肉松、肉粉松</td><td>≤40MPN/100g</td></tr>
<tr><td colspan="2">致病菌(沙门氏菌、志贺氏菌、金黄色葡萄球菌)</td><td>不得检出</td></tr>
<tr><td rowspan="3">GB16869—2005《鲜、冻禽产品》</td><td colspan="2">细菌总数</td><td>鲜禽≤1×10^6 cfu/g
冻禽≤5×10^5 cfu/g</td></tr>
<tr><td colspan="2">大肠菌群</td><td>鲜禽≤1×10^4 MPN/100g
冻禽≤5×10^3 MPN/100g</td></tr>
<tr><td colspan="2">致病菌(沙门氏菌、肠出血性大肠杆菌 O157：H7)</td><td>0/25g</td></tr>
</table>

续表

产品类型	检测项目	限量要求
GB/T18526.5—2001《熟畜禽肉类杀菌工艺》	细菌总数	出厂时≤5000cfu/g
	大肠菌群	出厂时≤30MPN/100g
	致病菌(系指肠道致病菌和致病性球菌)	不得检出
GB/T18526.6—2001《糖制肉食品辐照杀菌工艺》	细菌总数	辐照前 3×10^4 cfu/g 出厂时≤1000cfu/g
	大肠菌群	出厂时≤30MPN/100g
	致病菌(系指肠道致病菌和致病性球菌)	不得检出
GB18526.7—2001《冷却包装分割猪肉辐照杀菌工艺》	沙门氏菌	不得检出
GB18406.3—2001《农产品安全质量无公害畜禽肉安全要求》	细菌总数	鲜禽≤1×10^6 cfu/g 冻禽≤5×10^5 cfu/g
	大肠菌群	鲜禽≤1×10^4 MPN/100g 冻禽≤5×10^3 MPN/100g
	沙门氏菌、致泻性大肠埃希氏菌	不得检出

思考题

1. 肉与肉制品中主要的有害微生物有哪些?

2. 我国对肉及肉制品要求的微生物检验主要包括哪些项目?如何检测?

【知识链接】

HACCP 食品安全管理体系认证简介

一、HACCP/ISO22000 认证简介

HACCP是危害分析关键控制点(Hazard Analysis Critical Control Point)的简称。它作为一种科学的、系统的方法,应用在从初级生产至最终消费过程中,通过对特定危害及其控制措施进行确定和评价,从而确保食品的安全。HACCP在国际上被认为是控制由食品引起疾病的最经济的方法,并就此获得FAO/WHO食品法典委员会(CAC)的认同。它强调企业本身的作用,与一般传统的监督方法相比较,其重点在于预防而不是依赖于对最终产品的测试,它具有较高的经济效益和社会效益。被国际权威机构认可为控制由食品引起的疾病的最有效的方法。

HACCP的概念起源于20世纪的美国,在开发航天食品时开始应用HACCP原理,HACCP主要包括7个基本原理。

原理一:进行危害分析。

原理二:确定各关键控制点。

原理三:制定关键限值。

原理四:建立一个系统以监测关键控制点的控制情况。

原理五：在监测结果表明某特定关键控制点失控时，确定应采取的纠正行动。

原理六：建立认证程序以证实 HACCP 系统在有效地运行。

原理七：建立有关以上原则和应用方面各项程序和记录的档案。

在食品业界，HACCP 应用得越来越广泛，它逐渐从一种管理手段和方法演变为一种管理模式或者说管理体系。国际标准化组织（ISO）与其他国际组织密切合作，以 HACCP 原理为基础，吸收并融合了其他管理体系标准中的有益内容，形成了以 HACCP 为基础的食品安全管理体系。2005 年 9 月，国际标准化组织发布了 ISO22000 标准“食品安全管理体系——对整个食品链的要求”。

ISO22000 与 ISO9001 有相同的框架，并包含 HACCP 原理的核心内容。ISO22000 能使全世界范围内的组织以一种协调一致的方法应用 HACCP 原理，不会因国家和产品的不同而大相径庭。

二、肉及肉制品 HACCP 控制中的重要病原微生物与指标菌

与肉及肉制品相关的有害微生物很多，在自然界中广泛存在，尤其是在动物肠道和体表的聚集，可通过加工过程污染肉制品，给消费者带来危害风险。在肉及肉制品加工过程中通过 HACCP 控制的重要微生物有沙门氏菌、单核细胞增生李斯氏菌、弯曲杆菌、肠出血性大肠杆菌 O157：H7、金黄色葡萄球菌、肉毒梭菌、产气荚膜梭菌、猪带绦虫病、牛带绦虫病、旋毛虫等。

在肉及肉制品加工过程中，HACCP 运行中的重要内容是需对相关的危害因子进行监测，以了解各项控制过程及效果。直接检测致病菌较复杂，且花费高，耗时长。指标菌的监测实用、经济、方便，是食品安全检测项目的重要手段，是 HACCP 中的重要一环，很多 HACCP 的过程监测和管理控制就是直接采用相关微生物指标菌进行控制，主要是嗜氧菌总数、大肠菌群、粪大肠菌群、大肠杆菌、肠杆菌科、肠球菌、厌氧梭状芽孢杆菌和低温菌总数等。

任务二　蛋与蛋制品中的微生物及其检测

知识目标

- 了解蛋与蛋制品中的有害微生物种类；
- 了解蛋与蛋制品中有害微生物的危害；
- 掌握蛋与蛋制品中有害微生物的控制措施。

能力目标

- 掌握蛋与蛋制品中的有害微生物的检测方法。

模块 1　蛋与蛋制品中的微生物污染

1.1　蛋与蛋制品中常见的微生物

根据鲜蛋特有的结构情况以及所具有的生理特点，健康禽类所产的鲜蛋内部应是无菌的，因为鲜蛋有一层完整的蛋壳包裹。蛋壳从外向内是蛋壳外膜（一层可溶性胶体）、蛋壳、蛋壳内膜、蛋白膜构成，这样可以保护蛋的内容物不受微生物的侵蚀并能防止水分蒸发；再者禽蛋中蛋白质具有碱性，pH 一般在 8～9.6 之间，这样的环境一般不适宜微生物的生长；鲜蛋内还含有一定的抗菌物质——溶菌酶，可以杀灭侵入壳内的微生物，故正常情况下鲜蛋可保存较长的时间而不发生变质。从理论上讲鲜蛋应是无菌的。但是，事实上鲜蛋中却经常可以发现微生物存在，这是由于以下几个环节污染所致。

1.1.1　巢内的污染

当母禽不健康时，机体防御机能减弱，病原菌通过血液循环进入卵巢，当蛋黄在卵巢内形成时，细菌可直接侵入蛋黄，如鸡白痢沙门氏菌、鸡伤寒沙门氏菌等，这些属垂直传播的禽致病菌。

1.1.2　产蛋时污染

禽类的排泄腔内含有一定数量的微生物，当蛋从排泄腔排出体外时，泄殖腔内的微生物可以上行至输卵管，由于蛋内遇冷收缩，附在蛋壳上的微生物可穿过蛋壳进入，并都有可能进入蛋内，造成蛋壳形成前的污染。

1.1.3　蛋壳的污染

鲜蛋蛋壳的屏障作用有限，蛋壳上有许多 4～40μm 大小的气孔。在收购、运输、贮存的过程中，外界的各种微生物可以黏附到蛋壳的表面并都有可能进入。而蛋产生后，蛋壳立即受到禽类、空气等环境中微生物的污染。根据调查发现，蛋壳表面有各种细菌、霉菌等沾染，有时数量可达$(4\sim5)\times10^{5}$个。当鲜蛋处于温暖潮湿的条件下，微生物可逐渐从蛋壳气孔侵入内部。特别是贮存期长或经过洗涤的蛋，如果胶质层被破坏，在高温、潮湿的条件下，环境中的微生物很容易借水的渗透作用透过气孔侵入蛋内，侵入的微生物就会大量繁殖，结果造成蛋的腐败。微生物种类很多，细菌如枯草杆菌、变形杆菌、产碱杆菌、荧光杆菌等，霉菌如芽枝孢霉、分枝孢霉、毛霉、根霉、葡萄孢霉、交链孢霉和青霉等。

另外，蛋中也有可能存在病原菌，如沙门氏菌、金黄色葡萄球菌等。其中，联合国食品法典委员会(CAC)颁布了44项新设和修正的食品规范、法规和标准中明确指出："减少禽、肉、蛋食品中的沙门菌和弯曲杆菌的污染，这两种病菌是世界范围内食源性疾病的主犯。"蛋与蛋制品的沙门菌的污染，主要是禽类卵巢或输尿管，也可以由粪便、肥料、泥土中的沙门菌透过完整蛋壳进入蛋内。一般在许多由蛋混合制成的蛋粉或其他制品中，感染率相当高。

1.2 蛋与蛋制品中的微生物危害

由于上述的多种原因，蛋与蛋制品就很容易发生腐败变质，其变质有以下几种类型。

1.2.1 腐败

腐败主要是由细菌引起的变质。侵入到蛋中的细菌不断生长繁殖并形成各种相适应的酶，然后分解蛋内的各组成成分，是蛋发生腐败和产生难闻的气味。主要由荧光假单胞菌所引起，使蛋黄膜破裂，蛋黄流出与蛋白混合(即散蛋黄)；如果进一步发生腐败，蛋黄中的核蛋白和卵磷脂也被分解，产生强烈的、恶臭的气味和其他有机物，使整个内容物变为灰色或暗黑色。这种黑腐病主要是由变形杆菌属和硫化氢某些假单胞菌和气单胞菌引起的。

1.2.2 霉变

首先在蛋壳膜上生长起来，逐渐形成斑点菌落，造成蛋液黏壳，蛋内成分分解并有不愉快的霉变气味产生。

1.2.3 蛋制品的污染

具体包括：①冰蛋。严重污染、霉变、生虫或融化后有严重异味或臭味。

②咸蛋。蛋内出现霉斑、异味。

③皮蛋。有异味或臭味。

1.3 蛋与蛋制品中的微生物的控制

微生物指标应符合表2-1规定。

表2-1 蛋与蛋制品卫生标准(GB 2749—2003)

项目	菌落总数(cfu/g)	大肠菌群(MPN/100g)	致病菌(沙门氏菌、志贺氏菌等)
巴氏杀菌冰全蛋	≤5000	≤1000	不得检出
冰蛋黄、冰蛋白	≤1000000	≤1000000	不得检出
巴氏杀菌全蛋粉	≤10000	≤90	不得检出
蛋黄粉	≤50000	≤40	不得检出
糟蛋	≤100	≤30	不得检出
皮蛋	≤500	≤30	不得检出

模块2 蛋与蛋制品中致泻大肠埃希氏菌的检测

2.1 概述

大肠埃希氏菌俗称大肠杆菌，为人和动物肠道中的常居菌，一般多不致病，在一定条件下可引起肠道外感染。某些血清型菌株的致病性强，可引起腹泻，与人类疾病有关的大肠杆菌，统称为致泻大肠埃希氏菌。一般包括四种：肠毒素性大肠埃希氏菌（ETEC）、致病性大肠埃希氏菌（EPEC）、出血性大肠埃希氏菌（EHEC）和侵袭性大肠埃希氏菌（EIEC）。

（1）肠产毒性大肠埃希氏菌（ETEC）

该菌可引起婴幼儿和旅游者腹泻，出现轻度水泻，也可呈严重的霍乱样症状。腹泻常为自限性，一般 2～3d 即愈。营养不良者可达数周，也可反复发作。致病因素是 LT 或 ST，或两者同时致病。有些菌株具有定居因子，常见者为 O6：K15：H16、O25：K7：H42。鉴定 ETEC 主要测定大肠埃希氏菌肠毒素，血清型有一定参考意义。

（2）肠致病性大肠埃希氏菌（EPEC）

该菌是婴儿腹泻的主要病原菌，有高度传染性，严重者可致死；成人少见。细菌侵入肠道后，主要在十二指肠、空肠和回肠上段大量繁殖。切片标本中可见细菌黏附于绒毛，导致刷状缘破坏、绒毛萎缩、上皮细胞排列紊乱和功能受损，造成严重腹泻。EPEC 不产生 LT 或 ST。有人报道，EPEC 可产生一种由噬菌体编码的肠毒素，因对 Vero 细胞（绿猴肾传代细胞）有毒性，故称 VT 毒素。VT 毒素的结构、作用与志贺氏毒素相似，具有神经毒素、细胞毒素和肠毒素性。鉴定 EPEC 可根据临床表现与血清型。

（3）侵袭性大肠埃希氏菌（EIEC）

EIEC 的多数菌株无动力，生化反应和抗原结构均近似痢疾杆菌，应予注意。

（4）肠出血性大肠埃希氏菌（EHEC）

该菌可引起散发性或暴发性出血性结肠炎，可产生志贺氏毒素样细胞毒素。EHEO 的主要菌型是 O157：H7，还可有 O26、OⅢ 等。

此外，肠黏附性大肠埃希氏菌（EAEC）也可引起腹泻，但对其发病机理与血清型尚不了解。EAEC 不侵入肠上皮细胞，不产生 LT 或 ST，也无 VT 毒素。唯一特征是具有与Hep-2细胞（人喉上皮细胞癌细胞系）黏附的能力，故也称Hep-2细胞黏附性大肠埃希氏菌。引起急性腹泻的大肠埃希氏菌如表 2-2 所示。

表 2-2　引起急性腹泻的大肠埃希氏菌

	肠产毒性大肠埃希氏菌	肠致病性大肠埃希氏菌	肠侵袭性大肠埃希氏菌	肠出血性大肠埃希氏菌
感染部位	小肠	小肠	大肠	大肠
腹泻类型	水泻	水泻	痢疾样	血性腹泻
易感人群	婴儿，成人	婴儿	成人，儿童	各种年龄
分布	发展中国家（热带）	世界各地	世界各地	北美、日本
流行病学	散发或暴发婴儿腹泻及旅游者腹泻	散发或暴发婴儿腹泻	散发或暴发，常见于年龄较大儿童	起散发性或暴发性出血性结肠炎
致病机理	LT、ST 定居因子	细胞毒素定居因子	侵袭肠黏膜细胞	细胞毒素
常见 O 血清型	6、8、15、20、25、27、78、148、159	2、26、44、55、86、111、114、119、125、126、127、128、142、146、158	28、29、112、124、136、143、144、152、164、167	O157：H7
鉴定	测定 LT、ST、检出定居因子血清型	血清型与临床表现	血清型测定细菌侵袭力	血清型

2.2 检测方法

2.2.1 设备和材料

除微生物实验室常规灭菌用培养设备外，所需其他设备和材料如下所示。电子天平；均质器；恒温培养箱：(36±1)℃、42℃；恒温水浴箱：100℃、65～68℃，50℃；显微镜 10×～100×；冰箱：0～4℃；灭菌广口瓶：500mL；灭菌锥形瓶：500mL、250mL；灭菌试管：16mm×160mm、10mm×75mm、12mm×100mm；灭菌吸管：1mL(具 0.01mL 刻度)、5mL(具 0.1mL 刻度)；灭菌培养皿：直径 90mm；离心机；灭菌刀、剪刀、镊子；家兔：2kg 体重；豚鼠：体重 400～500g；小白鼠：1～4 日龄等。

2.2.2 培养基和试剂

具体包括：乳糖胆盐发酵管、营养肉汤、肠道菌增菌肉汤、伊红美蓝琼脂(EMB)、麦康凯琼脂、三糖铁琼脂(TSI)、克氏双糖铁琼脂(KI)、糖发酵管(乳糖、鼠李糖、木糖和甘露醇)、尿素琼脂(pH 7.2)、氰化钾培养基、缓冲葡萄糖蛋白胨水、赖氨酸脱羧酶试验培养基、蛋白胨水、靛基质试剂、半固体琼脂、氧化酶试剂、V-P 试剂、革兰氏染色液等。

2.2.3 样品的采集

1. 鲜蛋、糟蛋、皮蛋

用流水冲洗外壳，再用 75%酒精棉球涂擦消毒后放入灭菌袋内，加封做好标记后送检。

2. 巴氏消毒全蛋粉、蛋黄粉、蛋白片

将包装铁箱上开口处用 75%酒精棉球消毒，然后将盖开启，用灭菌的金属制双层旋转式套管采样器斜角插入箱底，使套管旋转收取检样，再将采样器提出箱外，用灭菌小匙自上、中、下部收取检样，装入灭菌广口瓶中，每个检样不少于 100g，标明后送检。

3. 冰全蛋、巴氏消毒冰全蛋、冰蛋黄、冰蛋白

先将铁听开口处用 75%酒精棉球消毒，再将盖开启，用灭菌电钻由顶到底斜角钻入，徐徐钻取检样，然后抽出电钻，从中取出 250g 检样，装入灭菌广口瓶中，标明后送检。

4. 对成批产品进行质量鉴定时的采样数量

巴氏消毒全蛋粉、蛋黄粉、蛋白片等产品以生产一日或一班生产量为一批检测致病菌时，按每批总量 5%抽样(即每 100 箱中抽验 5 箱，每箱一个检样)，但每批最少不得少于 3 个检样。测定菌落总数和大肠菌群时，每批按装听过程前、中、后流动取样 3 次，每次取样 100g，每批合为一个检样。

巴氏消毒冰全蛋、冰蛋黄、冰蛋白等产品按生产批号在装听时流动取样。检验致病菌时，冰蛋黄及冰蛋白按每 250kg 取样一件，巴氏消毒冰全蛋按每 500kg 取样一件。菌落总数测定和大肠菌群测定时，在每批按装听过程前、中、后取样 3 次，每次取样 100g 合为一个检样。取样方案如表 2-3 所示。

2.2.4 检样的处理

1. 鲜蛋、糟蛋、皮蛋外壳

用灭菌生理盐水浸湿的棉拭子充分擦拭蛋壳，然后将棉拭子直接放入培养基内增菌培养，也可将整只蛋放入灭菌小烧杯或平皿中，按检样要求加入定量灭菌生理盐水或液体培养基，用灭菌棉拭子将蛋壳表面充分擦洗后，以擦洗液作为检样检验。

表 2-3 取样方案

采样数量	备注
全蛋粉:每件 200g 巴氏消毒全蛋粉:每件 200g 蛋黄粉:每件 200g 蛋白粉:每件 200g	一日或一班生产量为一批,检验致病菌按 5%抽样,但每批不少于 3 个检样,测定菌落总数和大肠菌群时,每批按装听过程前、中、后流动取样 3 次,每次取样 50g,每批合为一个样品
冰全蛋:每件 200g 冰蛋黄:每件 200g 冰蛋白:每件 200g	在装听时流动取样,检验沙门氏菌,每 250kg 取样一件
巴氏消毒全蛋:每件 200g	检测致病菌时,每 500kg 取样一件,测菌落总数、大肠菌群,每批按装听过程前、中、后取样 3 次,每次 50g

2. 鲜蛋蛋液

将鲜蛋在流水下洗净,待干后再用 75%酒精棉球消毒蛋壳,然后根据检验要求,打开蛋壳取出蛋白、蛋黄或全蛋液,放入带有玻璃珠的灭菌瓶内,充分摇匀待检。

3. 巴氏消毒全蛋粉、蛋黄粉、蛋白片

将检样放入带有玻璃珠的灭菌瓶内,按比例加入灭菌生理盐水充分摇匀待检。

4. 巴氏消毒冰全蛋、冰蛋黄、冰蛋白

将装有冰蛋检样的瓶子浸泡于流动冷水中,待检样融化后取出,放入带有玻璃珠的灭菌瓶中充分摇匀待检。

2.2.5 检测程序

致泻大肠埃希氏菌检测程序如图 2-1 所示。

2.2.6 操作步骤

1. 增菌

样品采集后应尽快检验。除了易腐食品在检验之前应预冷藏外,一般不冷藏。以无菌手续称取检样 25g,加在 225mL 营养肉汤中,以均质器打碎 1min。取出适量,接种乳糖胆盐培养基,以测定大肠菌群 MPN,其余的移入 500mL 广口瓶内,于(36±1)℃培养 6h。挑取 1 环,接种于 1 管 30mL 肠道菌增菌肉汤内,于 42℃培养 18h。

2. 分离

将乳糖发酵阳性的乳糖胆盐发酵管和增菌液划线接种伊红美蓝琼脂平板;污染严重的检样,可将检样匀液直接划线接种伊红美蓝平板,于(36±1)℃培养 18~24h,观察菌落。不但要注意乳糖发酵的菌落,同时也要注意乳糖不发酵和迟缓发酵的菌落。

3. 生化试验

(1)初筛试验

从麦康凯或伊红美蓝琼脂平板挑取乳糖发酵和不发酵的菌落,尽可能各挑取 5 个以上,分别接种三糖铁琼脂(TSI)或克氏双糖铁(KI),同时将这些培养物分别接种蛋白胨水、半固体、pH 7.2 尿素琼脂、氰化钾肉汤和赖氨酸脱羧酶试验培养基。经(36±1)℃培养 18~24h,弃去“硫化氢+、尿酶素+或阿拉伯糖−”的培养物。

(2)复筛试验

将初筛留下的培养物,分别接种缓冲葡萄糖蛋白胨水和氰化钾培养基,经(36±1)℃培

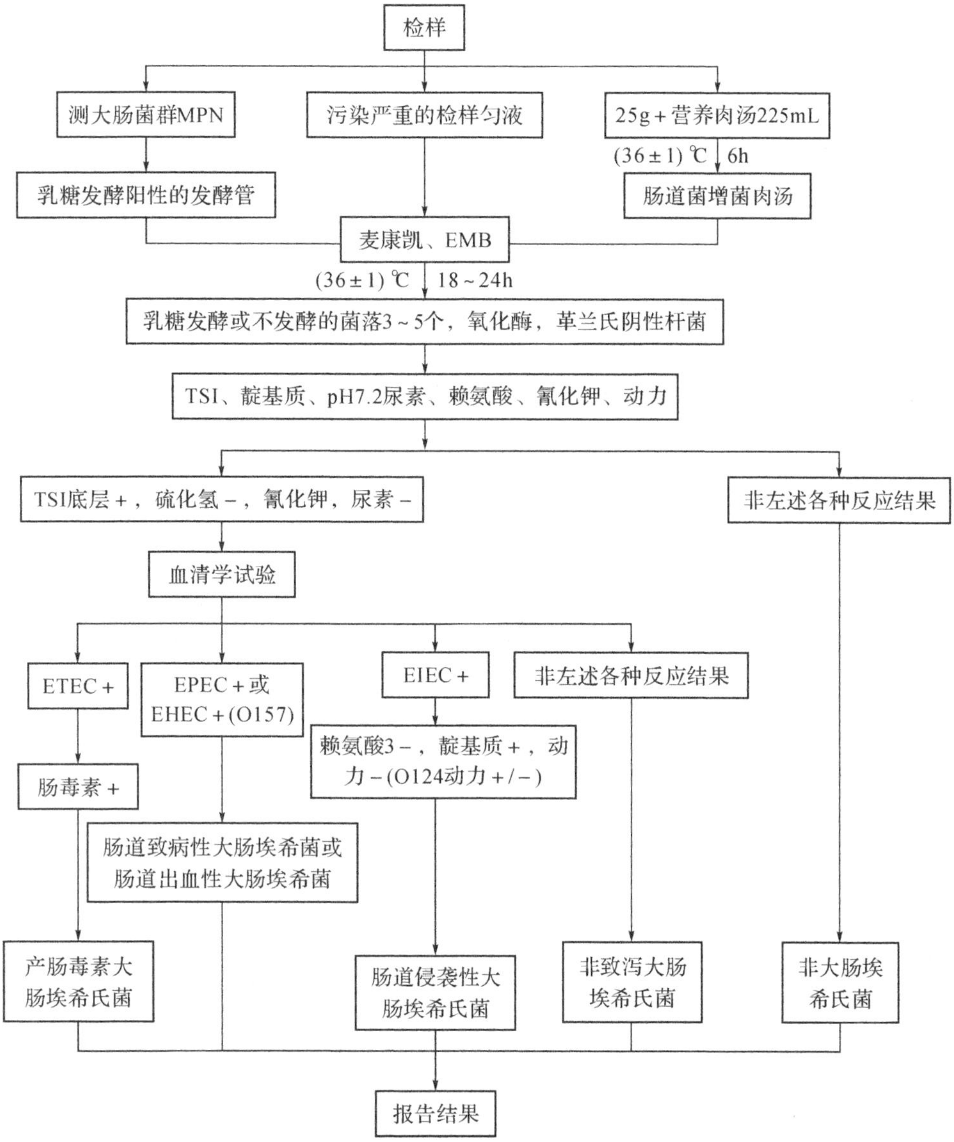

图 2-1　致泻大肠埃希氏菌检测程序

养 48h，观察生长结果并做 V-P 试验，弃去“V-P＋及氰化钾＋”的培养物。三糖铁琼脂(TSI)底层不产酸，或硫化氢、氰化钾、尿素有任一项为阳性的培养物，均非大肠埃希氏菌。必要时做氧化酶试验和革兰氏染色。

(3)证实试验

大肠埃希氏菌为氧化酶阴性的并具有如表 2-4 所述特性的革兰氏阴性短杆菌。

表 2-4 大肠埃希氏菌生化性状

项　目	生化特性	项　目	生化特性
葡萄糖产酸	+	氰化钾	−
葡萄糖产气	+/−	V-P	−
乳酸产酸	+90%	动力	+或−
柠檬酸盐	−	阿拉伯糖	+
尿素酶	−	靛基质	+95%

注："+"表示阳性；"−"表示阴性。

必要时，可将生化试验确认的大肠埃希氏菌菌种送至上级检验机构，进行血清学试验、肠毒素试验和动物试验鉴定。

2.3 血清学试验、肠毒素试验、动物试验

2.3.1 血清学试验

1. 假定试验

挑取经生化试验证实为大肠埃希氏菌的琼脂培养物，用致病性大肠埃希氏菌、侵袭性大肠埃希氏菌和产肠毒素大肠埃希氏菌多价 O 血清和出血性大肠埃希氏菌 O157 血清做玻片凝集试验。致泻大肠埃希氏菌所包括的 O 抗原群如表 2-5 所示。当与某一种多价 O 血清凝集时，再与该多价血清所包含的单价 O 血清做试验。如与某一个单价 O 血清呈现强凝集反应，即为假定试验阳性。

表 2-5 致泻大肠埃希氏菌所包括的 O 抗原群

大肠埃希氏菌种类	包括的 O 抗原群
致病性大肠埃希氏菌(EPEC)	O26、O55、O86、O111ab、O114、O119、O125ac、O127、O128ab、O142、O158
出血性大肠埃希氏菌(EHEC)	O157
侵袭性大肠埃希氏菌(EIEC)	O28ac、O29、O112ac、O115、O124、O135、O136、O143、O144、O152、O164、O167
肠毒素性大肠埃希氏菌(ETEC)	O6、O11、O15、O20、O25、O27、O63、O78、O85、O114、O115、O126、O128ac、O148、O149、O159、O166、O167

2. 证实试验

制备 O 抗原悬液，稀释至与 Mac Farland 3 号比浊管相当的浓度。原效价为 1∶160～1∶320 的 O 血清，用 0.5%盐水稀释至 1∶40。稀释血清与抗原悬液在 10mm×75mm 试管内等量混合，做单管凝集试验。混匀后放于 50℃水浴箱内，经 16h 后观察结果。如出现凝集，可证实为该 O 抗原。

2.3.2 肠毒素试验

1. 酶联免疫吸附试验检测 LT 和 ST

(1)产毒培养

将试验菌株和阳性及阴性对照菌株分别接种于 0.6mL CAYE 培养基内，37℃振荡培养过夜。加入 20000IU/mL 的多粘菌素 B 0.05mL，于 37℃ 1h，离心 4000r/min 15min，分

离上清液，加入 0.1%硫柳汞 0.05mL，于 4℃保存待用。

(2)LT 检测方法(双抗体夹心法)

①包被。先在产肠毒素大肠埃希氏菌 LT 和 ST 酶标诊断试剂盒中取出包被用 LT 抗体管，加入包被液 0.5mL，混匀后全部吸出于 3.6mL 包被液中混匀，以每孔 100μL 量加到 40 孔聚苯乙烯硬反应板中，第一孔留空作对照，于 4℃冰箱湿盒中过夜。

②洗板。将板中溶液甩去，用洗涤液Ⅰ洗 3 次，甩尽液体，翻转反应板，在吸水纸上拍打，去尽孔中残留液体。

③封闭。每孔加 100μL 封闭液，于 37℃水浴中 1h。

④洗板。用洗涤液Ⅱ洗 3 次，操作同上。

⑤加样本。每孔分别加各种试验菌株产毒培养液 100μL，37℃水浴中 1h。

⑥洗板。用洗涤液Ⅱ洗 3 次，操作同上。

⑦加酶标抗体。先在酶标 LT 抗体管中加 0.5mL 稀释液，混匀后全部吸出于 3.6mL 稀释液中混匀，每孔加 100μL，37℃水浴中 1h。

⑧洗板。用洗涤液Ⅱ洗 3 次，操作同上。

⑨酶底物反应。每孔(包括第一孔)各加基质液 100μL，室温下避光作用 5～10min，加入终止液 50μL。

⑩结果判定。以酶标仪在波长 492nm 下测定吸光度 OD 值，待测标本 OD 值大于阴性对照 3 倍以上为阳性，目测颜色为橘黄色或明显高于阴性对照为阳性。

(3)ST 检测方法(抗原竞争法)

①包被。先在包被用 ST 抗原管中加 0.5mL 包被液，混匀后全部吸出于 1.6mL 包被液中混匀，以每孔 50μL 加于 40 孔聚苯乙烯软反应板中。加液后轻轻敲板，使液体布满孔底。第一孔留空作对照，置 4℃冰箱湿盒中过夜。

②洗板。用洗涤液Ⅰ洗 3 次，操作同上。

③封闭。每孔加 100μL 封闭液，37℃水浴 1h。

④洗板。用洗涤液Ⅱ洗 3 次，操作同上。

⑤加样本及 ST 单克隆抗体。每孔分别加各试验菌株产毒培养液 50μL，稀释的 ST 单克隆抗体 50μL(先在 ST 单克隆抗体管中加 0.5mL 稀释液，混匀后全部吸出于 1.6mL 稀释液中，混匀备用)，37℃水浴 1h。

⑥洗板。用洗涤液Ⅱ洗 3 次，操作同上。

⑦加酶标记兔抗鼠 Ig 复合物。先在酶标记兔抗鼠 Ig 复合物管中加 0.5mL 稀释液，混匀后全部吸出于 3.6mL 稀释液中混匀，每孔加 100μL，37℃水浴 1h。

⑧洗板。用洗涤液Ⅱ洗 3 次，操作同上。

⑨酶底物反应。每孔(包括第一孔)各加基质液 100μL，室温下避光 5～10min，再加入终止液 50μL。

⑩结果判定。以酶标仪在波长 492nm 下测定吸光度(OD)值。

(阴性对照 OD 值－待测样本 OD 值)×100%/阴性对照 OD 值＞50%

为阳性，目测无色或明显淡于阴性对照为阳性。

2. 双向琼脂扩散试验检测 LT

将被检菌株按五点环形接种于 Elek 氏培养基上。以同样操作，共做两份，于 36℃培养

48h。在每株菌的菌苔上放多粘菌素B纸片，于36℃经5～6h，使肠毒素渗入琼脂中，在五点环形菌苔各5mm处的中央，挖一个直径4mm的圆孔，并用一滴琼脂垫底。在平板的中央孔内滴加LT抗毒素30μL，用已知产LT和不产毒菌株作对照，于36℃经15～20h观察结果。在菌斑和抗毒素孔之间出现白色沉淀带者为阳性，无沉淀带者为阴性。

2.3.3 动物试验

1. 乳鼠灌胃试验检测ST

将被检菌株接种于Honda氏产毒肉汤内，于36℃培养24h，以3000r/min离心30min，取上清液经薄膜滤器过滤，加热60℃ 30min，每1mL滤液内加入2%伊文思蓝溶液0.02mL。将此滤液用塑料小管注入1～4日龄的乳鼠胃内0.1mL，同时接种3～4只，禁食3～4h后用三氯甲烷麻醉，取出全部肠管，称量肠管(包括积液)重量及剩余体重。肠管重量与剩余体重之比大于0.09为阳性，0.07～0.09为可疑。

2. 豚鼠角膜试验

供测定侵袭性大肠埃希氏菌用，将经过生化证实试验的待试菌株的18～20h琼脂培养物，用肉汤洗下，使每毫升含菌9亿个菌悬液作为接种材料。在体重400～500g的健康豚鼠角膜与结构外观正常，并经细菌培养检查的角膜上接种待试菌悬液1滴。48h后观察结果，阳性反应为结膜充血浮肿、角膜混浊、眼内充盈泪液或浆液性分泌物，自结膜囊取样分离细菌，鉴定应与原接种菌一致。

2.4 结果报告

综合以上生化试验、血清学试验、肠毒素试验和动物实验的结果作出报告。报告产毒大肠埃希氏菌时应有肠毒素试验结果，报告侵袭性大肠埃希氏菌时应有豚鼠角膜试验和血清学试验的结果，报告致病性大肠埃希氏菌时应有血清学试验的结果。

2.5 致泻大肠埃希氏菌检测培养基和试剂的配制

2.5.1 乳糖胆盐发酵管

1. 成分

蛋白胨	20g	猪胆盐(或牛、羊胆盐)	5g
乳糖	10g	0.04%溴甲酚紫水溶液	25mL
蒸馏水	1000mL		

pH 7.4

2. 制法

将蛋白胨、胆盐及乳糖溶于水中，校正pH，加入指示剂，分装每管10mL，并放入一个小倒管，115℃高压灭菌15min。

注：双料乳糖胆盐发酵管除蒸馏水外，其他成分加倍。

2.5.2 营养肉汤

1. 成分

蛋白胨	10g	氯化钠	5g
牛肉膏	3g	蒸馏水	1000mL

pH 7.4

2. 制法

按上述成分混合，溶解后校正pH，分装烧瓶，每瓶225mL，121℃高压灭菌15min。

2.5.3 肠道菌增菌肉汤

1. 成分

蛋白胨	10g	磷酸氢二钠	8g
葡萄糖	5g	磷酸二氢钾	2g
牛胆盐	20g	煌绿	0.015g
蒸馏水	1000mL		

pH 7.2

2. 制法

按上述成分配好，加热使溶解，校正 pH。分装每瓶 30mL，115℃高压灭菌 15min。

2.5.4 伊红美蓝琼脂(EMB)

1. 成分

蛋白胨	10g	磷酸氢二钾	2g
乳糖	10g	伊红 γ(水溶液)	0.4g 或 2%水溶液 20mL
琼脂	15g	美蓝	0.065g 或 0.5%水溶液13mL
蒸馏水	1000mL		

pH 7.1±0.2

2. 制法

在 1000mL 蒸馏水中煮沸溶解蛋白胨、磷酸盐和琼脂，加水充足。分装于三角烧瓶中。每瓶 100mL 或 200mL，调校 pH，高压灭菌。使用前将琼脂融化，于每 100mL 琼脂中加 5mL 灭菌的 20%乳糖溶液，2mL 的 2%的伊红 γ 水溶液和 1.3mL 0.5%的美蓝水溶液，摇匀，冷至 45～50℃倾注平皿。

2.5.5 麦康凯琼脂

1. 成分

蛋白胨	17g	氯化钠	5g
脲胨	3g	猪胆盐(或牛、羊胆盐)	5g
琼脂	17g	0.01%结晶紫水溶液	10mL
蒸馏水	1000mL	0.5%中性红水溶液	5mL
乳糖	10g		

2. 制法

①将蛋白胨、脲胨、胆盐和氯化钠溶解于 400mL 蒸馏水中，校正 pH 7.2。将琼脂加入 600mL 加热溶解。将两液合并，分装于烧瓶内，121℃高压灭菌 15min 备用。

②临用时加热溶化琼脂，趁热加入乳糖，冷至 50～55℃时，加入结晶紫和中性红水溶液，摇匀后倾注平板。

注：结晶紫及中性红水溶液配好后须经高压灭菌。

2.5.6 三糖铁琼脂(TSI)琼脂

1. 成分

蛋白胨	20g	氯化钠	5g
牛肉膏	3g	硫代硫酸钠	0.5g
乳糖	10g	硫酸亚铁铵(含 6 个结晶水)	0.5g

蔗糖	10g	琼脂	12g
葡萄糖	1g	蒸馏水	1000mL
酚红	0.025g或5g/L溶液5mL		

2. 制备

除酚红和琼脂外，将其他成分加入400mL蒸馏水中，搅拌均匀，静置约10min，加热煮沸至完全溶解，调至pH 7.4±0.1。另将琼脂加入600mL蒸馏水中，搅拌均匀静置约10min，加热煮沸至完全溶解。

将上述两溶液混合均匀后，再加入酚红指示剂，混匀，分装试管，每管约2～4mL，121℃高压灭菌10min或115℃高压灭菌15min，灭菌后置成高层斜面，呈橘红色。

2.5.7 克氏双糖铁琼脂(KI)

1. 上层培养基成分

血消化汤(pH 7.6)	500mL	硫代硫酸钠	0.1g
琼脂	6.5g	硫酸亚铁铵	0.1g
乳糖	5g	0.2%酚红溶液	5mL

2. 下层培养基成分

血消化汤(pH 7.6)	500mL	琼脂	2g
葡萄糖	1g	0.2%酚红溶液	5mL

3. 制法

①取血消化汤按上层和下层的琼脂用量，分别加入琼脂，加热溶解。

②分别加入其他各种成分。将上层培养基分装于烧瓶内；将下层培养基分装于灭菌12mm×100mm试管内，每管约2mL。115℃高压灭菌10min。

③将上层培养基放在56℃水浴箱内保温；将下层培养基直立放在室温内，使其凝固。

④俟下层培养基凝固后，以无菌手续将上层培养基分装于下层培养基的上面，每管约1.5mL，放成斜面。

2.5.8 糖发酵管(乳糖、鼠李糖、木糖和甘露醇)

1. 成分

牛肉膏	5g	氯化钠	3g
蛋白胨	10g	磷酸氢二钠(含12个结晶水)	2g
蒸馏水	1000mL	0.2%溴麝香草酚蓝溶液	12mL

pH 7.4

2. 制法

①葡萄糖发酵管按上述成分分配好后，按0.5%加入葡萄糖，分装于有一个倒置小管的小试管内，121℃高压灭菌15min。

②其他各种糖(乳糖、鼠李糖、木糖和甘露醇)发酵管可按上述成分分配好后，分装每瓶100mL，121℃高压灭菌15min。另将各种糖类分别配好10%溶液，同时高压灭菌。将5mL糖溶液加入培养基内以无菌操作分装小试管。

注：蔗糖不纯，加热后自会水解者，应采用过滤法除菌。

3. 试验方法

从琼脂斜面上挑取少量培养物接种于(26±1)℃培养，一般观察2～3d。迟缓反应需观察 14～30d。

2.5.9 尿素琼脂(pH 7.2)

1. 成分

蛋白胨	1g	氯化钠	5g
葡萄糖	1g	磷酸二氢钾	2g
20%尿素溶液	100mL	0.4%酚红溶液	3mL
琼脂	20g	蒸馏水	1000mL

2. 制备

将除尿素和琼脂以外的成分配好，并校正 pH，加入琼脂，加热溶化后分装，121℃高压灭菌 15min。冷至 50～55℃，加入经除菌过滤的尿素溶液。尿素的最终浓度为 2%，最终 pH 应为 7.2±0.1。分装于无菌试管内，放成斜面备用。

3. 试验方法

挑取琼脂培养物接种，在(36±1)℃培养 24h，观察结果。尿素酶阳性者由于产碱而使培养基变为红色。

2.5.10 氰化钾培养基

1. 成分

蛋白胨	10g	氯化钠	5g
磷酸二氢钾	0.225g	0.5%氰化钾溶液	20mL
磷酸二氢钠	5.64g	蒸馏水	1000mL

2. 制备

将除氰化钾溶液以外的成分配好后分装，121℃高压灭菌 15min。放在冰箱内使其充分冷却。每 100mL 培养基加入 0.5%氰化钾溶液 2mL(最后浓度为 1∶10000)，分装于无菌试管内，每管约 4mL，立刻用无菌橡皮塞塞紧，放在 4℃冰箱内，至少可保存两个月。同时，将不加氰化钾的培养基作为对照培养基，分装试管备用。

3. 试验方法

将琼脂培养物接种于蛋白胨水内成为稀释菌液，挑取 1 环接种于氰化钾培养基。并另挑取 1 环接种于对照培养基。在(36±1)℃培养 1～2d，观察结果。如有细菌生长即为阳性(不抑制)，经 2d 细菌不生长为阴性(抑制)。

注：氰化钾是剧毒药，使用时应小心，切勿沾染，以免中毒。夏天分装培养基应在冰箱内进行。实验失败的主要原因是封口不严，氰化钾逐渐分解，产生氢氰酸气体逸出，以致药物浓度降低，细菌生长，因而造成假阳性反应。试验时对每一环节都要特别注意。

2.5.11 缓冲葡萄糖蛋白胨水(MR 和 V-P 试验用)

1. 成分

多胨	7g	磷酸氢二钾	5g
葡萄糖	5g	蒸馏水	1000mL

2. 制法

溶化后校正 pH，分装试管，每管 1mL，121℃高压灭菌 15min。

3. 甲基红(MR)试验

自琼脂斜面挑取少量培养物接种本培养基中，于(26±1)℃培养 2～5d，哈夫尼亚菌则应在22～25℃培养。滴加甲基红试剂一滴，立即观察结果。鲜红色为阳性，黄色为阴性。

甲基红试剂配法：10mg甲基红溶于30mL 95%乙醇中，然后加入20mL蒸馏水。

4. V-P试验

用琼脂培养物接种本培养基中，于(26±1)℃培养2～4d。哈夫尼亚菌则应在22～25℃培养。加入6% α-酚-乙醇溶液0.5mL和40%氢氧化钾溶液0.2mL，充分振摇试管，观察结果。阳性反应立刻或立刻于数分钟内出现红色，如为阴性，应放在(36±1)℃培养4h在进行观察。

2.5.12 赖氨酸脱羧酶试验培养基

1. 成分

蛋白胨	5g	蒸馏水	1000mL
酵母浸膏	3g	1.6%溴甲酚紫-乙醇溶液	1mL
葡萄糖	1g	L-赖氨酸	0.5g/100mL或1g/100mL

2. 制法

除赖氨酸以外的成分加热溶解后，分装每瓶100mL，校正pH至6.8。再按0.5%的比例加入赖氨酸，对照培养基不加赖氨酸。分装于灭菌的小试管内，每管0.5mL，上面滴加一层液体石蜡，115℃高压灭菌10min。

3. 实验方法

从琼脂斜面上挑取培养物接种，(36±1)℃培养不少于24h，观察结果。赖氨酸脱羧酶阳性者由于碱中和葡萄糖产酸，故培养基仍应呈紫色。阳性者无碱性产物，但因葡萄糖产酸而使培养基变为黄色。对照管应为黄色。

2.5.13 蛋白胨水

1. 成分

蛋白胨(或胰蛋白胨)	20g	氯化钠	5g
蒸馏水	1000mL		

2. 制法

按上述成分配制，分装小试管，121℃高压灭菌15min。

注：蛋白胨中应含有丰富的色氨酸。每批蛋白胨买来后，应先用已知菌种鉴定后方可使用。

2.5.14 靛基质试剂

1. 成分

①柯凡克试剂：将5g对二甲氨基甲醛溶解于75mL戊醇中，然后缓慢加入浓盐酸25mL。

②欧-波试剂：将1g对二甲氨基苯甲醛溶解于95mL 95%乙醇内。然后缓慢加入浓盐酸20mL。

2. 试验方法

挑取小量培养物接种，在(36±1)℃培养1～2d，必要时可培养4～5d。加入柯凡克试剂约0.5mL，轻摇试管，阳性者于试剂层呈深红色；或加入欧-波试剂约0.5mL，沿管壁流下，覆盖于培养液表面，阳性者于液面接触处呈玫瑰红。

2.5.15 半固体琼脂

1. 成分

蛋白胨	1g	氯化钠	0.5g
牛肉膏	0.3g	琼脂	0.35～0.4g
蒸馏水	100mL		

pH 7.4

2. 制法

按以上成分配好，煮沸使溶解，并校正 pH。分装小试管，121℃高压灭菌 15min，直立凝固备用。注：供动力观察、菌种保存、H 抗原位相变异试验等用。

2.5.16 氧化酶试剂

1. 试剂

①1%盐酸二甲基对苯二胺溶液，宜少量新鲜配制于冰箱内避光保存。

②α-萘酚-乙醇溶液。

2. 试验方法

具体步骤如下：①取白色洁净滤纸蘸取菌落加盐酸二甲基对苯二胺溶液 1 滴，阳性者呈现粉红色，并逐渐加深；再加 α-萘酚-乙醇溶液 1 滴，阳性者于 0.5min 内呈现鲜蓝色。阴性于 2min 内不变色。

②以毛细管吸收试剂，直接滴加于菌落上，其显色反应与以上相同。

2.5.17 CAYE 培养基

1. 成分

水解酪蛋白	20g	酵母浸膏粉	10g
氯化钠	2.5g	磷酸氢二钠	15g
葡萄糖	5g	微量元素	0.5mL
蒸馏水	1000mL		

pH 7.5

2. 制法

溶解后校正 pH，121℃高压灭菌 15min，待冷至 45～50℃时，加入林可霉素溶液，每毫升培养基内含 90μg。

3. 微量元素配方

硫酸镁	5g	氯化铁	0.5g
氯化钴	2g	蒸馏水	100mL

思考题

1. 增菌培养基是一种营养丰富的培养基，能允许许多微生物生长。通过实验结果来说明增菌步骤对于样品中目的微生物的筛选有什么重要作用。

2. 总结本实验过程中所测试的各项生物化学指标，设想在此基础之上测试更多生化指标将会有何意义。

3. 讨论如此长的分离和鉴定过程对于食品工厂的产品销售有何影响？

4. 食品中能否允许有致泻大肠埃希氏菌的存在？为什么？

5.为何要使用纯化好的单一菌落来进行各项生物化学指标的测试?

【知识链接】

"无孔不入"的微生物

在过去漫长的岁月里,传染病犹如可怕的瘟神,毁灭了不少城市,夺去了无数生命。直到近百年来,由于医学微生物学的不断发展,人们才认识到,制造灾难的罪魁祸首,原来是微生物中的一些"害群之马",它们统称为传染病菌。

传染病菌的种类虽然很多,但为非作歹的手段却大致相同:一是产生各种酶溶解寄主细胞,突破动植物体的表面"防线";二是施放内、外毒素毒害机体。它们侵犯人体的途径主要有三条:病菌的传染,首先,病从口入。引起痢疾、霍乱、伤寒、传染性肝炎及小儿麻痹症等疾病的病菌,都是从口腔侵入人体的。苍蝇、脏手、不清洁的餐具和变质、被污染的食品,都为这类传染病菌提供了可乘之机。其次,病从鼻入。肺炎、结核病、脑膜炎、白喉、麻疹、天花、百日咳、流行性感冒等等,全是通过呼吸而致病的。一个患流感的病人在一间屋子里打个喷嚏,数以亿计的流感病毒便乘着唾沫星,像坐宇宙飞船一样被"发射"到屋子的各个角落,同屋的人就有可能吸进流感病毒而患病。有些人有随地吐痰的恶习,而且为了避免被别人发现,还要用脚捻一捻,这样一来,痰中的病菌会更快地飞散到空气中,使更多的人受害。再次,创伤感染。当身体有外伤、被蚊虫叮咬、进行静脉注射或输血时,病菌会乘虚而入,并通过血液及体液的循环"周游"全身。乙型脑炎、乙型肝炎、疟疾、破伤风和大面积烧伤后的感染等危及生命的重症,都是这样染上的。

除此之外,传染病菌还能从肛门和生殖器官进入人体。有些传染病菌甚至能"多管齐下",从各个门户同时进犯人体。当今来势凶猛、对人类构成巨大威胁的艾滋病,它的病菌便可从人的口腔、生殖器官和皮肤伤口分别介入,不仅使患者很快痛苦地死去,而且还会遗传给后代。

知道了传染病菌的罪恶行径,便可以采取措施,堵住它们的入侵门户,减少以致杜绝传染病的发生。特别要养成饭前便后洗手、不吃变质不干净的食物、不随地吐痰等良好的卫生习惯,同时积极锻炼身体,它们都是预防传染病的最好方法。

任务三　乳与乳制品中的微生物及其检测

知识目标

- 了解鲜乳中抗生素的危害；
- 了解婴儿乳粉中阪崎肠杆菌的危害；
- 了解乳制品中乳酸菌的营养价值；
- 掌握乳与乳制品中有害微生物的控制措施。

能力目标

- 掌握鲜乳中抗生素的检测方法；
- 掌握乳与乳制品中微生物的检测方法。

模块1　鲜乳中的抗生素及其检测

食品中抗生素残留可称为“隐蔽性药物”，其危害性很大。长期食用抗生素残留的食物，还可以给人体带来其他疾病。比如，长期饮用残留青霉素、四环素及某些氨基糖苷类抗生素的牛奶，会使部分人发生过敏反应，轻者出现荨麻疹、发热、关节肿痛等，严重时还会出现过敏性休克。再比如，目前在动物饲料中普遍加入土霉素、四环素类药物，实际上等于持续低剂量用药，它有利于致病微生物获得抵抗力，成为抗药菌株，由此抑制和杀灭正常肌体内寄生的大量菌群，导致菌群平衡失调，容易引发感染性疾病或引起核黄素缺乏症和紫癜性损伤。特别是氯霉素的滥用，极易损害人类骨髓的造血功能，并由此导致再生障碍性贫血的发生。长期摄入含有抗生素的食物后，抑制了肠道中正常的敏感菌群，而使致病菌、条件致病菌及霉菌、念珠菌大量增殖而导致一系列全身或局部感染。

1990年11月，我国颁布的乳与乳制品管理办法中明确规定，乳牛在应用抗生素期间和停药后5d内的乳汁不得供食用。2001年10月，我国农业部发布实施了《无公害食品生鲜牛乳》行业标准，对新鲜牛乳的卫生指标明确规定“抗生素不得检出”。2002年，福建省抽查86份鲜乳样品，抗生素残留阳性检出率为19.8%；国家质检总局对中国北方乳制品市场的检测调查结果显示，在近800份乳品采集样品中，抗生素残留超标居不合格项目的第一位。值得注意的是，我国乳制品中抗生素残留超标现状仍不容乐观。鲜乳中抗生素残留检验实际操作有以下两种。

1.1　嗜热链球菌抑制法

适用于鲜乳中能抑制嗜热链球菌的抗生素的检验。

1.1.1　原理

样品经过80℃杀菌后，添加嗜热链球菌菌液。培养一段时间后，嗜热链球苗开始增殖。这时候加入代谢底物2,3,5-氯化三苯四氮唑(TTC)，若该样品中不含有抗生素或抗生素的浓度低于检测限，嗜热链球菌将继续增殖，还原 TTC 成为红色物质。相反，如果样品中含有高于检测限的抑菌剂，则嗜热链球菌受到抑制，因此指示剂 TTC 不还原，保持原色。

1.1.2 设备和材料

除微生物实验室常规灭菌及培养设备外，其他设备和材料如下。冰箱：2～5℃、－20～－5℃；恒温培养箱：(36±1)℃；带盖恒温水浴锅：(36±1)℃、(80±2)℃；天平：感量 0.1g、0.001g；无菌吸管：1mL(具 0.01mL 刻度)、10mL(具 0.1mL 刻度)或微量移液器及吸头；无菌试管：18mm×180mm；温度计：0～100℃；旋涡混匀器。

1.1.3 菌种、培养基和试剂

具体包括：嗜热链球菌；灭菌脱脂乳；4% 2,3,5-氯化三苯四氮唑(TTC)水溶液；青霉素 G 参照溶液。

1.1.4 检测程序

鲜乳中抗生素检测程序如图 3-1 所示。

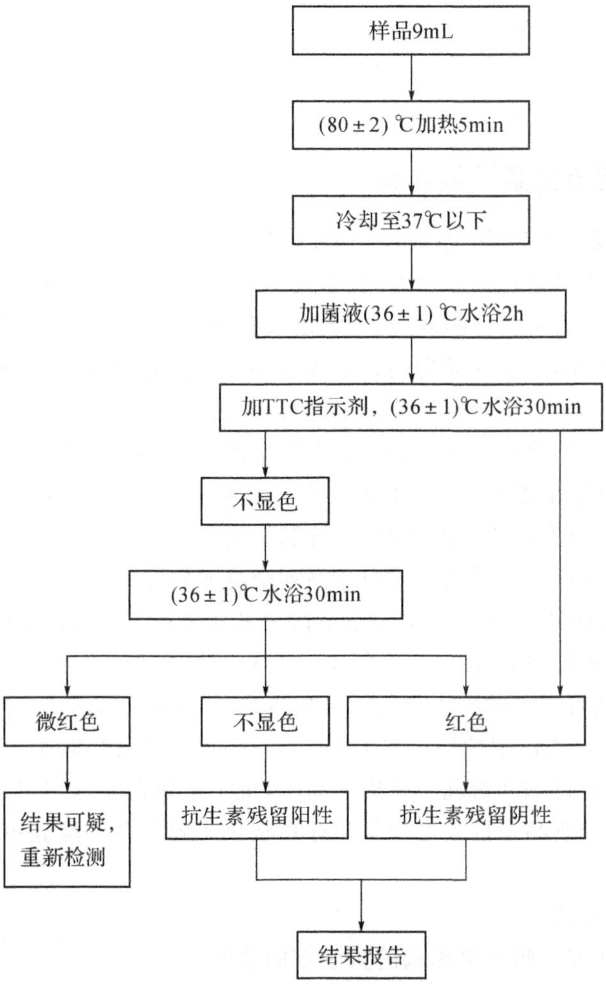

图 3-1 鲜乳中抗生素检测程序

1.1.5　操作步骤

1. 活化菌种

取一接种环嗜热链球菌菌种，接种在9mL灭菌脱脂乳中，置(36±1)℃恒温培养箱中培养12～15h后，置2～5℃冰箱保存备用。每15d转种一次。

2. 测试菌液

将经过活化的嗜热链球菌菌种接种灭菌脱脂乳，(36±1)℃培养(15±1)h，加入相同体积的灭菌脱脂乳混匀稀释成为测试菌液。

3. 培养

取样品9mL，置18mm×180mm试管内，每份样品另外做一份平行样。同时再做阴性和阳性对照各一份，阳性对照管用9mL青霉素G参照溶液，阴性对照管用9mL灭菌脱脂乳。所有试管置(80±2)℃水浴加热5min，冷却至37℃以下，加入测试菌液1mL，轻轻旋转试管混匀。(36±1)℃水浴培养2h，加4% TTC水溶液0.3mL，在旋涡混匀器上混合15s或振动试管混匀。(36±1)℃水浴避光培养30min，观察颜色变化。如果颜色没有变化，于水浴中继续避光培养30min作最终观察。观察时要迅速，避免光照过久出现干扰。

4. 判断方法

在白色背景前观察，试管中样品呈乳的原色时，指示乳中有抗生素存在，为阳性结果。试管中样品呈红色为阴性结果。如最终观察现象仍为可疑，建议重新检测。

1.1.6　报告结果

最终观察时，样品变为红色，报告为抗生素残留阴性。样品依然呈乳的原色，报告为抗生素残留阳性。本方法检测几种常见抗生素的最低检出限为：青霉素0.004IU，链霉素0.5IU，庆大霉素0.4IU，卡那霉素5IU。

1.2　嗜热脂肪芽孢杆菌抑制法

本法适用于鲜乳中能抑制嗜热脂肪芽孢杆菌卡利德变种的抗生素的检测，也可用于复原乳、消毒灭菌乳、乳粉中抗生素的检测。

1.2.1　原理

培养基预先混合嗜热脂肪芽孢杆菌芽孢，并含有pH指示剂(溴甲酚紫)。加入样品并孵育后，若该样品中不含有抗生素或抗生素的浓度低于检测限，细菌芽孢将在培养基中生长并利用糖产酸，pH指示剂的紫色变为黄色。相反，如果样品中含有高于检测限的抗生素，则细菌芽孢不会生长，pH指示剂的颜色保持不变，仍为紫色。

1.2.2　设备和材料

除微生物实验室常规灭菌及培养设备外，其他设备和材料如下。冰箱：2～5℃；－20℃～－5℃；恒温培养箱：(36±1)℃、(56±1)℃；恒温水浴锅：(65±2)℃、(80±2)℃；无菌吸管或100μL、200μL微量移液器及吸头；无菌试管：18mm×180mm、15mm×100mm；温度计0～100℃；离心机：转速5000r/min。

1.2.3　菌种、培养基和试剂

具体包括：嗜热脂肪芽孢杆菌卡利德变种；无菌磷酸盐缓冲液；灭菌脱脂乳；溴甲酚紫葡萄糖蛋白胨培养基；青霉素G参照溶液。

1.2.4　检测程序

样品中抗生素残留检测程序如图3-2所示。

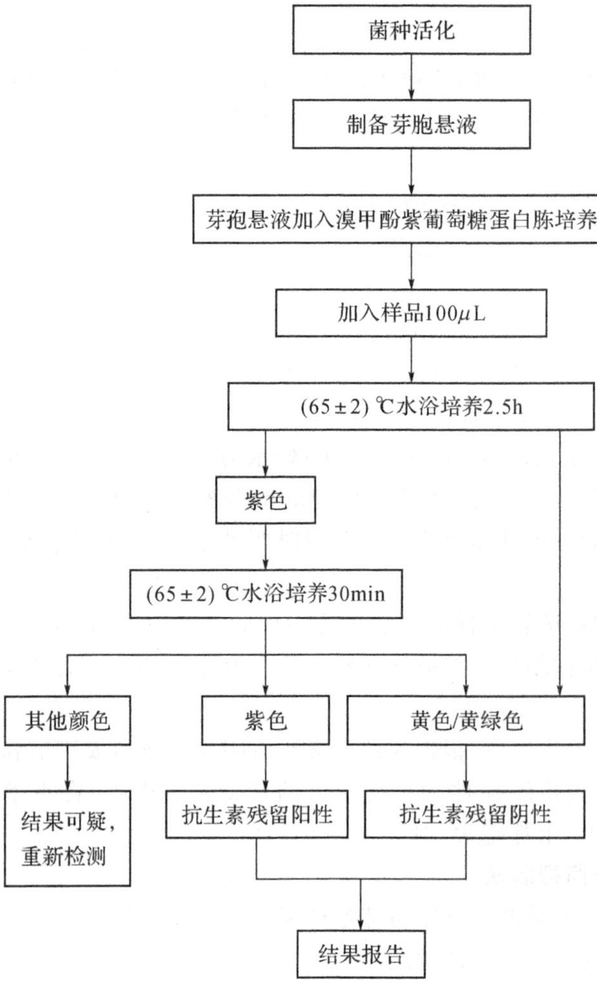

图 3-2　样品检测程序

1.2.5　操作步骤

1. 制备芽孢悬液

将嗜热脂肪芽孢杆菌菌种划线移种于营养琼脂平板表面，(56±1)℃培养 24h 后挑取乳白色半透明圆形特征菌落，在营养琼脂平板上再次划线培养，(56±1)℃培养 24h 后转入(36±1)℃培养 3～4d，镜检芽孢产率达到 95%以上时进行芽孢悬液的制备。每块平板用 1～3mL 无菌磷酸盐缓冲液洗脱培养基表面的菌苔(如果使用克氏瓶，每瓶使用无菌磷酸盐缓冲液 10～20mL)。将洗脱液 5000r/min 离心 15min。取沉淀物加 0.03mol/L 的无菌磷酸盐缓冲液(pH 7.2)，制成 10^9 cfu/mL 芽孢悬液，置(80±2)℃恒温水浴中 10min 后，密封防止水分蒸发，置 2～5℃保存备用。

2. 测试培养基

在溴甲酚紫葡萄糖蛋白胨培养基中加入适量芽孢悬液，混合均匀，使最终的芽孢浓度为 8×10^5～2×10^6 cfu/mL。混合芽孢悬液的溴甲酚紫葡萄糖蛋白胨培养基分装小试管，每管 200μL，密封防止水分蒸发。配制好的测试培养基可以在 2～5℃保存 6 个月。

3. 培养操作

吸取样品 100μL 加入含有芽孢的测试培养基中，轻轻旋转试管混匀。每份检样做两份，另外再做阴性和阳性对照各一份，阳性对照管为 100μL 青霉素 G 参照溶液，阴性对照管为 100μL 无抗生素的脱脂乳。于(65±2)℃水浴培养 2.5h，观察培养基颜色的变化。如果颜色没有变化，须再于水浴中培养 30min 作最终观察。

4. 判断方法

在白色背景前从侧面和底部观察小试管内培养基颜色。保持培养基原有的紫色为阳性结果，培养基变成黄色或黄绿色为阴性结果，颜色处于二者之间，为可疑结果。对于可疑结果应继续培养 30min 再进行最终观察。如果培养基颜色仍然处于黄色、紫色之间，表示抗生素浓度接近方法的最低检出限，此时建议重新检测一次。

1.2.6 报告结果

最终观察时，培养基依然保持原有的紫色，可以报告为抗生素残留阳性。

培养基变为呈黄色或黄绿色时，可以报告为抗生素残留阴性。

本方法检测几种常见抗生素的最低检出限为：青霉素 3μg/L，链霉素 50μg/L，庆大霉素 30μg/L，卡那霉素 50μg/L。

1.2.7 鲜乳中抗生素残留培养基和试剂的配制

1. 灭菌脱脂乳

(1)成分

无抗生素的脱脂乳。

(2)制法

经 115℃高压灭菌 20min。也可采用无抗生素的脱脂牛乳粉，以蒸馏水 10 倍稀释，加热至完全溶解，115℃高压灭菌 20min。

2. 4% 2,3,5-氯化三苯四氮唑(TTC)水溶液

(1)成分

2,3,5-氯化三苯四氮唑(TTC)	1g	灭菌蒸馏水	5mL

(2)制法

称取 TTC，溶于灭菌蒸馏水中，装褐色瓶内于 2～5℃保存。如果溶液变为半透明的白色或淡褐色，则不能再用。临用时用灭菌蒸馏水 5 倍稀释，成为 4%水溶液。

3. 青霉素 G 参照溶液

(1)成分

青霉素 G 钾盐	30mg	无抗生素的脱脂乳	适量
无菌磷酸盐缓冲液	适量		

(2)制法

精密称取青霉素 G 钾盐标准品，溶于无菌磷酸盐缓冲液中，使其浓度为 100～1000IU/mL。再将该溶液用灭菌的无抗生素的脱脂乳稀释至 0.006IU/mL，分装于无菌小试管中，密封备用。－20℃保存不超过 6 个月。

4. 无菌磷酸盐缓冲液

(1)成分

磷酸二氢钠	2.83g	磷酸二氢钾	1.36g

蒸馏水	1000mL

(2)制法

将上述成分混合，调节 pH 至 7.3±0.1，121℃高压灭菌 20min。

5. 溴甲酚紫葡萄糖蛋白胨培养基

(1)成分

蛋白胨	10g	琼脂	4g
葡萄糖	5g	蒸馏水	1000mL
2%溴甲酚紫-乙醇溶液	0.6mL		

(2)制法

在蒸馏水中加入蛋白胨、葡萄糖、琼脂，加热搅拌至完全溶解，调节 pH 至 7.1±0.1，然后再加入溴甲酚紫-乙醇溶液，混匀后 115℃高压灭菌 30min。

模块 2　婴儿乳粉中阪崎肠杆菌及其检测

2.1　阪崎肠杆菌的危害及控制措施

2.1.1　阪崎肠杆菌概述

阪崎肠杆菌是肠杆菌科的一种(见图 3-3)，1980 年由黄色阴沟肠杆菌更名为阪崎肠杆菌。阪崎肠杆菌是一种有周生鞭毛，能运动，无芽孢，兼性厌氧的革兰氏阴性杆菌。阪崎肠杆菌可在生产至食用的整个过程中存活，容易造成生产过程中的污染并进而致病。阪崎肠杆菌营养要求不高，能在很宽的温度范围内均能生长(6～47℃)，革兰氏阴性无芽孢杆菌，兼性厌氧，适温生长 35～37℃。阪崎肠杆菌相对于其他的肠杆菌科迟滞时间和代时更短。因此，冲调好的乳粉中如果含有少量的阪崎肠杆菌(1cfu/mL)，在较短时间内就能增殖到 10^7 cfu/mL，从而威胁健康。

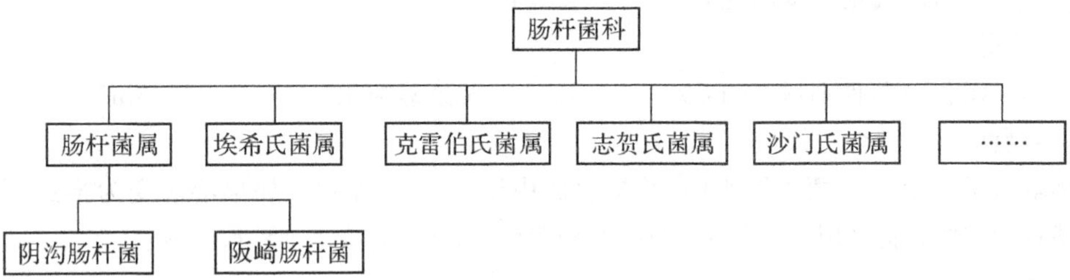

图 3-3　阪崎肠杆菌分类地位

2.1.2　阪崎肠杆菌的危害

阪崎肠杆菌能引起严重的新生儿脑膜炎、小肠结肠炎和败血症，死亡率高达 50%以上。目前，微生物学家尚不清楚阪崎肠杆菌的污染来源，但许多病例报告表明婴儿配方粉是目前发现的主要感染渠道。阪崎肠杆菌是奶粉(乳)制品中新发现的一种致病菌，由其引发的婴儿、早产儿脑膜炎、败血症及坏死性结肠炎散发和暴发的病例已在全球相继出现。

2.1.3　阪崎肠杆菌危险预防与控制

具体措施包括：①制定婴幼儿配方奶粉中阪崎肠杆菌微生物标准，建立有效控制措施，将其危险性降低到最低。

②制定加工、使用和操作婴幼儿配方食品的导则，研究降低阪崎肠杆菌污染水平的方

法，在生产环境和配方奶粉中降低阪崎肠杆菌的浓度和流行的危险性；为高危人群生产较大比例的商业无菌配方替代产品。

③制定有效的环境监测计划，将肠杆菌科而不是大肠杆菌作为工业生产线的卫生指标菌。

④建立实验室监测网络，对阪崎肠杆菌的来源、传播途径等进行调查研究；加强相关学科的基础研究，包括生态学、分类学、菌株毒力等。

⑤用商业无菌液体或开水冲调配方食品，喂养婴幼儿后剩余的调配食品应放置冰箱保存，并在食用前再加热。我国应根据实际情况制定相应管理办法，加强对阪崎肠杆菌的检测技术及控制技术研究，进一步完善婴幼儿配方食品标准，以保证我国广大婴幼儿群体的健康与安全。

2.2 婴儿乳粉中阪崎肠杆菌的检测

2.2.1 设备和材料

除微生物实验室常规灭菌及培养设备外，其他设备和材料如下。恒温培养箱：(25±1)℃，(36±1)℃，(44±0.5)℃；冰箱：2～5℃；恒温水浴箱：(44±0.5)℃；天平：感量 0.1g；均质器；振荡器；无菌吸管：1mL(具 0.01mL 刻度)、10mL(具 0.1mL 刻度)或微量移液器及吸头；无菌锥形瓶：容量 100mL、200mL、2000mL；无菌培养皿：直径 90mm；pH 计或 pH 比色管或精密 pH 试纸；全自动微生物生化鉴定系统。

2.2.2 培养基和试剂

具体包括：缓冲蛋白胨水(BPW)、改良月桂基磺酸盐胰蛋白胨肉汤-万古霉素(mLST-Vm)、阪崎肠杆菌显色培养基(DFI)、胰蛋白胨大豆琼脂(TSA)、生化鉴定试剂盒、氧化酶试剂、L-赖氨酸脱羧酶培养基、L-鸟氨酸脱羧酶培养基、L-精氨酸双水解酶培养基、糖类发酵培养基、西蒙氏柠檬酸盐培养基。

2.2.3 阪崎肠杆菌的培养法检测

本法适用于婴儿配方奶粉、乳和乳制品及其原料中阪崎肠杆菌的检测。

1. 检测程序

阪崎肠杆菌检测程序如图 3-4 所示。

2. 操作步骤

(1)前增菌和增菌

取检样 100g(mL)加入已预热至 44℃装有 900mL 缓冲蛋白胨水(BPW)的锥形瓶中，用手缓缓地摇动至充分溶解，(36±1)℃培养(18±2)h。移取 1mL 转种于 10mL 改良月桂基磺酸盐胰蛋白胨肉汤-万古霉素(mLST-Vm)肉汤，(44±0.5)℃培养(24±2)h。

(2)分离

①轻轻混匀改良月桂基磺酸盐胰蛋白胨肉汤-万古霉素(mLST-Vm)肉汤培养物，各取增菌培养物 1 环，分别划线接种于两个阪崎肠杆菌显色培养基平板，(36±1)℃培养(24±2)h。

②挑取 1～5 个可疑菌落(直径 1～3mm 的蓝绿色菌落)，划线接种于胰蛋白胨大豆琼脂(TSA)平板。(25±1)℃培养(48±4)h。

(3)鉴定

自胰蛋白胨大豆琼脂(TSA)平板上直接挑取黄色可疑菌落，进行生化鉴定。阪崎肠杆菌的主要生化特征如表 3-1 所示。可选择生化鉴定试剂盒或全自动微生物生化鉴定系统。

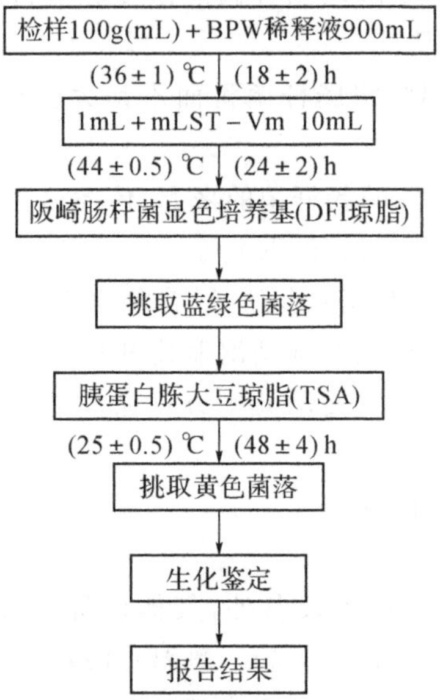

图 3-4 阪崎肠杆菌检测程序

表 3-1 阪崎肠杆菌的主要生化特征

生化试验		特征
黄色素产生		+
氧化酶		−
L-赖氨酸脱羧酶		−
L-鸟氨酸脱羧酶		(+)
L-精氨酸双水解酶		+
柠檬酸水解		(+)
发酵	D-山梨醇	(−)
	D-鼠李糖	+
	D-蔗糖	+
	D-蜜二糖	+
	苦杏仁甙	+

注："+"表示>99%阳性；"−"表示>99%阴性；"(+)"表示 90%～99%阳性；"(−)"表示 90%～99%阴性。

(3)结果与报告

综合菌落形态和生化特征，报告每 100g(mL)样品中检出或未检出阪崎肠杆菌。

2.2.4 阪崎肠杆菌的计数

1. 检测程序

阪崎肠杆菌计数检测程序如图 3-5 所示。

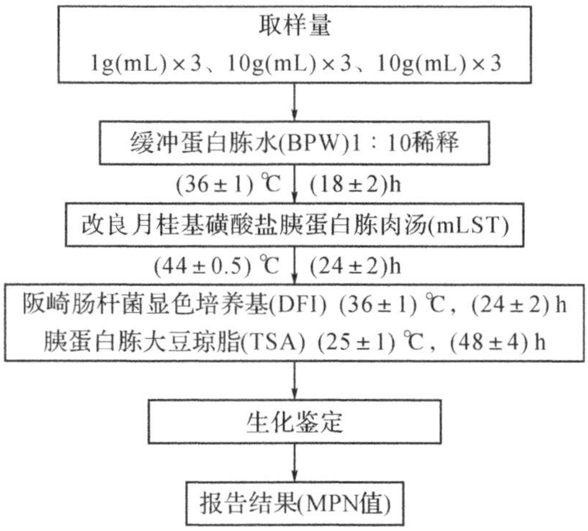

图 3-5 阪崎肠杆菌计数检测程序

2. 操作步骤

(1)样品的稀释

具体包括:①固体和半固体样品。无菌称取样品 100g、10g、1g 各三份,加入已预热至 44℃分别盛有 900mL、90mL、9mL 缓冲蛋白胨水(BPW)中,轻轻振摇使充分溶解,制成 1∶10样品匀液,置(36±1)℃培养(18±2)h。分别移取 1mL 转种于 10mL 改良月桂基磺酸盐胰蛋白胨肉汤-万古霉素(mLST-Vm)肉汤,(44±0.5)℃培养(24±2)h。

②液体样品。以无菌吸管分别取样品 100mL、10mL、1mL 各三份,加入已预热至 44℃分别盛有 900mL、90mL、9mL 缓冲蛋白胨水(BPW)中,轻轻振摇使充分混匀,制成 1∶10 样品匀液,置(36±1)℃培养(18±2)h。分别移取 1mL 转种于 10 改良月桂基磺酸盐胰蛋白胨肉汤-万古霉素(mLST-Vm)肉汤,(44±0.5)℃培养(24±2)h。

(2)分离

①轻轻混匀改良月桂基磺酸盐胰蛋白胨肉汤-万古霉素(mLST-Vm)肉汤培养物,各取增菌培养物 1 环,分别划线接种于两个阪崎肠杆菌显色培养基平板,(36℃±1)℃培养(24±2)h。

②挑取 1～5 个可疑菌落(直径 1～3mm 的蓝绿色菌落),划线接种于胰蛋白胨大豆琼脂(TSA)平板。(25±1)℃培养(48±4)h。

(3)鉴定

自胰蛋白胨大豆琼脂(TSA)平板上直接挑取黄色可疑菌落,进行生化鉴定。阪崎肠杆菌的主要生化特征如表 3-1 所示。可选择生化鉴定试剂盒或全自动微生物生化鉴定系统。

3. 结果与报告

综合菌落形态、生化特征,根据证实为阪崎肠杆菌的阳性管数,查 MPN 检索表 3-2,报告每 100g(mL)样品中阪崎肠杆菌的 MPN 值。

表 3-2 阪崎肠杆菌最可能(MPN)检索表

阳性管数			MPN	95%置信区间		阳性管数			MPN	95%置信区间	
0.1	0.01	0.001		下限	上限	0.1	0.01	0.001		下限	上限
0	0	0	<0.3	—	0.95	2	2	0	2.1	0.45	4.2
0	0	1	0.3	0.015	0.96	2	2	1	2.8	0.87	9.4
0	1	0	0.3	0.015	1.1	2	2	2	3.5	0.87	9.4
0	1	1	0.16	0.12	1.8	2	3	0	2.9	0.87	9.4
0	2	0	0.62	0.12	1.8	2	3	1	3.6	0.87	9.4
0	3	0	0.94	0.36	3.8	3	0	0	2.3	0.46	9.4
1	0	0	0.36	0.017	1.8	3	0	1	3.8	0.87	11
1	0	1	0.72	0.13	1.8	3	0	2	6.4	1.7	18
1	0	2	1.1	0.36	3.8	3	1	0	4.3	0.9	18
1	1	0	0.74	0.13	2	3	1	1	7.5	1.7	20
1	1	1	1.1	0.36	3.8	3	1	2	12	3.7	42
1	2	0	1.1	0.36	4.2	3	1	3	16	4	42
1	2	1	1.5	0.45	4.2	3	2	0	9.3	1.8	42
1	3	0	1.6	0.45	4.2	3	2	1	15	3.7	42
2	0	0	0.92	0.14	3.8	3	2	2	21	4	43
2	0	1	1.4	0.36	4.2	3	2	3	29	9	100
2	0	2	2	0.45	4.2	3	3	0	24	4.2	100
2	1	0	1.5	0.37	4.2	3	3	1	46	9	200
2	1	1	2	0.45	4.2	3	3	2	110	18	410
2	1	2	2.7	0.87	9.4	3	3	3	>110	42	—

注:①本表采用 3 个稀释度[100g(100mL)、10g(10mL)和 1g(1mL)],每个稀释度接种 3 管。

②表内所列检样量如改用 1000g(1mL)、100g(100mL)和 10g(10mL)时,表内数据应相应降低 10 倍;如改用 10g(10mL)、1g(1mL)和 0.1g(0.1mL)时,表内数据应相应增高 10 倍,其余类推。

2.2.5 阪崎肠杆菌检测培养基和试剂的配制

1.缓冲蛋白胨水(BPW)

(1)成分

蛋白胨	10g	氯化钠	5g
磷酸氢二钠(含 12 个结晶水)	9g	蒸馏水	1000mL
磷酸二氢钾	1.5g		

pH 7.2

(2)制法

加热搅拌至溶解,调节 pH,121℃高压灭菌 15min。

2. 改良月桂基磺酸盐胰蛋白胨肉汤-万古霉素(mLST-Vm)

(1)改良月桂基磺酸盐胰蛋白胨(mLST)肉汤成分

胰蛋白胨	20g	氯化钠	34g
乳糖	5g	磷酸二氢钾	2.75g
十二烷基硫酸钠	0.1g	磷酸氢二钾	2.75g
蒸馏水	1000mL		

pH 6.8±0.2

制法:加热搅拌至溶解,调节 pH。分装每管 10mL,121℃高压灭菌 15min。

(2)万古霉素溶液成分

万古霉素	10mg	蒸馏水	10mL

制法:10mg 万古霉素溶解于 10mL 蒸馏水,过滤除菌。万古霉素溶液可以在 0~5℃保存 1d。

(3)改良月桂基磺酸盐胰蛋白胨肉汤-万古霉素(mLST-Vm)

每 10mL mLST 加入万古霉素溶液 0.1mL,混合液中万古霉素的终浓度为 10μg/mL。

注意:mLST-Vm 必须在 24h 之内使用。

3. 阪崎肠杆菌显色培养基(DFI 琼脂)

(1)成分

胰蛋白胨	15g	氯化钠	5g
大豆蛋白胨	5g	硫代硫酸钠	1g
柠檬酸铁铵	1g	琼脂	15g
脱氧胆酸钠	1g	蒸馏水	1000mL

5-溴-4-氯-3-吲哚-α-D-吡喃葡糖苷　0.1g

pH 7.3±0.2

(2)制法

加热搅拌至完全溶解,调节 pH,121℃高压 15min,冷却至 50℃,倾注平板。

4. 胰蛋白胨大豆琼脂(TSA)

(1)成分

胰蛋白胨	15g	氯化钠	5g
植物蛋白胨	5g	蒸馏水	1000mL
琼脂	15g		

pH 7.3±0.2

(2)制法

加热搅拌至溶解,煮沸 1min,调节 pH,121℃高压 15min。

5. 氧化酶试剂

(1)成分

N,N,N′,N′-四甲基对苯二胺盐酸盐	1g
蒸馏水	100mL

(2)制法

少量新鲜配制,于冰箱内避光保存,在 7d 之内使用。

(3)试验方法

用玻璃棒或一次性接种针挑取单个特征性菌落，涂布在氧化酶试剂湿润的滤纸平板上。如果滤纸在10s之内未变为紫红色、紫色或深蓝色，则为氧化酶试验阴性，否则即为氧化酶实验阳性。

注意：实验中切勿使用镍/铬材料。

6. L-赖氨酸脱羧酶培养基

(1)成分

L-赖氨酸盐	5g	溴甲酚紫	0.015g
酵母浸膏	3g	蒸馏水	1000mL
葡萄糖	1g		

(2)制法

将各成分加热溶解，必要时调节pH，使之在灭菌后25℃ pH值为6.8±0.2。每管分装5mL，121℃高压灭菌15min。

(3)实验方法

挑取培养物接种于L-赖氨酸脱羧酶培养基，刚好在液体培养基的液面下。(30±1)℃培养(24±2)h，观察结果。L-赖氨酸脱羧酶试验阳性者，培养基呈紫色，阴性者为黄色。

7. L-鸟氨酸脱羧酶培养基

(1)成分

L-鸟氨酸盐酸盐	5g	溴甲酚紫	0.015g
酵母浸膏	3g	蒸馏水	1000mL
葡萄糖	1g		

(2)制法

将各成分加热溶解，必要时调节pH，使之在灭菌后25℃ pH值为6.8±0.2。每管分装5mL，121℃高压灭菌15min。

(3)实验方法

挑取培养物接种于L-鸟氨酸脱羧酶培养基，刚好在液体培养基的液面下。(30±1)℃培养(24±2)h，观察结果。L-鸟氨酸脱羧酶试验阳性者，培养基呈紫色，阴性者为黄色。

8. L-精氨酸双水解酶培养基

(1)成分

L-精氨酸盐酸盐	5.0g	溴甲酚紫	0.015g
酵母浸膏	3g	蒸馏水	1000mL
葡萄糖	1g		

(2)制法

将各成分加热溶解，必要时调节pH，使之在灭菌后25℃ pH值为6.8±0.2。每管分装5mL。121℃高压灭菌15min。

(3)实验方法

挑取培养物接种于L-精氨酸脱羧酶培养基，刚好在液体培养基的液面下。(30±1)℃培养(24±2)h，观察结果。L-精氨酸脱羧酶试验阳性者，培养基呈紫色，阴性者为黄色。

9.糖类发酵培养基

(1)基础培养基成分

酪蛋白(酶消化)	10g	氯化钠	5g
酚红	0.02g	蒸馏水	1000mL

制法:将各成分加热溶解,必要时调节 pH 值为 6.8。每管分装 5mL。121℃高压灭菌 15min。

(2)糖类溶液(D-山梨醇、L-鼠李糖、D-蔗糖、D-蜜二糖、苦杏仁甙)成分

糖	8g	蒸馏水	100mL

制法:分别称取 D-山梨醇、L-鼠李糖、D-蔗糖、D-蜜二糖、苦杏仁甙等糖类成分各 8g,溶于 100mL 蒸馏水中,过滤除菌,制成 80mg/mL 的糖类溶液。

(3)完全培养基成分

基础培养基	875mL	糖类溶液	125mL

制法:无菌操作,将每种糖类溶液加入基础培养基,混匀;分装到无菌试管中,每管 10mL。

(4)实验方法

挑取培养物接种于各种糖类发酵培养基,刚好在液体培养基的液面下。(30±1)℃培养(24±2)h,观察结果。糖类发酵试验阳性者,培养基呈黄色,阴性者为红色。

10.西蒙氏柠檬酸盐培养基

(1)成分

柠檬酸钠	2g	硫酸镁	0.2g
氯化钠	5g	溴百里香酚蓝	0.08g
磷酸氢二钾	1g	琼脂	8～18g
磷酸二氢铵	1g	蒸馏水	1000mL

(2)制法

将各成分加热溶解,必要时调节 pH,使之在灭菌后 25℃ pH 为 6.8±0.2。每管分装 10mL,121℃高压灭菌 15min,制成斜面。

(3)实验方法

挑取培养物接种于整个培养基斜面,(36±1)℃培养(24±2)h,观察结果,阳性者培养基变为蓝色。

模块 3　乳制品中乳酸菌及其检测

活性乳酸菌饮料是以鲜乳、乳粉或辅以大豆等为原料,经乳酸菌发酵加工制成的具有相应风味的乳饮料;乳酸菌是一类能分解葡萄糖或乳糖产生大量乳酸的细菌的通称,需氧和兼性厌氧,多数无动力。过氧化氢酶阴性,为革兰氏阳性的无芽孢杆菌和球菌。我国标准要求乳酸菌饮料中乳酸菌菌落总数在 10^6cfu/mL 以上。

乳酸菌指发酵糖类主要产物为乳酸的一类无芽孢、革兰氏染色阳性细菌的总称。凡是能从葡萄糖或乳糖的发酵过程中产生乳酸菌的细菌统称为乳酸菌。这是一群相当庞杂的细菌,目前至少可分为 18 个属,共有 200 多种。除极少数外,其中绝大部分都是人体内必不可少的且具有重要生理功能的菌群,其广泛存在于人体的肠道中。目前已被国内外生物学

家所证实，肠内乳酸菌与健康长寿有着非常密切的直接关系。

乳酸菌是一种存在于人类体内的益生菌。乳酸菌能够将碳水化合物发酵成乳酸，因而得名。益生菌能够帮助消化，有助于人体肠道的健康，因此常被视为健康食品，添加在酸奶之内。

其主要生理功能有：

①防治有色人种普遍患有的乳糖不耐症(喝鲜奶时出现的腹胀、腹泻等症状)。

②促进蛋白质、单糖及钙、镁等营养物质的吸收，产生维生素B族等大量有益物质。

③使肠道菌群的构成发生有益变化，改善人体胃肠道功能，恢复人体肠道内菌群平衡，形成抗菌生物屏障，维护人体健康。

④抑制腐败菌的繁殖，消解腐败菌产生的毒素，清除肠道垃圾。

⑤抑制胆固醇吸收，有降血脂、降血压作用。

⑥免疫调节作用，增强人体免疫力和抵抗力。

⑦抗肿瘤、预防癌症作用。

⑧提高SOD酶活力，消除人体自由基，具抗衰老、延年益寿作用。

⑨有效预防女性泌尿生殖系统细菌感染。

⑩控制人体内毒素水平，保护肝脏并增强肝脏的解毒、排毒功能。

本族中以乳酸杆菌属最为重要，大多是工业上尤其是食品工业上的常用菌种。存在于乳制品，发酵植物食品如泡菜、酸菜，青贮饲料及人的肠道，尤其是乳儿肠道中。工业生产乳酸常用高温发酵菌。例如德氏乳酸杆菌，最适生长温度为45℃，此菌在乳酸制造和乳酸钙制造工业上应用广泛。

3.1 设备和材料

除微生物实验室常规灭菌及培养设备外，其他设备和材料如下。恒温培养箱：(36±1)℃；冰箱：2～5℃；均质器及无菌均质袋、均质杯或灭菌乳钵；天平：感量0.1g；无菌试管：18mm×180mm、15mm×100mm；无菌吸管：1mL(具0.01mL刻度)、10mL(具0.1mL刻度)或微量移液器及吸头；无菌锥形瓶：500mL、250mL。

3.2 培养基和试剂

具体包括：API 50CH生化鉴定试剂盒、莫匹罗星锂盐改良(MRS)培养基、MC培养基、0.5%蔗糖发酵管、0.5%纤维二糖发酵管、0.5%麦芽糖发酵管、0.5%甘露醇发酵管、0.5%水杨苷发酵管、0.5%山梨醇发酵管、0.5%乳糖发酵管、七叶苷发酵管、革兰氏染色液、莫匹罗星锂盐(化学纯)、无菌生理盐水。

3.3 检测程序

本法适用于含活性乳酸菌的固体、半固体和液体食品中乳酸菌的检测(见图3-6)。

3.4 操作步骤

3.4.1 样品制备

具体步骤如下：①样品的全部制备过程均应遵循无菌操作程序。

②冷冻样品可先使其在2～5℃条件下解冻，时间不超过18h，也可在温度不超过45℃的条件解冻，时间不超过15min。

③固体和半固体食品。以无菌操作称取25g样品，置于装有225mL生理盐水的无菌均质杯内，于8000～10000r/min均质1～2min，制成1：10样品匀液；或置于225mL生理盐

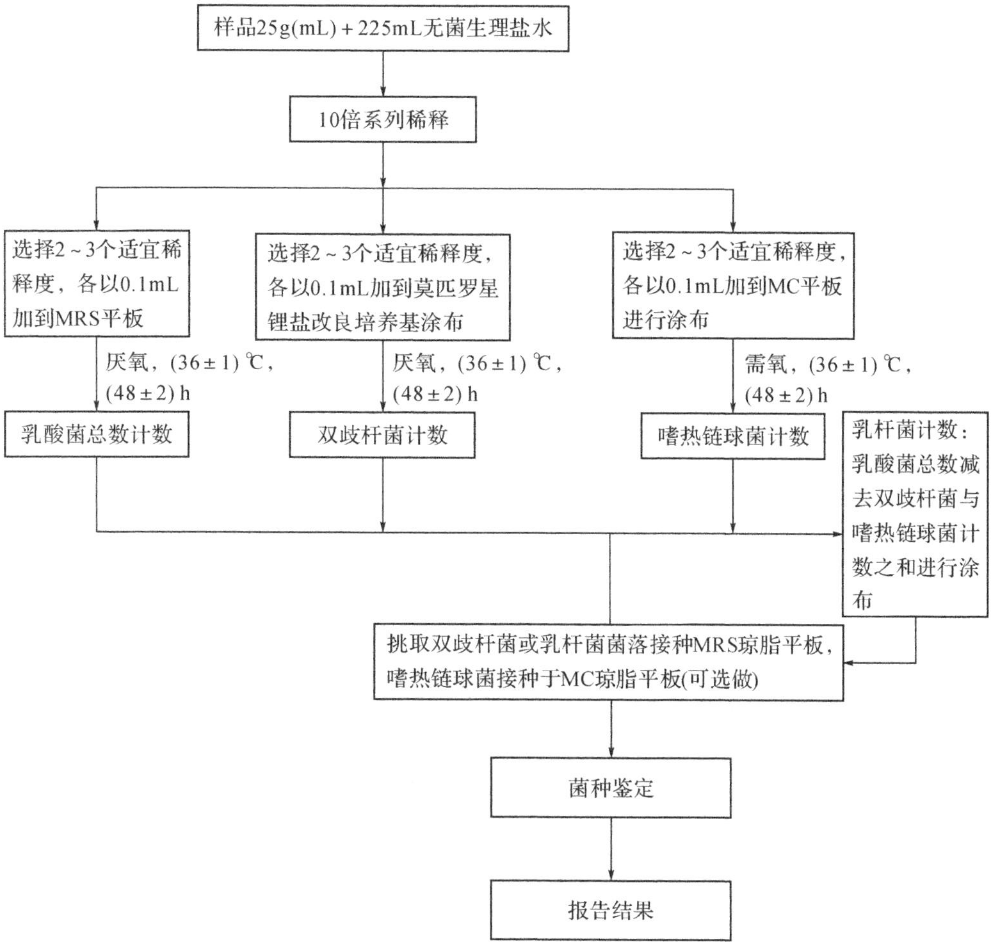

图 3-6 乳酸菌检测程序

水的无菌均质袋中，用拍击式均质器拍打 1～2min 制成 1∶10 的样品匀液。

④液体样品。液体样品应先将其充分摇匀后以无菌吸管吸取样品 25mL 放入装有 225mL 生理盐水的无菌锥形瓶(瓶内预置适当数量的无菌玻璃珠)中，充分振摇，制成 1∶10 的样品匀液。

3.4.2 具体步骤

(1)制液

用 1mL 无菌吸管或微量移液器吸取 1∶10 样品匀液 1mL，沿管壁缓慢注于装有 9mL 生理盐水的无菌试管中(注意吸管尖端不要触及稀释液)，振摇试管或换用 1 支无菌吸管反复吹打使其混合均匀，制成 1∶100 的样品匀液。

(2)稀释

另取 1mL 无菌吸管或微量移液器吸头，按上述操作顺序，做 10 倍递增样品匀液，每递增稀释一次，即换用 1 次 1mL 灭菌吸管或吸头。

(3)乳酸菌计数

①乳酸菌总数。根据待检样品活菌总数的估计，选择 2～3 个连续的适宜稀释度，每个

稀释度吸取 0.1mL 样品匀液分别置于 2 个 MRS 琼脂平板，使用 L 形棒进行表面涂布。(36±1)℃，厌氧培养(48±2)h 后计数平板上的所有菌落数。从样品稀释到平板涂布要求在 15min 内完成。

②双歧杆菌计数。根据对待检样品双歧杆菌含量的估计，选择 2～3 个连续的适宜稀释度，每个稀释度吸取 0.1mL 样品匀液于莫匹罗星锂盐(Li-Mupirocin)改良 MRS 琼脂平板，使用灭菌 L 形棒进行表面涂布，每个稀释度作两个平板。(36±1)℃，厌氧培养(48±2)h 后计数平板上的所有菌落数。从样品稀释到平板涂布要求在 15min 内完成。

③嗜热链球菌计数。根据待检样品嗜热链球菌活菌数的估计，选择 2～3 个连续的适宜稀释度，每个稀释度吸取 0.1mL 样品匀液分别置于 2 个 MC 琼脂平板，使用 L 形棒进行表面涂布。(36±1)℃，需氧培养(48±2)h 后计数。嗜热链球菌在 MC 琼脂平板上的菌落特征为：菌落中等偏小，边缘整齐光滑的红色菌落，直径(2±1)mm，菌落背面为粉红色。从样品稀释到平板涂布要求在 15min 内完成。

④乳杆菌计数。乳酸菌总数结果减去双歧杆菌与嗜热链球菌计数结果之和即得乳杆菌计数。

乳酸菌计数培养基及培养条件的选择如表 3-3 所示，乳酸菌在不同培养基上的菌落特征如表 3-4 所示。

表 3-3 乳酸菌计数培养基及培养条件的选择

样品中所属菌属	MRS 琼脂平板，(36±1)℃，48h		MC 琼脂平板，(36±1)℃，48h
	厌氧	兼性厌氧	兼性厌氧
只含乳杆菌属	−	+	−
只含双歧杆菌属	+	−	−
同时含乳杆菌属和双歧杆菌属	+	+	−
只含嗜热链球菌	−	−	+
同时含乳杆菌属、双歧杆菌属和嗜热链球菌	+	+	+

注：“+”表示使用此培养基及培养条件；“−”表示不使用此培养基及培养条件。

表 3-4 乳酸菌在不同培养基上的菌落特征

菌属	MRS 琼脂	MC 琼脂
乳杆菌属	菌落呈圆形，中等大小，凸起，微白色，湿润，边缘整齐，直径(3±1)mm，菌落背面为黄色	菌落较小，白色或淡粉色，边缘不太整齐，可有淡淡的晕，直径(2±1)mm，菌落背面为粉红色
双歧杆菌属	兼性厌氧培养条件下不生长。在厌氧培养条件下，菌落呈圆形，菌落中等大小，瓷白色，边缘整齐光滑，直径(2±1)mm，菌落背面为黄色	兼性厌氧培养条件下不生长。在厌氧培养条件下，菌落较小，可有淡淡的晕，白色，边缘整齐，直径(1.5±1)mm，菌落背面为粉红色
嗜热链球菌	菌落呈圆形，菌落偏小，白色，湿润，边缘整齐，直径(1±1)mm，菌落背面为黄色	菌落中等偏小，边缘整齐光滑的红色菌落，有淡淡的晕，直径(2±1)mm，菌落背面为粉红色

3.4.3 菌落计数

可用肉眼观察，必要时用放大镜或菌落计数器，记录稀释倍数和相应的菌落数量。菌落计数以菌落形成单位(colony-forming units，cfu)表示。具体方法如下：

①选取菌落数在30～300cfu之间、无蔓延菌落生长的平板计数菌落总数。低于30cfu的平板记录具体菌落数，大于300cfu的可记录为多不可计。每个稀释度的菌落数应采用两个平板的平均数。

②其中一个平板有较大片状菌落生长时，则不宜采用，而应以无片状菌落生长的平板作为该稀释度的菌落数；若片状菌落不到平板的一半，而其余一半中菌落分布又很均匀，即可计算半个平板后乘以2，代表一个平板菌落数。

③当平板上出现菌落间无明显界线的链状生长时，则将每条单链作为一个菌落计数。

3.4.4 结果表述

具体结果表述如下：①若只有一个稀释度平板上的菌落数在适宜计数范围内，计算两个平板菌落数的平均值，再将平均值乘以相应稀释倍数，作为每g(mL)中菌落总数结果。

②若有两个连续稀释度的平板菌落数在适宜计数范围内时，按式(3-1)计算：

$$N=\sum C/[(n_1+0.1n_2)d] \tag{3-1}$$

式中：N——样品中菌落数；

$\sum C$——平板(含适宜范围菌落数的平板)菌落数之和；

n_1——第一稀释度(低稀释倍数)平板个数；

n_2——第二稀释度(高稀释倍数)平板个数；

d——稀释因子(第一稀释度)。

③若所有稀释度的平板上菌落数均大于300cfu，则对稀释度最高的平板进行计数，其他平板可记录为多不可计，结果按平均菌落数乘以最高稀释倍数计算。

④若所有稀释度的平板菌落数均小于30cfu，则应按稀释度最低的平均菌落数乘以稀释倍数计算。

⑤若所有稀释度(包括液体样品原液)平板均无菌落生长，则以小于1乘以最低稀释倍数计算。

⑥若所有稀释度的平板菌落数均不在30～300cfu之间，其中一部分小于30cfu或大于300cfu时，则以最接近30cfu或300cfu的平均菌落数乘以稀释倍数计算。

3.4.5 菌落数的报告

具体要求如下：①菌落数小于100cfu时，按“四舍五入”原则修约，以整数报告。

②菌落数大于或等于100cfu时，第3位数字采用“四舍五入”原则修约后，取前2位数字，后面用0代替位数；也可用10的指数形式来表示，按“四舍五入”原则修约后，采用两位有效数字。

③称重取样以cfu/g为单位报告，体积取样以cfu/mL为单位报告。

3.5 报告结果

根据菌落计数结果出具报告，报告单位以cfu/g(mL)表示。

3.6 乳酸菌的鉴定

3.6.1 纯培养

挑取3个或以上的可疑菌落，嗜热链球菌接种于MC琼脂平板，乳杆菌属接种于MRS

琼脂平板，兼性厌氧，置(36±1)℃恒温箱内培养(48±2)h。

3.6.2　鉴定

1. 涂片镜检

乳杆菌属细胞形态多样，从长的杆状和细长杆状到弯曲杆状及短杆状，一般形成链。通常不运动。无芽孢，革兰氏染色阳性。嗜热链球菌形态为球形或球杆状，直径为0.5～2.0μm，细胞成对或成链排列，无芽孢，革兰氏染色阳性。

2. API 50CH生化鉴定试剂盒鉴定

刮取纯培养平板上的单个菌落，使用API 50CH生化鉴定试剂盒进行生化反应检测，表格列出了乳酸菌菌种主要生化反应。

常见乳杆菌属内种的生化反应如表3-5所示。嗜热链球菌的主要生化反应如表3-6所示。

表3-5　常见乳杆菌属内种的生化反应

菌　　种	七叶苷	纤维二糖	麦芽糖	甘露醇	水杨苷	山梨醇	蔗糖
干酪乳杆菌干酪亚种	+	+	+	+	+	+	+
德氏乳杆菌保加利亚亚种	−	−	−	−	−	−	−
嗜酸乳杆菌	+	+	+	−	+	−	+
罗伊氏乳杆菌	ND	−	+	−	−	−	+
鼠李糖乳杆菌	+	+	+	+	+	+	+
植物乳杆菌	+	+	+	+	+	+	+

注："+"表示90%以上菌株阳性；"−"表示90%以上菌株阴性；"ND"表示未测定。

表3-6　嗜热链球菌的主要生化反应

菌种	七叶苷	乳糖	马尿酸	甘露醇	水杨苷	山梨醇	菊糖
嗜热链球菌	−	+	−	−	−	−	−

注："+"表示90%以上菌株阳性；"+"表示90%以上菌株阴性。

3.7　乳酸菌检测培养基及试剂的配制

3.7.1　MRS培养基

1. 成分

蛋白胨	10g	磷酸氢二钾(含7个结晶水)	2g
牛肉粉	5g	醋酸钠(含3个结晶水)	5g
酵母粉	4g	硫酸锰(含4个结晶水)	0.05g
葡萄糖	20g	硫酸镁(含7个结晶水)	0.2g
吐温80	1mL	柠檬酸三铵	2g
琼脂粉	15g	蒸馏水	1000mL

pH 6.2

2. 制法

将上述成分加到1000mL蒸馏水中，加热溶解，调节pH，分装后121℃高压灭菌

15～20min。

3.7.2 莫匹罗星锂盐(Li-Mupirocin)改良 MRS 培养基

1. 莫匹罗星锂盐(Li-Mupirocin)储备液制备

称取 50mg 莫匹罗星锂盐(Li-Mupirocin)加到 50mL 蒸馏水中,用 0.22μm 微孔滤膜过滤除菌。

2. 制法

将 3.7.1 成分加到 950mL 蒸馏水中,加热溶解,调节 pH,分装后于 121℃高压灭菌 15～20min。临用时加热溶化琼脂,在水浴中冷至 48℃,用带有 0.22μm 微孔滤膜的注射器将莫匹罗星锂盐(Li-Mupirocin)储备液加到溶化琼脂中,使培养基中莫匹罗星锂盐(Li-Mupirocin)的浓度为 50μg/mL。

3.7.3 MC 培养基

1. 成分

大豆蛋白胨	5g	碳酸钙	10g
牛肉粉	3g	1%中性红溶液	5mL
酵母粉	3g	乳糖	20g
葡萄糖	20g	蒸馏水	1000mL
琼脂	15g		

pH 6

2. 制法

将除 1%中性红溶液以外的成分加入蒸馏水中,加热溶解,调节 pH,加入中性红溶液。分装后 121℃高压灭菌 15～20min。

3.7.4 乳酸杆菌糖发酵管

具体包括:0.5%蔗糖发酵管、0.5%纤维二糖发酵管、0.5%麦芽糖发酵管、0.5%甘露醇发酵管、0.5%水杨苷发酵管、0.5%山梨醇发酵管、0.5%乳糖发酵管。

1. 基础成分

蛋白胨	5g	1.6%溴甲酚紫-乙醇溶液	1.4mL
牛肉膏	5g	琼脂	1.5g
酵母浸膏	5g	蒸馏水	1000mL
吐温 80	0.5mL		

2. 制法

按 0.5%加入所需糖类(蔗糖、纤维二糖、麦芽糖、甘露醇、水杨苷、山梨醇、乳糖等),并分装小试管,121℃高压灭菌 15～20min。

3.7.5 七叶苷发酵管

1. 成分

蛋白胨	5g	磷酸氢二钾	1g
枸橼酸铁	0.5g	1.6%溴甲酚紫-乙醇溶液	1.4mL
蒸馏水	100mL	七叶苷	3g

2. 制法

将上述成分加入蒸馏水中,加热溶解,121℃高压灭菌 15min～20min。

思考题

1. 用普通培养方法检测婴儿乳粉中阪崎肠杆菌应注意哪些问题？
2. 简述食品中抗生素残留的危害性。
3. 简述乳酸菌的检测过程。

【知识链接】

话说奶酪

奶酪是一种发酵的牛奶制品(见图 3-7)，其性质与常见的酸牛奶有相似之处，都是通过发酵过程来制作的，也都含有可以保健的乳酸菌，但是奶酪的浓度比酸奶更高，近似固体食物，营养价值也因此更加丰富。每公斤奶酪制品都是由 10 公斤的牛奶浓缩而成，含有丰富的蛋白质、钙、脂肪、磷和维生素等营养成分，是纯天然的食品。就工艺而言，奶酪是发酵的牛奶；就营养而言，奶酪是浓缩的牛奶。

图 3-7　芝士

奶酪源自于西亚，是一种自古流传下来的美食，然而，奶酪的风味却是在欧洲真正开始酝酿的。到了公元前 3 世纪，奶酪的制作已经相当成熟。事实上，人们在古希腊时已奉上奶酪敬拜诸神，芝士蛋糕就源于古希腊，而在古罗马时期，奶酪更成为一种表达赞美及爱意的礼物。接着由罗马人将芝士蛋糕从希腊传播到整个欧洲。

在制作意大利莫泽雷勒干酪 Mozzarella(一种意大利干酪，色白味淡)和意大利波萝伏洛干酪 Provolone(熏干酪一种硬的浅色干酪，梨形，通常用烟熏制成)时会排出许多乳清，乳清干酪就主要使用这些乳清制成。从制作工艺上讲，这种乳清干酪其实不是真正的乳酪，因为它是由乳酪的副产品制成的。

在美国，乳清干酪通常由乳清和脱脂牛奶做成，有时只用脱脂牛奶。因为它是用从乳酪中排出的乳清而得到的，所以人们有时把 ricotta 说成 recooked。在意大利，乳清干酪和其他特色食品，如番茄沙司烙通心粉、烤宽面条(上浇肉末番茄汁)、乳酪饼、卡萨塔冰激凌一样，是备受欢迎的佳肴。

图 3-8　奶酪魏的奶酪

奶酪也是中国西北的蒙古族、哈萨克族等游牧民族的传统食品，在内蒙古称为奶豆腐，在新疆俗称乳饼，完全干透的干酪又叫奶疙瘩。清光绪初年，奶酪创始人魏鸿臣从宫廷里的御厨中学到了这门手艺，后来赢得了顾客的一片赞誉，得美名奶酪魏。奶酪魏家的绝活就是制作合碗酪，做出来的奶酪放在容器里倒过来都不洒(见图 3-8)。原先只在前门大栅栏所有戏园子门口设摊卖奶酪，到了光绪十四年间(1888)在大栅栏胡同路西租了一家门脸，字号叫“麟记酪铺”。一年四季都有奶酪卖，奶酪魏擅长制作炒酪干、奶卷、传统奶酪等。

传统制作奶酪，要木桶烤制，冰块冷却。过去奶酪魏家的大木桶，直径约 80cm 宽、高约 60cm、底部是铁板的，每层能够码放 10 碗，共六层，一桶下来能出 60 碗之多。在梁实秋的著作里还这样记述:"我个人就很怕喝奶……可是做成酪我就喜欢喝。酪有酪铺……最有名的一家是在前门外框儿胡同北头路西,我记不得他的字号了。他家的酪,牛奶醇而新鲜,所以味道与众不同,大碗带果的尤佳,酪里面有瓜子仁儿,于喝咽之外有点东西咀嚼,别有风味。每途经此地必定喝他两碗","久居北平的人,不免犯馋,想北平吃食,酪是其中之一"。新中国成立前除梁实秋外,溥杰、鲁迅、老舍、胡洁青等知名人士都是奶酪魏家的常客。京剧界人士就更加不乏盛举。

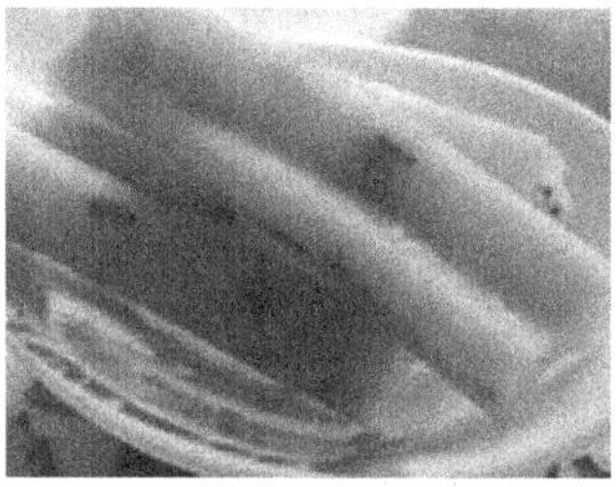
图 3-11 奶酪

奶制品是食物补钙的最佳选择,奶酪正是含钙最多的奶制品,而且这些钙很容易吸收,就钙的含量而言,250mL 牛奶=200mL 酸奶=40g 奶酪。奶酪(见图 3-9)能增进人体抵抗疾病的能力,增进代谢加强活力,保护眼睛健康,并保持肌肤健美。奶酪中的乳酸菌及其代谢产物对人体有一定的保健作用,有利于维持人体肠道内正常菌群的稳定和平衡,防止便秘和腹泻。奶酪中的脂肪和热能都比较多,但是其胆固醇含量却相对比较低,对心血管健康也有有利的一面。英国牙科医生认为,人们在吃饭时吃一些奶酪有助于预防龋齿。吃含有奶酪的食物能大大增加牙齿表层的含钙量,从而起到抑制龋齿发生的作用。

所有人群均可食用奶酪。对于孕妇、中老年人及成长发育旺盛的青少年儿童来说,奶酪是最好的补钙食品之一。奶酪是奶制品,所以需要冷藏(不是冷冻),是可以直接食用的,至于怎么吃,就看个人喜好了,一般都是做三明治配着面包吃,如果这一天会比较忙,没有时间吃饭的时候,建议吃奶酪,因为奶酪超饱,不容易饿。如果还是怕饿,也可以配馒头或是饼之类比较饱的,当然这完全是中国吃法了。

也可以放在火锅里做底料,来个奶酪火锅也不错。

当然最简单的就是直接食用,就是直接拿着吃,什么都不配,如果你吃得惯的话。

至于吃多少,自己决定,不过建议不要太多,1～2 块(片)即可,因为奶酪属于高营养、高热量食品,容易发胖,适量把握!!

任务四　水产品中的微生物及其检测

知识目标

- 了解水产品中微生物的微生物群；
- 了解水产品中的微生物污染；
- 了解水产品中的细菌腐败；
- 掌握水产品中有害微生物的控制措施。

能力目标

- 掌握水产品中单核细胞增生李斯特氏菌的检测方法。

模块1　水产品中的微生物污染

1.1　水产品中的微生物群

1.1.1　水产品附着的微生物

淡水鱼类附着的微生物主要为淡水中正常的细菌，包括假单胞菌、节细菌、黏杆菌、噬胞菌、不动杆菌、摩氏杆菌、气单孢菌、链球菌、克氏杆菌、产碱杆菌、芽孢杆菌和小球菌等。

海水鱼类附着的微生物一部分是常年生活在海洋中的，一部分是随河水、污水等流入海洋的。在海洋中生活的微生物主要是细菌，常见的是一些具有活动能力的杆菌和各种弧菌，如假单胞菌属、弧菌属、黄杆菌属、无色杆菌属、不动杆菌属、芽弧杆菌属以及无芽孢杆菌属的细菌。

1.1.2　水产品中的微生物数量

活的鱼贝类其肌肉是无菌的，但与外界接触的表皮、鳃、眼球的表面、消化器官的内部等，在活体时就附着大量的细菌。例如，Geolgala的研究报告指出，鱼的表皮细菌数为10^3～10^8个/cm^2，消化器官10^3～10^8个/mL，鳃为10^3～10^6个/g。水产品中细菌数量的变化，亦受捕获季节、水域环境等的影响。

1.1.3　水产品中的微生物群

鱼是冷血动物，所以鱼所带的菌群温度特征反映鱼生长区域的水温状况。在北方适宜温度的水中，鱼所带微生物的温度范围通常在－2～12℃之间，适冷菌与嗜冷菌占优势。热带鱼很少带适冷菌，因此多数热带鱼在冰中的保存的时间要长些。

深海鱼所带的细菌是可以耐海水高盐分的细菌。尽管大多数的微生物在盐分为2%～3%时生长最适，但重要的微生物是广盐性的微生物，它们在一定范围的盐度内均可生长。例如鱼表面由于冰融化成水而使盐分降低时，广盐性的微生物仍能生存并继续生长。

海产鱼类在储存过程中，新鲜干净的冷冻介质十分重要，因为冷冻介质再利用会导致适冷菌的污染，从而加速新鲜鱼的腐败。由于渔网、鱼钩等对鱼造成伤害，鱼为了保护皮肤而呼吸加剧导致局部的腐败。后续加工过程例如切片、切碎等增大了单位产品的表面积，同样导致腐败速率的加快。

1.2 水产品中的微生物污染

水产品的微生物污染，可分为渔获前的污染（原发性污染）和捕获后的污染（继发性污染）。

1.2.1 渔获前的污染

鲜活鱼贝类的肌肉、内脏以及体液本来应是无菌的，但皮肤、鳃等部位与淡水或海水直接接触，已沾染了许多水体中的微生物，特别是细菌。渔获前污染的微生物有引起腐败变质的细菌和真菌，如假单胞菌、无色杆菌、黄杆菌等，以及水霉属、绵霉属、丝囊霉属等；也有能引起人致病的细菌和病毒，如沙门氏菌、致病性弧菌以及甲型肝炎病毒、诺伏克病毒等。

1.2.2 捕获后的污染

捕获后的污染主要是指从捕获后到销售过程中所遭受的微生物污染。据 Shewan 的调查，鱼被捕获到船上后，因渔船甲板通常每平方厘米带有 $10^5 \sim 10^6$ 的细菌，所以鱼体表的细菌数增加，分级分类后用干净的海水洗涤，细菌数会减少到洗涤前的 1/10～1/3。但之后冻结或加冰，装入鱼舱时，鱼箱、鱼舱、碎冰中附着许多细菌，因而鱼的带菌数再次增加。运入销售市场或加工厂后，会受到人手、容器、市场环境或工厂环境等的污染。受到污染的微生物大部分为腐败微生物，以细菌为主，其次为霉菌和酵母，主要引起水产品的腐败变质。另外，还会沾染能引起人食物中毒的细菌，如沙门氏菌、葡萄球菌、大肠杆菌等。

1.3 水产品的细菌腐败

新鲜鱼的腐败主要表现在鱼的体表、眼球、腮、腹部、肌肉的色泽、组织状态以及气味等方面。鱼体所带的腐败细菌主要是水中的细菌，多数为需氧性细菌，有假单胞菌属、无色杆菌属、黄色杆菌属、小球菌属等。

腐败过程沿着鱼体内结缔组织和骨膜，向组织深部的推移，不断波及新的组织，其结果使鱼体组织的蛋白质、氨基酸以及其他一些含氮物被分解为氨、三甲胺、吲哚、硫化氢、组胺等腐败产物。

当上述腐败产物积累到一定程度，鱼体即产生具有腐败特征的臭味而进入腐败阶段。与此同时，鱼体肌肉的 pH 值升高，并趋向于碱性。当鱼肉腐败后，它就会完全失去食用价值，误食后还会引起食物中毒。例如鲐鱼、鲹鱼等中上层鱼类，死后在细菌的作用下，鱼肉汁液中的主要氨基酸——组氨酸迅速分解，生成组胺，超过一定量后如给人食用，容易发生荨麻疹。

由于鱼的种类不同，鱼体带有腐败特征的产物和数量也有明显差别。例如，三甲胺是海产鱼类腐败臭味的代表物质。因为海产鱼类大多含有氧化三甲胺，在腐败过程中被细菌的氧化三甲胺还原酶作用，还原生成三甲胺，同时还有一定数量的二甲胺和甲醛存在，它是海鱼腥臭味的主要成分，即$(CH_3)_3NO \rightarrow (CH_3)_3H$。

又如鲨鱼、鳐鱼等板鳃鱼类，不仅含有氧化三甲胺，还含有大量尿素，在腐败过程中被细菌的尿素酶作用分解成二氧化碳和氨，因而带有明显的氨臭味，即$(NH_2)_2CO \rightarrow 2NH_3 + CO_2$。

此外，多脂鱼类因含有大量高度不饱和脂肪酸，容易被空气中的氧氧化，生成过氧化物后进一步分解，其分解产物为低级醛、酮、酸等，使鱼体具有刺激性的酸败味和腥臭味。

1.3.2 水产制品的腐败

1. 冷冻水产品的腐败

水产品在冷冻(－25～－30℃)时,一般微生物均不能生长,不发生腐败。但是,在冷冻时,一些耐低温的腐败细菌并未死亡。当解冻后,又开始生长繁殖,引起水产品的腐败。冷冻鱼的腐败细菌,以假单胞菌Ⅲ/Ⅳ-H型、摩氏杆菌以及假单胞菌Ⅰ型和Ⅱ型占优势。

残存于冷冻鱼肉上的细菌,由于冷冻的温度时间和冷冻状态不同,其中大部分发生死亡,特别是病原性细菌和冷冻时易发生死亡。冷冻温度与水产品的腐败具有密切关系。在－5℃冷冻时,部分嗜冷菌仍可繁殖,在数月的繁殖后,仍可使水产品变成接近腐败的状态而不能食用。在－18℃冷冻时,最初细菌数减少,但经较长时间后仍可从这种状态的鱼中检出微球菌、假单胞菌、黄杆菌和无色杆菌等。但在外观上,鱼体不见异常变化。冷冻鱼的贮藏温度如在－20℃以下时,一般细菌均处于冻结状态,不发生腐败。如表4-1所示为主要水产品在不同冷冻温度下的保藏期。

表4-1 主要水产品在不同冷冻温度下的保藏期

种类	保藏期(月)		
	－18℃	－25℃	－30℃
多脂鱼	4	8	12
中脂鱼	8	18	24
少脂鱼	10	24	>24
蟹	6	12	15
虾	6	12	12
虾(真空包装)	12	15	18
蛤、牡蛎	4	10	12

2. 水产干燥和腌熏制品的腐败

水产品经过干燥、腌制或熏制得到的制品的共同特点是降低制品中的水分活度而抑制微生物的生长而达到保藏的目的,但由于吸湿或盐度和水分还不能完全抑制微生物的生长,常出现腐败变质的现象。

干制品常因为发霉而变质,一般是由于干燥不够完全或者是干燥安全的干制品在贮藏过程中吸湿而引起的劣变现象。

咸鱼腌制时还不能抑制所有微生物的生长,因此会出现变质。出现腐败变质常有两种现象:

①发红。盐渍鱼或盐干鱼的表现是产生红色的黏性物质,产红细菌主要有两种嗜盐菌:八叠球菌属和假单胞菌属。它们都分解蛋白质,而后者则主要使咸鱼产生令人讨厌的气味。

②褐变。在盐渍鱼的表面产生褐色的斑点,使制品的品质下降,这是一种嗜盐性霉菌的孢子生长在鱼体表面,其网状根进入鱼肉内层。

3. 鱼糜制品的腐败

鱼糜制品通过加热杀死了绝大多数的细菌,但还残存耐热的细菌,此外可能由于包装不良或贮存不当而遭受微生物污染，在贮存过程中出现变质现象。

鱼糜制品表面腐败形式，可根据腐败现象分为下列三类：

①最初在鱼糜制品表面生成透明黏稠性水珠样物质，外观像发汗一般，时间一长，渐渐扩大到全面，但不能发生臭味。应特别注意时，只有一点酸臭味道，初期时可用热水洗涤，仍可食用。其主要原因是由于附着在制品表面的链球菌、明串珠菌和微球菌等具有糖酵解作用的细菌生长繁殖所致。

②最初生成的像牛油或果酱般点状不透明物，渐渐扩大。扩大后互相连接融合，会发生异常臭，到点状物扩大到整个表面时，气味相当恶臭。这是由于微球菌、沙雷氏菌、黄杆菌和气杆菌等蛋白质腐败分解菌的作用所致。

③表面长霉而不能食用，是霉菌引起的霉变，主要是青霉菌、曲霉菌和毛霉菌等霉菌的生长繁殖所致。

模块 2　水产品中单核细胞增生李斯特氏菌的检测

2.1　概述

在水产品中，致病菌主要有沙门氏菌、副溶血性弧菌、单核细胞增生李斯特氏菌和金黄色葡萄球菌等。

单核细胞增生李斯特氏菌从海产品上常得到分离，在冷却（4℃）的熏鲑鱼体也常能生长，海产品可在单核细胞增生李斯特氏菌的传播中起重要作用。

最新的分类学研究表明，李斯特氏菌属共分为六个种：单核增生李斯特氏菌、伊氏李斯特氏菌、英诺克李斯特氏菌、斯氏李斯特氏菌、威氏李斯特氏菌、格氏李斯特氏菌。

在李斯特氏菌属的六个种中，只有两种致病菌：单核增生李斯特氏菌和伊氏李斯特氏菌可以引起老鼠和其他动物发病。但是，其中通常只有单核增生李斯特氏菌和人类的李斯特氏菌症相关。因此，李斯特氏菌中最有检测意义的是单核增生李斯特氏菌。

单增李斯特氏菌能引起人、畜的李斯特氏菌病，感染后主要表现为败血症、脑膜炎和流产等。它广泛存在于自然界中。肉类、蛋类、禽类、海产品、乳制品、蔬菜等都可被污染。该菌在 4℃的环境中仍可生长繁殖，是冷藏食品威胁人类健康的主要病原菌之一。

其易感人群主要为孕妇、老人、新生儿和免疫缺陷人群。大多数发达国家人类李斯特菌病发生率约为每 100 万人 2～15 例，死亡率为 13%～34%。

单核细胞增生李斯特氏菌为革兰氏阳性短杆菌，大小为（0.4～0.5）μm×（0.5～2）μm，两端钝圆，常两两相串成弯曲及 V 形，偶尔有球状、双球状、短链状，但很少有长链状，兼性厌氧、无芽孢，一般不形成荚膜。该菌有 4 根周毛和 1 根端毛，周毛易脱落。20℃培养后可见到很多鞭毛（见图 4-1）。

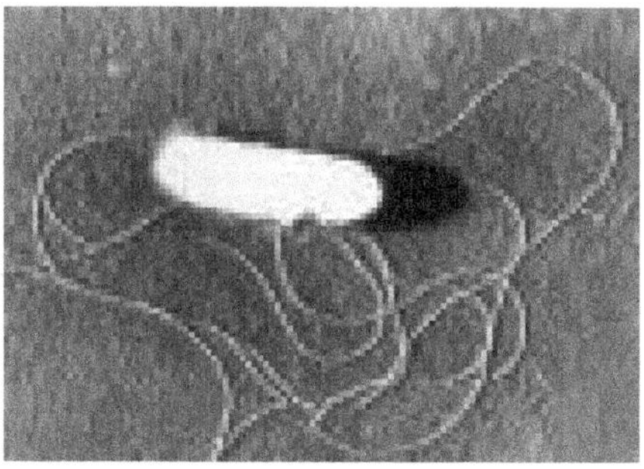

图 4-1　单核细胞增生李斯特氏菌电镜图

2.2 检测方法

2.2.1 设备和材料

除微生物实验室常规灭菌用培养设备外，所需其他设备和材料如下所示。冰箱：2～5℃；恒温培养箱：(30±1)℃、(36±1)℃；均质器或灭菌乳钵；显微镜：10×～100×；感量天平：感量 0.1g；锥形瓶：500mL、100mL；灭菌吸管：1mL(具 0.01mL 刻度)、10mL(具 0.1mL 刻度)；灭菌平皿：直径 90cm；灭菌试管：16mm×160mm；离心机：4000r/min；离心管：30mm×100mm；灭菌注射器：1mL；金黄色葡萄球菌(ATCC 25923)；马红球菌；小白鼠：16～18g；全自动微生物鉴定系统(VITEK)；全自动酶联荧光免疫分析仪(mini VIDAS 或 VIDAS)；全自动病原菌检测系统(BAX 系统，包括 BAX 系统 Q7)。

2.2.2 培养基和试剂

具体包括：含 0.6%酵母浸膏的胰酪胨大豆肉汤(TSB-YE)、含 0.6%酵母浸膏胰酪胨大豆琼脂(TSA-YE)、李氏增菌肉汤 LB(LB_1，LB_2)、1%盐酸吖啶黄溶液、1%萘啶酮酸钠盐溶液、PALCAM 琼脂、革兰氏染色液、SIM 动力培养基、缓冲葡萄糖蛋白胨水[甲基红(MR)和 V-P 试验用]、5%～8%羊血琼脂、糖发酵管、过氧化氢酶试验、科马嘉李斯特氏菌显色琼脂、API listeria 10300 生化鉴定试剂盒或 VITEK-GPI 鉴定卡。

2.2.3 常规培养法

1. 检测程序

单核细胞增生李斯特氏菌检测程序如图 4-2 所示。

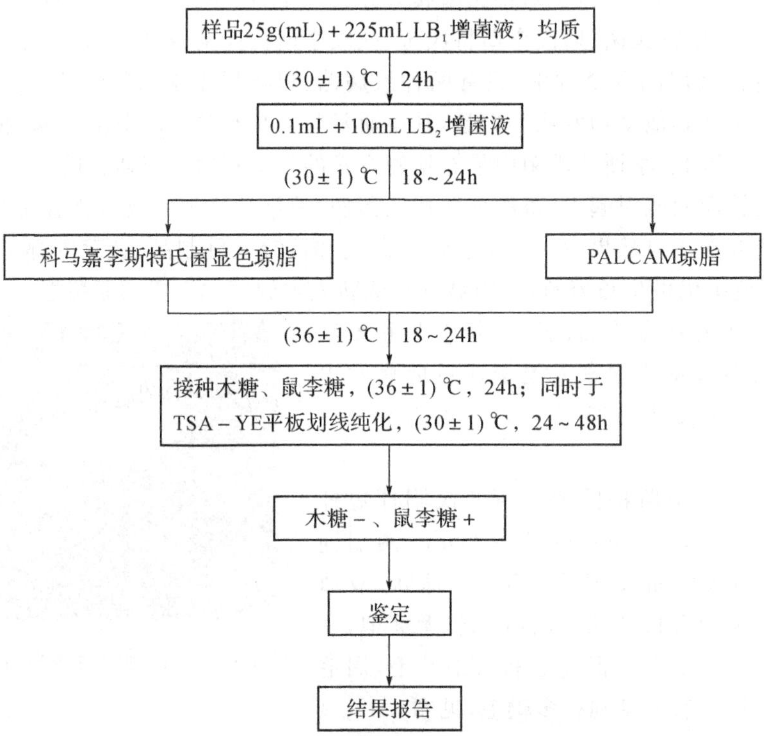

图 4-2 单核细胞增生李斯特氏菌检测程序

2. 操作步骤

(1)样品的收集及处理

以无菌取样品 25g(mL)加入含有 225mL LB_1 增菌液的均质袋中，在拍击式均质器上连续均质 1～2min；或放入盛有 225mL LB_1 增菌液的均质杯中，8000～10000r/min 均质1～2min。如不能及时检验，可暂存 4℃冰箱。

(2)增菌培养

LB_1 增菌液于(30±1)℃培养 24h，取出 0.1mL，转种于 10mL LB_2 增菌液中(30±1)℃培养 18～24h，二次增菌。

(3)分离培养

取 LB_2 二次增菌液划线接种于 PALCAM 琼脂平板和科马嘉李斯特氏菌显色琼脂平板上，于(36±1)℃培养 24～48h，观察各个平板上生长的菌落。典型李斯特氏菌菌落在科马嘉李斯特氏菌显色琼脂平板为小的圆形蓝色菌落，周围有白色晕圈；在 PALCAM 琼脂平板上为小的圆形灰绿色菌落，周围有棕黑色水解圈，有些菌落有黑色凹陷。

(4)初筛

自选择性琼脂平板上分别挑取 5 个以上典型或可疑菌落，分别接种木糖、鼠李糖发酵管，于(36±1)℃培养 24h；同时在 TSA-YE 平板划线纯化，于(30±1)°C 培养 24～48h。选择木糖阴性、鼠李糖阳性的纯培养物继续进行鉴定。

(5)鉴定

①染色镜检。李斯特氏菌为革兰氏阳性小杆菌，大小为(0.4～0.5)μm×(0.5～2.0)μm；用生理盐水制成菌悬液，在油镜或相差显微镜下观察，该菌出现轻微旋转或翻滚样的运动。

②动力试验。李斯特氏菌有动力，呈伞状生长或月牙状生长。

③挑取纯培养的单个可疑菌落，进行过氧化氢酶试验，过氧化氢酶阳性反应的菌株继续进行糖发酵试验和 MR-VP 试验。单核细胞增生李斯特氏菌的主要生化特性及种间的区别如表 4-2 所示。

表 4-2 单核细胞增生李斯特氏菌的主要生化特性及种间的区别

菌　种	溶血反应	硝酸盐还原	尿毒酶	MR-VP	甘露醇	鼠李糖	木糖	七叶苷
单核细胞增生李斯特氏菌	+	−	−	+/+	−	+	−	+
绵羊李斯特氏菌	+	−	−	+/+	−	−	+	+
英诺克李斯特氏菌	−	−	−	+/+	−	v	−	+
威尔斯李斯特氏菌	−	−	−	+/+	−	v	+	+
西尔李斯特氏菌	+	−	−	+/+	−	−	+	+
格氏李斯特氏菌	−	−	−	+/+	+	−	−	+
默氏李斯特氏菌	−	+	−	+/+	+	v	−	+

注："v"表示反应不定；"+"表示阳性；"−"表示阴性。

④溶血试验。将羊血琼脂平板底面划分为 20～25 个小格，挑取纯培养的单个可疑菌落

刺种到血平板上，每格刺种一个菌落，并刺种阳性对照菌（单核细胞增生李斯特氏菌和伊氏李斯特氏菌）和阴性对照菌（英诺克李斯特氏菌），穿刺时尽量接近底部，但不要触到底面，同时避免琼脂破裂，于(36±1)℃培养24～48h，于明亮处观察，单核细胞增生李斯特氏菌和斯氏李斯特氏菌在穿刺点周围产生狭小的透明溶血环，英诺克李斯特氏菌无溶血环，伊氏李斯特氏菌产生大的透明溶血环。

⑤协同溶血试验(cAMP)。在羊血琼脂平板上平行划线接种金黄色葡萄球菌和马红球菌，挑取纯培养的单个可疑菌落垂直划线接种于平行线之间，垂直线两端不要触及平行线，在(36±1)°C培养24～48h。单核细胞增生李斯特氏菌在靠近金黄色葡萄球菌的接种端溶血增强，斯氏李斯特氏菌的溶血环也增强，而伊氏李斯特氏菌在靠近马红球菌附近的溶血增强。

(6)生化鉴定系统

可选择API listeria 10300生化鉴定试剂盒或VITEK全自动微生物鉴定系统等生化鉴定系统对上述初筛中的3～5个纯培养的可疑菌落进行鉴定。

(7)小鼠毒力试验

将符合上述特性的纯培养物接种于TSB-YE中，在(30±1)℃培养24h，4000r/min离心5min，弃上清液，用0.85%灭菌生理盐水制备成浓度为10^{10}cfu/mL的菌悬液，取此菌悬液进行小白鼠腹腔注射3～5只，每只0.5mL，观察小鼠死亡情况。致病株于2～5d内死亡。试验时可用已知菌作对照。单核细胞增生李斯特氏菌、伊氏李斯特氏菌对小鼠有致病性。

3.结果报告

综合以上生化试验和溶血试验的结果，报告25g(mL)样品中检出或未检出单核细胞增生李斯特氏菌。

2.2.4 单核细胞增生李斯特氏菌培养基和试剂的配制

1.含0.6%酵母浸膏的胰酪胨大豆肉汤(TSB-YE)

(1)成分

胰胨	17g	氯化钠	5g
多价胨	3g	磷酸氢二钾	2.5g
酵母膏	6g	蒸馏水	1000mL
葡萄糖	2.5g		

(2)制法

将上述各成分加热搅拌至溶解，调节pH至7.2～7.4，分装，121℃高压灭菌15min，备用。

2.含0.6%酵母膏的胰酪胨大豆琼脂(TSA-YE)

(1)成分

胰胨	17g	氯化钠	5g
多价胨	3g	磷酸氢二钾	2.5g
酵母膏	6g	琼脂	15g
葡萄糖	2.5g	蒸馏水	1000mL

(2)制法

将上述各成分加热搅拌至溶解，调节 pH 至 7.2～7.4，分装，121℃高压灭菌 15min，备用。

3. 李氏增菌肉汤(LB_1、LB_2)

(1)成分

胰胨	5g	氯化钠	20g
多价胨	5g	磷酸氢二钾	1.4g
酵母膏	5g	磷酸氢二钠	12g
七叶苷	1g	蒸馏水	1000mL

(2)制法

将上述各成分加热搅拌至溶解，调节 pH 至 7.2～7.4，分装，121℃高压灭菌 15min，备用。

①在李氏Ⅰ液 225mL 中加入：

1%萘啶酮酸(用 0.05mol/L)　0.5mL

1%吖啶黄(用无菌蒸馏水配置)　0.3mL

②在李氏Ⅱ液 200mL 中加入：

1%萘啶酮酸　0.4mL

1%吖啶黄　0.5mL

4. PALCAM 琼脂

(1)成分

酵母膏	8g	柠檬酸铁铵	0.5g
葡萄糖	0.5g	氯化锂	15g
七叶苷	0.8g	玉米淀粉	1g
甘露醇	10g	氯化钠	5g
酪蛋白胰酶消化物	10g	酚红	0.1g
心胰酶消化物	3g	琼脂	15g
肉味酶消化物	5g	蒸馏水	1000mL

(2)制法

将上述各成分加热搅拌至溶解，调节 pH 至 7.2～7.4，分装，121℃高压灭菌 15min，备用。

①PALCAM 选择性添加剂

多粘菌素	5g	头孢他啶	10g
盐酸吖啶黄	2.5g	无菌蒸馏水	500mL

②制法

将 PALCAM 基础培养基溶化后冷却到 50℃，加入 2mL PALCAM 选择性添加剂，混合后倾倒在无菌的平皿中，备用。

5. SIM 动力培养基

(1)成分

胰胨	20g	硫酸铁胺	0.2g

多价胨	6g	硫代硫酸钠	0.2g
琼脂	3.5g	蒸馏水	1000mL

(2)制法

将上述各成分加热混匀，调节 pH 至 7.2，分装小试管，121℃高压灭菌 15min，备用。

(3)试验方法

挑取纯培养的单个可疑菌落穿刺接种到 SIM 培养基中，于 30℃培养 24～48h，观察结果。

6.缓冲葡萄糖蛋白胨水(MR 和 V-P 试验用)

(1)成分

多胨	7g	磷酸氢二钾	5g
葡萄糖	5g	蒸馏水	1000mL

(2)制法

溶化后校正 pH 7，分装试管，每管 1mL，121℃高压灭菌 15min，备用。

(3)甲基红(MR)试验

①甲基红试剂成分

甲基红	10mg	蒸馏水	20mL
95%乙醇	30mL		

②制法。10mg 甲基红溶于 30mL 95%乙醇中，然后加入 20mL 蒸馏水。

③试验方法。取适量琼脂培养物接种于本培养基，(36±1)℃培养 2～5d。滴加甲基红试剂 1 滴，立即观察结果，鲜红色为阳性，黄色为阴性。

(4)V-P 试验

①6% α-萘酚-乙醇溶液成分及制法：6%α-萘酚 6g，加无水乙醇溶解，定容至 100mL。

②40%氢氧化钾溶液成分及制法：取氢氧化钾 40g，加蒸馏水溶解，定容至 100mL。

③试验方法。取适量琼脂培养物接种于本培养基，(36±1)℃培养 2～4d。加入 6% α-萘酚-乙醇溶液 0.5mL 和 40%的氢氧化钾溶液 0.2mL，充分振摇试管，观察结果。阳性反应立刻或于数分钟内出现红色，如为阴性，应放在(36±1)℃继续培养 4h 再进行观察。

7.血琼脂

(1)成分

蛋白胨	1g	氯化钠	0.5g
牛肉膏	0.3g	琼脂	1.5g
脱纤维羊血	5～10mL	蒸馏水	100mL

(2)制法

除新鲜脱纤维羊血外，加热溶化上述各成分，121℃高压灭菌 15min，冷却到 50℃，以无菌操作加入新鲜脱纤维羊血，摇匀，倾注平板。

8.糖发酵管

(1)成分

牛肉膏	5g	氯化钠	3g
蛋白胨	10g	磷酸氢二钠	2g
0.2%溴麝香草酚蓝溶液	12mL	蒸馏水	1000mL

(2)制法

①葡萄糖发酵管按上述成分配好后，按0.5%加入葡萄糖，分装于一个倒置小管的小试管内，pH 7.4，115℃高压灭菌15min，备用。

②其他各种糖发酵管可按上述成分配好后，分装每瓶100mL，115℃高压灭菌15min。另将各种糖类分别配好10%溶液，同时高压灭菌。将5mL糖溶液加入100mL培养基内，以无菌操作分装小试管。

(3)试验方法

取适量纯培养物接种于糖发酵管，(36±1)℃培养24～48h，观察结果，蓝色为阴性，黄色为阳性。

9. 过氧化氢酶试验

(1)试剂

3%过氧化氢溶液：临用时配置。

(2)试验方法

用细玻璃棒或一次性接种针挑取单个菌落，置于洁净试管内，滴加3%过氧化氢溶液2mL，观察结果。

(3)结果

与30s内发生气泡者为阳性，不发生气泡者为阴性。

10. 溶菌试剂

(1)成分

蛋白酶	150μL	裂解缓冲液	12mL

(2)制法

将150μL蛋白酶加入一瓶12mL的裂解缓冲液中。将准备日期标记在瓶上，储存在2～8℃，在两周内使用。

11. 李斯特氏菌缓冲增菌肉汤(BLEB)

(1)成分

胰酪胨大豆粉	3g	磷酸氢二钾	1.4g
酵母膏	6g	磷酸氢二钠	9.6g
萘啶酮酸	40mg/L	放线菌酮	50mg/L
盐酸吖啶黄素	15mg/L		

(2)制法

将各组分混后，不加入抗生素，调节pH到7.3±0.2，121℃高压灭菌15min。

用无菌水分别制备0.5%(质量浓度)的吖啶黄素溶液和萘啶酮酸溶液，用40%(体积分数)的酒精制备1%的(质量浓度)放线菌酮溶液。过滤除菌后，分别取3mL吖啶黄素溶液、8mL萘啶酮酸溶液和5mL放线菌酮溶液加入1000mL培养基中。

12. 丙磺酸钠-李斯特氏菌缓冲增菌肉汤(MOPS-BLEB)

(1)成分

胰酪胨大豆粉	3g	萘啶酮酸	40mg/L
3-(N-吗啉代)并磺酸	6.7g	放线菌酮	50mg/L
3-(N-吗啉代)并磺酸钠	10.5g	盐酸吖啶黄素	15mg/L

酵母膏	6g	蒸馏水	1000mL

(2)制法

将各组分混后,不加入抗生素,调节 pH 到 7.3±0.2,121℃高压灭菌 15min。

用无菌水分别制备 0.5%(质量浓度)的吖啶黄素溶液和萘啶酮酸溶液,用 40%(体积分数)的酒精制备 1%的(质量浓度)放线菌酮溶液。过滤除菌后,分别取 3mL 吖啶黄素溶液、8mL 萘啶酮酸溶液和 5mL 放线菌酮溶液加入 1000mL 培养基中。

13. 半量 Fraser 肉汤和 Fraser 肉汤

(1)基础培养基成分

蛋白胨	5g	氯化钠	20g
胰蛋白胨	5g	磷酸氢二钠	12g
酵母膏	5g	磷酸氢二钾	1.4g
牛肉膏	5g	氯化锂	3g
七叶苷	1g	蒸馏水	1000mL

制法:将各组分混后,调节 pH 到 7.2±0.2,121℃高压灭菌 15min。

(2)抗生素溶液的配置

用蒸馏水分别制备 0.5%(质量浓度)的吖啶黄素溶液和萘啶酮酸溶液,过滤除菌。

(3)完全培养基

①半量 Fraser 肉汤。分别取 3mL 盐酸吖啶黄素溶液、8mL 萘啶酮酸溶液加入 1000mL 基础培养基中。

②Fraser 肉汤。分别取 6.4mL 盐酸吖啶黄素溶液、16mL 萘啶酮酸溶液加入 1000mL 基础培养基中。

14. UVM 李斯特氏菌增菌肉汤(UVM-LEB)

(1)成分

蛋白胨	5g	氯化钠	20g
胰蛋白胨	5g	磷酸氢二钾	1.4g
酵母膏	5g	磷酸氢二钠	12g
牛肉膏	5g	七叶苷	1g
萘啶酮酸	20mg/L	蒸馏水	1000mL
盐酸吖啶黄素	12mg/L		

(2)制法

将各组分混后,不加入抗生素,调节 pH 到 7.3±0.2,121℃高压灭菌 15min。

用无菌水分别制备 0.5%(质量浓度)的吖啶黄素溶液和萘啶酮酸溶液,过滤除菌后。分别取 3mL 吖啶黄素溶液、8mL 萘啶酮酸溶液加入 1000mL 培养基中。

15. 李斯特氏菌增菌肉汤(LEB)

(1)成分

胰胨	17g	氯化钠	5g
多价胨	3g	磷酸氢二钾	2.5g
酵母膏	6g	葡萄糖	2.5g
盐酸吖啶黄素	15mg/L	蒸馏水	1000mL

萘啶酮酸　　　　　　40mg/L

(2)制法

将各组分混后，不加入抗生素，调节 pH 到 7.3±0.2，121℃高压灭菌 15min。

用无菌水分别制备 0.5%(质量浓度)的吖啶黄素溶液和萘啶酮酸溶液，过滤除菌后。分别取 3mL 吖啶黄素溶液、8mL 萘啶酮酸溶液加入 1000mL 培养基中。

思考题

1. 试述水产品中微生物的来源。
2. 控制水产品中的微生物主要有哪些方法？
3. 来源于水产品自身的致病菌有哪些？
4. 如何控制沙门氏菌对于水产品的污染？
5. 副溶血性弧菌有何特点？由于什么原因引起此类中毒？
6. 细菌总数的测定有何意义？跟水产品何联系？

【知识链接】

罗伯特·科赫

从古至今，鼠疫、伤寒、霍乱、肺结核等许多可怕的病魔夺去了人类无数的生命。人类要战胜这些凶恶的疾病，首先要弄清楚致病的原因。而第一个发现传染病是由病原细菌感染造成的人就是罗伯特·科赫，他堪称是世界病原细菌学的奠基人和开拓者。1843 年 12 月 11 日，科赫生于德国克劳斯塔尔；1862 年考入格丁根大学学医；1866 年在德国格丁根大学学医毕业获医学博士学位。

1873 年罗伯特·科赫在他 30 岁生日那天，他的夫人用全部积蓄买了一台显微镜送给科赫作为生日礼物，从此科赫把业余时间全部花在显微镜上，潜心研究细菌与疾病的关系。1876 年他分离出炭疽杆菌，这是人类第一次证明一种特定的细菌是引起一种特定的传染病的病因。1880 年他分离出伤寒杆菌；1881 年他发现了霍乱弧菌；1882 年 3 月 24 日，他又分离出结核杆菌，并在柏林的一次医学年会上宣布了分离出结核杆菌，这在医学上是一次伟大的发现，那时他只有 39 岁。后又发明了结核菌素，给危害人类健康最甚的结核病的防治作出了宝贵的贡献。1882 年 4 月 10 日，科赫在《临床周报》上发表了论文《结核病病原学》。

科赫由于研究细菌所取得的成绩而饮誉德国。1880 年，他转到柏林帝国医院工作。随后他研制出了两种重要的细菌学技术。一是用固体培养基进行的细菌纯培养法。这种方法解决了用液体培养基培养细菌时，各种细菌混合生长在一起而难以分离的矛盾。在固体培养基表面，一个孤立的细菌固定地在培养基的某一点上生长，不断地分裂，形成一个个可见的菌斑，这些菌斑是一团聚在一起的源出一个品种的菌落，然后可以把这些菌落很方便地移种到其他的培养基上或接种到动物体内。科赫通过纯培养法否定了微生物形态变幻莫测的多态性学派的观点，但是他认为微生物的形态是永恒不变的观点，则是片面性的。为了清晰地观察细菌的形态，科赫还发明了用苯胺对细菌进行染色的细菌染色法。同时他还发明了带照相机的显微镜，能够直接拍摄所看到的细菌。

通过一系列的研究，科赫提出了一个确定病原菌的重要准则——科赫定理，即在患病的生物体内能够找到一种致病的微生物，这种微生物能够提取并接种到健康的同种动物体内引起相同的病症。新染上疾病的动物，一定能提取与先前接种的相同的微生物。

1883年后，他到埃及和印度去调查那里的霍乱暴发流行情况。他和他的同事一起发现了霍乱病原菌是形如逗号的霍乱弧菌，并发现该菌可以经过水、食物、衣服等途径传播。根据他对霍乱弧菌的生物学知识以及其传播方式的了解，科赫提出控制霍乱流行的法则，这些法则于1893年被各大国批准并形成至今仍沿用的控制霍乱方法的基础。科赫因对霍乱研究作出的贡献而获得10万德国马克奖金，他的这项研究工作也对保护饮水规划有重大影响。同时他还发现了阿米巴痢疾和两种结膜炎的病原体。1890年，他提出用结核菌素治疗结核病。1891—1899年，他还在埃及、印度等地研究了鼠疫、疟疾、回归热、锥虫病和非洲海岸病等。

1897—1906年，他通过一系列工作指出淋巴腺鼠疫的传染媒介是寄生在鼠身上的一种虱子，昏睡病则是由采采蝇传染。这项发现综合其他学者关于疟疾的研究成果，提出了控制疟疾的新方法，即消灭携带致病物的传播者——昆虫媒介。

科赫不仅发现了许多病原体，而且许多细菌学研究的基本原则和技术都是他奠定的。有人统计过，科赫在医学宝库中，曾增添了近50种诊治人和动物疾病方法。在当时人们的心目中，科赫成了传染病的克星。1905年，科赫荣获了诺贝尔生理学和医学奖。1910年5月27日，在德国巴登的一个疗养院里，一位65岁的老人由于过度劳累心脏病发作，坐在一张椅子上静静地与世长辞了。即便这时，他身边仍然带着他那台心爱的显微镜。有一首纪念诗写道："从这微观世界中，涌现出这颗巨星。您征服了整个地球，全世界人民感谢您。献上花环不凋零，世世代代留美名。"

2003年，经过全球10个国家的科学家的共同努力，终于确认了冠状病毒是SARS的病原体。最终判定这种冠状病毒是否真正的元凶，依靠的是100多年前德国伟大的细菌学家科赫提出的"科赫原则"——"它必须在所有病人身上发现病原体；必须从病人身上分离并培养出病原体；把培养出病原体接种给动物，动物应该出现与病人相同的症状；从出现症状的动物身上能分离培养出同一种病原体。"

任务五 罐头食品商业无菌检测

知识目标

- 了解罐头食品的生物腐败类型；
- 了解罐头食品微生物污染的来源、危害和控制方式；
- 掌握罐头食品商业无菌的概念、意义以及检测基本原理。

能力目标

- 掌握罐头食品商业无菌的检测方法。

模块1 引起罐头食品腐败的原因

罐头食品经密封、加热杀菌等处理后，其中的微生物几乎均被灭活，而外界微生物又无法进入罐内，同时容器内的大部分空气已被抽除，使这种食品可保存较长的时间而不腐败。罐内污染了微生物而导致罐头变质，导致罐头食品败坏的微生物主要是某些耐热、嗜热并厌氧或兼性厌氧的微生物，这些微生物的检验和控制在罐头工业中具有相当重要的意义。

1.1 罐头食品微生物污染的来源

1.1.1 杀菌不彻底致罐头内残留有微生物

罐头食品在加工过程中，为了保持产品正常的感官性状和营养价值，在进行加热杀菌时，不可能使罐头食品完全无菌，只强调杀死病原菌、产毒菌，实质上只是达到商业灭菌程度，即罐头内所有的肉毒梭菌芽孢和其他致病菌以及在正常的贮存和销售条件下能引起内容物变质的嗜热菌均被杀灭。罐内残留的一些非致病性微生物在一定的保存期限内，一般不会生长繁殖，但是如果罐内条件发生变化，贮存条件发生改变，这部分微生物就会生长繁殖，造成罐头变质。

经高压蒸汽杀菌的罐头内残留的微生物大都是耐热性的芽孢，如果罐头贮存温度不超过43℃，通常不会引起内容物变质。

1.1.2 杀菌后发生漏罐

罐头经杀菌后，若封罐不严则容易造成漏罐致使微生物污染。具体包括：

①重要污染源是冷却水，这是因为罐头经热处理后需通过冷却水进行冷却，冷却水中的微生物就有可能通过漏罐处而进入罐内。杀菌后的罐头如发现有不产芽孢的细菌，通常就是由于漏罐使得冷却水中的细菌伺机进入而引起的。

②空气也是造成漏罐污染的污染源，但较次要。而且外界的一些耐热菌、酵母菌和霉菌很容易从漏气处进入罐头，引起罐头腐败。

③罐内氧含量升高，导致罐内各种微生物生长旺盛，从而使内容物pH值下降，严重的会呈现感官变化。如平酸腐败就是由于杀菌不足所残留的平酸菌造成的。

1.2 污染罐头食品的微生物种类

1.2.1 污染低酸性罐头的主要微生物

1. 嗜热性细菌

这类细菌抗热能力很强，易形成芽孢，罐头食品由于杀菌不彻底而导致的污染大多数由本类细菌引起。这类细菌通常有平酸腐败细菌(平酸菌)、嗜热性厌氧芽孢菌等。

(1)平酸菌

在43℃以上贮存的低酸性罐头食品中，可因其内残留的对热有很强抵抗力的嗜热性需氧芽孢菌的生长，而导致内容物变质，使罐头失去食用价值。由于这类细菌在罐头内活动时，罐听不发生膨胀，而内容物的pH值显著偏低之故，因而这种变质通常称为平盖酸败，引起平盖酸败的原因菌统称为平酸菌，即能使某些低酸性罐头食品发生酸败而又能形成芽孢的一类需氧乃至兼性厌氧的细菌。

根据平酸菌嗜热程度不同，可分为专性嗜热菌和兼性嗜热菌两类。

①嗜热脂肪芽孢杆菌。该菌属于专性嗜热菌，该菌仅于嗜热温度(45～50℃)下芽孢才发芽，在库存或销售期间，如果环境温度处于嗜热性生长范围(43℃以上)，平盖酸败就可能发生。罐头食品在加工过程中，经热处理之后，如果不接着进行充分的冷却，同样是造成平盖酸败发生的主要原因。

②凝结芽孢杆菌。该菌为兼性嗜热菌，可以在37℃和55℃两种温度下生长繁殖。

(2)嗜热性厌氧芽孢菌

在43℃以上贮存的低酸性罐头食品，也可因残留的嗜热性厌氧芽孢菌的生长而引起罐头食品变质，这种变质由于原因菌的不同可分为以下两种类型。

①嗜热解糖梭菌。产气型变质，通常是指罐听发生膨胀的变质(胖听)而言，这种变质系由专性嗜热的产芽孢厌氧菌——嗜热解糖梭菌所引起。该菌是专性厌氧菌，最适生长温度为55℃，其分解糖的能力很强，能分解葡萄糖、乳糖、蔗糖、水杨苷及淀粉，产生酸和大量的气体，不分解蛋白质，不能使硝酸盐还原，不产生毒素。

②致黑梭菌(硫化臭变质)。罐头食品遭受硫化物腐败细菌污染的情况较少见，这种变质的特征是罐听平坦内容物发暗，有臭鸡蛋味，通常由专性嗜热的产芽孢厌氧茵——致黑梭菌引起，它分解糖的能力不强，但能分解蛋白质产生硫化氢，硫化氢与罐头容器的马口铁化合生成黑色的硫化物，使食品变黑，罐头内产生的硫化氢因被罐内食品吸收，因而罐听不会发生膨胀。

③从腐败变质罐头中还分离到其他类型的嗜热性细菌，但为数不多。

2. 中温性厌氧细菌

其适宜生长温度约为37℃，有的可在50℃下生长。可分为两类。

①一类分解蛋白质的能力强，也能分解一些糖，其主要有肉毒梭菌、生胞梭茵、双酶梭菌、腐化梭菌等。

②另一类分解糖类，如丁酸梭菌、巴氏芽孢梭菌、魏氏梭菌等。

中温性厌氧细菌引起腐败变质，罐听膨胀，内容物有腐败臭味。肉毒梭菌尤为重要，肉毒梭菌分解蛋白质产生硫化氢、氨、粪臭素等导致胖听，内容物呈现腐烂性败坏，并有毒素产生和恶臭味放出，值得注意的是由于肉毒毒素毒性很强，所以如果发现内容物中有带芽孢的杆菌，则不论罐头腐败程度如何，均必须用内容物接种小白鼠以检测肉毒毒素。

3. 中温性需氧菌

这类细菌属芽孢杆菌属，为能产生芽孢的中温性细菌，其耐热能力较差，许多细菌的芽孢在100℃或更低一些的温度下，短时间内就能被杀死，常见的引起罐头腐败变质的中温性需氧芽孢菌有：枯草芽孢杆菌、巨大芽孢杆菌和蜡样芽孢杆菌等。

罐头内几乎呈现的真空状态，使它们的活动受到抑制，这类细菌可分解蛋白质和糖，糖分解后绝大多数产酸而不产气，因而也为平酸腐败，但多粘芽孢杆菌和浸麻芽孢杆菌能分解糖类、产酸产气，造成胖听。

4. 不产芽孢的细菌

罐头内污染的不产芽孢的细菌有两大类群。一类是肠道细菌，如大肠杆菌，它们在罐内生长可造成胖听；另一类不产芽孢的细菌主要是链球菌，特别是嗜热链球菌和粪链球菌等，这些细菌的抗热能力很强。多见于蔬菜、水果罐头中，它们生长繁殖会产酸并产生气体，造成胖听。在火腿罐头中常可检出粪链球菌和尿链球菌等不产芽孢的细菌。

5. 酵母菌及霉菌

酵母菌污染低酸性罐头的情况较少见，仅偶尔出现于甜炼乳罐头中。

1.2.2　污染酸性罐头的主要微生物

1. 产生芽孢的细菌

这类细菌在腐败变质的水果罐头中较常见，如凝结芽孢杆菌、丁酸梭菌、巴氏芽孢梭菌、多粘芽孢杆菌、浸麻芽孢杆菌等。凝结芽孢杆菌是酸性罐头食品中常见的平酸菌，常在番茄汁罐头中出现，对热抵抗力强，具有兼性厌氧特点，能适应较高的酸度，能分解糖类产酸，但不产气。丁酸梭菌和巴氏芽孢梭菌可分解罐头中的糖类，产生丁酸和二氧化碳及氢气，使产品带有酸臭气味。多粘芽孢杆菌、浸麻芽孢杆菌也可引起水果罐头产酸产气。

2. 不产生芽孢的细菌

这类细菌主要是乳酸菌，如乳酸杆菌和明串珠菌，它可引起水果及水果制品的酸败。又如，乳酸杆菌的异型发酵菌种可造成番茄制品的酸败和水果罐头的产气性败坏。

3. 抗热性霉菌及酵母菌

常见的纯黄色丝衣霉菌，其抗热能力比其他霉菌强，85℃ 30min 仍能存活，且能在氧气不足的环境下存活并生长繁殖，具有强烈的破坏果胶质的作用，如在水果罐头中残留并繁殖，可使水果柔化和解体，它能分解糖产生二氧化碳并造成水果罐头胖听。其次是白色丝衣霉菌，也有抗热性，在76.6℃的温度下能生存30min，也可使罐头败坏，这类抗热性霉菌引起罐头食品的变质，可通过霉臭味、食品褪色或组织结构改变、内容物中有霉菌菌丝以及有时出现罐盖的轻度膨胀得到证实。其他霉菌如青霉、曲霉等也可造成果酱、糖水水果罐头败坏。但当pH值降到3，则能阻止其生长。

酵母菌的抗热能力很低，除了杀菌不足或发生漏罐外，罐头食品通过正常的杀菌处理，通常是不会发生酵母菌污染的。

罐头食品所污染的微生物，也可能是致病菌，但是大量的还是非病原微生物；其中以细菌为主，其次为真菌。

1.3　罐头食品微生物污染的控制

罐头食品的微生物污染是降低罐头品质和造成罐头败坏的主要原因，因此有效控制罐头食品的微生物污染是防止罐头变质，减少或杜绝罐头败坏，中毒现象发生的重要方法，罐头食品微生物污染的控制是一项复杂的系统工程，生产中必须采取一整套可行的综合措施才能把污染降到最低限度。

1.3.1　罐头食品前加工过程中微生物污染的控制

用作罐头食品的原料必须新鲜、洁净、卫生，对于肉类食品原料必须来自健康动物才能尽量避免污染，对于果蔬制品原料，要剔除因机械摩擦、压迫等造成压坏、擦伤、裂痕、脱水的果蔬。

清洗是罐头前加工过程中的重要工序。清洗不仅去除了原料表面泥土和污物，还能减少表面的微生物，所以清洗用水必须干净卫生，否则，若被微生物污染则反而会加重食品的污染。罐头食品与其他食品一样，加工环境、机械设备、加工用水、原料及操作人员都可能成为微生物污染源。尤其是加工设备可能成为嗜热性微生物的重要污染源，因此要特别注意这些方面的卫生管理。

1.3.2　罐头食品加工过程中微生物污染的控制

罐头食品微生物污染的最主要来源就是杀菌不彻底和发生漏罐，因此，控制罐头食品污染最有效的方法就是切断这两个污染源，这便牵涉到罐头食品的制作工艺和杀菌规程，在保持罐头食品营养价值和感官性状正常的前提下，应尽可能地杀灭罐内存留的微生物。尽可能减少罐内氧气的残留量，热处理后的罐头须充分冷却，使用的冷却水一定要清洁卫生。另外，封罐一定要严，切忌漏罐发生。

1.3.3　罐头食品贮存和销售过程中微生物污染的控制

罐头食品在贮存和销售过程中，切忌粗暴装卸，罐头应贮存于清洁、干燥、通风、阴凉的地方，不可靠热源太近，贮存温度应控制在20℃以下，有条件的可置冰柜中存放。在贮藏和销售过程中，若发现罐听锈蚀、变形、罐壁裂缝等情况，即不得出售并禁止食用。

模块2　罐头食品商业无菌的检测

罐头的种类不同，导致腐败变质的原因菌也不同，而且这些原因菌有时也不是单一的，往往是多种细菌同时污染。为了保证罐头食品的安全卫生，必须对罐头产品进行微生物学方面的检验，以杜绝不合格产品。罐头食品的商业无菌是指罐头食品经过适度的热杀菌以后，不含有致病的微生物，也不含有在通常温度下能在其中繁殖的非致病性微生物。商业无菌并非完全灭菌，其中可能存在耐高温的、无毒的嗜热芽孢杆菌，在适当的加工和贮藏条件下处于休眠状态，因而不会出现食品的安全问题。

2.1　设备和材料

除微生物实验室常规灭菌用培养设备外，所需其他设备和材料如下所示。冰箱：0～4℃；恒温培养箱：(30±1)℃、(36±1)℃、(55±1)℃；恒温水浴锅：(46±1)℃；显微镜：10×～100×；架盘药物天平：0～500g，精度0.5g；点位pH计；可调式电炉；灭菌平皿：皿底直径9cm；灭菌吸管：1mL(具0.01mL刻度)、10mL(具0.01mL刻度)；灭菌试管：16mm×160mm；开罐刀和罐头打孔器；白色搪瓷盘；灭菌镊子等。

2.2　培养基及试剂

具体包括：革兰氏染色液、庖肉培养基、溴甲酚紫-葡萄糖肉汤、酸性肉汤、麦芽浸膏汤、锰盐营养琼脂、血琼脂、卵黄琼脂等。

2.3 罐头食品商业无菌检测程序

2.3.1 审查生产操作记录

工厂检验部门对送检产品的下述操作记录应认证审阅，并妥善保存至少3年备查。

①杀菌记录。杀菌记录包括自动记录仪的记录纸和相应的手记记录。记录纸上要标明产品品名、规格、生产日期和杀菌罐号。每一项图表记录都应由杀菌操作者亲自记录和签字，由车间专人审核签字，最后由工厂检验部门审定后签字。

②杀菌后的冷却水有效氯含量测定的记录。

③罐头密封性检验记录。罐头密封性检验记录的全部记录应包括空罐和实罐卷边封口质量和焊缝质量的常规记录，记录上应明确标记批号和罐数等，并由检验人员和主管人员签字。

2.3.2 样品的采集

在检验大批罐头食品时，根据厂别、商标，按品种、来源及制造时间分类进行采样。在仓库或商店贮存的成批罐头中，有变形、膨胀、凹陷、罐壁裂缝、生锈和破损等情况时，可根据情况决定抽样数量。抽样方法可采用下述方法之一。

1. 按杀菌锅抽样

低酸性食品罐头在杀菌冷却完毕后每杀菌锅抽样两罐，3kg以上的大罐每锅抽样一罐，酸性食品罐头每锅抽样一罐，一般一个班的产品组成一个检验批，将各锅的样罐组成一个样批送检，每批每个品种取样计数不得少于三罐。产品如按锅划分堆放，在遇到由于杀菌操作不当引起问题时，也可按锅处理。

2. 按生产班(批)次抽样

取样数为1/6000，尾数超过2000者增取一罐，每班(批)每个品种不得少于三罐。某些产品班产量较大，则以30000罐为基数，其取样数按1/6000；超过30000罐以上的按1/20000计，尾数超过4000者增取一罐。

个别产品产量过少，同品种同规格可合并班次为一批取样，但并班总数不超过5000罐，每个批次取样数不得少于三罐。

2.3.3 称量

用电子秤或台秤称量，目的是计算净重。1kg及以下的罐头精确到2g，各罐头的质量减去空罐的平均质量即为该罐头的净重。称量前对样品进行记录编号。

2.3.4 保温

将全部样罐按下述分类在规定温度下按规定时间进行保温如表5-1所示，目的是观察有否胖听或泄漏等现象。保温过程中应每天检查，如有胖听或泄漏等现象，立即踢出作开罐检查。

表5-1 样品保温时间与温度

罐头种类	温度/℃	时间/d
低酸性罐头	36±1	10
酸性罐头	30±1	10
预计输往热带地区(40℃以上)的低酸性罐头	55±1	5～7

2.3.5 开罐

取保温过的全部罐头，在罐一端写上检验号，记录罐头的表面缺陷状，冷却到常温后，按无菌操作开罐检验。将样罐用温水和洗涤剂洗刷干净，用自来水冲洗后擦干。放入无菌室，以紫外灯照射30min。

将样罐移置于超净工作台上，用75%酒精棉擦拭无代号端，并点燃灭菌(胖听罐不能烧)。用灭菌的卫生开罐刀或罐头打孔器开启(带汤汁的罐头开罐前适当振摇)，开罐时不能伤及卷边结构。

2.3.6 留样

开罐后，用灭菌吸管或其他适当工具以无菌操作取出内容物10～20mL(g)，移入灭菌容器内，保存于冰箱中。待该批罐头检验得出结论后可弃去。

2.3.7 pH测定

取样测定pH值，与同批中正常罐相比，看是否有显著的差异。

2.3.8 感官检查

在光线充足、空气清洁无异味的检验室中，将罐头内容物倾入白色搪瓷盘内，由有经验的检验人员对产品的外观、色泽、状态和气味等进行观察和嗅闻，用餐具按压食品或戴薄指套以手指进行触感，鉴别食品有无腐败变质的迹象。

2.3.9 涂片染色镜检

1. 涂片

对感官或pH检查结果认为可疑的，以及腐败时pH反应不灵敏的(如肉、禽、鱼类等)罐头样品，均应进行涂片染色镜检。带汤汁的罐头样品可用接种环挑取汤汁涂于载玻片上。固态食品可以直接涂片或用少量灭菌生理盐水稀释后涂片。待干后用火焰固定。油脂性食品涂片自然干燥并火焰固定后，用二甲苯流洗，自然干燥。

2. 染色镜检

用革兰氏染色法染色，镜检，至少观察五个视野，记录细菌的染色反应、形态特征以及每个视野的菌数。与同批的正常样品进行对比，判断是否有明显的微生物增值现象。

2.3.10 接种培养

保温期间出现的胖听、泄漏，或开罐检查发现pH值、感官质量有异，进一步镜检发现有异常数量细菌的样罐，均应及时进行微生物接种培养。

对需要接种培养的样罐(或留样)用灭菌的适当工具移出约1mL(g)内容物，分别接种培养。接种量约为培养基的1/10。在接种前应在水浴中预热至55℃，接种后立即放入55℃温箱培养。

1. 低酸性罐头食品的检测

低酸性罐头食品(每罐)接种培养基、管数及培养条件如表5-2所示。

表5-2 低酸性罐头食品的检验

培养基	管数	培养条件/℃	培养时间/d
庖肉培养基	2	36±1(厌氧)	96～120
庖肉培养基	2	55±1(厌氧)	24～72
溴甲酚紫葡萄糖肉汤(带倒管)	2	36±1(需氧)	96～120
溴甲酚紫葡萄糖肉汤(带倒管)	2	55±1(需氧)	24～72

2. 酸性罐头食品的检测

酸性罐头食品(每罐)接种培养基、管数及培养条件如表 5-3 所示。

表 5-3　酸性罐头食品的检验

培养基	管数	培养条件/℃	培养时间/d
酸性肉汤	2	55±1(需氧)	48
酸性肉汤	2	30±1(需氧)	96
麦芽浸膏汤	2	30±1(需氧)	96

2.3.11　微生物培养检测程序及判定

1. 检验程序

将按表 5-2 或表 5-3 接种的培养基管分别放入规定温度的恒温箱进行培养，每天观察培养生长情况。低酸性罐头食品培养检验程序如图 5-1 所示。

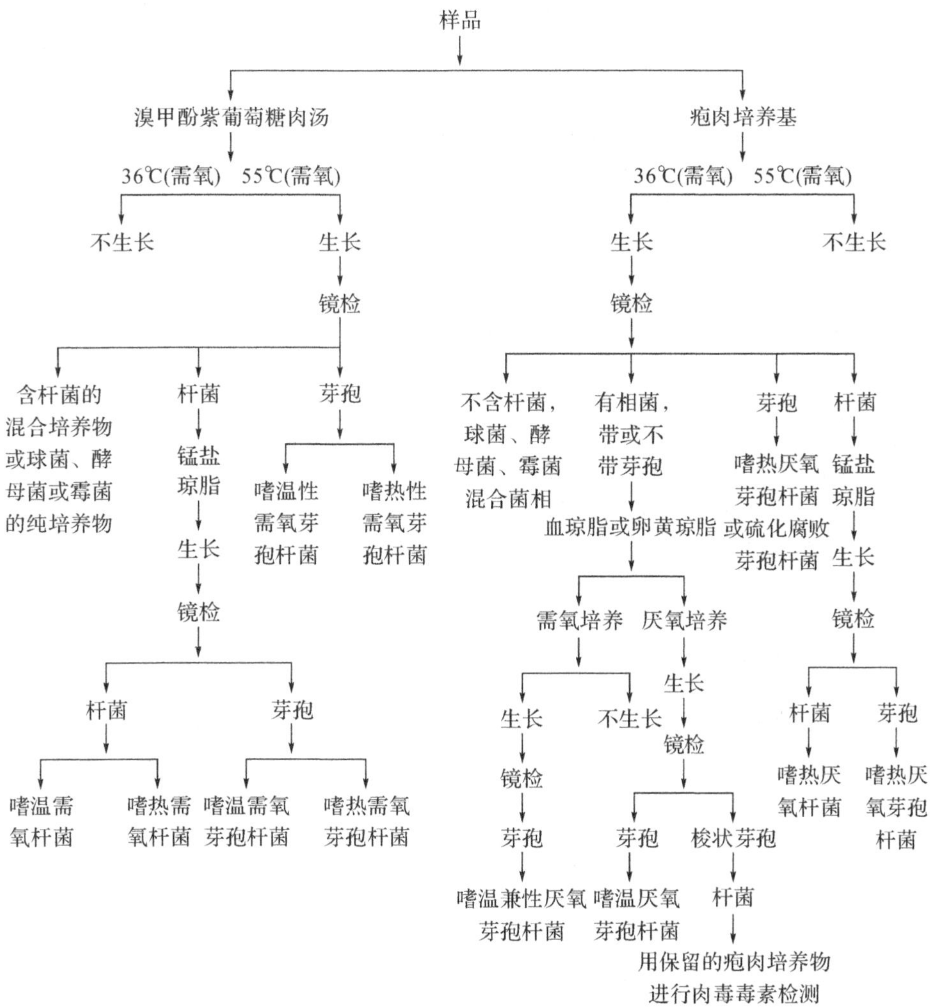

图 5-1　低酸性罐头食品培养检验及判断程序

2. 判定

具体包括：①对在 36℃培养有菌生长的溴甲酚紫肉汤管，观察产酸产气情况，并涂片染色镜检。如果是含杆菌的混合培养物或球菌、酵母菌或霉菌的纯培养物，不再往下检验。如仅有芽孢杆菌则判为嗜温性需氧芽孢杆菌；如仅有杆菌无芽孢，则为嗜温性需氧，如需进一步证实是否是芽孢杆菌，可转接于锰盐营养琼脂平板在 36℃培养后再作判定。

②对在 55℃培养有菌生长的溴甲酚紫肉汤管，观察产酸产气情况，并涂片染色镜检。如有芽孢杆菌，则判为嗜热性需氧芽孢杆菌；如仅有杆菌无芽孢，则为嗜热性需氧杆菌。如需进一步证实是否是芽孢杆菌，可转接于锰盐营养琼脂平板，在 55℃培养后再作判定。

③对在 36℃培养有菌生长的庖肉培养基管，涂片染色镜检。如为不含杆菌的混合菌相，不再往下进行；如有杆菌，带或不带芽孢，都要转接于两个血琼脂平板（或卵黄琼脂平板），在 36℃分别进行需氧和厌氧培养。在需氧平板上有芽孢生长，则为嗜温性兼性厌氧芽孢杆菌；在厌氧平板上生长为一般芽孢，则为嗜温性厌氧芽孢杆菌，如为梭状芽孢杆菌，应用庖肉培养基原培养液进行肉毒梭状菌及肉毒毒素检验（按 GB/T4789.12）。

④对在 55℃培养有菌生长的庖肉培养基管，涂片染色镜检。如有芽孢，则为嗜热性厌氧芽孢杆菌或腐败性芽孢杆菌；如无芽孢仅有杆菌，转接于锰盐营养琼脂平板，在 55℃厌氧培养，如有芽孢则为嗜热性厌氧芽孢杆菌，如无芽孢则为嗜热性厌氧杆菌。

同理，若是酸性罐头食品，则对有微生物生长的酸性肉汤和麦芽浸膏汤管进行观察，并涂片染色镜检。按所发现的微生物类型判定。

2.3.12　罐头密封性检验

对确定有微生物繁殖的样罐均应进行密封性检验以判定该罐是否泄漏。将已洗净的空罐，经 35℃烘干，根据各单位的设备条件进行减压或加压试漏。

1. 减压试漏

将烘干的空罐内小心注入清水至八九成满，将一带橡胶卷的有机玻璃板妥当安放罐头开启端的卷边上，使其保持密封。启动真空泵，关闭放气阀，用手按住盖板，控制抽气，使真空表从 0Pa 升到 6.8×10^4 Pa(510mmHg)的时间在 1min 以上，并保持此真空度 1min 以上。倾侧空罐，仔细观察罐内底盖卷边及焊缝处有无气泡产生，凡同一部位连续产生气泡，应判断为泄漏。记录漏气的时间和真空度，并在漏气部位做上记号。

2. 加压试漏

用橡皮塞将空罐的开孔塞紧，开动空气压缩机，慢慢开启阀门，使罐内压力逐渐加大，同时将空罐浸没在盛水玻璃缸中，仔细观察罐外底盖卷边及焊缝处有无气泡产生，直至压力升至 0.7kgf/cm^2 并保持 2min，凡同一部位连续产生气泡，应判断为泄漏。记录漏气的时间和真空度，并在漏气部位做上记号。

2.3.13　结果判定

1. 判断罐头的商业无菌

该批（锅）罐食品经审查生产操作记录，属于正常；抽取样品经保温试验未胖听或泄漏；或保温后开罐，经感官检查、pH 测定或涂片镜检，或接种培养，确证无微生物增值现象。

2. 判断罐头的非商业无菌

该批（锅）罐食品经审查生产操作记录，未发现问题；抽取样品经保温试验有一罐或一罐以上发生胖听或泄漏；或保温后开罐，经感官检查、pH 测定、涂片镜检和接种培养，确证有微生物增殖现象。

2.4 罐头商业无菌检测培养基和试剂的配制

2.4.1 溴甲酚紫-葡萄糖肉汤

1. 成分

蛋白胨	10g	氯化钠	5g
牛肉浸膏	3g	溴甲酚紫	0.04g(或1.6%乙醇溶液2mL)
葡萄糖	10g	蒸馏水	1000mL

pH 7±0.2

2. 制法

将上述各成分(溴甲酚紫除外)加热搅拌溶解,调至pH 7±0.2,加入溴甲酚紫,分装于带有小倒管的中号试管中,每管10mL,121℃高压灭菌10min。

2.4.2 酸性肉汤

1. 成分

多价蛋白胨	5g	酵母浸膏	5g
葡萄糖	5g	磷酸氢二钾	4g
蒸馏水	1000mL		

pH 5±0.2

2. 制法

将以上各成分加热搅拌溶解,调至pH 5±0.2,每管10mL,121℃灭菌15min。勿过分加热。

2.4.3 麦芽浸膏汤

1. 成分

麦芽浸膏	15g	蒸馏水	1000mL

pH 4.7±0.2

2. 制法

将麦芽浸膏在蒸馏水中充分溶解,滤纸过滤,调pH至4.7±0.2,分装,121℃灭菌15min。

如无麦芽浸膏,可按下法制备:用饱满健壮大麦粒在温水中浸透,置温暖处发芽,幼芽长达2cm时,沥干水分,干透,磨细使成麦芽粉。制备培养基时,取麦芽粉30g加水300mL混匀,在60~70℃浸渍1h,吸出上层水。再同样加水浸渍一次,取上层水,合并两次上层水,并补加水至1000mL,滤纸过滤。调至pH 4.7±0.2,分装,121℃灭菌15min。

2.4.4 锰盐营养琼脂

1. 成分

蛋白胨	10g	氯化钠	5g
牛肉膏	3g	琼脂	15~20g
蒸馏水	1000mL	硫酸锰水溶液	1mL(100mL蒸馏水溶解3.08g硫酸锰)

pH 7.2~7.4

2. 制法

①将除琼脂、硫酸锰水溶液以外的各成分溶解于蒸馏水内,加入15%氢氧化钠溶液约

2mL，校正 pH 至 7.2～7.4。加入琼脂，加热煮沸，使琼脂溶化。

注：此培养基可供一般细菌培养之用，可倾注平板或制成斜面。如用于菌落计数，琼脂量为 1.5%；如作成平板或斜面，则应为 2%。

②将上述配制的营养琼脂，每 1000mL 加入硫酸锰水溶液 1mL（100mL 蒸馏水溶解 3.08g 硫酸锰）。分装烧瓶，121℃高压灭菌 15min。

观察芽孢形成情况，最长不超过 10d。

2.4.5 庖肉培养基

1. 成分

牛肉浸液	1000mL	磷酸二氢钠	5g
蛋白胨	30g	葡萄糖	3g
酵母膏	5g	可溶性淀粉	2g
碎肉渣	适量		

pH 7.8

2. 制法

①称取新鲜除脂肪和筋膜的碎牛肉 500g，加蒸馏水 1000mL 和 1mol/L 氢氧化钠溶液 25mL，搅拌煮沸 15min，充分冷却，除去表层脂肪，澄清，过滤，加水补足至 1000mL。加入除碎肉渣外的各种成分，校正 pH。

②碎肉渣经水洗后晾至半干，分装 15mm×150mm 试管约 2～3cm 高，每管加入还原铁粉 0.1～0.2g 或铁屑少许。将上述液体培养基分装至每管内超过肉渣表面约 1cm。上面覆盖溶化的凡士林或液体石蜡 0.3～0.4cm。121℃高压灭菌 15min。

2.4.6 牛肉（或牛心）消化汤

1. 成分

绞碎牛肉（或牛心）	1000g	15%氢氧化钠溶液	27mL
胰蛋白酶	40mL	氯化钠	10g
三氯甲烷（氯仿）	1mL	蒸馏水	2000mL

2. 制法

具体包括：①称取碎牛肉（或牛心），加蒸馏水，隔水加热到 80℃，维持 15min。

②加氢氧化钠溶液，对 pH 试纸呈弱碱性，冷至 40℃。

③加胰蛋白酶、三氯甲烷（氯仿），在（36±1）℃放置 4～5h，每小时摇动一两次。

④4h 后，吸取上层液 5mL 于试管中，加 5%硫酸铜溶液 0.1mL，4%氢氧化钠溶液 5mL，混合之。若呈红色，则不需再消化，可由温箱取出。

⑤加入 15%乙酸溶液 45mL，对 pH 试纸呈酸性。

⑥煮沸 15min，使胰蛋白酶破坏，冷后，放冰箱内过夜。

⑦次日吸取上层清液，加氯化钠 10g，并加水补足原量，煮沸。

⑧校正 pH 7.4～7.6（加 15%氢氧化钠溶液约 10mL），加热，用滤纸过滤，分装烧瓶，121℃高压灭菌 20min。

注意：①此培养基可作为琼脂培养基的基础，不需加蛋白胨。

②胰蛋白酶的配制。称取去脂绞碎的猪胰 500g，加入乙醇 500mL、蒸馏水 1500mL，混合之，装入玻塞瓶内。每日摇匀三次。3d 后，用绒布过滤挤出其汁，加盐酸至 0.05%，放冰

箱内保存备用。

2.4.7　豆粉琼脂

1. 成分

牛心消化汤(pH 7.4～7.6)	1000mL	豌豆粉浸液	50mL
琼脂	20g		

2. 制法

将琼脂加在牛心消化汤内，加热溶解，过滤。加入豌豆粉浸液，分装每瓶 100mL，121℃高温灭菌 15min。

豌豆粉浸液的制法：取豌豆粉 5g、氯化钠 10g，加入蒸馏水 1000mL。置于 100℃水浴内加热 1h，放于冰箱中过夜。吸取上清液即为豌豆粉浸液。

2.4.8　血琼脂

1. 成分

豆粉琼脂(pH 7.4～7.6)	100mL	脱纤维羊血(或兔血)	5mL～10mL

2. 制法

加热溶化琼脂，冷却至 50℃，以无菌操作加入脱纤维羊血(或兔血)，摇匀，倾注平板。

2.4.9　卵黄琼脂培养基

1. 成分

(1)基础培养基

肉浸液	1000mL	氯化钠	5g
蛋白胨	15g	琼脂	25～30g

pH 7.5

(2)50%葡萄糖水溶液

(3)50%卵黄盐水悬液

将新鲜鸡蛋浸泡在适当的二氯化汞溶液(1∶1000)中约 1min，以无菌操作打开鸡蛋，使蛋黄与蛋白分开，将蛋黄加于生理盐水中(5+5，V/V)充分摇匀，(4±1)℃贮存。

2. 制法

制备基础培养基，分装每瓶 100mL。121℃高压灭菌 15min。临用时加热溶化琼脂，冷至 50℃，每瓶内加入 50%葡萄糖水溶液 2mL 和 50%卵黄盐水悬液 10～15mL，摇匀，倾注平板。

思考题

1. 什么是商业无菌？对罐头食品进行商业无菌检验的意义何在？

2. 污染罐头食品的微生物的来源有哪些？

3. 罐头食品的生物腐败类型有哪些？各种腐败类型多是由哪些微生物造成的？

4. 在罐头食品的商业无菌检验中，保温的目的是什么？

5. 在罐头食品的商业无菌检验中，开罐前要做好哪些准备工作？

6. 如何判断罐头为商业无菌？

【知识链接】

罐头食品是谁发明的?

被誉为“罐头之父”的尼古拉·阿培尔,揭开了科技史上食品保鲜新的一页。阿培尔1750年出生于法国玛恩河畔的夏龙镇,从小没有受过正规的教育,在一家糖果铺当学徒。

18世纪末19世纪初,正是拿破仑攻城略地、锐不可当之时,然而令拿破仑最为头痛的,就是军队食品的供应问题。由于远途兴师动众,加上天气炎热,食品很快就会变质,加上士兵水土不服,部队的战斗力大大受挫,拿破仑不得不下令寻求食品保鲜办法。

就在拿破仑为食品问题烦恼的时候,1804年的一天,法国有个叫尼古拉·阿培尔的糖果点心匠在整理物品时,发现一瓶放置了很长时间的果汁没有变质。为什么这瓶果汁经久不坏呢?纳闷中,他细心地察看着这瓶不寻常的果汁,终于找到了答案。原来,这是一瓶经过煮沸又密封得很好的果汁。密封在容器中的食品,只要经过适当加热,便可长期保管而不坏。阿培尔由此受到启发,看来食品用这种方法可以得到长期保存。于是他将一些食品装入广口瓶,在沸水中加热半小时以后,趁热用软木塞塞紧,并用蜡封口,果然可使食品长时间地保鲜。罐头就是这样发明的。尼古拉·阿培尔为长期贮藏食品作出了贡献,获得了两万法郎的奖金。不久以后,他就在巴黎建起了世界上第一家罐头厂。

1806年,阿培尔的第一批罐头食品送上了拿破仑远征军的战舰,从此,前方将士获得了可靠的保鲜食品。

由于阿培尔在罐装技术上开了先河,人类解决了生存的一大难题。从此,各种密封高压保鲜食品源源诞生,并且成为当今食品市场的主流。

任务六　调味品和酱腌制品中的微生物及其检测

知识目标

- 了解调味品和酱腌制品中的微生物种类；
- 了解调味品和酱腌制品中微生物的危害；
- 掌握调味品和酱腌制品中有害微生物的控制方式。

能力目标

- 掌握调味品和酱腌制品中的有害微生物的检测方法。

模块1　调味品中的微生物及其检测

1.1　常见微生物

调味品包括酱油、酱类和醋等以谷类、豆类为原料发酵而成的食品。往往由于原料的污染及加工制作、运输中不注意卫生，而污染上肠道细菌、球菌及需氧和厌氧芽孢杆菌。

土壤和空气中的霉菌、酵母菌、需氧和厌氧性细菌是植物性原料以及水质污染的主要来源，它会使粮食、蔬菜、瓜果发霉、腐烂。

水在本任务所述食品中占有很重要的地位，它是各种调味品的重要原料，又是清洗工具、加工机械、容器的主要成分。如果水被微生物污染，尤其是被肠道细菌污染，就很容易造成产品的污染。

清净的加工运输机器设备和容器，本来不是微生物生长繁殖的适宜场所，但如果不注意经常性的清洗也可引起污染。其他原料带菌也是食品污染的主要原因。

1.1.1　需氧芽孢菌

需氧芽孢菌在自然界中分布极广，主要存在于土壤、水和空气中，食品原料经常被这类细菌污染。大部分需氧芽孢菌，生长适宜温度在28～40℃之间，有些能在55℃甚至更高的温度中生长，其中有些细菌是兼性厌氧菌，在密封保藏的食品中，不因缺氧而影响生长。这类细菌有芽孢产生，对热的抵抗力特别强，由于这些原因，需氧芽孢菌是食品尤其是密封保藏食品的主要污染菌。

食品中常见的需氧芽孢菌有枯草芽孢杆菌、蜡样芽孢杆菌、巨大芽孢杆菌、嗜热脂肪芽孢杆菌、地衣芽孢杆菌等。

1.1.2　厌氧芽孢菌

厌氧芽孢菌主要存在于土壤中，也有的存在于人和动物的肠道内，多数菌必须在厌氧的环境中才能良好生长，只有极少数菌在有氧条件下生长。厌氧芽孢菌主要是通过直接或间接被土壤或粪便污染的植物性原料(如蔬菜、谷类、水果等)而污染食品。

一般厌氧芽孢菌的污染比较少，但危害比较严重，常导致食品中蛋白质和糖类的分解，造成食品变色、产生异味、产酸、产气、产生毒素。

常见的有酪酸梭状芽孢杆菌、巴氏固氮梭状芽孢杆菌、魏氏梭菌、肉毒梭菌等。

1.1.3 无芽孢细菌

无芽孢细菌种类远比有芽孢菌的种类多，在水、土壤、空气、加工人员、工具中都广泛存在，因此污染食品的机会更多。

食品被无芽孢菌的污染是很难完全避免的，这些细菌包括大肠菌群、肠球菌、假单胞菌属、产碱杆菌属等。

1.1.4 酵母菌和霉菌

酵母菌和霉菌是食品加工中的重要生产菌种，例如用啤酒酵母制造啤酒，绍兴酒酵母制造绍兴米酒，利用毛霉、根霉和曲霉的菌种制造酒、醋、味精等。酵母菌、霉菌在自然界广泛存在，可以通过生产的各个环节污染食品。经常出现的酵母菌有假丝酵母属、圆酵母属、酵母属、隐球酵母属，霉菌有青霉属、芽枝霉属、念珠霉属、毛霉属等。

1.1.5 病原微生物

病原微生物食品在原料、生产、贮藏过程中也可能污染一些病原微生物，如大肠杆菌、沙门氏菌以及其他肠杆菌、葡萄球菌、魏氏梭菌，肉毒梭菌、蜡样芽孢杆菌以及黄曲霉、寄生曲霉、赭曲霉、蜂蜜曲霉等产毒性曲霉菌。

这些微生物的污染，很容易导致食物中毒的发生，在食品检验中，必须对这些致病性微生物引起足够的重视。

食醋生产是以高粱、大米、玉米、甘薯、梨、柿、枣等含糖或含淀粉的果实等原料，由纹膜醋酸菌、许氏醋酸菌、恶臭醋酸菌混浊变种、巴氏醋酸菌巴氏亚种等醋酸菌在充分供氧的情况下生长繁殖，将乙醇氧化为醋酸。依据菌种的不同，还可产生其他有机酸及有香味的酯类等。

酱油的酿造、酱类（大豆酱、面酱、豆瓣酱等）的制作也是由于霉菌在食品制造中的应用。

发酵型液态调味品的微生物指标应符合表 6-1 的规定。非发酵型液态调味品的微生物指标应符合表 6-2 的规定。发酵型半固态（酱）调味品的微生物指标应符合表 6-3 的规定。发酵型固态调味品的微生物指标应符合表 6-4 的规定。非发酵型半固态（酱）调味品的微生物指标应符合表 6-5 的规定。非发酵型固态调味品的微生物指标应符合表 6-6 的规定。

表 6-1 发酵型液态调味品的微生物指标（DB11/517—2008）

<table>
<tr><th rowspan="3">项　目</th><th colspan="8">限　量　指　标</th></tr>
<tr><th colspan="3">酱油[a]</th><th colspan="2">食醋</th><th rowspan="2">鱼露</th><th rowspan="2">虾油</th><th rowspan="2">调味料酒</th></tr>
<tr><th>酿造酱油</th><th>配制酱油</th><th>铁强化酱油</th><th>酿造食醋</th><th>配置食醋</th></tr>
<tr><td>菌落总数 cfu/mL≤</td><td colspan="3">30000</td><td colspan="2">10000</td><td>5000</td><td>8000</td><td>50</td></tr>
<tr><td>大肠菌群 MPN/100mL≤</td><td colspan="3">30</td><td colspan="2">3</td><td>30</td><td>30</td><td>3</td></tr>
<tr><td>致病菌（沙门氏菌、志贺氏菌、副溶血性弧菌[b]）</td><td colspan="8">不得检出</td></tr>
</table>

注："a"表示这项指标菌落总数仅用于餐桌酱油。"b"表示这项指标仅适用于虾油。

表 6-2　非发酵型液态调味品的微生物指标(DB11/517—2008)

项　目	限量指标	
	香辛料调味汁	复合调味汁
菌落总数 cfu/mL≤	10000	30000
大肠菌群 MPN/100mL≤	30	90
致病菌(沙门氏菌、志贺氏菌、副溶血性弧菌[a])	不得检出	

注:"a"表示这项指标仅用于添加海水产品的调味料。

表 6-3　发酵型半固态(酱)调味品的微生物指标(DB11/516—2008)

项　目	限量指标			
	豆酱	面酱	味噌	虾酱
菌落总数 cfu/g≤	—		4000	8000
大肠菌群 MPN/100g≤	30			
致病菌(沙门氏菌、志贺氏菌、副溶血性弧菌[a])	不得检出			

注:"a"表示这项指标仅限于虾酱。

表 6-4　发酵型固态调味品的微生物指标(DB11/515—2008)

项　目	限量指标		
	豆豉	腐乳	味精
大肠菌群 MPN/100g≤	30		—
致病菌(沙门氏菌、志贺氏菌、金黄色葡萄球菌)	不得检出		

表 6-5　非发酵型半固态(酱)调味品的微生物指标(DB11/516—2008)

项　目	限量指标										
	番茄酱	芝麻酱	辣椒酱	花生酱	芥末酱	蚝油	复合调味酱				
							风味酱	沙拉酱	蛋黄酱	其他复合调味酱	
										火锅底料	火锅蘸料
菌落总数 cfu/g≤	商业	30000	—	1000	10000	2000	5000	1000	1000	—	—
大肠菌群 MPN/100g≤	无菌	90	30	30	30	30	30	30	30	30	30
致病菌(沙门氏菌、志贺氏菌、金黄色葡萄球菌、副溶血性弧菌[a])	不得检出										

注:"a"表示这项指标仅适用于海水产调味品。

表 6-6 非发酵型固态调味品的微生物指标(DB11/515-2008)

<table>
<tr><th rowspan="2">项 目</th><th colspan="5">限 量 指 标</th></tr>
<tr><th>食用盐</th><th colspan="2">食糖</th><th>香辛料调味粉</th><th>复合调味料</th></tr>
<tr><td rowspan="2">菌落总数 cfu/g≤</td><td rowspan="2">—</td><td>白砂糖
绵白糖</td><td>100</td><td rowspan="2">30000[a]</td><td rowspan="2">10000</td></tr>
<tr><td>赤砂糖</td><td>500</td></tr>
<tr><td>大肠菌群 MPN/100g≤</td><td>—</td><td colspan="2">30</td><td>30</td><td>30</td></tr>
<tr><td>霉菌 cfu/g≤</td><td>—</td><td colspan="2">25</td><td>25</td><td>—</td></tr>
<tr><td>酵母 cfu/g≤</td><td>—</td><td colspan="2">10</td><td>—</td><td>—</td></tr>
<tr><td>致病菌(沙门氏菌、志贺氏菌、金黄色葡萄球菌、副溶血性弧菌[b])</td><td colspan="5">不得检出</td></tr>
</table>

注:“a”表示此项指标仅适用于即食类产品。“b”表示此项指标适用于添加水产品的调味料。

1.2 调味品中菌落总数的检测

1.2.1 设备和材料

除微生物实验室常规灭菌用培养设备外,所需其他设备和材料如下所示。恒温培养箱:(36±1)℃;冰箱;恒温水浴锅:(46±1)℃;天平;可调式电炉;灭菌平皿;灭菌吸管;灭菌磨口瓶;灭菌乳钵或均质器;试管架;试管;灭菌勺;开瓶器;镊子;酒精灯;消毒液纱布;放大镜等。

1.2.2 培养基和试剂

具体包括:酒精棉球、营养琼脂培养基、75%酒精、生理盐水(浓度 0.85%)、样品等。

1.2.3 样品的采集和处理

1. 样品的采集

①酱油和醋。装瓶酱油和食醋采取原包装 1 瓶,散装酱油和食醋可用灭菌吸管采取 500mL(g),味精 1 袋,袋装调味料 1 袋,放入灭菌磨口瓶内送检。

②酱类。装瓶酱类采取原包装 1 瓶,散装酱类可用灭菌勺子采取 500mL(g),放入灭菌磨口瓶内送检。

2. 检样的处理

①瓶装。用点燃的酒精棉球烧灼瓶口灭菌,用 5%石炭酸消毒纱布盖好,再用灭菌开瓶器启开后进行检查。

②酱类。用无菌操作称取 25g,放入灭菌容器内,加入灭菌蒸馏水 225mL,制成混悬液。

③食醋。用 20%~30%灭菌碳酸钠溶液调 pH 到中性。

1.2.4 酱油种菌落总数的测定

1. 操作程序

基本操作一般包括:样品的稀释→倾注平皿→培养 48h→计数报告。

2. 操作步骤

①取 1 瓶酱油,用点燃的酒精棉球灼烧瓶口灭菌,用 5%石炭酸消毒纱布盖好,再用灭菌开瓶器启开后进行检验。以无菌操作,吸取 25mL 酱油放于含有 225mL 灭菌生理盐水或其他稀释液的灭菌玻璃瓶内(瓶内预置适当数量玻璃珠),经充分振摇做成 1∶10 的均匀稀

释液。

②用 1mL 灭菌吸管吸取 1∶10 稀释液 1mL,沿管壁徐徐注入含有 9mL 灭菌生理盐水或其他稀释液的试管内(注意吸管尖端不要触及管内稀释液),振摇试管混合均匀,制成 1∶100 的稀释液。

③另取 1mL 灭菌吸管,按上项操作顺序,制成 10 倍递增稀释液,如此每递增稀释一次即换用 1 支 1mL 灭菌吸管。

④根据标准要求或对污染情况的估计,选择 2～3 个适宜稀释度,分别在制 10 倍递增稀释的同时,以吸取该稀释度的吸管移取 1mL 稀释液于灭菌平皿中,每个稀释度做两个平皿。

⑤将凉至 46℃ 营养琼脂培养基注入平皿约 15mL,并转动平皿,混合均匀。同时将营养琼脂培养基倾入加有 1mL 稀释液(不含样品)的灭菌平皿内作空白对照。

⑥待琼脂凝固后,翻转平板,置(36±1)℃温箱内培养(48±2)h,取出计算平板内菌落数目,乘以稀释倍数,即得每克(每毫升)样品所含菌落总数。

1.2.5 实验结果及报告

做平板菌落计数时,可用肉眼观察,必要时用放大镜检查,以防遗漏。在记下各平板的菌落数后,求出同稀释度的各平板平均菌落总数。

①将各稀释平板上的菌落数填入下表。

稀释度 菌落数			
平皿 1			
平皿 2			
平均			

②根据实验结果及参考项目Ⅱ中任务一的"菌落计数报告"报告检验结果:

每 1mL 酱油的菌落总数是________cfu/mL。

1.2.6 实验注意事项

具体包括:①检验中所用玻璃器皿如培养皿、吸管、试管等必须是完全灭菌的,并在灭菌前彻底洗涤干净,不得残留有抑菌物质。

②用作样品稀释的液体,每批都要有空白对照,如对照平板出现菌落,要查明污染的来源。

③在样品稀释过程中,用吸管移取样品稀释液至另一装有空白稀释液管时,应小心沿管壁加入。不能触及管内稀释液,以防吸管尖端外侧部分黏附的检液也混合其中。

④检样加入平皿后,应在 20min 内倾入琼脂。并立即使其与琼脂混合均匀,以防细菌增殖及产生片状菌落。

⑤检样和琼脂旋转混合时,应小心操作,不要使混合物溅到皿边的上方。

⑥菌落计数结果,如果稀释度大的平板上菌落数反比稀释度小的平板上菌落数高,则是检验工作发生的差错。也可能是抑菌剂混入所致,均不可作检样计数报告的依据。

⑦如果计数时所有平板上都有菌落密布时,在稀释度最大的平板上任意取其中 $2cm^2$ 计数,除 2 求出每 $1cm^2$ 内平均菌落数,乘以皿底面积,再乘以稀释倍数作报告。报告结果时,应在菌落数前加上"估计"二字。

模块 2　酱腌制品中的微生物及其检测

2.1　常见微生物

酱腌制品主要是用蔬菜或瓜果原料，经卤水浸渍、食盐腌制或泡制而成的冷食菜类，如榨菜、腌萝卜、腌黄瓜等。

主要的乳酸发酵果蔬品种有泡菜、酸菜、榨菜、冬菜、酸藏蘑菇、橄榄等。可采用自然发酵、纯种发酵等发酵方法。常用菌种有植物乳杆菌、黄瓜乳杆菌、短乳杆菌、肠膜明串珠菌、小片球菌、发酵乳杆菌等。

这些食品有一个共同特点，就是不经过或不需要再加工（如加热处理）就可直接食用。这些食品种类繁多，原料来源广泛，加工生产的工厂、作坊条件不同，容易造成微生物污染，引起食品腐败变质，甚至导致发生食物中毒。

酱腌菜的国家卫生标准如表 6-7 所示。

表 6-7　酱腌菜的国家卫生标准(GB2714—2003)

项　　目	散装指标	瓶(袋)装指标
大肠菌群 MPN/100g≤	90	30
致病菌(系指肠道致病菌及致病性球菌)	不得检出	

2.2　微生物引起的腐败变质现象

食品腐败，是指在以微生物为主的多种因素作用下，使食品的成分发生分解的过程。造成腐败的因素，可来自物理、化学及生物学等多方面，这里主要讨论微生物引起的以植物和化学原料为主的食品的腐败。

随着食品中污染微生物的生长繁殖，糖、脂肪、蛋白质会不断地被分解，导致食品的腐败，而产生异常色泽、异常的气味、变稠、混浊和沉淀、“生白”以及固体食品的形态改变等。

2.2.1　浑浊和沉淀

浑浊和沉淀主要发生于液体食品中。发生浑浊的原因，除了化学因素能造成外，多数是由酵母（多为圆酵母属）产生酒精引起的。一些耐热强的霉菌如雪白丝衣霉菌、宛氏拟青霉也是造成食品浑浊的原因菌。

2.2.2　气味异常

引起食品气味改变的因素除理化因素以外，微生物因素也很多。微生物分解蛋白质、脂肪产生氨、胺类、有机酸及脂、酮、醛、醇、硫化氢等物质，轻则风味改变，重则产生难嗅的气味、微生物分解糖类，产酸也可导致风味改变。

2.2.3　产酸

植物原料和化学原料的食品中，糖类占很大的比重，因此，微生物对糖类的发酵产酸，会造成食品的腐败。常见微生物中的细菌、放线菌、真菌在合适的条件下，都能对糖类发酵，产生有机酸或无机酸（二氧化碳溶解于水形成碳酸），使食品的 pH 值降低，口感有酸败味。

2.2.4　生白

如果长时间保存温度较高（25～37℃），表面容易形成厚的白醭，俗称“生白”。

生白主要是由于产膜性酵母菌通过尘埃和不清洁的容器污染调味晶后，大量生长繁殖造的。此外，泡制菜的卤水也会因酵母菌大量繁殖而生白；污染需氧芽孢菌生白的调味品，产生特殊的酸臭味，严重影响产品质量。

2.2.5 霉变

霉变是固体食品的一种常见现象。主要是霉菌在食品上生长所造成，常见的霉菌是分枝孢子菌属和曲霉菌。

2.2.6 产气

酵母菌和产酸菌分解糖和蛋白质产气，造成听装饮料“胖听”，导致破裂。

2.2.7 色泽改变(变色)

食品不论在加工前或加工后，本身均呈一定的色泽，如果被微生物污染，随着它们的不断增殖，色素也不断积累，造成食品固有色泽的改变。具体有两种情况：

①微生物产生的色素。最常见的有黄色、褐色、橙色和红色的类胡萝卜素等。很多细菌，如黄杆菌属、八叠球菌属、棒状杆菌属、短杆菌、假单孢菌属、弧菌属、芽孢杆菌属以及酵母菌、霉菌中的一些菌种，都能产生这类色素，使食品着色。除此之外，还有其他细菌色素，如色杆菌属产生的深紫色的菌体色素，假单孢菌属中的菌种产生的红脓素、绿脓素和绿菌素等荧光色素，还有些细菌产生黑色素，使食品变黑。

②变色不是由上述微生物色素所造成，而是微生物代谢产物引起的。如硫化氢、过氧化氢等的作用，使食品发生氧化等化学反应而造成。因微生物种类的不同，食品性质和作用时间不同，在食品上出现的变色形状，可为片状、斑点状，变色范围有时为局部，有时为全部等多种情况。

2.2.8 质地改变(变形)

腌制成的食品，常常有一定的质地。但经微生物作用后，就会发生质地的改变，如引起内部黏稠、结块、表面变形、产生湿润或发黏等。

2.3 腌制品中大肠菌群的测定

2.3.1 设备和材料

除微生物实验室常规灭菌用培养设备外，所需其他设备和材料如下所示。恒温培养箱：(36±1)℃；冰箱；恒温水浴锅：(46±1)℃；天平；可调式电炉；发酵管；灭菌平皿；灭菌吸管；灭菌磨口瓶；灭菌乳钵或均质器；试管架；试管；小倒管；灭菌勺；开瓶器；镊子；接种环；酒精灯；载玻片；消毒液纱布；显微镜；放大镜等。

2.3.2 培养基与试剂

具体包括：酒精棉球、营养琼脂培养基、75%酒精、生理盐水(浓度 0.85%)、15%氢氧化钠、乳糖胆盐发酵管、乳糖发酵管、伊红美蓝琼脂(EMB)、革兰氏染色液等。

2.3.3 样品的采集

瓶装类采取原包装 1 瓶，散装类可用灭菌勺子采取 500mL(g)，放入灭菌磨口瓶内送检。

2.3.4 检验程序

大肠菌群检测程序如图 6-1 所示。

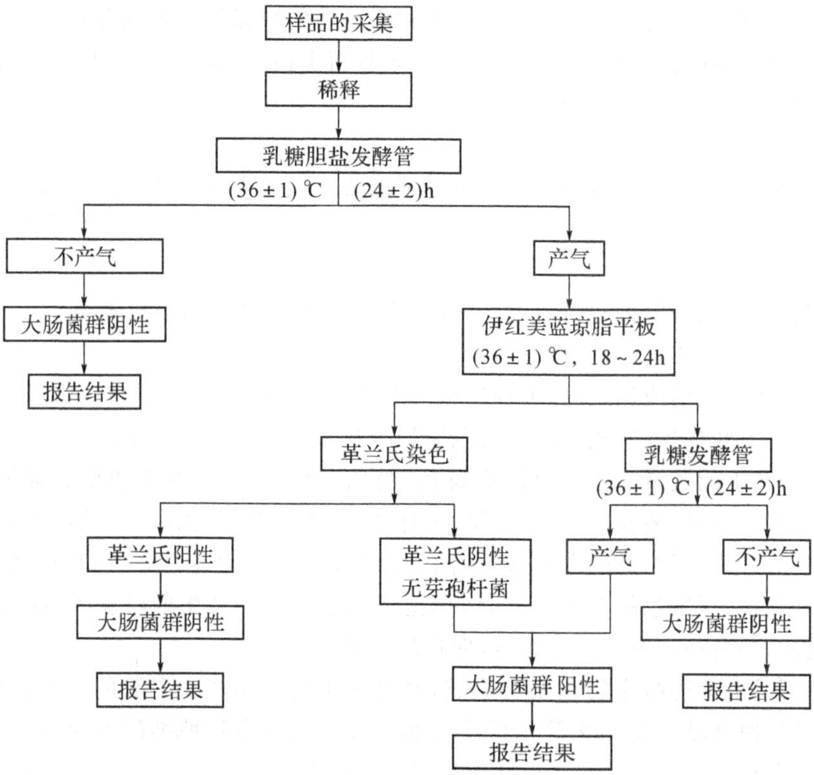

图 6-1 大肠菌群检测程序

2.3.5 操作步骤

1.样品的采集及稀释

具体步骤包括：①用无菌操作称取 25g，放入含有 225mL 灭菌生理盐水或其他稀释液的灭菌玻璃瓶内(瓶内预置适当数量玻璃珠)，经充分振摇做成 1∶10 的均匀稀释液。固体检样最好用无菌均质器，以 8000～10000r/min 的速度处理 1min，做成 1∶10 的稀释液。

②用 1mL 灭菌吸管吸取 1∶10 稀释液 1mL，沿管壁徐徐注入含有 9mL 灭菌生理盐水或其他稀释液的试管内(注意吸管尖端不要触及管内稀释液)，振摇试管混合均匀，制成 1∶100的稀释液。另取 1mL 灭菌吸管，按上项操作顺序，制 10 倍递增稀释液，如此每递增稀释一次即换用 1 支 1mL 灭菌吸管。根据标准要求或对污染情况的估计接种 3 管。也可直接用样品接种。

2.乳糖初发酵试验

乳糖初发酵试验即通常所说的假定试验。其目的在于检查样品中有无发酵乳糖产生气体的细菌。

将待检样品接种于乳糖胆盐发酵管内，接种量在 1mL 以上者，用双料乳糖胆盐发酵管；1mL 及 1mL 以下者，用单料乳糖发酵管。每一稀释度接种 3 管，置恒温培养箱(36±1)℃内，培养(24±2)h，如所有乳糖胆盐发酵管都不产气，则可报告为大肠菌群阴性，如有产气者，则按下列程序进行检测。

3.分离培养

将产气的发酵管分别转种在伊红美蓝琼脂(EMB)或麦康凯琼脂平板上，置恒温培养箱

(36±1)℃内，培养 18～24h，然后取出，观察菌落形态，判断是否为大肠菌群典型菌落。在伊红美蓝琼脂平板上大肠菌群典型菌落一般呈深紫黑色，带金属光泽；紫黑色，略有或无金属光泽；或淡紫黑色，中心颜色较深。

4.乳糖复发酵试验

乳糖复发酵试验即通常所说的证实试验。其目的在于证明从乳糖初发酵管试验呈阳性反应的试管内分离到的革兰氏阴性无芽孢杆菌，确能发酵乳糖产生气体。初发酵阳性管不能肯定就是大肠菌群细菌，经过证实试验后，有时可能成为阴性。有数据表明，食品中大肠菌群检验步骤的符合率，初发酵与正式试验相差较大。因此，在实际检测工作中，正式试验是必需的。

在上述的选择性培养基上，挑取可疑大肠菌群典型菌落 1～2 个进行革兰氏染色，同时接种乳糖发酵管，置恒温培养箱(36±1)℃内，培养(24±2)h，观察产气情况。

凡乳糖发酵管产气、革兰氏染色为阴性无芽孢杆菌，即报告为大肠杆菌阳性。乳糖发酵管不产气或革兰氏染色为阳性，则报告为大肠杆菌为阴性。

5.计数报告

根据证实为大肠菌群阳性的管数，查 MPN 检索表，报告每 100mL 食品中大肠菌群的最可能数。在检测过程中应注意以下两点：

①初发酵阳性管只能经过平板分离和证实试验后，才有可能成为阳性。一般来说，如果平板上有较多典型大肠菌群菌落，革兰氏染色为阳性杆菌，即可作出判定。如果平板上有典型大肠菌群菌落甚小或不够典型，则应多挑菌落做证实试验，以免出现假阳性。只做一步初发酵，就作判定，会有相当部分的合格产品被作为不合格样品处理。在实际工作中，有时遇到初发酵时产酸，但导管内无气泡产生，复发酵却证实为大肠菌群阳性。有时小倒管内无气体，但在液面及管壁却可看到小气泡。小倒管管口的完整情况与倒管外有无沉渣存在均可影响产气反应的观察，管口不完整性有利于气体进入导管，管口周围有沉渣能阻碍或延缓气体进入。

②在乳糖发酵试验工作中，经常可以看到在小倒管内极微小的气泡(有时比小米粒还小)，有时可以遇到在初发酵时产酸或沿管壁有缓缓上浮的小气泡。实验表明，大肠菌群的产气量，多者可以使小倒管全部充满气体，小者可以产生比小米还小的气泡。如果对产酸但未产气的乳糖发酵有疑问时，可以用手轻轻打动试管，如有气泡沿管壁上浮，即应考虑可能有气体产生，而应做进一步试验。

2.4　调味品和酱腌制品中微生物检测培养基和试剂的配制

2.4.1　营养琼脂

1.成分

蛋白胨	10g	氯化钠	5g
牛肉膏	3g	琼脂	15～20g
蒸馏水	1000mL		

pH 7.2～7.4

2.制法

将除琼脂以外的各成分溶解于蒸馏水内，加入 15%氢氧化钠溶液约 2mL，校正 pH 至 7.2～7.4。加入琼脂，加热煮沸，使琼脂溶化。分装烧瓶，121℃高压灭菌 15min。

注:此培养基可供一般细菌培养之用,可倾注平板或制成斜面。如用于菌落计数,琼脂量为1.5%;如作成平板或斜面,则应为2%。

2.4.2 乳糖胆盐发酵管

1. 成分

蛋白胨	20g	0.04%溴甲酚紫水溶液	25mL
猪胆盐(或牛、羊胆盐)	5g	蒸馏水	1000mL
乳糖	10g		

pH 7.4

2. 制法

将蛋白胨、胆盐及乳糖溶于水中,校正pH,加入指示剂,分装每管10mL,并放入一个小倒管,115℃高压灭菌15min。

注:双料乳糖胆盐发酵管除蒸馏水外,其他成分加倍。

2.4.3 乳糖发酵管

1. 成分

蛋白胨	20g	0.04%溴甲酚紫水溶液	25mL
乳糖	10g	蒸馏水	1000mL

pH 7.4

2. 制法

将蛋白胨及乳糖溶于水中,校正pH,加入指示剂,按检验要求分装30mL、10mL或3mL,并放入一个小倒管,115℃高压灭菌15min。

注:①双料乳糖发酵管除蒸馏水外,其他成分加倍。

②30mL和10mL乳糖发酵管专供酱油及酱类检验用,3mL乳糖发酵管供大肠菌群证实试验用。

2.4.4 伊红美蓝琼脂(EMB)

1. 成分

蛋白胨	10g	2%伊红溶液	20mL
乳糖	10g	0.65%美蓝溶液	10mL
磷酸氢二钾	2g	蒸馏水	1000mL
琼脂	17g		

pH 7.1

2. 制法

将蛋白胨、磷酸盐和琼脂溶解于蒸馏水中,校正pH,分装于烧瓶内,121℃高压灭菌15min备用。临用时加入乳糖并加热溶化琼脂,冷至50~55℃,加入伊红和美蓝溶液,摇匀,倾注平板。

思考题

1. 为什么溶化后的培养基要冷到45℃左右方可倒平板?过冷或过热行不行?为什么?
2. 为什么要把培养皿倒置培养?
3. 为使平板菌落计数准确,需要掌握几个关键?并说明理由。

4. 用活菌计数法测定食品中的菌落数有何优缺点？

5. 伊红美蓝是鉴别培养基，请问鉴别的原理是什么？

6. 通过实验观察，简述本模块腌制品检测中大肠菌群的测定方法与项目Ⅱ任务二中大肠菌群 MPN 计数检测法有何不同？

【知识链接】

长寿——从养好肠道内的 2 斤微生物开始

人们都渴望健康长寿，但长寿的秘密究竟在哪里？为什么有的老人到了 85 岁以上甚至超过了百岁还很健康？而有些老人到了 60 多岁就一身病？他们的差别是什么导致的？科学家在帮助我们寻找答案。

苏联知名微生物学家梅齐尼可夫调查世界上著名的长寿村，如高加索地区、保加利亚及中南美洲等地长寿村居民的生活形态，发现居民们除了生活简单、饮食自然之外，他们平日还习惯饮用一种特别的食品——克菲尔发酵乳，并且将此习惯一代一代地传给子孙，后来经梅齐尼可夫博士证实，克菲尔发酵乳中的一些物质能促进肠道有益菌的增殖，原来这就是他们长寿的秘密。

我国科学家对广西巴马县 74 位百岁以上老人肠道检测发现，这些老人的肠内双歧杆菌等有益菌的数量比一般 30～40 岁的中年人还多，甚至和二十几岁的年轻人差不多，从而解开了巴马的长寿之谜！

日本列岛的调查也显示，列岛长寿老人的肠道年龄都在 30 岁左右，也就是肠道有益菌数量相当多。

因此，科学家总结出人有三种年龄，即实际年龄、生理年龄、肠道年龄。而肠道年龄影响人的生理年龄，肠道微生物决定肠道年龄。人的健康与寿命同肠道内的微生物群状况有着莫大的联系！

肠道是人体内最大的活生态环境，它的正常或失调，对人体的健康和寿命有着举足轻重的影响。婴儿出生一两天后，随着吃奶、喝水，一些微生物便乘机进入体内，到肠道内“安家落户”，成为人体的终生“伴侣”。肠道内主要有有益菌和有害菌两大微生物群（其他为中性菌），微生物种类有 500 多种约 100 兆个，重达 2 斤。庞大的微生物群之间相互依存、相互制约，处于相对平衡状态，组成体内最大的肠生态环境，成为维护人体健康的天然防线。

现代医学研究发现，这 2 斤肠道微生物群关系着人体消化吸收、机体免疫力以及寿命。当肠道 2 斤微生物的 95%以上是双歧杆菌等有益菌时，人体就处于健康状态。相反，当有益菌减少、有害菌大量增加时，就会引发便秘、腹泻、肠炎、结肠炎、肠肿瘤、高血脂、动脉硬化、老年痴呆、乳腺癌等疾病。

我国有 1.3 亿老人，患有一种或两种以上老年病的人数占到 90%以上，每年造成的医疗费高达上千亿元。但如果广大的老年人，特别是 13 亿民众从小的时候或中青年时候就能认识到肠道微生物群的重要性并保护好，就能拥有一个健康的人生和幸福的晚年，为自己节省数万元、为国家每年节省数百亿的医疗费用。

所以，健康长寿，从养好肠道内的 2 斤微生物开始！

参考文献

[1] 国家质量监督检验检疫总局职业技能鉴定指导中心. 食品微生物检验(第 1 版). 北京:中国计量出版社,2002.

[2] 苏世彦. 食品微生物检验手册(第 1 版). 北京:中国轻工业出版社,1998.

[3] 罗雪云,刘宏道. 食品卫生微生物检验标准手册. 北京:中国标准出版社,1995.

[4] [美]麦克兰德斯博拉夫(Mclandsborough,L). 食品微生物检验实验指导. 张柏林等译. 北京:中国轻工业出版社,2007.

[5] 马绪荣,苏德模等. 药品微生物学检验手册. 北京:科学出版社,2001.

[6] 抽样检验国家标准汇编. 北京:中国标准出版社. 1996.

[7] 张英. 食品理化与微生物检测实验. 北京:中国轻工业出版社,2004.

[8] 周阳生. 动物性食品微生物学检验. 北京:中国农业出版社,1996.

[9] 刘兴友,李全福. 食品微生物检验学. 北京:中国农业科技出版社,1996.

[10] 项琦. 粮油食品微生物学检验. 北京:中国轻工业出版社,2000.

[11] 张彦明. 无公害动物源性食品检验技术. 北京:中国农业出版社,2003.

[12] 联合国粮农组织. 倪京楠,王力丹等译. 食品检验的取样. 北京:中国轻工业出版社,1991.

[13] 食品检验培训教材编写组. 食品生物污染控制与检验. 北京:中国计量出版社,2001.

[14] 周德庆. 微生物学教程. 北京:高等教育出版社,1993.

[15] 赵贵明. 食品微生物实验室工作指南. 北京:中国标准出版社,2005.

[16] 魏明奎,段鸿斌. 食品微生物检验技术. 北京:化学工业出版社,2008.

[17] 蔡静平. 粮油食品微生物学. 北京:中国轻工业出版社,2003

[18] 叶磊,杨学敏. 微生物检测技术. 北京:化学工业出版社,2009.

[19] [英]哈瑞根. 食品微生物实验室手册. 李卫华等译. 北京:中国轻工业出版社,2004.

[20] [英]Stephenj. Forsythe. 食品中微生物风险评估. 石阶平等译. 北京:中国农业出版社,2007.

[21] 董明盛,贾英民. 食品微生物学. 北京:中国轻工业出版社,2008.

[22] 朱俊平. 乳及乳制品质量检验. 北京:中国计量出版社,2006.

[23] 程云燕,李双石. 食品分析与检验. 北京:化学工业出版社,2007.

[24] 钱存柔,黄仪秀. 微生物学实验教程. 北京:北京大学出版社,2008.

[25] 何计国. 食品卫生学. 北京:中国农业大学出版社,2003.

[26] 农业部人事劳动司. 乳品检验员(全国农业职业技能培训教材). 北京:中国农业出

版社,2004.

[27] 郭积燕.微生物检验技术学习与实验指导.北京:人民卫生出版社,2004.

[28] 柳增善.食品病原微生物学.北京:中国轻工业出版社,2007.

[29]雷质文,姜英辉,梁成珠等.食源微生物检验用样品的抽样和制备手册.北京:中国标准出版社,2010.

[30]周正任.病原生物学.北京:科学出版社,2004.

[31] 北京市质量技术监督局北京市地方标准.DB11/515～517-2008 调味品卫生要求.

参考网站

[1]食品伙伴网:http://www.foodmate.net/

[2]国家食品药品监督管理局:http://www.sda.gov.cn/cmsweb/webportal

[3]微生物之家 http://www.microbiohome.com

[4]21 世纪生物网 http://www.21cnbio.com/Index.html

[5]食品安全快速检测网 http://www.china12315.com.cn

[6]中国食品质量安全网 http://www.cfda.com.cn